JN247947

スバラシク実力がつくと評判の

線形代数
キャンパス・ゼミ

大学の数学がこんなに分かる！単位なんて楽に取れる！

馬場敬之

マセマ出版社

はじめに

みなさん，こんにちは。数学の馬場敬之（ばばけいし）です。これまで，**「線形代数キャンパス・ゼミ」**は，非常に沢山の読者の皆様に御愛読頂き，線形代数を学習する上でのスタンダードな教材として定着してきているようで，嬉しく思っています。そしてこの度，複素数を成分にもつ複素ベクトルや複素行列の解説まで網羅した**「線形代数キャンパス・ゼミ 改訂 9」**を上梓することになりました。これは，沢山の読者の皆様のご要望にお応えしたものなのです。

線形代数で扱われるテーマには，**連立 1 次方程式**や**ベクトル**それに**行列**など，中学・高校で学習した内容が入っているので，最初は分かりやすいと錯覚する人がほとんどだと思います。しかし，**線形代数そのものの奥深さ**，そして難解な講義や難しい専門書のために，徐々に脱落者が増え始め，最終的な線形代数のテーマ：**ジョルダン標準形**にいたっては，ほとんどの人がよく理解できないまま，大学を卒業していくのが実情のようです。

線形代数で良く出てくる**「線形性」**と言う概念を，「直線的な性質」と理解している人が多いと思います。けれど，本当はもう一歩踏み込んで，「原点を通る直線的な性質」と考えて良いのです。でも，こんな簡単な概念の中に，実にさまざまな数学的な内容が含まれています。簡単なようでいて，この内容の奥深さが，途中で挫折する大きな原因になっているようです。また，分からせるための工夫が足りない講義や専門書にも大きな問題があると思います。**線形代数と微分積分さえマスターしてしまえば**，大学数学の基礎が固まるので，それ以降の**さまざまな分野に切り込んでいく事が出来る**のです。途中であきらめるなんて，もったいない話です。

ネット上で膨大な情報が瞬時に行き交う現代，大学数学だけが専門家の間でしか通用しない言葉で秘事口伝（ひじくでん）的に語られるという状況は，やはりおかしいと思います。それこそ，やる気さえあれば，どなたでも**数ヶ月で**

マスターできるような夢の参考書，理論的な解説と実践的な計算練習のバランスの良い参考書を作るために，検討を重ねて完成させたものが，この「**線形代数キャンパス・ゼミ 改訂 9**」なのです。ですから，線形代数を初めて学ぶ方，あるいは一度習ってはいるがあやふやな方にとってもスバラシク分かりやすいはずです。

この「**線形代数キャンパス・ゼミ 改訂 9**」は，全体が **8** 章から構成されており，各章をさらにそれぞれ **10** ページ程度のテーマに分けているので，非常に読みやすいはずです。大学数学にアレルギーを持った人も，まず**1**回この本を流し読みすることを勧めます。**スカラー 3 重積，ベクトル 3 重積，余因子行列と逆行列，線形空間と部分空間，Ker$f$ と商空間，線形写像の基本定理 (準同型定理)，計量線形空間，行列の対角化，対称行列，直交行列，エルミート行列，ユニタリ行列，ジョルダン標準形**などなど，次々と専門的な内容が目に飛び込んできますが，不思議と違和感なく読みこなしていけるはずです。この**通し読みだけなら，おそらく 2 週間もあれば十分**だと思います。

1 回通し読みが終わったら，後は各テーマの詳しい解説文を精読して，例題，演習問題，実践問題を実際に自分で解きながら，勉強を進めていって下さい。特に，実践問題は，演習問題と同型の問題を穴埋め形式にしたものですから，非常に学習しやすいはずです。

この精読が終わったならば，後はご自身で納得がいくまで何度でも繰り返し練習することです。この反復練習により本物の実力が身に付きますので，「**線形代数も自分自身の言葉で自由に語れる**」ようになるのです。こうなれば，「**数学の単位なんて楽勝です！**」

この「**線形代数キャンパス・ゼミ 改訂 9**」が，読者の皆様の長い数学人生の良きパートナーとなることを祈っています。

マセマ代表　馬場 敬之（けいし）

この改訂 **9** では，対称行列の直交行列による対角化の演習問題をもう **1** 題加えました。

◆ 目次 ◆

講義5 線形空間（ベクトル空間）

講義6 線形写像

講義7 行列の対角化

講義8 ジョルダン標準形

ベクトルと空間座標の基本

- ベクトル(大きさと向きをもった量)
- ベクトルの内積・外積
- 単位ベクトル・正射影ベクトル
- 直線の方程式(空間座標)
- 平面の方程式(空間座標)

§1. ベクトル（大きさと向きをもった量）

さァ，これから線形代数の講義を始めよう。大学で扱う線形代数は，抽象度が高いため，高校で習った学習内容と遊離しているように感じるかも知れないね。でも，高校で勉強したベクトルの知識はそのまま線形代数にも活かせるんだよ。ここでは，まずそのベクトルの復習から始めることにしよう。

● ベクトルとは，大きさと向きをもった量！

正・負が変化するにせよ，“大きさ”のみの量を“**スカラー**”といい，一般には実数がこれに対応する。これに対して，“大きさ”と“向き”をもった量を“**ベクトル**”と呼び，これを，これからは $\boldsymbol{a}$ や $\boldsymbol{x}$ など，太字の小文字のアルファベットで表す。

（高校では，$\vec{a}$，$\vec{x}$ などと表したね。）

図1に示すように，

（i）“向き”は矢印の向きで，
（ii）“大きさ”は矢印の長さで，

それぞれ表す。大きさと向きさえ同じであれば，これを平行移動しても同じベクトルなんだね。ここで，ベクトルの大きさを $\|\boldsymbol{a}\|$ で表し，さらに，これをこれからは“**ノルム**”とも呼ぶので，注意しよう。（高校では，$|\vec{a}|$ と表した。）

図1　ベクトル $\boldsymbol{a}$

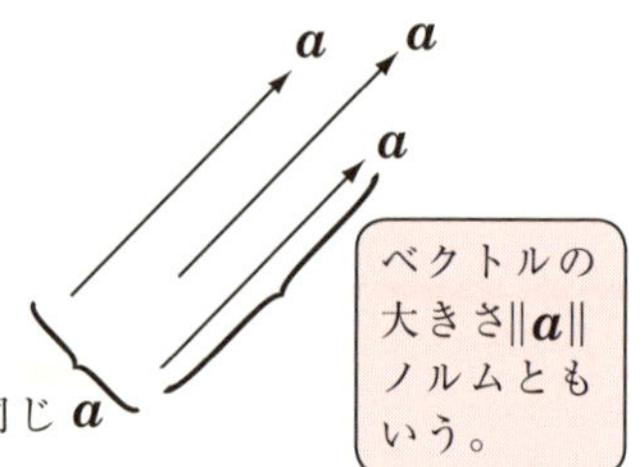

ここで，このベクトルに k 倍（スカラー倍）したものを定義する。図2に，$k=2,\ \frac{1}{2},\ -1$ の場合を示す。

特に，$k=-1$ のとき，$-1\cdot\boldsymbol{a}=-\boldsymbol{a}$ を $\boldsymbol{a}$ の“**逆ベクトル**”と呼ぶ。また，$k=0$ のとき，$0\cdot\boldsymbol{a}=\boldsymbol{0}$ と，大きさ（ノルム）が 0 のベクトルを定義し，これを“**零ベクトル**”と呼ぶ。

図2　$k\boldsymbol{a}$ 倍（スカラー倍）

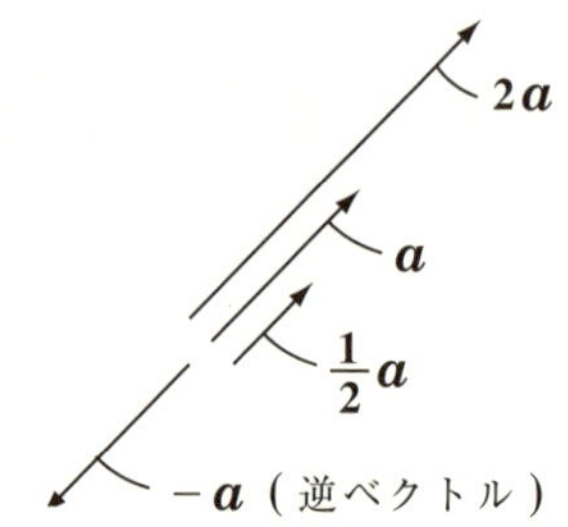

ここで，ベクトル $\boldsymbol{a}$ $(\neq \boldsymbol{0})$ と同じ向きの単位ベクトル $\boldsymbol{e}$ についても示しておこう。

（大きさ（ノルム）1 のベクトルのこと）

単位ベクトル $\boldsymbol{e}$

ベクトル $\boldsymbol{a}$ と同じ向きの単位ベクトル $\boldsymbol{e}$ は，

$\boldsymbol{e} = \dfrac{1}{\|\boldsymbol{a}\|}\boldsymbol{a}$ となる。

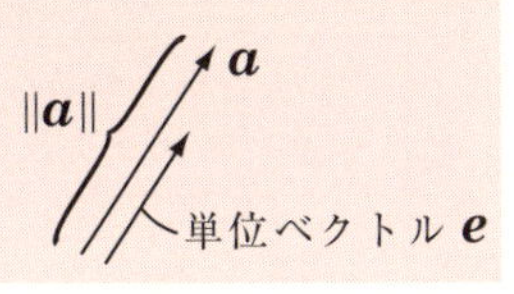

数学では，この大きさ 1 にすることを“**正規化する**”と言い，特に重要視する。何故なら，大きさ 1 は，色で表すと白と同じだからだ。白い画用紙の上には，赤や青など好きな色が塗れるね。これと同様に，大きさを一旦，1 にしてしまうと，これに任意の長さをかけて，好きな大きさのベクトルを自由に作ることが出来るからだ。

（“せいきか”と読む）

● ベクトルが，空間を張る！

さらに，ベクトルに，和と差を導入すると，ベクトルの計算が自由に出来るようになる。図 3(i) に示すように，2 つのベクトル $\boldsymbol{a}$ と $\boldsymbol{b}$ の和 $\boldsymbol{c} = \boldsymbol{a} + \boldsymbol{b}$ は $\boldsymbol{a}$ と $\boldsymbol{b}$ とでできる平行四辺形の対角線を有向線分にもつベクトルになる。ここで，図 3(ii) のように $\boldsymbol{b}$ を平行移動して考えると面白い。これから，始点と終点が同じならば，$\boldsymbol{a} + \boldsymbol{b}$ のようにまわり道して行っても，$\boldsymbol{c}$ のように直線的に行っても，同じことになるんだね。ベクトルの差 $\boldsymbol{d} = \boldsymbol{a} - \boldsymbol{b}$ では $\boldsymbol{d} = \boldsymbol{a} + (-\boldsymbol{b})$ とみて，$\boldsymbol{a}$ と $-\boldsymbol{b}$ の和と考えればいいんだね。図 4 を見ればわかるはずだ。

図 3　ベクトルの和

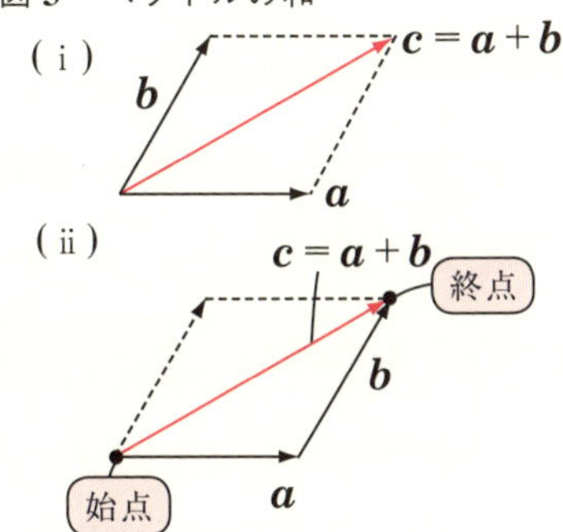

図 4　ベクトルの差

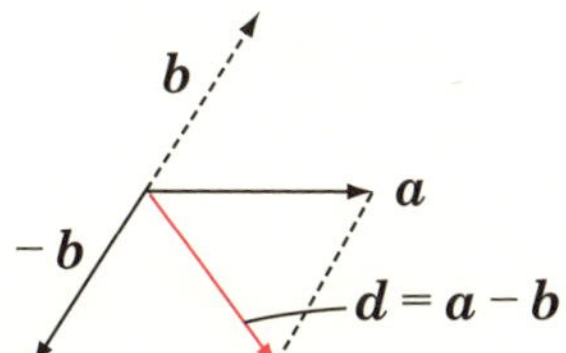

ここで，平行でなく，かつ$\mathbf{0}$でもない2つのベクトル$\boldsymbol{a}$と$\boldsymbol{b}$($\boldsymbol{a} \not\parallel \boldsymbol{b}$，$\boldsymbol{a} \neq \mathbf{0}$，$\boldsymbol{b} \neq \mathbf{0}$)

これを，$\boldsymbol{a}, \boldsymbol{b}$は“1次独立”という。

の1次結合$s\boldsymbol{a}+t\boldsymbol{b}$ ($s, t \in R$) で

“sとtは実数”の意味。Rは実数全体を表す集合のこと。

ベクトル$\boldsymbol{p}$を表すと，$\boldsymbol{p}=s\boldsymbol{a}+t\boldsymbol{b}$となり，ここで，実数$s$と$t$の値を任意に変化させると，$\boldsymbol{p}$の終点は，1つの2次元平面を描くことがわかるはずだ。この平面を，2つのベクトル“**$\boldsymbol{a}$と$\boldsymbol{b}$で張られた平面**”と表現する。

図5　2次元平面を張る$\boldsymbol{a}$と$\boldsymbol{b}$

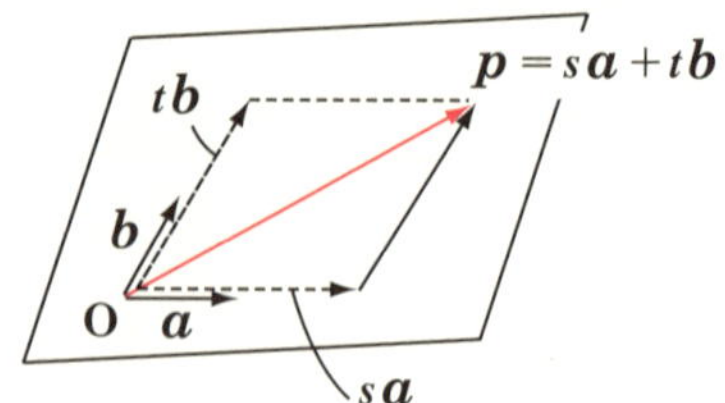

同様に，同一平面上になく，かつ$\mathbf{0}$でもない3つのベクトル$\boldsymbol{a}$と$\boldsymbol{b}$と$\boldsymbol{c}$

これを，$\boldsymbol{a}, \boldsymbol{b}, \boldsymbol{c}$は“1次独立”という。

の1次結合で，$\boldsymbol{p}$が表されるとき，

$\boldsymbol{p}=s\boldsymbol{a}+t\boldsymbol{b}+u\boldsymbol{c}$ ($s, t, u \in R$)

となり，ここで，s, t, uを任意に動かすと，$\boldsymbol{p}$の終点は，3次元空間全体を描くことが出来る。この空間を，“**$\boldsymbol{a}, \boldsymbol{b}, \boldsymbol{c}$で張られた空間**”と表現することも覚えておくといいよ。

図6　3次元空間を張る$\boldsymbol{a}$と$\boldsymbol{b}$と$\boldsymbol{c}$

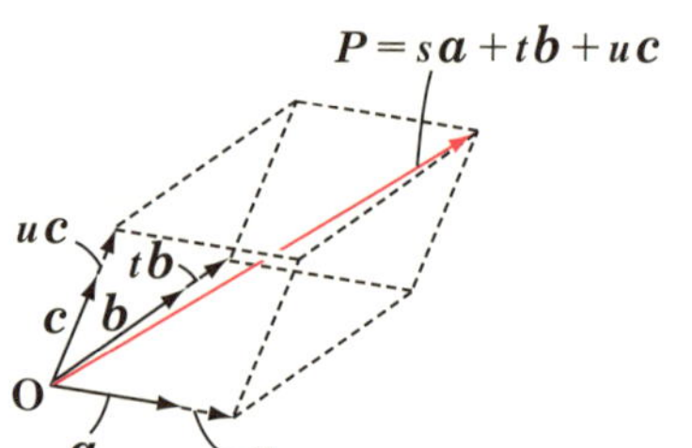

● 内積では，正射影が重要だ！

高校では，2つのベクトル$\boldsymbol{a}$と$\boldsymbol{b}$の内積についても勉強したね。

ベクトルの内積

2つのベクトル$\boldsymbol{a}$と$\boldsymbol{b}$の内積$\boldsymbol{a} \cdot \boldsymbol{b}$を，次のように定義する。

$$\boldsymbol{a} \cdot \boldsymbol{b} = \|\boldsymbol{a}\| \|\boldsymbol{b}\| \cos\theta$$

(θ：$\boldsymbol{a}$と$\boldsymbol{b}$のなす角)

ここで，$\boldsymbol{a}=\mathbf{0}$，$\boldsymbol{b}=\mathbf{0}$のときも含めて，$\boldsymbol{a} \cdot \boldsymbol{b}=0$のとき，$\boldsymbol{a}$と$\boldsymbol{b}$は垂直になる($\boldsymbol{a} \perp \boldsymbol{b}$)と定義する。

さらに，ベクトルの内積と正射影の関係についても説明しておこう。図７のように $\boldsymbol{a}$ と $\boldsymbol{b}$ が与えられたとき，$\boldsymbol{a}$ を地面と考えて，斜めに棒の $\boldsymbol{b}$ があると考える。このとき，$\boldsymbol{a}$ に垂直な方向から光が射しているとき，$\boldsymbol{b}$ が $\boldsymbol{a}$ に落とす影を“**正射影**”といい，その長さは $\|\boldsymbol{b}\|\cos\theta$ で表される。（これは，⊖もあり得る。）

図７　内積と正射影

光 ↓↓↓

$\|\boldsymbol{b}\|$

θ

$\boldsymbol{a}$

正射影の長さ $\|\boldsymbol{b}\|\cos\theta$

（$90^\circ < \theta < 180^\circ$ のとき，これは⊖となる。）

ここで，$\boldsymbol{a}$ と同じ向きの単位ベクトル

$\boldsymbol{e} = \dfrac{1}{\|\boldsymbol{a}\|}\boldsymbol{a}$ を用いると，

正射影 $\|\boldsymbol{b}\|\cos\theta = \boldsymbol{e}\cdot\boldsymbol{b}$ と表されるのは大丈夫だね。

$\boldsymbol{e}\cdot\boldsymbol{b} = \underbrace{\|\boldsymbol{e}\|}_{1}\|\boldsymbol{b}\|\cos\theta = \|\boldsymbol{b}\|\cos\theta$ となるからだ。

ここで，例題として，$\boldsymbol{a}$ と $\boldsymbol{b}$ が与えられたとき，これらを使って，$\boldsymbol{a}$ と垂直なベクトルが，$\boldsymbol{b} - \dfrac{\boldsymbol{a}\cdot\boldsymbol{b}}{\|\boldsymbol{a}\|^2}\boldsymbol{a}$ と表されることを示してみよう。

図８（ｉ）に示すように，

$\boldsymbol{a}$ と同じ向きの単位ベクトル $\boldsymbol{e}_1$ は，

$$\boldsymbol{e}_1 = \frac{1}{\|\boldsymbol{a}\|}\boldsymbol{a} \text{ となる。}$$

これに正射影の長さ $\|\boldsymbol{b}\|\cos\theta$ をかけて，

$$\|\boldsymbol{b}\|\cos\theta\,\boldsymbol{e}_1 = \frac{\|\boldsymbol{b}\|\cos\theta}{\|\boldsymbol{a}\|}\boldsymbol{a}$$

（$\|\boldsymbol{b}\|\cos\theta$：好きな長さ，$\dfrac{1}{\|\boldsymbol{a}\|}\boldsymbol{a}$：単位ベクトル $\boldsymbol{e}_1$）

（θ：$\boldsymbol{a}$ と $\boldsymbol{b}$ のなす角）

図８　$\boldsymbol{a}$ と垂直なベクトルの求め方

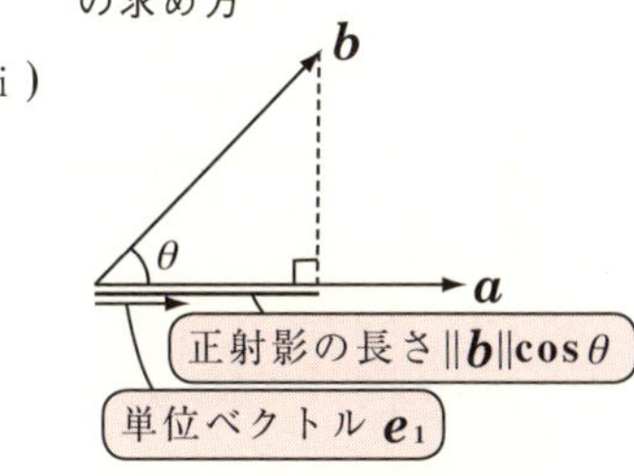

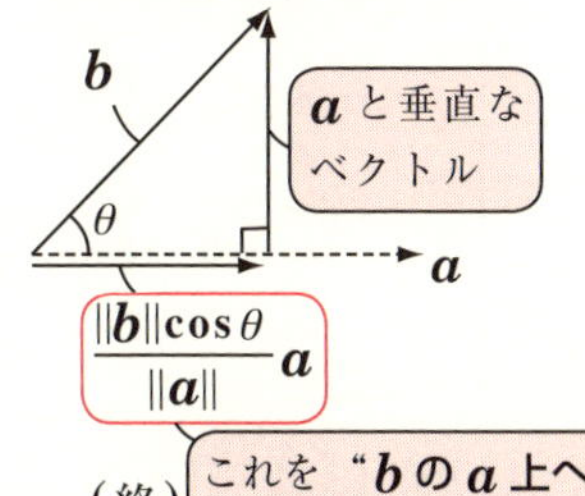

図８（ii）より，ベクトルの差を用いて，

$\boldsymbol{a}$ と垂直なベクトルとして，

$$\boldsymbol{b} - \frac{\|\boldsymbol{b}\|\cos\theta}{\|\boldsymbol{a}\|}\boldsymbol{a}$$

（これは実数係数。この分子・分母に $\|\boldsymbol{a}\|$ をかける。）

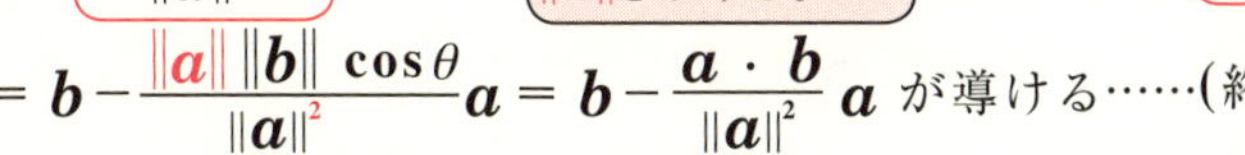

$$= \boldsymbol{b} - \frac{\|\boldsymbol{a}\|\,\|\boldsymbol{b}\|\cos\theta}{\|\boldsymbol{a}\|^2}\boldsymbol{a} = \boldsymbol{b} - \frac{\boldsymbol{a}\cdot\boldsymbol{b}}{\|\boldsymbol{a}\|^2}\boldsymbol{a}$$

が導ける……（終）

これは，線形空間の基底のところで出てくる“シュミットの正規直交化法”（**P194**）の雛形となる考え方なんだよ。

● ベクトルの成分表示は，列ベクトルで表す！

次に，ベクトルの成分表示についても，復習しておこう。まず，図9に平面(2次元)ベクトル $\boldsymbol{a}$ の成分表示の様子を示した。$\boldsymbol{a}$ の始点を原点においたときの終点の座標が $\boldsymbol{a}$ の成分で，これを $\boldsymbol{a}=\begin{bmatrix} x_1 \\ y_1 \end{bmatrix}$ と表す。

図9　平面ベクトルの成分表示

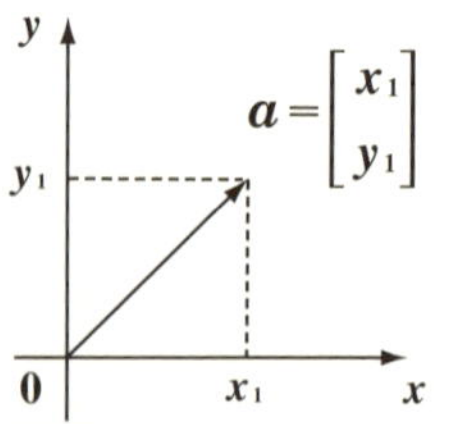

高校では，$\vec{a}=(x_1, y_1)$ など表したが，本書では，ベクトルの成分表示，行列はすべて( )ではなく，[ ]で表す。また，$[x_1, y_1]$ のように成分を横に並べる表し方を“**行ベクトル**”と呼び，$\begin{bmatrix} x_1 \\ y_1 \end{bmatrix}$ のように成分をたてに並べる表し方を“**列ベクトル**”という。これからは，ベクトルの成分表示は特に断わらない限り，[ ]の列ベクトル，または，行ベクトルで表すことにする。

この $\boldsymbol{a}$ の大きさ(ノルム)は，三平方の定理から，$\|\boldsymbol{a}\|=\sqrt{x_1^2+y_1^2}$ となる。

また，$\boldsymbol{a}=\begin{bmatrix} x_1 \\ y_1 \end{bmatrix}$，$\boldsymbol{b}=\begin{bmatrix} x_2 \\ y_2 \end{bmatrix}$ のとき，その1次結合は，次のように計算する。

$$s\boldsymbol{a}+t\boldsymbol{b}=s\begin{bmatrix} x_1 \\ y_1 \end{bmatrix}+t\begin{bmatrix} x_2 \\ y_2 \end{bmatrix}=\begin{bmatrix} sx_1 \\ sy_1 \end{bmatrix}+\begin{bmatrix} tx_2 \\ ty_2 \end{bmatrix}=\begin{bmatrix} sx_1+tx_2 \\ sy_1+ty_2 \end{bmatrix}$$

さらに，このとき，2つのベクトルの内積は次のように表せる。

2次元ベクトルの内積の成分表示

$\boldsymbol{a}=\begin{bmatrix} x_1 \\ y_1 \end{bmatrix}$，$\boldsymbol{b}=\begin{bmatrix} x_2 \\ y_2 \end{bmatrix}$ のとき，

内積 $\boldsymbol{a}\cdot\boldsymbol{b}=x_1x_2+y_1y_2$

ここで，$\boldsymbol{a}$ と $\boldsymbol{b}$ のなす角を θ とおくと，

$$\cos\theta=\frac{\boldsymbol{a}\cdot\boldsymbol{b}}{\|\boldsymbol{a}\|\|\boldsymbol{b}\|}=\frac{x_1x_2+y_1y_2}{\sqrt{x_1^2+y_1^2}\sqrt{x_2^2+y_2^2}}$$

(ただし，$\boldsymbol{a}\neq\boldsymbol{0}$，$\boldsymbol{b}\neq\boldsymbol{0}$)

$\boldsymbol{a}$ と $\boldsymbol{b}$ のつくる三角形に余弦定理を用いると，

$\|\boldsymbol{a}-\boldsymbol{b}\|^2=\|\boldsymbol{a}\|^2-2\boldsymbol{a}\cdot\boldsymbol{b}+\|\boldsymbol{b}\|^2$　（$\boldsymbol{a}\cdot\boldsymbol{b}$ は $\|\boldsymbol{a}\|\|\boldsymbol{b}\|\cos\theta$）

内積の演算は整式の展開と同様！

$\boldsymbol{a}-\boldsymbol{b}=\begin{bmatrix} x_1-x_2 \\ y_1-y_2 \end{bmatrix}$ より，上式は，

$(x_1-x_2)^2+(y_1-y_2)^2$

$=x_1^2+y_1^2-2\boldsymbol{a}\cdot\boldsymbol{b}+x_2^2+y_2^2$

$\therefore -2\boldsymbol{a}\cdot\boldsymbol{b}=-2x_1x_2-2y_1y_2$ より，

$\boldsymbol{a}\cdot\boldsymbol{b}=x_1x_2+y_1y_2$ が導ける。

空間(3次元)ベクトルにおいても，2次元ベクトルのときと同様に成分表示で表せる。図10に示すように，ある $\boldsymbol{a}$ が与えられたとき，その始点を原点においたときの終点の座標を $\boldsymbol{a}$ の成分と定義し，それを列ベクトルで表す。

図 10 で表される $\boldsymbol{a}$ の成分表示は,

$$\boldsymbol{a} = \begin{bmatrix} x_1 \\ y_1 \\ z_1 \end{bmatrix}$$ となり,

その大きさ(ノルム)は,

$\|\boldsymbol{a}\| = \sqrt{x_1^2 + y_1^2 + z_1^2}$ となる。

さらに, 3 次元ベクトルの内積の成分表示は次の通りである。

図 10 空間ベクトルの成分表示

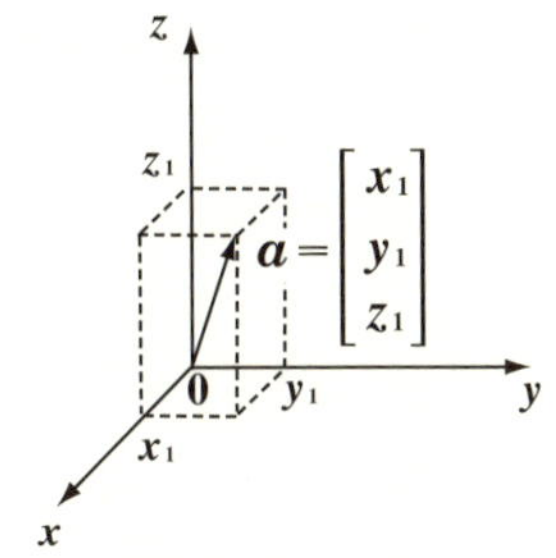

3次元ベクトルの内積の成分表示

$\boldsymbol{a} = \begin{bmatrix} x_1 \\ y_1 \\ z_1 \end{bmatrix}$, $\boldsymbol{b} = \begin{bmatrix} x_2 \\ y_2 \\ z_2 \end{bmatrix}$ のとき,

$\boldsymbol{a}$, $\boldsymbol{b}$ は, $\boldsymbol{a} = [x_1 \quad y_1 \quad z_1]$ $\boldsymbol{b} = [x_2 \quad y_2 \quad z_2]$ のように表しても, 同じことだ。

内積 $\boldsymbol{a} \cdot \boldsymbol{b} = x_1x_2 + y_1y_2 + z_1z_2$

ここで, $\boldsymbol{a}$ と $\boldsymbol{b}$ のなす角を θ とおくと,

$$\cos\theta = \frac{\boldsymbol{a} \cdot \boldsymbol{b}}{\|\boldsymbol{a}\|\|\boldsymbol{b}\|} = \frac{x_1x_2 + y_1y_2 + z_1z_2}{\sqrt{x_1^2 + y_1^2 + z_1^2}\sqrt{x_2^2 + y_2^2 + z_2^2}}$$

(ただし, $\boldsymbol{a} \neq \boldsymbol{0}$, $\boldsymbol{b} \neq \boldsymbol{0}$)

● ベクトルの外積もマスターしよう!

内積の基本の解説が終わったので, 次に, 2 つの 3 次元ベクトルの外積についても解説しておこう。

$\boldsymbol{a}$ と $\boldsymbol{b}$ の内積は $\boldsymbol{a} \cdot \boldsymbol{b}$ と表し, これはある実数(スカラー)になるのに対して, $\boldsymbol{a}$ と $\boldsymbol{b}$ の外積は $\boldsymbol{a} \times \boldsymbol{b}$ と表し, この結果はベクトルとなる。よって, これを $\boldsymbol{h}$ とおくと, $\boldsymbol{a}$ と $\boldsymbol{b}$ の外積 $\boldsymbol{a} \times \boldsymbol{b}$ は,

$\boldsymbol{a} \times \boldsymbol{b} = \boldsymbol{h}$ ……① と表すことができるんだね。

この外積 $\boldsymbol{h}$ には次に示す 3 つの特徴がある。

(i) $\boldsymbol{h}$ は, $\boldsymbol{a}$ と $\boldsymbol{b}$ の両方と直交する。つまり, $\boldsymbol{h} \perp \boldsymbol{a}$, $\boldsymbol{h} \perp \boldsymbol{b}$ より

$\boldsymbol{h} \cdot \boldsymbol{a} = 0$ かつ $\boldsymbol{h} \cdot \boldsymbol{b} = 0$ となる。

(ⅱ) 外積 $\boldsymbol{h}$ のノルム(大きさ) $\|\boldsymbol{h}\|$ は，図 **11** に示すように，$\boldsymbol{a}$ と $\boldsymbol{b}$ を **2** 辺にもつ平行四辺形の面積 S と一致する。つまり

$\|\boldsymbol{h}\| = \mathrm{S}$ となる。

図 **11**　ベクトルの外積 $\boldsymbol{a} \times \boldsymbol{b} = \boldsymbol{h}$

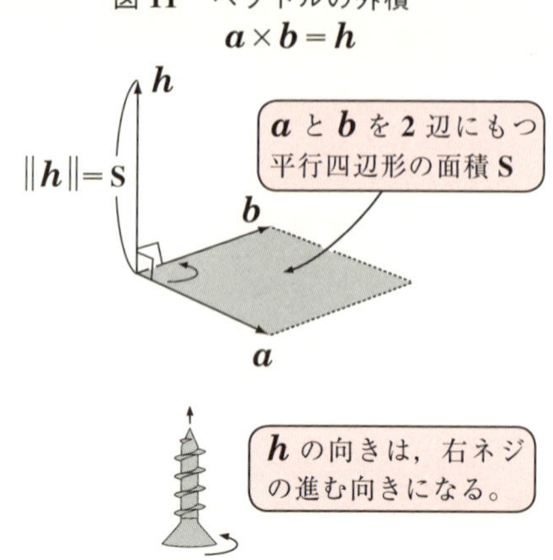

(ⅲ) さらに，$\boldsymbol{h}$ の向きは図 **11** に示すように，$\boldsymbol{a}$ から $\boldsymbol{b}$ に向かうように回転するとき，右ネジが進む向きと一致するんだね。

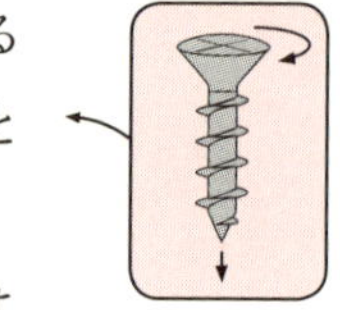

したがって，外積 $\boldsymbol{b} \times \boldsymbol{a}$ は，$\boldsymbol{b}$ から $\boldsymbol{a}$ に回転するときに右ネジの進む向きと一致するので，$\boldsymbol{a} \times \boldsymbol{b}$ と逆向きになる。つまり，

$\boldsymbol{b} \times \boldsymbol{a} = -\boldsymbol{a} \times \boldsymbol{b} \quad (= -\boldsymbol{h})$ となるんだね。このように外積では，交換の法則は成り立たないことに注意しよう。

それでは，外積の具体的な求め方について解説しよう。**2** つのベクトル $\boldsymbol{a} = [x_1 \;\; y_1 \;\; z_1]$，$\boldsymbol{b} = [x_2 \;\; y_2 \;\; z_2]$ の外積 $\boldsymbol{a} \times \boldsymbol{b}$ は，次の図 **12** のように求めることができる。

図 **12**　外積 $\boldsymbol{a} \times \boldsymbol{b}$ の求め方

(ⅰ) x_1 と x_2 を加える。

$x_1 \quad y_1 \quad z_1 \quad x_1$

$x_2 \quad y_2 \quad z_2 \quad x_2$

(ⅳ) z 成分 $x_1y_2 - y_1x_2$　(ⅱ) x 成分 $y_1z_2 - z_1y_2$　(ⅲ) y 成分 $z_1x_2 - x_1z_2$

(ⅰ) まず，$\boldsymbol{a}$ と $\boldsymbol{b}$ の成分を上下に並べて書き，最後に，x_1 と x_2 をもう **1** 度付け加える。

(ⅱ) 真ん中の $\begin{matrix} y_1 & z_1 \\ y_2 & z_2 \end{matrix}$ をたすきがけに計算した $y_1z_2 - z_1y_2$ を外積の x 成分とする。

(ⅲ) 右の $\begin{matrix} z_1 & x_1 \\ z_2 & x_2 \end{matrix}$ をたすきがけに計算した $z_1x_2 - x_1z_2$ を外積の y 成分とする。

(iv) 左の $\begin{matrix} x_1 & y_1 \\ x_2 & y_2 \end{matrix}$ をたすきがけに計算した $x_1y_2 - y_1x_2$ を外積の z 成分とする。

以上より，$\boldsymbol{a} = [x_1 \ \ y_1 \ \ z_1]$ と $\boldsymbol{b} = [x_2 \ \ y_2 \ \ z_2]$ の外積 $\boldsymbol{a} \times \boldsymbol{b}$ $(= \boldsymbol{h})$ は，

$\boldsymbol{h} = \boldsymbol{a} \times \boldsymbol{b} = [y_1z_2 - z_1y_2 \ \ z_1x_2 - x_1z_2 \ \ x_1y_2 - y_1x_2]$ ……① となる。

そして，$\boldsymbol{h} \perp \boldsymbol{a}$，かつ $\boldsymbol{h} \perp \boldsymbol{b}$，すなわち $\boldsymbol{h} \cdot \boldsymbol{a} = 0$，$\boldsymbol{h} \cdot \boldsymbol{b} = 0$ となることは容易に計算で分かるので，ご自身で確認されるといい。

ここでは，$\|\boldsymbol{h}\|$ が $\boldsymbol{a}$ と $\boldsymbol{b}$ を 2 辺にもつ平行四辺形の面積 S に等しくなることを証明しておこう。

$\mathrm{S} = \|\boldsymbol{a}\|\|\boldsymbol{b}\|\sin\theta$ （θ：$\boldsymbol{a}$ と $\boldsymbol{b}$ のなす角）より，

$$\mathrm{S}^2 = \|\boldsymbol{a}\|^2\|\boldsymbol{b}\|^2\sin^2\theta = \|\boldsymbol{a}\|^2\|\boldsymbol{b}\|^2(1 - \cos^2\theta)$$

$$= \|\boldsymbol{a}\|^2 \cdot \|\boldsymbol{b}\|^2 - (\boldsymbol{a} \cdot \boldsymbol{b})^2$$

$(\|\boldsymbol{a}\|\|\boldsymbol{b}\|\cos\theta)^2$

$\|\boldsymbol{a}\|^2 = x_1^2 + y_1^2 + z_1^2$，$\|\boldsymbol{b}\|^2 = x_2^2 + y_2^2 + z_2^2$，$(\boldsymbol{a} \cdot \boldsymbol{b})^2 = (x_1x_2 + y_1y_2 + z_1z_2)^2$

公式：
$(a+b+c)^2$
$= a^2 + b^2 + c^2 + 2ab + 2bc + 2ca$
を使った。

$$= (x_1^2 + y_1^2 + z_1^2)(x_2^2 + y_2^2 + z_2^2) - (x_1x_2 + y_1y_2 + z_1z_2)^2$$

$$= x_1^2x_2^2 + x_1^2y_2^2 + x_1^2z_2^2 + y_1^2x_2^2 + y_1^2y_2^2 + y_1^2z_2^2 + z_1^2x_2^2 + z_1^2y_2^2 + z_1^2z_2^2$$

$$- (x_1^2x_2^2 + y_1^2y_2^2 + z_1^2z_2^2 + 2x_1x_2y_1y_2 + 2y_1y_2z_1z_2 + 2z_1z_2x_1x_2)$$

$$= (y_1^2z_2^2 - 2y_1y_2z_1z_2 + z_1^2y_2^2) + (z_1^2x_2^2 - 2z_1z_2x_1x_2 + x_1^2z_2^2)$$

$$+ (x_1^2y_2^2 - 2x_1x_2y_1y_2 + y_1^2x_2^2)$$

$$= (y_1z_2 - z_1y_2)^2 + (z_1x_2 - x_1z_2)^2 + (x_1y_2 - y_1x_2)^2$$

となる。よって，これは $\boldsymbol{h} = \boldsymbol{a} \times \boldsymbol{b} = [y_1z_2 - z_1y_2 \ \ z_1x_2 - x_1z_2 \ \ x_1y_2 - y_1x_2]$ のノルム (大きさ) の 2 乗に等しい。つまり

$\mathrm{S}^2 = \|\boldsymbol{h}\|^2$ より，$\|\boldsymbol{h}\| = \mathrm{S}$ （$\because \mathrm{S} \geqq 0$，$\|\boldsymbol{h}\| \geqq 0$），すなわち

$\|\boldsymbol{a} \times \boldsymbol{b}\| = \mathrm{S}$ が成り立つことが示せたんだね。納得いった？

では，外積も例題で実際に計算して求めてみよう。

次の各ベクトル $\boldsymbol{b}$ と $\boldsymbol{c}$ の外積 $\boldsymbol{b}\times\boldsymbol{c}$ を求めよ。

(1) $\boldsymbol{b}=[2\ \ 1\ \ 1]$,　$\boldsymbol{c}=[1\ \ -1\ \ 3]$

(2) $\boldsymbol{b}=[5\ \ -1\ \ 2]$, $\boldsymbol{c}=[-2\ \ 1\ \ -3]$

(1) $\boldsymbol{b}=[2\ \ 1\ \ 1]$ と $\boldsymbol{c}=[1\ \ -1\ \ 3]$ の外積 $\boldsymbol{b}\times\boldsymbol{c}$ は右のように計算して，$\boldsymbol{b}\times\boldsymbol{c}=[4\ \ -5\ \ -3]$ となる。

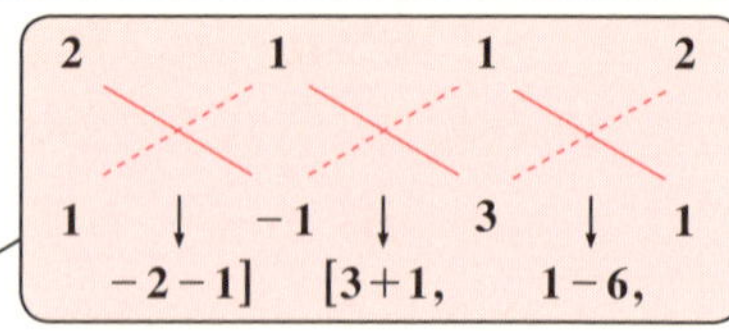

(2) $\boldsymbol{b}=[5\ \ -1\ \ 2]$ と $\boldsymbol{c}=[-2\ \ 1\ \ -3]$ の外積 $\boldsymbol{b}\times\boldsymbol{c}$ は右のように計算して，$\boldsymbol{b}\times\boldsymbol{c}=[1\ \ 11\ \ 3]$ となる。

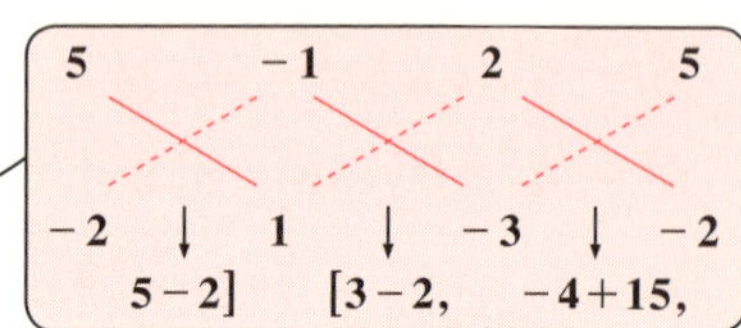

● スカラー3重積も押さえておこう！

ベクトルの内積と外積の応用として，“**スカラー3重積**”についても解説しよう。

3つの3次元ベクトル $\boldsymbol{a}$, $\boldsymbol{b}$, $\boldsymbol{c}$ のスカラー3重積は，$\boldsymbol{a}\cdot(\boldsymbol{b}\times\boldsymbol{c})$ で定義され，これを $(\boldsymbol{a}, \boldsymbol{b}, \boldsymbol{c})$ と表すことにしよう。つまり

スカラー3重積 $(\boldsymbol{a}, \boldsymbol{b}, \boldsymbol{c})=\boldsymbol{a}\cdot(\boldsymbol{b}\times\boldsymbol{c})$ ……②　だね。

$\boldsymbol{b}$ と $\boldsymbol{c}$ の外積 $\boldsymbol{b}\times\boldsymbol{c}$ を $\boldsymbol{h}$ とおくと，②は $\boldsymbol{a}\cdot\boldsymbol{h}$，つまり $\boldsymbol{a}$ と $\boldsymbol{h}$ の内積なので，この結果はある実数(スカラー)になることが分かるね。

では，このスカラー3重積 $\boldsymbol{a}\cdot(\boldsymbol{b}\times\boldsymbol{c})$ の図形的な意味を解説しておこう。

図13に示すように，外積 $\boldsymbol{h}=\boldsymbol{b}\times\boldsymbol{c}$ は，$\boldsymbol{b}$ と $\boldsymbol{c}$ のいずれとも垂直なベクトル，つまり，$\boldsymbol{b}$ と $\boldsymbol{c}$ の張る平面と $\boldsymbol{h}$ は垂直なベクトルであることが，まず分かるね。

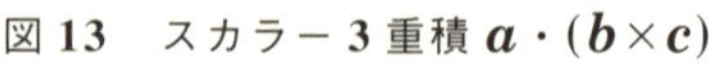
図13　スカラー3重積 $\boldsymbol{a}\cdot(\boldsymbol{b}\times\boldsymbol{c})$

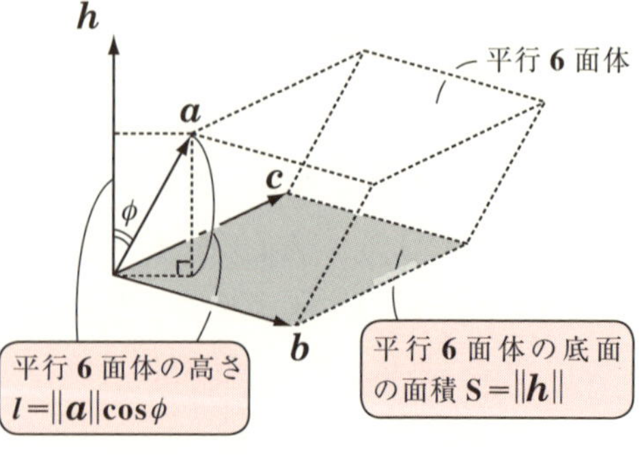

また，$\boldsymbol{h}$ のノルム$\|\boldsymbol{h}\|$は，$\boldsymbol{b}$ と $\boldsymbol{c}$ を 2 辺とする平行四辺形の面積 S と等しいことも大丈夫だね。

さらに，このスカラー 3 重積 $\boldsymbol{a}\cdot(\boldsymbol{b}\times\boldsymbol{c})$ は，$\boldsymbol{a}$ と $\boldsymbol{h}(=\boldsymbol{b}\times\boldsymbol{c})$ のなす角を ϕ とおくと，

$\boldsymbol{a}\cdot(\boldsymbol{b}\times\boldsymbol{c})=\boldsymbol{a}\cdot\boldsymbol{h}=\|\boldsymbol{a}\|\|\boldsymbol{h}\|\cos\phi=\|\boldsymbol{h}\|\|\boldsymbol{a}\|\cos\phi$ ……③ となる。

（底面の平行四辺形の面積 S）（平行六面体の高さ l）

ここで，図 13 のように，3 次元空間において，$\boldsymbol{a}, \boldsymbol{b}, \boldsymbol{c}$ がいずれも $\boldsymbol{0}$ でなく，かつ同一平面上には存在しないとすると，空間上に，3 つのベクトル $\boldsymbol{a}, \boldsymbol{b}, \boldsymbol{c}$ を辺にもつ平行 6 面体が考えられる。そして，$\boldsymbol{b}$ と $\boldsymbol{c}$ を辺に

（6 つの平行四辺形を面にもつ立体）

もつ平行四辺形を，この平行 6 面体の底面と考えると，この底面の面積 S は $S=\|\boldsymbol{h}\|$ となる。

また，図 13 に示すように，$\boldsymbol{a}$ と $\boldsymbol{h}$ のなす角 ϕ が，$0\leqq\phi\leqq\frac{\pi}{2}$ をみたすとき，$\|\boldsymbol{a}\|\cos\phi$ は，$\boldsymbol{a}$ の終点から底面に下した垂線の長さ，つまり平行 6 面体の高さ l を表すことになるんだね。よって，③は，

$\boldsymbol{a}\cdot(\boldsymbol{b}\times\boldsymbol{c})=S\cdot l$ （＝（底面積）·（高さ）） となるので，

スカラー 3 重積 $\boldsymbol{a}\cdot(\boldsymbol{b}\times\boldsymbol{c})$ は，この平行 6 面体の体積 V を表すことになるんだね。もちろん，ϕ は，$\frac{\pi}{2}<\phi\leqq\pi$ の場合もあり得る。この場合は，$\cos\phi<0$ となって，高さ $l=\|\boldsymbol{a}\|\cos\phi$ が負の値をとるので，これまで考慮に入れると，この平行 6 面体の体積 V は，このスカラー 3 重積に絶対値を付けて

$V=|\boldsymbol{a}\cdot(\boldsymbol{b}\times\boldsymbol{c})|$ と表せばよいことが分かるはずだ。

では最後に，$\boldsymbol{a}=[1\ \ -1\ \ 2]$, $\boldsymbol{b}=[2\ \ 1\ \ 1]$, $\boldsymbol{c}=[1\ \ -1\ \ 3]$ のスカラー 3 重積を求めておこう。$\boldsymbol{b}\times\boldsymbol{c}=[4\ \ -5\ \ -3]$ となることは，前の例題 (1) で既に求めているので，

$$\boldsymbol{a}\cdot(\boldsymbol{b}\times\boldsymbol{c})=[1\ \ -1\ \ 2]\cdot[4\ \ -5\ \ -3]$$
$$=1\cdot4+(-1)\cdot(-5)+2\cdot(-3)=4+5-6=3$$ となるんだね。

（これは正より，これが $\boldsymbol{a}, \boldsymbol{b}, \boldsymbol{c}$ でできる平行 6 面体の体積 V なんだね。）

大丈夫？

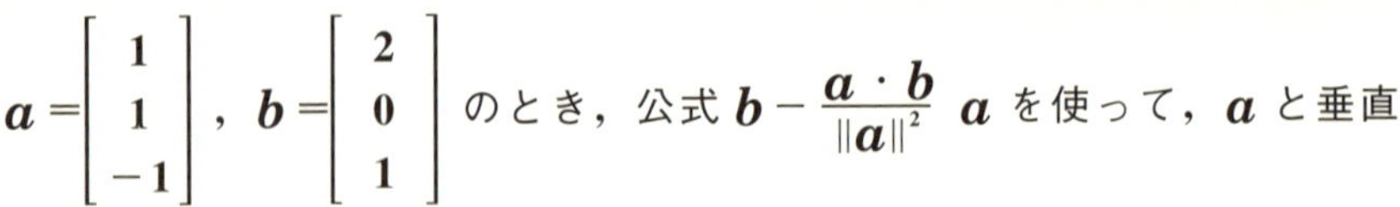

演習問題 1　●ベクトルに垂直な単位ベクトル(Ⅰ)●

$\boldsymbol{a}=\begin{bmatrix}1\\1\\-1\end{bmatrix}$，$\boldsymbol{b}=\begin{bmatrix}2\\0\\1\end{bmatrix}$ のとき，公式 $\boldsymbol{b}-\dfrac{\boldsymbol{a}\cdot\boldsymbol{b}}{\|\boldsymbol{a}\|^2}\boldsymbol{a}$ を使って，$\boldsymbol{a}$ と垂直な単位ベクトル $\boldsymbol{e}$ の成分を求めよ。

ヒント！ 公式の意味は，解説通りだからわかるはずだ。公式のベクトルを $\boldsymbol{u}$ とおいて，$\boldsymbol{e}=\dfrac{1}{\|\boldsymbol{u}\|}\boldsymbol{u}$ を求めればいいんだね。

解答＆解説

$\boldsymbol{a}=\begin{bmatrix}1\\1\\-1\end{bmatrix}$，$\boldsymbol{b}=\begin{bmatrix}2\\0\\1\end{bmatrix}$ より

$\boldsymbol{a}\cdot\boldsymbol{b}=1\times2+1\times0+(-1)\times1=1$，$\|\boldsymbol{a}\|^2=1^2+1^2+(-1)^2=3$

よって，$\boldsymbol{a}$ と垂直なベクトルを $\boldsymbol{b}-\dfrac{\boldsymbol{a}\cdot\boldsymbol{b}}{\|\boldsymbol{a}\|^2}\boldsymbol{a}=\boldsymbol{u}$ とおくと，

$$\boldsymbol{u}=\begin{bmatrix}2\\0\\1\end{bmatrix}-\frac{1}{3}\begin{bmatrix}1\\1\\-1\end{bmatrix}=\frac{1}{3}\begin{bmatrix}5\\-1\\4\end{bmatrix}$$

$\boldsymbol{a}\cdot\boldsymbol{u}=1\times\frac{5}{3}+1\times\left(-\frac{1}{3}\right)+(-1)\times\frac{4}{3}=0$ となって，$\boldsymbol{a}\perp\boldsymbol{u}$ をみたしている。

ここで，$\|\boldsymbol{u}\|=\sqrt{\left(\frac{5}{3}\right)^2+\left(-\frac{1}{3}\right)^2+\left(\frac{4}{3}\right)^2}=\sqrt{\frac{42}{9}}=\frac{\sqrt{42}}{3}$

以上より，$\boldsymbol{a}$ と垂直な単位ベクトル $\boldsymbol{e}$ は，

$$\boldsymbol{e}=\pm\underbrace{\frac{1}{\|\boldsymbol{u}\|}}_{\frac{3}{\sqrt{42}}}\boldsymbol{u}=\pm\frac{1}{\sqrt{42}}\begin{bmatrix}5\\-1\\4\end{bmatrix}$$ ……………………(答)

実践問題 1 ● ベクトルに垂直な単位ベクトル(Ⅱ) ●

$\boldsymbol{a}=\begin{bmatrix}2\\-2\\1\end{bmatrix}$, $\boldsymbol{b}=\begin{bmatrix}1\\1\\3\end{bmatrix}$ のとき，公式 $\boldsymbol{b}-\dfrac{\boldsymbol{a}\cdot\boldsymbol{b}}{\|\boldsymbol{a}\|^2}\boldsymbol{a}$ を使って，$\boldsymbol{a}$ と垂直な単位ベクトル $\boldsymbol{e}$ の成分を求めよ。

ヒント！ $\boldsymbol{e}_1=\dfrac{1}{\|\boldsymbol{a}\|}\boldsymbol{a}$ とおくと，$\|\boldsymbol{b}\|\cos\theta=\|\boldsymbol{e}_1\|\|\boldsymbol{b}\|\cos\theta=\boldsymbol{e}_1\cdot\boldsymbol{b}$ となるので，公式は $\boldsymbol{b}-(\boldsymbol{e}_1\cdot\boldsymbol{b})\boldsymbol{e}_1$ と書き換えられることも大丈夫？

解答＆解説

$\boldsymbol{a}=\begin{bmatrix}2\\-2\\1\end{bmatrix}$, $\boldsymbol{b}=\begin{bmatrix}1\\1\\3\end{bmatrix}$ より

$\boldsymbol{a}\cdot\boldsymbol{b}=$ (ア) ＿＿＿＿, $\|\boldsymbol{a}\|^2=$ (イ) ＿＿＿＿

よって，$\boldsymbol{a}$ と垂直なベクトルを $\boldsymbol{b}-\dfrac{\boldsymbol{a}\cdot\boldsymbol{b}}{\|\boldsymbol{a}\|^2}\boldsymbol{a}=\boldsymbol{u}$ とおくと，

$$\boldsymbol{u}=\begin{bmatrix}1\\1\\3\end{bmatrix}-\boxed{(ウ)}\begin{bmatrix}2\\-2\\1\end{bmatrix}=\frac{1}{3}\begin{bmatrix}1\\5\\8\end{bmatrix}$$

$\boldsymbol{a}\cdot\boldsymbol{u}=2\times\frac{1}{3}+(-2)\times\frac{5}{3}+1\times\frac{8}{3}=0$ となって，$\boldsymbol{a}\perp\boldsymbol{u}$ をみたしている。

ここで，$\|\boldsymbol{u}\|=\sqrt{\left(\frac{1}{3}\right)^2+\left(\frac{5}{3}\right)^2+\left(\frac{8}{3}\right)^2}=\sqrt{\frac{90}{9}}=\sqrt{10}$

以上より，$\boldsymbol{a}$ と垂直な単位ベクトル $\boldsymbol{e}$ は，

$\boldsymbol{e}=\pm\dfrac{1}{\|\boldsymbol{u}\|}\boldsymbol{u}=$ (エ) ＿＿＿＿ ……………………(答)

解答 (ア) $2\cdot1+(-2)\cdot1+1\cdot3=3$ (イ) $2^2+(-2)^2+1^2=9$

(ウ) $\frac{3}{9}$ または $\frac{1}{3}$ (エ) $\pm\dfrac{1}{3\sqrt{10}}\begin{bmatrix}1\\5\\8\end{bmatrix}$

§2. 空間座標における直線と平面

線形代数を，図形的に，ヴィジュアルに理解するのに，空間座標の知識は欠かせない。ところが，残念なことに，このところ高校の教育課程で，空間座標が簡単にしか扱われていないので，線形代数を勉強する段階で，非常に苦労することになるんだね。

ここでは，それを補うために，空間座標の中でも特に，直線と平面について解説しておく。下準備をしておけば，後が楽になるからね。

● 直線は，通る点と方向ベクトルで決まる！

xyz 座標空間上に，直線を定めたかったら，

(ⅰ) その直線が通る点 $\mathrm{A}(x_1,\ y_1,\ z_1)$ を定め，
(ⅱ) その直線の方向を示す方向ベクトル $\boldsymbol{d}$ を指定すれば

いいのがわかるね。これから，次の直線のベクトル方程式が導かれる。

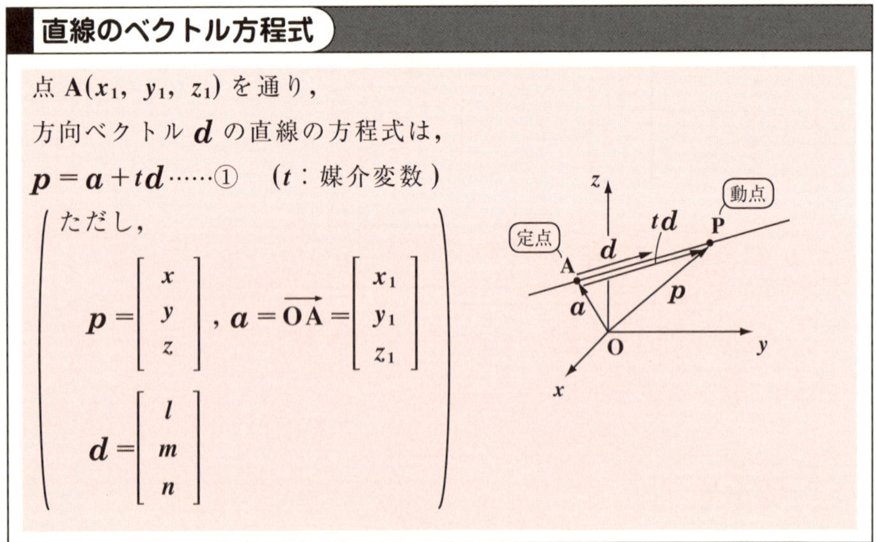

直線のベクトル方程式

点 $\mathrm{A}(x_1,\ y_1,\ z_1)$ を通り，
方向ベクトル $\boldsymbol{d}$ の直線の方程式は，

$\boldsymbol{p}=\boldsymbol{a}+t\boldsymbol{d}$ ……① （t：媒介変数）

（ただし，

$$\boldsymbol{p}=\begin{bmatrix} x \\ y \\ z \end{bmatrix},\ \boldsymbol{a}=\overrightarrow{\mathrm{OA}}=\begin{bmatrix} x_1 \\ y_1 \\ z_1 \end{bmatrix}$$

$$\boldsymbol{d}=\begin{bmatrix} l \\ m \\ n \end{bmatrix}$$
）

①より，媒介変数 t の値を変化させることにより，動ベクトル $\boldsymbol{p}$ の終点 P が，直線上を自由に動くことがわかるはずだ。

①を成分で表示すると,

$$\begin{bmatrix} x \\ y \\ z \end{bmatrix} = \begin{bmatrix} x_1 \\ y_1 \\ z_1 \end{bmatrix} + t\begin{bmatrix} l \\ m \\ n \end{bmatrix} = \begin{bmatrix} x_1+tl \\ y_1+tm \\ z_1+tn \end{bmatrix}$$ より,

$x=x_1+tl$ ……②　　$y=y_1+tm$ ……③　　$z=z_1+tn$ ……④

ここで, $l\neq 0$, $m\neq 0$, $n\neq 0$ のとき, ②, ③, ④を t について解くと,

$\dfrac{x-x_1}{l}=\dfrac{y-y_1}{m}=\dfrac{z-z_1}{n}\ (=t)$ となる。これが空間座標における直線の方程式だ。

それでは, 例題を1題やっておこう。

> 直線 L : $\dfrac{x-1}{2}=\dfrac{y+1}{-1}=\dfrac{z-2}{3}$ が, 点 $A(3, y_1, z_1)$ を通るものとする。
> y_1, z_1 を求めよ。

点 $A(3, y_1, z_1)$ は直線 L 上の点より, これを直線 L の式に代入して,

$$\underbrace{\dfrac{3-1}{2}}_{=1}=\dfrac{y_1+1}{-1}=\dfrac{z_1-2}{3}$$

(i) $\dfrac{3-1}{2}=\dfrac{y_1+1}{-1}$　(ii) $\dfrac{3-1}{2}=\dfrac{z_1-2}{3}$

(i) $\dfrac{y_1+1}{-1}=1$ より, $y_1=-2$　　(ii) $\dfrac{z_1-2}{3}=1$ より, $z_1=5$ ……(答)

● 平面は, 通る点と法線ベクトルで決まる！

xyz 座標空間上に, 平面を定めたかったら,

(i) その平面が通る点 $A(x_1, y_1, z_1)$ を定め,
(ii) その平面を張る 1次独立な2つのベクトル $\boldsymbol{d}_1$, $\boldsymbol{d}_2$ を指定すれば

(これは, $\boldsymbol{d}_1\neq\boldsymbol{0}$, $\boldsymbol{d}_2\neq\boldsymbol{0}$, $\boldsymbol{d}_1 \not\parallel \boldsymbol{d}_2$ をみたす $\boldsymbol{d}_1$ と $\boldsymbol{d}_2$ のこと)

いいのがわかるね。これから, 次の平面の方程式が導ける。直線のときは, 媒介変数は1つだけだったけれど, 平面では, 平面と平行な2つのベクトル $\boldsymbol{d}_1$, $\boldsymbol{d}_2$ に対して2つの媒介変数 s と t が必要となる。

この s と t が変化することにより, 動ベクトル $\boldsymbol{p}$ の終点 P が平面を描くことがわかると思う。

平面のベクトル方程式

点 $\mathrm{A}(x_1, y_1, z_1)$ を通り，2つのベクトル $\boldsymbol{d}_1$, $\boldsymbol{d}_2$ が張る平面の方程式は，

$\boldsymbol{p}=\boldsymbol{a}+s\boldsymbol{d}_1+t\boldsymbol{d}_2$ …⑤ (s, t：媒介変数)

ただし，

$$\boldsymbol{p}=\begin{bmatrix} x \\ y \\ z \end{bmatrix}, \boldsymbol{a}=\overrightarrow{\mathrm{OA}}=\begin{bmatrix} x_1 \\ y_1 \\ z_1 \end{bmatrix}$$

$$\boldsymbol{d}_1=\begin{bmatrix} l_1 \\ m_1 \\ n_1 \end{bmatrix}, \boldsymbol{d}_2=\begin{bmatrix} l_2 \\ m_2 \\ n_2 \end{bmatrix}$$

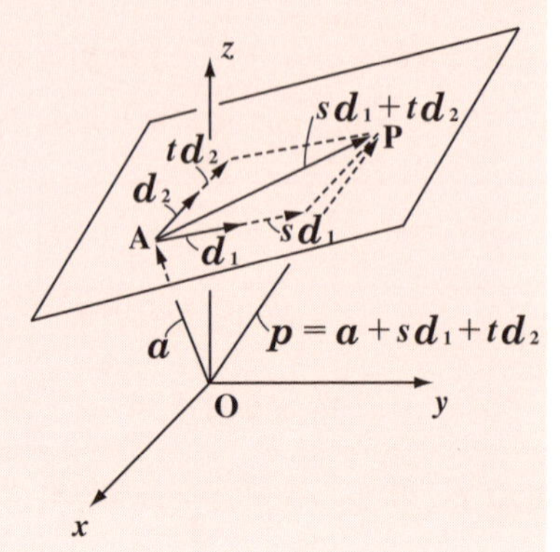

空間座標上の平面の方程式の場合，その公式として⑤よりも一般には，

$$ax+by+cz+d=0 \quad \cdots\cdots ⑥$$

を利用する。

図1 に示すように，平面は，

(i) その平面の通る点 $\mathrm{A}(x_1, y_1, z_1)$ を定め，

(ii) その平面と垂直なベクトル (法線ベクトル) $\boldsymbol{h}$ を指定すれば定まる。

図1　平面の方程式

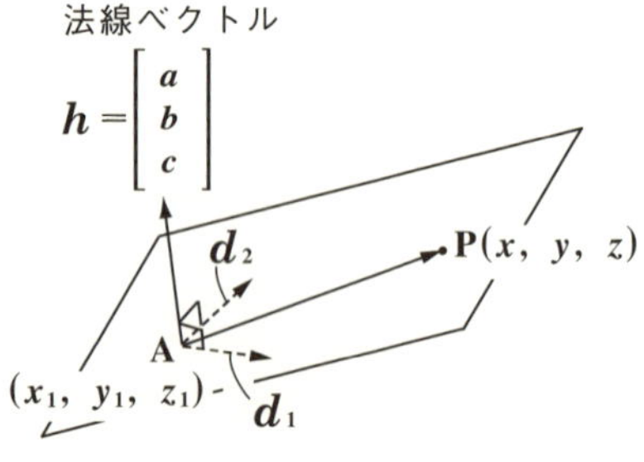

$\boldsymbol{h}=\begin{bmatrix} a \\ b \\ c \end{bmatrix}$ とおくと，当然 $\boldsymbol{h}\perp\boldsymbol{d}_1$, $\boldsymbol{h}\perp\boldsymbol{d}_2$ となる。ここで，平面上の任意の動点を $\mathrm{P}(x, y, z)$ とおくと，$\overrightarrow{\mathrm{AP}}=\begin{bmatrix} x-x_1 \\ y-y_1 \\ z-z_1 \end{bmatrix}$ となるね。

すると，$\boldsymbol{h}\perp\overrightarrow{\mathrm{AP}}$ より，$\boldsymbol{h}\cdot\overrightarrow{\mathrm{AP}}=0$ から，平面の方程式

$$a(x-x_1)+b(y-y_1)+c(z-z_1)=0 \quad \cdots\cdots ⑦$$

が導ける。

(これは，$\mathrm{A}(x_1, y_1, z_1)$ を通り，法線ベクトル $\boldsymbol{h}$ をもつ平面の方程式)

d(定数)

⑦を変形して，$ax+by+cz\boxed{-(ax_1+by_1+cz_1)}=0$ とし，
定数 $-(ax_1+by_1+cz_1)=d$ とおけば，⑥の平面の公式が導ける。
⑤，⑥，⑦のどの形も，平面の方程式として有効だから，覚えておこう。
ここで，法線ベクトル $\boldsymbol{h}$ が，$\boldsymbol{d}_1$ と $\boldsymbol{d}_2$ の外積として，$\boldsymbol{h}=\boldsymbol{d}_1\times\boldsymbol{d}_2$ で求められることも大丈夫だね。
それでは，ここで，次の3元1次の連立方程式について考えてみよう。

$$\begin{cases} a_1x+b_1y+c_1z=d_1 \cdots\cdots ㋐ \\ a_2x+b_2y+c_2z=d_2 \cdots\cdots ㋑ \\ a_3x+b_3y+c_3z=d_3 \cdots\cdots ㋒ \end{cases} \quad (a_i,\ b_i,\ c_i,\ d_i:\text{定数})(i=1,\ 2,\ 3)$$

d_1, d_2, d_3 がすべて 0 のとき"**同次**"，そうでないときを"**非同次**"の連立1次方程式と呼ぶ。

㋐，㋑，㋒は，xyz 座標空間上の平面の方程式でもあるので，

これが，$\begin{cases} (\text{I})\,1\text{ 組の解 } (x_1,\ y_1,\ z_1) \text{ をもつときと，} \\ (\text{II})\text{ 無数の解 (不定解) をもつときの，図形的なイメージを} \end{cases}$

図2に示すので，ヴィジュアルに式のもつ意味も分かると思う。

図2

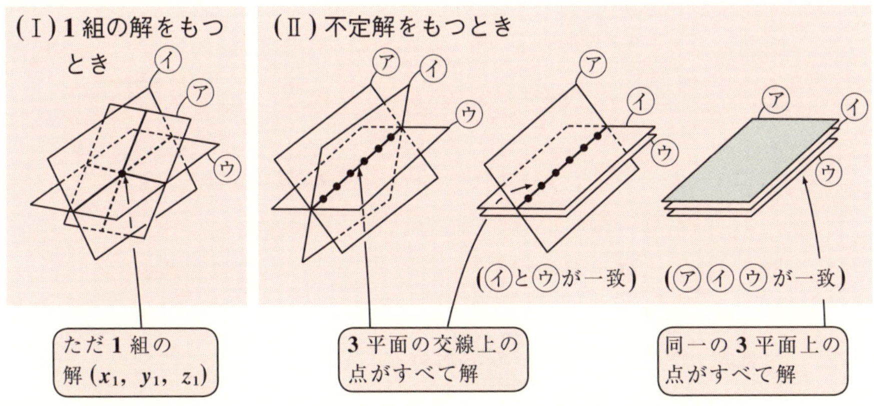

演習問題 2	● 平面と直線との交点 (Ⅰ) ●

平面 π : $x+3y+2z+1=0$ と平行な平面 α が，点 $A(1,-1,-2)$ を通るものとする。

(1) 平面 α の方程式を求めよ。

(2) 平面 α と直線 L : $\dfrac{x-2}{-2}=\dfrac{y}{2}=\dfrac{z+1}{1}$ との交点 B の座標を求めよ。

ヒント! (1) α は点 $(1,-1,-2)$ を通り，法線ベクトル $[1,3,2]$ をもつ平面となる。 (2) (直線の式) $=t$ とおいて，x，y，z を t の式で表す。

解答&解説

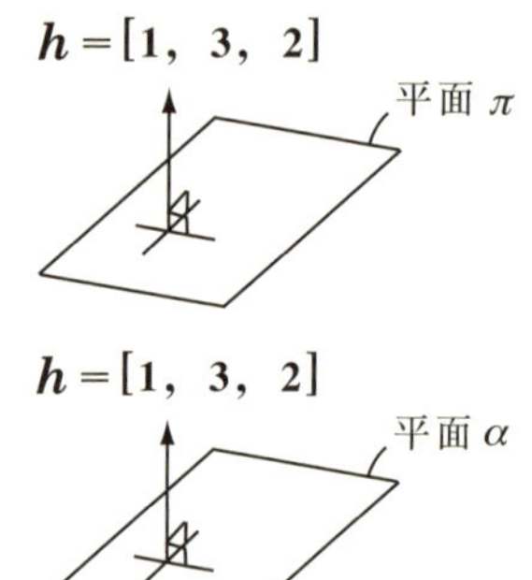

(1) 平面 α は，平面 π : $x+3y+2z+1=0$ と平行なので，同じ法線ベクトル $\boldsymbol{h}=[1,\ 3,\ 2]$ をもち，かつ点 $A(1,\ -1,\ -2)$ を通る。

$\therefore\ 1\cdot(x-1)+3(y+1)+2(z+2)=0$

> 点 $A(x_1,\ y_1,\ z_1)$ を通り，法線ベクトル $\boldsymbol{h}=[a,\ b,\ c]$ の平面の方程式は，$a(x-x_1)+b(y-y_1)+c(z-z_1)=0$ だ。

$\therefore$ 平面 α : $x+3y+2z+6=0$ ……① ……………………………………(答)

(2) 直線 L : $\dfrac{x-2}{-2}=\dfrac{y}{2}=\dfrac{z+1}{1}=t$ とおくと，

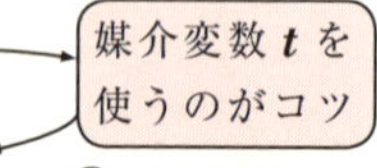

$x=-2t+2$ ……② ，$y=2t$ ……③ ，$z=t-1$ ……④ となる。

②，③，④を①に代入して，

$-2t+2+3\cdot 2t+2(t-1)+6=0$

$6t=-6 \quad \therefore\ t=-1$

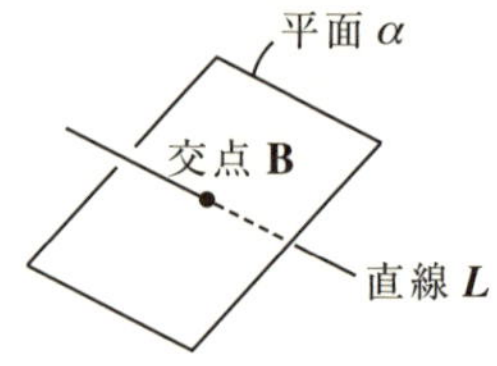

これを②，③，④に代入して，求める交点 B の座標は，$B(4,\ -2,\ -2)$ である。 ……………………………(答)

実践問題 2　● 平面と直線との交点(Ⅱ) ●

平面 $\pi: 2x-y+z-1=0$ と平行な平面 α が，点 $A(1,\ 0,\ 4)$ を通るものとする。

(1) 平面 α の方程式を求めよ。

(2) 平面 α と直線 L : $\frac{x-1}{2}=\frac{y+1}{-1}=\frac{z}{-2}$ との交点 B の座標を求めよ。

ヒント！ (1) $\alpha /\!/ \pi$ より，平面 α は平面 π と同じ法線ベクトルをもつ。(2) (直線の式) $=t$ とおいて，交点 B の座標を求めるのがコツだ。

解答＆解説

(1) 平面 α は，平面 $\pi: 2x-y+z-1=0$ と平行なので，同じ法線ベクトル $\boldsymbol{h}=[2,\ -1,\ 1]$ をもち，かつ点 $A(1,\ 0,\ 4)$ を通る。

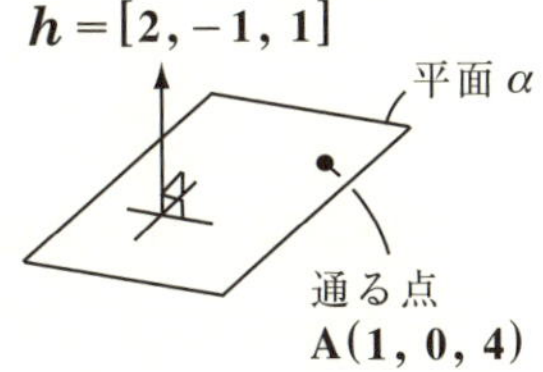

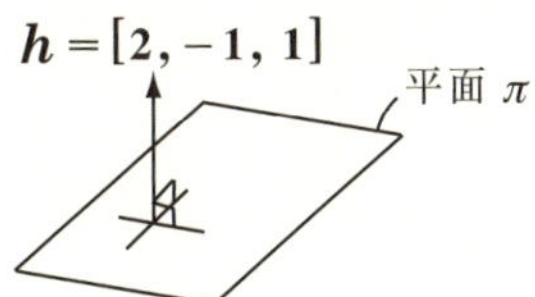

∴ (ア)　　　　　$=0$

公式： $a(x-x_1)+b(y-y_1)+c(z-z_1)=0$

∴ 平面 α : $2x-y+z-6=0$ ……① ……………………………(答)

(2) 直線 L : $\frac{x-1}{2}=\frac{y+1}{-1}=\frac{z}{-2}=$ (イ)　とおくと，

$x=2t+1$ ……② ， $y=$ (ウ)　……③， $z=-2t$ ……④ となる。

②, ③, ④を①に代入して，

$2(2t+1)-(-t-1)+(-2t)-6=0$

$3t=3$　∴ $t=$ (エ)

これを②, ③, ④に代入して，求める交点 B の座標は，B((オ)) である。……………………(答)

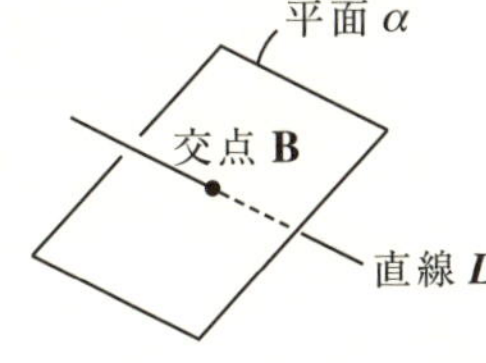

解答　(ア) $2\cdot(x-1)-1\cdot(y-0)+1\cdot(z-4)$　(イ) t　(ウ) $-t-1$　(エ) 1　(オ) $3,-2,-2$

講義 1 ● ベクトルと空間座標の基本　公式エッセンス

1. 内積

（Ⅰ）2つのベクトル $\boldsymbol{a}$ と $\boldsymbol{b}$ の内積 $\boldsymbol{a}\cdot\boldsymbol{b}$ は,

$$\boldsymbol{a}\cdot\boldsymbol{b}=\|\boldsymbol{a}\|\|\boldsymbol{b}\|\cos\theta$$

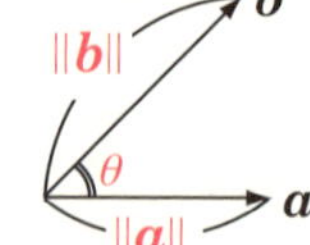

（Ⅱ）（ア）$\boldsymbol{a}=\begin{bmatrix}x_1\\y_1\end{bmatrix}$, $\boldsymbol{b}=\begin{bmatrix}x_2\\y_2\end{bmatrix}$ のとき, $\boldsymbol{a}\cdot\boldsymbol{b}=x_1x_2+y_1y_2$

（イ）$\boldsymbol{a}=\begin{bmatrix}x_1\\y_1\\z_1\end{bmatrix}$, $\boldsymbol{b}=\begin{bmatrix}x_2\\y_2\\z_2\end{bmatrix}$ のとき, $\boldsymbol{a}\cdot\boldsymbol{b}=x_1x_2+y_1y_2+z_1z_2$

2. 正射影ベクトル

$\boldsymbol{b}$ の $\boldsymbol{a}$ 上への正射影ベクトルは,

$$\frac{\boldsymbol{a}\cdot\boldsymbol{b}}{\|\boldsymbol{a}\|^2}\boldsymbol{a}\ \left[=\frac{\|\boldsymbol{b}\|\cos\theta}{\|\boldsymbol{a}\|}\boldsymbol{a}\right]$$

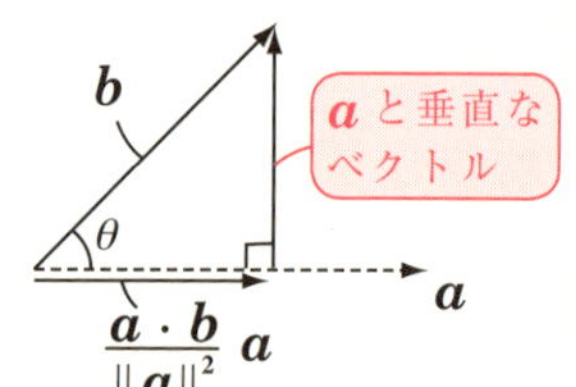

3. 空間座標における直線の方程式

（Ⅰ）点 $\mathrm{A}(x_1, y_1, z_1)$ を通り, 方向ベクトル $\boldsymbol{d}$ の直線のベクトル方程式は

$$\boldsymbol{p}=\boldsymbol{a}+t\boldsymbol{d}\quad (t：実数)$$

$$\left(ただし, \boldsymbol{p}=\begin{bmatrix}x\\y\\z\end{bmatrix}, \boldsymbol{a}=\overrightarrow{\mathrm{OA}}=\begin{bmatrix}x_1\\y_1\\z_1\end{bmatrix}, \boldsymbol{d}=\begin{bmatrix}l\\m\\n\end{bmatrix}\right)$$

（Ⅱ）$l\neq 0$, $m\neq 0$, $n\neq 0$ のとき, この直線の方程式は,

$$\frac{x-x_1}{l}=\frac{y-y_1}{m}=\frac{z-z_1}{n}\ (=t)$$

4. 空間座標における平面の方程式

（Ⅰ）点 $\mathrm{A}(x_1, y_1, z_1)$ を通り, $\boldsymbol{d}_1$, $\boldsymbol{d}_2$ が張る平面のベクトル方程式は

$$\boldsymbol{p}=\boldsymbol{a}+s\boldsymbol{d}_1+t\boldsymbol{d}_2\quad (s, t：実数)$$

$$\left(ただし, \boldsymbol{p}=\begin{bmatrix}x\\y\\z\end{bmatrix}, \boldsymbol{a}=\overrightarrow{\mathrm{OA}}=\begin{bmatrix}x_1\\y_1\\z_1\end{bmatrix}, \boldsymbol{d}_1=\begin{bmatrix}l_1\\m_1\\n_1\end{bmatrix}, \boldsymbol{d}_2=\begin{bmatrix}l_2\\m_2\\n_2\end{bmatrix}\right)$$

（Ⅱ）点 $\mathrm{A}(x_1, y_1, z_1)$ を通り, 法線ベクトル $\boldsymbol{h}=\begin{bmatrix}a\\b\\c\end{bmatrix}$ の平面の方程式は

$$a(x-x_1)+b(y-y_1)+c(z-z_1)=0$$

行 列

- 行列の和とスカラー倍
- 行列の積の計算
- 行列の積のさまざまな表現法
- 2 行 2 列の行列の復習

§1. 行列の和と積

それでは，これから“行列”の解説に入ろう。行列とは，$m \times n$ 個の実数を長方形の形に配置して，[　] でくくったもののことで，連立 1 次方程式の解法や，線形写像を勉強していく上で，重要な役割を演じる。

ここでは，行列の基本的な演算として和と積を中心に解説していくつもりだ。

● まず，行列を定義しよう！

まず，行列の定義と表記法を下に示す。

行列の定義

$m \times n$ 個の実数をたてに m 個，横に n 個の長方形状に並べてそれを [　] でくくったものを“**行列**”と定義し，一般に A や B などアルファベットの大文字で表す。1 例を示す。

$$A = \begin{bmatrix} a_{11} & a_{12} & \cdots & a_{1j} & \cdots & a_{1n} \\ a_{21} & a_{22} & \cdots & a_{2j} & \cdots & a_{2n} \\ \vdots & \vdots & & \vdots & & \vdots \\ a_{i1} & a_{i2} & \cdots & \boxed{a_{ij}} & \cdots & a_{in} \\ \vdots & \vdots & & \vdots & & \vdots \\ a_{m1} & a_{m2} & \cdots & a_{mj} & \cdots & a_{mn} \end{bmatrix} \begin{matrix} \leftarrow \text{第 1 行} \\ \leftarrow \text{第 2 行} \\ \vdots \\ \leftarrow \text{第 } i \text{ 行} \\ \vdots \\ \leftarrow \text{第 } m \text{ 行} \end{matrix}$$

↑第 1 列　↑第 2 列　…　↑第 j 列　…　↑第 n 列

これを，“$m \times n$ **行列**”または“m **行** n **列の行列**”または“(m, n) **型行列**”と呼び，上から i 行目，左から j 列目にある a_{ij} を“(i, j) **成分**”と呼ぶ。$(i = 1, 2, \cdots, m,\ j = 1, 2, \cdots, n)$　（i：行，j：列を表す）

（一般に，a_{ij} $(i = 1, 2, \cdots, m,\ j = 1, 2, \cdots, n)$ は，複素数でもよいが本書では実数行列のみを扱うことにするので，これらの成分はすべて実数とする。）

ここで，各成分の間にはカンマをつけず，十分なスペースをとって表すことにする。それでは，実際の行列で，練習しておこう。

(i) $A=\begin{bmatrix} 2 & 1 & -1 & 1 \\ 0 & 1 & 2 & 2 \\ -1 & 3 & 1 & 0 \end{bmatrix}$ について，A は $(3,\ 4)$ 型行列で，この第 **2** 行は

(a_{12}, a_{21}, a_{32}, a_{33})

$[0\ 1\ 2\ 2]$ となる。また，$a_{12}=1$，$a_{21}=0$，$a_{32}=3$，$a_{33}=1$ となる。

(ii) $B=\begin{bmatrix} 5 & -1 \\ -2 & 4 \\ 0 & 1 \\ 7 & -3 \end{bmatrix}$ は，4×2 行列で，$B=\begin{bmatrix} b_{11} & b_{12} \\ b_{21} & b_{22} \\ b_{31} & b_{32} \\ b_{41} & b_{42} \end{bmatrix}$ とおくと，

$b_{21}=-2$，$b_{42}=-3$ などとなるのも大丈夫だね。

(iii) 列ベクトル $\boldsymbol{x}=\begin{bmatrix} 3 \\ -2 \\ 4 \end{bmatrix}$ も，$\boldsymbol{x}=\begin{bmatrix} x_{11} \\ x_{21} \\ x_{31} \end{bmatrix}$ とおくと，$x_{11}=3$，$x_{21}=-2$，

$x_{31}=4$ の 3×1 行列と見ることが出来る。

同様に行ベクトル $\boldsymbol{h}=[5,\ 1,\ -1]$ も，1×3 行列と言える。

このように，成分表示されたベクトルは，行列の **1** 種と考えることが出来るんだね。

(iv) $m\times m$ 行列は，正方形状に成分が並ぶので，“**m 次正方行列**”と呼ぶ。

$C=\begin{bmatrix} 1 & 2 \\ 2 & -1 \end{bmatrix}$，$D=\begin{bmatrix} -1 & 2 & 3 \\ 1 & 1 & 0 \\ 2 & 0 & 1 \end{bmatrix}$ などがその例で，C は **2** 次正方行列，

D は **3** 次正方行列である。

(v) さらに，n 次正方行列で，その対角線上にない成分がすべて **0** である行列を，特に“**対角行列**”という。

$X=\begin{bmatrix} 1 & 0 & 0 \\ 0 & 2 & 0 \\ 0 & 0 & -1 \end{bmatrix}$ が，**3** 次の対角行列の **1** 例だ。

対角線

行列の対角線は，この右下がりのもののみを言い，右上がりのものを対角線とは呼ばない。

● 行列の和とスカラー倍を定義しよう！

成分表示されたベクトルと同様に，2 つの同じ (m, n) 型行列の相等，和，それに，行列のスカラー倍 (実数倍) を次のように定義する。

行列の相等，和，スカラー倍の定義

2 つの行列

$$A=\begin{bmatrix} a_{11} & a_{12} & \cdots & a_{1n} \\ a_{21} & a_{22} & \cdots & a_{2n} \\ \vdots & \vdots & & \vdots \\ a_{m1} & a_{m2} & \cdots & a_{mn} \end{bmatrix},\quad B=\begin{bmatrix} b_{11} & b_{12} & \cdots & b_{1n} \\ b_{21} & b_{22} & \cdots & b_{2n} \\ \vdots & \vdots & & \vdots \\ b_{m1} & b_{m2} & \cdots & b_{mn} \end{bmatrix}$$

について，(1) A と B の相等，(2) A と B の和，(3) A のスカラー倍を次のように定義する。

(1) A と B の相等

$$a_{ij}=b_{ij} \iff A=B \quad (i=1, 2, \cdots, m,\ j=1, 2, \cdots, n)$$

(2 つの同型の行列が相等 (等しい) と言えるためには，対応する成分がすべて等しくなければならない。)

(2) A と B の和

$$A+B=\begin{bmatrix} a_{11}+b_{11} & a_{12}+b_{12} & \cdots\cdots & a_{1n}+b_{1n} \\ a_{21}+b_{21} & a_{22}+b_{22} & \cdots\cdots & a_{2n}+b_{2n} \\ \vdots & \vdots & & \vdots \\ a_{m1}+b_{m1} & a_{m2}+b_{m2} & \cdots\cdots & a_{mn}+b_{mn} \end{bmatrix}$$

(3) A のスカラー倍

$$kA=\begin{bmatrix} ka_{11} & ka_{12} & \cdots\cdots & ka_{1n} \\ ka_{21} & ka_{22} & \cdots\cdots & ka_{2n} \\ \vdots & \vdots & & \vdots \\ ka_{m1} & ka_{m2} & \cdots\cdots & ka_{mn} \end{bmatrix} \quad (k : \text{実数})$$

すべての成分を k 倍する

(2) と (3) から，A と B の差 $A-B$ も次のように計算できる。

$$A-B=A+(-1)B=\begin{bmatrix} a_{11}-b_{11} & a_{12}-b_{12} & \cdots\cdots & a_{1n}-b_{1n} \\ a_{21}-b_{21} & a_{22}-b_{22} & \cdots\cdots & a_{2n}-b_{2n} \\ \vdots & \vdots & & \vdots \\ a_{m1}-b_{m1} & a_{m2}-b_{m2} & \cdots\cdots & a_{mn}-b_{mn} \end{bmatrix}$$

さらに，$m \times n$ 行列のすべての成分が $\mathbf{0}$ のとき，これを“**零行列**”と呼び，$\mathbf{O}$ で表す。

大文字のオー

$$\text{零行列 } \mathbf{O} = \underbrace{\begin{bmatrix} 0 & 0 & \cdots & 0 \\ 0 & 0 & \cdots & 0 \\ \vdots & \vdots & & \vdots \\ 0 & 0 & \cdots & 0 \end{bmatrix}}_{n\text{ 列}} \Bigg\} m \text{ 行}$$

これは，行列の演算の中で，実数の $\mathbf{0}$ と同じ役割を演じる。

一般に，$0A = \mathbf{O}$ となる。

実数　零行列

以上より，行列の和とスカラー倍について，次の性質が成り立つ。

行列の和とスカラー倍の性質

A, B, C を $m \times n$ 行列，k, l を実数とするとき，行列の和とスカラー倍について，次の性質が成り立つ。

(Ⅰ) 和の性質

(ⅰ) $(A+B)+C = A+(B+C)$ (結合法則)　(ⅱ) $A+B = B+A$ (交換法則)

(ⅲ) $A+\mathbf{O} = \mathbf{O}+A = A$　(ⅳ) $A+(-A) = (-A)+A = \mathbf{O}$

(Ⅱ) スカラー倍の性質

(ⅰ) $1 \cdot A = A$　(ⅱ) $k(A+B) = kA+kB$

(ⅲ) $(k+l)A = kA+lA$　(ⅳ) $(kl)A = k(lA)$

ここで，例題をやっておこう。

(1) $A = \begin{bmatrix} -1 & 1 & 1 \\ 2 & 0 & 3 \end{bmatrix}$，$B = \begin{bmatrix} 5 & 3 & 5 \\ 4 & 4 & 9 \end{bmatrix}$ のとき，$3A = B - 2X$ をみたす行列 X を求めよ。

$$X = \frac{1}{2}(B-3A) = \frac{1}{2}\left\{\begin{bmatrix} 5 & 3 & 5 \\ 4 & 4 & 9 \end{bmatrix} - 3\begin{bmatrix} -1 & 1 & 1 \\ 2 & 0 & 3 \end{bmatrix}\right\}$$

すべての成分に $\frac{1}{2}$ をかける。

$$= \frac{1}{2}\left\{\begin{bmatrix} 5 & 3 & 5 \\ 4 & 4 & 9 \end{bmatrix} - \begin{bmatrix} -3 & 3 & 3 \\ 6 & 0 & 9 \end{bmatrix}\right\} = \frac{1}{2}\begin{bmatrix} 8 & 0 & 2 \\ -2 & 4 & 0 \end{bmatrix} = \begin{bmatrix} 4 & 0 & 1 \\ -1 & 2 & 0 \end{bmatrix}$$

……(答)

● 行列の積では，$AB=BA$ は一般には成り立たない！

2つの2次の正方行列 $A=\begin{bmatrix} a & b \\ c & d \end{bmatrix}$，$B=\begin{bmatrix} p & q \\ r & s \end{bmatrix}$ について，A と B の積 AB を次のように計算する。

$$AB=\begin{bmatrix} a & b \\ c & d \end{bmatrix}\begin{bmatrix} p & q \\ r & s \end{bmatrix}=\begin{bmatrix} ap+br & aq+bs \\ cp+dr & cq+ds \end{bmatrix}$$

これを各成分毎に分解してみてみると

(i) $\begin{bmatrix} a & b \\ * & * \end{bmatrix}\begin{bmatrix} p & * \\ r & * \end{bmatrix}=\begin{bmatrix} ap+br & * \\ * & * \end{bmatrix}$ ←(1, 1) 成分の計算

(ii) $\begin{bmatrix} a & b \\ * & * \end{bmatrix}\begin{bmatrix} * & q \\ * & s \end{bmatrix}=\begin{bmatrix} * & aq+bs \\ * & * \end{bmatrix}$ ←(1, 2) 成分の計算

(iii) $\begin{bmatrix} * & * \\ c & d \end{bmatrix}\begin{bmatrix} p & * \\ r & * \end{bmatrix}=\begin{bmatrix} * & * \\ cp+dr & * \end{bmatrix}$ ←(2, 1) 成分の計算

(iv) $\begin{bmatrix} * & * \\ c & d \end{bmatrix}\begin{bmatrix} * & q \\ * & s \end{bmatrix}=\begin{bmatrix} * & * \\ * & cq+ds \end{bmatrix}$ ←(2, 2) 成分の計算

この要領で，2次の正方行列以外の2つの行列の積も計算できる。以下の例題で練習してみよう。

(2) $$\begin{bmatrix} 1 & 0 \\ -2 & 3 \end{bmatrix}\begin{bmatrix} -1 & 1 \\ 4 & 2 \end{bmatrix}=\begin{bmatrix} 1\times(-1)+0\times4 & 1\times1+0\times2 \\ -2\times(-1)+3\times4 & -2\times1+3\times2 \end{bmatrix}$$

$$=\begin{bmatrix} -1 & 1 \\ 14 & 4 \end{bmatrix}$$ ←(2×2 行列)×(2×2 行列)=(2×2 行列)

(3) $$\begin{bmatrix} 3 & 2 \\ 1 & 2 \\ -1 & 1 \end{bmatrix}\begin{bmatrix} 1 & 2 & -1 \\ 4 & 1 & 3 \end{bmatrix}=\begin{bmatrix} 3\times1+2\times4 & 3\times2+2\times1 & 3\times(-1)+2\times3 \\ 1\times1+2\times4 & 1\times2+2\times1 & 1\times(-1)+2\times3 \\ -1\times1+1\times4 & -1\times2+1\times1 & -1\times(-1)+1\times3 \end{bmatrix}$$

$$=\begin{bmatrix} 11 & 8 & 3 \\ 9 & 4 & 5 \\ 3 & -1 & 4 \end{bmatrix}$$ ←(3×2 行列)×(2×3 行列)=(3×3 行列)

それでは，極端な例として $A=\begin{bmatrix} 1 & 3 & -1 \end{bmatrix}$，$B=\begin{bmatrix} 3 \\ 2 \\ 1 \end{bmatrix}$ について次の2つの

例題を解いてみよう。

$$(4)\ AB=[1\ \ 3\ \ -1]\begin{bmatrix}3\\2\\1\end{bmatrix}=[1\times3+3\times2+(-1)\times1]$$

$$=[8]$$ ←（$\underline{1}\times\underline{3}$ 行列）×（$\underline{3}\times\underline{1}$ 行列）=（$\underline{1\times1}$ 行列）

$$(5)\ BA=\begin{bmatrix}3\\2\\1\end{bmatrix}[1\ \ 3\ \ -1]=\begin{bmatrix}3\times1 & 3\times3 & 3\times(-1)\\2\times1 & 2\times3 & 2\times(-1)\\1\times1 & 1\times3 & 1\times(-1)\end{bmatrix}$$

$$=\begin{bmatrix}3 & 9 & -3\\2 & 6 & -2\\1 & 3 & -1\end{bmatrix}$$ ←（$\underline{3}\times\underline{1}$ 行列）×（$\underline{1}\times\underline{3}$ 行列）=（$\underline{3\times3}$ 行列）

(4)，**(5)** の例のように，AB は $(1,\ 1)$ 型の行列になるが，BA は $(3,\ 3)$ 型の行列となって，まったく異なるのがわかるね。これから一般に行列の積においては交換の法則 $AB=BA$ は成り立たない。つまり，

$AB \neq BA$ であることを胆に銘じておいてくれ。

$$(6)\ X=\begin{bmatrix}1 & 2 & 0\\2 & 1 & 0\\1 & 3 & 0\end{bmatrix},\ Y=\begin{bmatrix}0 & 0 & 0\\0 & 0 & 0\\1 & 2 & 1\end{bmatrix}$$ のとき XY を求めると

$$XY=\begin{bmatrix}1 & 2 & 0\\2 & 1 & 0\\1 & 3 & 0\end{bmatrix}\begin{bmatrix}0 & 0 & 0\\0 & 0 & 0\\1 & 2 & 1\end{bmatrix}=\begin{bmatrix}1\times0+2\times0+0\times1 & 1\times0+2\times0+0\times2 & 1\times0+2\times0+0\times1\\2\times0+1\times0+0\times1 & 2\times0+1\times0+0\times2 & 2\times0+1\times0+0\times1\\1\times0+3\times0+0\times1 & 1\times0+3\times0+0\times2 & 1\times0+3\times0+0\times1\end{bmatrix}$$

$$=\begin{bmatrix}0 & 0 & 0\\0 & 0 & 0\\0 & 0 & 0\end{bmatrix}=O$$ となる。

これから，行列の積において，“$XY=O$ となっても $X=O$ または $Y=O$ になるとは限らない” ことがわかるだろう。

$X \neq O,\ Y \neq O$ でも，$XY=O$ となる場合がある ことも覚えておくんだよ。

この場合 X, Y を “**零因子**” と呼ぶ。

2 つの行列 A と B の積 AB においては，A が $(l,\ m)$ 型，B が $(m,\ n)$ 型のように，A の列の数 m と，B の行の数 m が同じでなければならない。そして，このとき積 AB の結果は，$(l,\ n)$ 型の行列になる。

これまでのことをまとめて，**2**つの行列 A と B の積 AB の定義を下に示す。

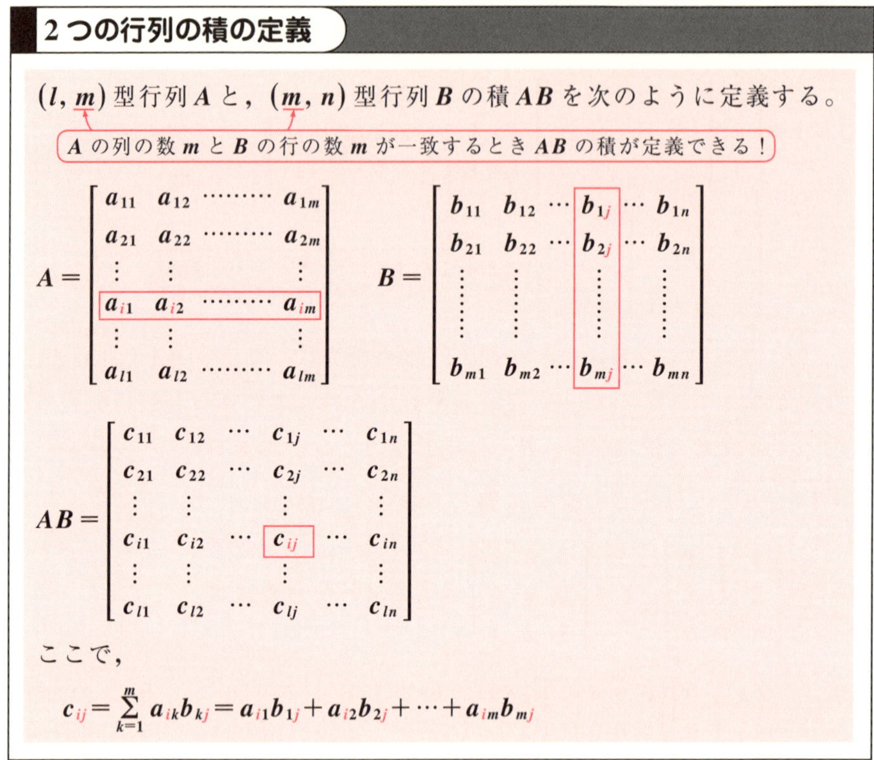

2 つの行列の積の定義

$(l,\ m)$ 型行列 A と，$(m,\ n)$ 型行列 B の積 AB を次のように定義する。

$$A=\begin{bmatrix} a_{11} & a_{12} & \cdots\cdots & a_{1m} \\ a_{21} & a_{22} & \cdots\cdots & a_{2m} \\ \vdots & \vdots & & \vdots \\ a_{i1} & a_{i2} & \cdots\cdots & a_{im} \\ \vdots & \vdots & & \vdots \\ a_{l1} & a_{l2} & \cdots\cdots & a_{lm} \end{bmatrix} \qquad B=\begin{bmatrix} b_{11} & b_{12} & \cdots & b_{1j} & \cdots & b_{1n} \\ b_{21} & b_{22} & \cdots & b_{2j} & \cdots & b_{2n} \\ \vdots & \vdots & & \vdots & & \vdots \\ b_{m1} & b_{m2} & \cdots & b_{mj} & \cdots & b_{mn} \end{bmatrix}$$

$$AB=\begin{bmatrix} c_{11} & c_{12} & \cdots & c_{1j} & \cdots & c_{1n} \\ c_{21} & c_{22} & \cdots & c_{2j} & \cdots & c_{2n} \\ \vdots & \vdots & & \vdots & & \vdots \\ c_{i1} & c_{i2} & \cdots & c_{ij} & \cdots & c_{in} \\ \vdots & \vdots & & \vdots & & \vdots \\ c_{l1} & c_{l2} & \cdots & c_{lj} & \cdots & c_{ln} \end{bmatrix}$$

ここで，

$$c_{ij}=\sum_{k=1}^{m} a_{ik}b_{kj}=a_{i1}b_{1j}+a_{i2}b_{2j}+\cdots+a_{im}b_{mj}$$

一般論として書くと難しく感じるかもしれないけれど，これまで具体例で沢山練習してきたので，意味はよくわかると思う。

ここで，単位行列 E についても紹介しておこう。m 次の正方行列の対角線上にのみ **1** が並び，他の成分はすべて **0** であるような行列を“**単位行列**”と呼び，E で表す。

$$単位行列\ E=\begin{bmatrix} 1 & 0 & \cdots\cdots & 0 \\ 0 & 1 & \cdots\cdots & 0 \\ \vdots & \vdots & \ddots & \vdots \\ 0 & 0 & \cdots\cdots & 1 \end{bmatrix}$$

（m 行，m 列）← m 次の正方行列

同じ m 次の正方行列 A に対して，$AE=EA=A$ が成り立つ。この E は，実数の積における 1 と同じ役割を演じているんだよ。

また，これは正方行列でなくても，積が定義できればいいんだけれど，$AO=OA=O$ も成り立つ。

それでは，正方行列と限らなくても，行列の積が定義できるとき，次の性質が成り立つことも覚えておこう。

行列の積の性質

それぞれの行列の積が定義されているとき，次の性質が成り立つ。

(i) $(AB)C=A(BC)$
（結合法則）

(ii) $A(B+C)=AB+AC$
（分配法則）

(iii) $(A+B)C=AC+BC$
（分配法則）

(iv) $AB \neq BA$
（一般に交換法則は成り立たない）

(v) $AE=EA=A$
（A, E : 正方行列）

(vi) $AO=OA=O$

交換法則が成り立つ特殊な場合

(vii) $X\neq O$ かつ $Y\neq O$ でも，$XY=O$ となることがある。
（X と Y を零因子という。）

(vi) で，$A=[1\ \ 2]$ と $O=\begin{bmatrix}0\\0\end{bmatrix}$ のように正方行列でなくても，

$$AO=[1\ \ 2]\begin{bmatrix}0\\0\end{bmatrix}=[0]=O$$

$$OA=\begin{bmatrix}0\\0\end{bmatrix}[1\ \ 2]=\begin{bmatrix}0&0\\0&0\end{bmatrix}=O \quad となって$$

$AO=OA=O$ が成り立つのがわかるね。

演習問題 3　● 行列の積（Ⅰ）●

次の行列の積を求めよ。

(1) $\begin{bmatrix} 2 & 1 \\ 1 & 3 \\ 1 & -1 \end{bmatrix}\begin{bmatrix} 1 & -1 & 2 \\ 1 & 2 & 3 \end{bmatrix}$　(2) $\begin{bmatrix} 4 & -1 & 5 \\ 0 & 1 & 2 \\ 2 & -1 & 0 \end{bmatrix}\begin{bmatrix} 2 \\ 1 \\ -1 \end{bmatrix}$

ヒント！ (1) は，(3×2 行列)×(2×3 行列)＝(3×3 行列) になる。(2) は，(3×3 行列)×(3×1 行列)＝(3×1 行列) となって，列ベクトルになる。

解答＆解説

(1) $\begin{bmatrix} 2 & 1 \\ 1 & 3 \\ 1 & -1 \end{bmatrix}\begin{bmatrix} 1 & -1 & 2 \\ 1 & 2 & 3 \end{bmatrix}$ ←(3×2 行列)×(2×3 行列)

$$= \begin{bmatrix} 2\times1+1\times1 & 2\times(-1)+1\times2 & 2\times2+1\times3 \\ 1\times1+3\times1 & 1\times(-1)+3\times2 & 1\times2+3\times3 \\ 1\times1+(-1)\times1 & 1\times(-1)+(-1)\times2 & 1\times2+(-1)\times3 \end{bmatrix}$$

$$= \begin{bmatrix} 3 & 0 & 7 \\ 4 & 5 & 11 \\ 0 & -3 & -1 \end{bmatrix}$$ ←(3×3 行列) ……………………（答）

(2) $\begin{bmatrix} 4 & -1 & 5 \\ 0 & 1 & 2 \\ 2 & -1 & 0 \end{bmatrix}\begin{bmatrix} 2 \\ 1 \\ -1 \end{bmatrix}$ ←(3×3 行列)×(3×1 行列)

$$= \begin{bmatrix} 4\times2+(-1)\times1+5\times(-1) \\ 0\times2+1\times1+2\times(-1) \\ 2\times2+(-1)\times1+0\times(-1) \end{bmatrix}$$

$$= \begin{bmatrix} 2 \\ -1 \\ 3 \end{bmatrix}$$ ←(3×1 行列) ……………………（答）

実践問題 3　●行列の積(Ⅱ)●

次の行列の積を求めよ。

(1)$\begin{bmatrix} -1 & 2 & 1 \\ 3 & 2 & 1 \end{bmatrix}\begin{bmatrix} 4 & -1 & 1 \\ 2 & 2 & -3 \\ 1 & 1 & 0 \end{bmatrix}$　　(2)$\begin{bmatrix} 1 & -1 & 2 \end{bmatrix}\begin{bmatrix} 3 & 0 & 1 \\ 2 & 4 & -1 \\ 1 & -1 & 4 \end{bmatrix}$

ヒント！ **(1)** は，(**2**×**3** 行列)×(**3**×**3** 行列)=(**2**×**3** 行列)になるね。**(2)** は，(**1**×**3** 行列)×(**3**×**3** 行列)=(**1**×**3** 行列)となって，行ベクトルになる。

解答＆解説

(1)$\begin{bmatrix} -1 & 2 & 1 \\ 3 & 2 & 1 \end{bmatrix}\begin{bmatrix} 4 & -1 & 1 \\ 2 & 2 & -3 \\ 1 & 1 & 0 \end{bmatrix}$ ←(**2**×**3** 行列)×(**3**×**3** 行列)

$=\begin{bmatrix} -1\times4+2\times2+1\times1 & -1\times(-1)+2\times2+1\times1 & \boxed{(ア)\qquad} \\ 3\times4+2\times2+1\times1 & 3\times(-1)+2\times2+1\times1 & 3\times1+2\times(-3)+1\times0 \end{bmatrix}$

$=\begin{bmatrix} 1 & 6 & \boxed{(イ)} \\ 17 & 2 & -3 \end{bmatrix}$ ←(**2**×**3** 行列) ……………………………(答)

(2)$\begin{bmatrix} 1 & -1 & 2 \end{bmatrix}\begin{bmatrix} 3 & 0 & 1 \\ 2 & 4 & -1 \\ 1 & -1 & 4 \end{bmatrix}$ ←(**1**×**3** 行列)×(**3**×**3** 行列)

$=\begin{bmatrix} 1\times3+(-1)\times2+2\times1 & 1\times0+(-1)\times4+2\times(-1) & \boxed{(ウ)\qquad} \end{bmatrix}$

$=\begin{bmatrix} 3 & -6 & \boxed{(エ)} \end{bmatrix}$ ←(**1**×**3** 行列) ……………………………(答)

解答　(ア)　$-1\times1+2\times(-3)+1\times0$　　(イ)　-7　　(ウ)　$1\times1+(-1)\times(-1)+2\times4$
(エ)　10

演習問題 4　● スカラー行列と行列の決定(Ⅰ) 

$A=\begin{bmatrix}\lambda & 1 & 0\\ 0 & \lambda & 1\\ 0 & 0 & \lambda\end{bmatrix}$ に対して，$AX=XA$ をみたす3次の正方行列 X を求めよ。

ヒント！ $A=\lambda E+F$ の形に分解すると計算が速くなる。

解答＆解説

$$A=\begin{bmatrix}\lambda & 0 & 0\\ 0 & \lambda & 0\\ 0 & 0 & \lambda\end{bmatrix}+\begin{bmatrix}0 & 1 & 0\\ 0 & 0 & 1\\ 0 & 0 & 0\end{bmatrix}=\lambda E+F$$ とおくと，

$\left(\text{ただし，}E=\begin{bmatrix}1&0&0\\0&1&0\\0&0&1\end{bmatrix},\ F=\begin{bmatrix}0&1&0\\0&0&1\\0&0&0\end{bmatrix}\right)$

$$AX=(\lambda E+F)X=\lambda EX+FX=\lambda X+FX \quad \cdots\cdots①$$

λE を"スカラー行列"といい，一般に $\lambda E\cdot A=A\cdot\lambda E=\lambda A$ と変形できる。

$$XA=X(\lambda E+F)=X\cdot\lambda E+XF=\lambda X+XF \quad \cdots\cdots②$$

①，②を $AX=XA$ に代入して，$\cancel{\lambda X}+FX=\cancel{\lambda X}+XF$

$\therefore\ FX=XF$　　ここで，$X=\begin{bmatrix}a&b&c\\d&e&f\\g&h&i\end{bmatrix}$ とおくと

$$\begin{bmatrix}0&1&0\\0&0&1\\0&0&0\end{bmatrix}\begin{bmatrix}a&b&c\\d&e&f\\g&h&i\end{bmatrix}=\begin{bmatrix}a&b&c\\d&e&f\\g&h&i\end{bmatrix}\begin{bmatrix}0&1&0\\0&0&1\\0&0&0\end{bmatrix}$$

$$\begin{bmatrix}d&e&f\\g&h&i\\0&0&0\end{bmatrix}=\begin{bmatrix}0&a&b\\0&d&e\\0&g&h\end{bmatrix}$$ 行列の相等より，← すべての対応する成分が等しい。

$$d=g=h=0,\quad a=e=i,\quad b=f$$

以上より，$X=\begin{bmatrix}a&b&c\\0&a&b\\0&0&a\end{bmatrix}$ (ただし，a,b,c は任意) ……………………(答)

実践問題 4　●スカラー行列と行列の決定(Ⅱ)●

$A=\begin{bmatrix}\lambda & 0 & 0\\ 1 & \lambda & 0\\ 0 & 1 & \lambda\end{bmatrix}$ に対して，$AX=XA$ をみたす 3 次の正方行列 X を求めよ。

ヒント！ $A=\lambda E+G$ の形に分解して $GX=XG$ を解く。

解答＆解説

$$A=\begin{bmatrix}\lambda & 0 & 0\\ 0 & \lambda & 0\\ 0 & 0 & \lambda\end{bmatrix}+\begin{bmatrix}0 & 0 & 0\\ 1 & 0 & 0\\ 0 & 1 & 0\end{bmatrix}=\lambda E+G$$ とおくと，

$\left(\text{ただし，} E=\begin{bmatrix}1 & 0 & 0\\ 0 & 1 & 0\\ 0 & 0 & 1\end{bmatrix},\ G=\begin{bmatrix}0 & 0 & 0\\ 1 & 0 & 0\\ 0 & 1 & 0\end{bmatrix}\right)$

$AX=(\lambda E+G)X=\lambda EX+GX=$ (ア)＿＿＿＿ ……①

$XA=X(\lambda E+G)=X\cdot\lambda E+XG=\lambda X+XG$ ……②

①，②を $AX=XA$ に代入して，$\lambda X+GX=\lambda X+XG$

∴ (イ)＿＿＿＿　　ここで，$X=\begin{bmatrix}a & b & c\\ d & e & f\\ g & h & i\end{bmatrix}$ とおくと

$$\begin{bmatrix}0 & 0 & 0\\ 1 & 0 & 0\\ 0 & 1 & 0\end{bmatrix}\begin{bmatrix}a & b & c\\ d & e & f\\ g & h & i\end{bmatrix}=\begin{bmatrix}a & b & c\\ d & e & f\\ g & h & i\end{bmatrix}\begin{bmatrix}0 & 0 & 0\\ 1 & 0 & 0\\ 0 & 1 & 0\end{bmatrix}$$

$$\begin{bmatrix}0 & 0 & 0\\ a & b & c\\ d & e & f\end{bmatrix}=\begin{bmatrix}b & c & 0\\ e & f & 0\\ h & i & 0\end{bmatrix}$$ 行列の相等より，

(ウ)＿＿＿＿ $=0$，　$a=e=i$，　(エ)＿＿＿＿

以上より，$X=\begin{bmatrix}a & 0 & 0\\ d & a & 0\\ g & d & a\end{bmatrix}$ (ただし，a, d, g は任意) ………………(答)

解答 (ア) $\lambda X+GX$　(イ) $GX=XG$　(ウ) $b=c=f$　(エ) $d=h$

§2. 行列の積のさまざまな表現法

これまで，行列の積についても，その基本を勉強してきたけれど，かけ算する行列をブロック分割することにより，行列の積はさまざまな形で表現することができる。これに慣れることにより，後で学習する行列の“対角比”や“ジョルダン標準形”における式変形が容易に理解できるようになるんだよ。

それでは，まず“転置行列”から，解説を始めよう。

● 転置行列の計算に慣れよう！

(m, n) 型行列 A の対角線に関して対称に成分を入れ換えたものを“転置行列”と呼び，${}^tA$ で表す。

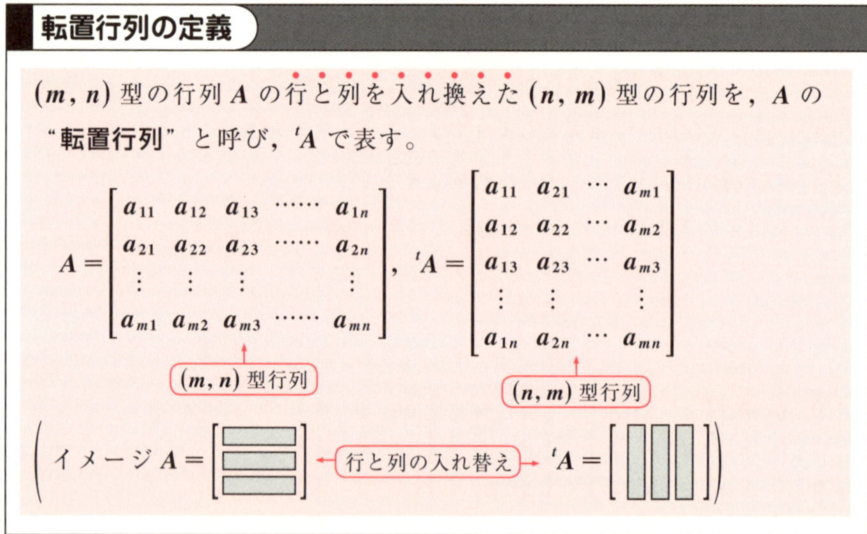

転置行列の定義

(m, n) 型の行列 A の行と列を入れ換えた (n, m) 型の行列を，A の“**転置行列**”と呼び，${}^tA$ で表す。

$$A=\begin{bmatrix} a_{11} & a_{12} & a_{13} & \cdots\cdots & a_{1n} \\ a_{21} & a_{22} & a_{23} & \cdots\cdots & a_{2n} \\ \vdots & \vdots & \vdots & & \vdots \\ a_{m1} & a_{m2} & a_{m3} & \cdots\cdots & a_{mn} \end{bmatrix},\quad {}^tA=\begin{bmatrix} a_{11} & a_{21} & \cdots & a_{m1} \\ a_{12} & a_{22} & \cdots & a_{m2} \\ a_{13} & a_{23} & \cdots & a_{m3} \\ \vdots & \vdots & & \vdots \\ a_{1n} & a_{2n} & \cdots & a_{mn} \end{bmatrix}$$

例題をやっておこう。次の行列の転置行列を求めてみよう。

(1) $A=\begin{bmatrix} 2 & 0 & 1 \\ -1 & 1 & 3 \end{bmatrix}$ 対角線　(2) $B=\begin{bmatrix} -1 & 2 \\ 1 & 0 \\ 1 & 0 \end{bmatrix}$ 対角線　(3) $x=\begin{bmatrix} 1 \\ 2 \\ 3 \end{bmatrix}$　(4) $y=\begin{bmatrix} 1 \\ -1 \\ 0 \end{bmatrix}$

(1) ${}^tA=\begin{bmatrix} 2 & -1 \\ 0 & 1 \\ 1 & 3 \end{bmatrix}$ 対角線　(2) ${}^tB=\begin{bmatrix} -1 & 1 & 1 \\ 2 & 0 & 0 \end{bmatrix}$ 対角線 ← 対角線に関して折り返した形になる。

(3) ${}^t\boldsymbol{x}=\begin{bmatrix}1 & 2 & 3\end{bmatrix}$　(4) ${}^t\boldsymbol{y}=\begin{bmatrix}1 & -1 & 0\end{bmatrix}$　となるのは大丈夫？

ここで，2つのベクトル $\boldsymbol{x}$ と $\boldsymbol{y}$ の内積 $\boldsymbol{x}\cdot\boldsymbol{y}=1\cdot 1+2\cdot(-1)+3\cdot 0$ を，転置行列 ${}^t\boldsymbol{x}$ を使って，行列の積で表すことができる。

$$\underbrace{\boldsymbol{x}\cdot\boldsymbol{y}}_{\text{ベクトルの内積}}=\underbrace{{}^t\boldsymbol{x}\boldsymbol{y}=\begin{bmatrix}1 & 2 & 3\end{bmatrix}\begin{bmatrix}1\\-1\\0\end{bmatrix}}_{\text{行列の積}}=1\cdot 1+2\cdot(-1)+3\cdot 0=-1$$ となる。

転置行列の重要公式 ${}^t(AB)={}^tB\,{}^tA$ が成り立つことを上の例題で示そう。

・$AB=\begin{bmatrix}2 & 0 & 1\\-1 & 1 & 3\end{bmatrix}\begin{bmatrix}-1 & 2\\1 & 0\\1 & 0\end{bmatrix}=\begin{bmatrix}-1 & 4\\5 & -2\end{bmatrix}$ ←(2×3行列)×(3×2行列)=(2×2行列)

　よって ${}^t(AB)={}^t\begin{bmatrix}-1 & 4\\5 & -2\end{bmatrix}=\begin{bmatrix}-1 & 5\\4 & -2\end{bmatrix}$ となる。

・次に，${}^tB\,{}^tA=\begin{bmatrix}-1 & 1 & 1\\2 & 0 & 0\end{bmatrix}\begin{bmatrix}2 & -1\\0 & 1\\1 & 3\end{bmatrix}=\begin{bmatrix}-1 & 5\\4 & -2\end{bmatrix}$

以上より ${}^t(AB)={}^tB\,{}^tA$ となるのがわかるね。

この証明は，${}^t(AB)$ と ${}^tB\,{}^tA$ の $(i,\ j)$ 成分をそれぞれ $\{{}^t(AB)\}_{ij}$，$({}^tB\,{}^tA)_{ij}$ などと表して，これらが等しくなることを示せばよい。

$$\{{}^t(AB)\}_{ij}=(AB)_{ji}=\sum_k \underbrace{A_{jk}}_{A\text{の}(j,k)\text{成分}}\underbrace{B_{ki}}_{B\text{の}(k,i)\text{成分}}=\sum_k \underbrace{({}^tA)_{kj}}_{{}^tA\text{の}(k,j)\text{成分}}\underbrace{({}^tB)_{ik}}_{{}^tB\text{の}(i,k)\text{成分}}$$

$$=\sum_k ({}^tB)_{ik}({}^tA)_{kj}=({}^tB\,{}^tA)_{ij}$$ となって，証明できる。

これがわかりづらい人は，今は読み飛ばしてもいいけれど，次の転置行列に関する公式だけは，シッカリ覚えておくんだよ。

転置行列の公式

(1) ${}^t({}^tA)=A$　(2) ${}^t(A+B)={}^tA+{}^tB$

(3) ${}^t(kA)=k\,{}^tA$ (k : 実数)　(4) ${}^t(AB)={}^tB\,{}^tA$

● 行列のブロック化で，積の表現が多彩になる！

次の行列の積の計算は，もうすぐに出来るね。

$$\begin{bmatrix} 1 & 0 & 2 & 1 \\ 2 & -1 & 0 & 1 \\ 0 & 1 & 3 & 1 \\ 1 & 1 & 0 & 0 \end{bmatrix}\begin{bmatrix} -1 & 1 \\ 0 & 1 \\ 1 & -2 \\ 1 & 2 \end{bmatrix}=\begin{bmatrix} 2 & -1 \\ -1 & 3 \\ 4 & -3 \\ -1 & 2 \end{bmatrix}$$

これを，次のように，$A_1, A_2, \cdots, C_4$ と小ブロックに分けて考えてみよう。

$$\left[\begin{array}{cc|cc} 1 & 0 & 2 & 1 \\ 2 & -1 & 0 & 1 \\ \hline 0 & 1 & 3 & 1 \\ 1 & 1 & 0 & 0 \end{array}\right]\left[\begin{array}{c|c} -1 & 1 \\ 0 & 1 \\ \hline 1 & -2 \\ 1 & 2 \end{array}\right]=\left[\begin{array}{c|c} 2 & -1 \\ -1 & 3 \\ \hline 4 & -3 \\ -1 & 2 \end{array}\right]$$

（左上から A_1, A_2, A_3, A_4；B_1, B_2, B_3, B_4；C_1, C_2, C_3, C_4）

すると，

(i) $A_1B_1+A_2B_3=\begin{bmatrix} 1 & 0 \\ 2 & -1 \end{bmatrix}\begin{bmatrix} -1 \\ 0 \end{bmatrix}+\begin{bmatrix} 2 & 1 \\ 0 & 1 \end{bmatrix}\begin{bmatrix} 1 \\ 1 \end{bmatrix}=\begin{bmatrix} -1 \\ -2 \end{bmatrix}+\begin{bmatrix} 3 \\ 1 \end{bmatrix}=\begin{bmatrix} 2 \\ -1 \end{bmatrix}=C_1$

(ii) $A_1B_2+A_2B_4=\begin{bmatrix} 1 & 0 \\ 2 & -1 \end{bmatrix}\begin{bmatrix} 1 \\ 1 \end{bmatrix}+\begin{bmatrix} 2 & 1 \\ 0 & 1 \end{bmatrix}\begin{bmatrix} -2 \\ 2 \end{bmatrix}=\begin{bmatrix} 1 \\ 1 \end{bmatrix}+\begin{bmatrix} -2 \\ 2 \end{bmatrix}=\begin{bmatrix} -1 \\ 3 \end{bmatrix}=C_2$

(iii) $A_3B_1+A_4B_3=\begin{bmatrix} 0 & 1 \\ 1 & 1 \end{bmatrix}\begin{bmatrix} -1 \\ 0 \end{bmatrix}+\begin{bmatrix} 3 & 1 \\ 0 & 0 \end{bmatrix}\begin{bmatrix} 1 \\ 1 \end{bmatrix}=\begin{bmatrix} 0 \\ -1 \end{bmatrix}+\begin{bmatrix} 4 \\ 0 \end{bmatrix}=\begin{bmatrix} 4 \\ -1 \end{bmatrix}=C_3$

(iv) $A_3B_2+A_4B_4=\begin{bmatrix} 0 & 1 \\ 1 & 1 \end{bmatrix}\begin{bmatrix} 1 \\ 1 \end{bmatrix}+\begin{bmatrix} 3 & 1 \\ 0 & 0 \end{bmatrix}\begin{bmatrix} -2 \\ 2 \end{bmatrix}=\begin{bmatrix} 1 \\ 2 \end{bmatrix}+\begin{bmatrix} -4 \\ 0 \end{bmatrix}=\begin{bmatrix} -3 \\ 2 \end{bmatrix}=C_4$

となって，小ブロックの対応する積の結果として，$C_1 \sim C_4$ がキレイに出てくるのがわかるだろう。このように積が定義できる状態になっていれば，行列の積は様々な小ブロックに分割して行ってもいいんだよ。

● 行列を列ベクトルに分割して考えよう！

行列の列ベクトルの分割はよく行われる。ここでは，例として (3, 3) 型行列 A を $A=\left[\begin{array}{c|c|c} a_{11} & a_{12} & a_{13} \\ a_{21} & a_{22} & a_{23} \\ a_{31} & a_{32} & a_{33} \end{array}\right]$（各列が x_1, x_2, x_3）と，3 つの列ベクトル x_1, x_2, x_3 に分割してみよう。

すると，$A=[\boldsymbol{x}_1\ \boldsymbol{x}_2\ \boldsymbol{x}_3]$ と表現できる。

ここで，3つの実数 λ_1，λ_2，λ_3 を使って，2つの行列

$$\begin{cases}(\text{i})\ [\lambda_1\boldsymbol{x}_1+\lambda_2\boldsymbol{x}_2+\lambda_3\boldsymbol{x}_3] \\ (\text{ii})\ [\lambda_1\boldsymbol{x}_1\ \ \lambda_2\boldsymbol{x}_2\ \ \lambda_3\boldsymbol{x}_3]\end{cases}$$

を表した場合，この違いが分かるだろうか？

(i)は(3, 1)型，すなわち列ベクトルのことで，(ii)は(3, 3)型の正方行列を表す。そして，次のように，行列の積の形に変形できることも，マスターしてくれ。すなわち

列ベクトル

$$(\text{i})\ [\lambda_1\boldsymbol{x}_1+\lambda_2\boldsymbol{x}_2+\lambda_3\boldsymbol{x}_3]=[\boldsymbol{x}_1\ \boldsymbol{x}_2\ \boldsymbol{x}_3]\begin{bmatrix}\lambda_1\\ \lambda_2\\ \lambda_3\end{bmatrix}$$

$$=A\begin{bmatrix}\lambda_1\\ \lambda_2\\ \lambda_3\end{bmatrix}=\begin{bmatrix}a_{11} & a_{12} & a_{13}\\ a_{21} & a_{22} & a_{23}\\ a_{31} & a_{32} & a_{33}\end{bmatrix}\begin{bmatrix}\lambda_1\\ \lambda_2\\ \lambda_3\end{bmatrix}$$ と変形できるし，

これに対して，(ii)は，

(3, 3)型の正方行列　対角行列

$$(\text{ii})\ [\lambda_1\boldsymbol{x}_1\ \ \lambda_2\boldsymbol{x}_2\ \ \lambda_3\boldsymbol{x}_3]=[\boldsymbol{x}_1\ \boldsymbol{x}_2\ \boldsymbol{x}_3]\begin{bmatrix}\lambda_1 & 0 & 0\\ 0 & \lambda_2 & 0\\ 0 & 0 & \lambda_3\end{bmatrix}$$

$$=A\begin{bmatrix}\lambda_1 & 0 & 0\\ 0 & \lambda_2 & 0\\ 0 & 0 & \lambda_3\end{bmatrix}=\begin{bmatrix}a_{11} & a_{12} & a_{13}\\ a_{21} & a_{22} & a_{23}\\ a_{31} & a_{32} & a_{33}\end{bmatrix}\begin{bmatrix}\lambda_1 & 0 & 0\\ 0 & \lambda_2 & 0\\ 0 & 0 & \lambda_3\end{bmatrix}$$ と変形できる。

さらに，次の変形までマスターすると，後で出てくるジョルダン標準形の解説も楽にマスターできるはずだ。

(3, 3)型の正方行列

$$(\text{iii})\ [\lambda_1\boldsymbol{x}_1\ \ \boldsymbol{x}_1+\lambda_2\boldsymbol{x}_2\ \ \boldsymbol{x}_2+\lambda_3\boldsymbol{x}_3]=[\boldsymbol{x}_1\ \boldsymbol{x}_2\ \boldsymbol{x}_3]\begin{bmatrix}\lambda_1 & 1 & 0\\ 0 & \lambda_2 & 1\\ 0 & 0 & \lambda_3\end{bmatrix}$$

$$=A\begin{bmatrix}\lambda_1 & 1 & 0\\ 0 & \lambda_2 & 1\\ 0 & 0 & \lambda_3\end{bmatrix}=\begin{bmatrix}a_{11} & a_{12} & a_{13}\\ a_{21} & a_{22} & a_{23}\\ a_{31} & a_{32} & a_{33}\end{bmatrix}\begin{bmatrix}\lambda_1 & 1 & 0\\ 0 & \lambda_2 & 1\\ 0 & 0 & \lambda_3\end{bmatrix}$$

(i)(ii)(iii)いずれも，右辺から左辺に変形していくと明らかだと思う。後は，左辺から右辺への変形も自然に出来るようになるといいんだね。練習してくれ。

演習問題 5　● 行列の列ベクトルへの分割と変形 (I) ●

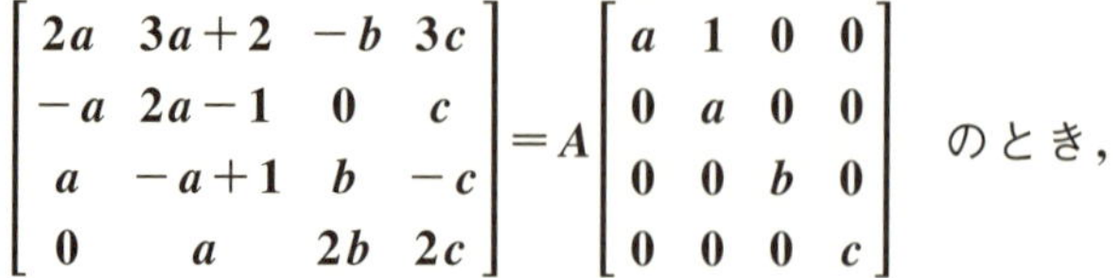

$$\begin{bmatrix} 2a & 3a+2 & -b & 3c \\ -a & 2a-1 & 0 & c \\ a & -a+1 & b & -c \\ 0 & a & 2b & 2c \end{bmatrix} = A \begin{bmatrix} a & 1 & 0 & 0 \\ 0 & a & 0 & 0 \\ 0 & 0 & b & 0 \\ 0 & 0 & 0 & c \end{bmatrix}$$ のとき，

行列 A と，その転置行列 ${}^tA$ を求めよ。(ただし，$a \neq 0$, $b \neq 0$, $c \neq 0$)

ヒント！ 左辺の行列を，4 つの列ベクトルにブロック分割して考えるといい。

解答＆解説

$$\boldsymbol{x}_1 = \begin{bmatrix} 2 \\ -1 \\ 1 \\ 0 \end{bmatrix},\ \boldsymbol{x}_2 = \begin{bmatrix} 3 \\ 2 \\ -1 \\ 1 \end{bmatrix},\ \boldsymbol{x}_3 = \begin{bmatrix} -1 \\ 0 \\ 1 \\ 2 \end{bmatrix},\ \boldsymbol{x}_4 = \begin{bmatrix} 3 \\ 1 \\ -1 \\ 2 \end{bmatrix}$$ とおく。

左辺の行列の形から 4 つの列ベクトルが浮かんでくるはずだ。特に第 2 列に注意しよう。

与式の左辺 $= [a\boldsymbol{x}_1 \ \ 1\cdot\boldsymbol{x}_1 + a\boldsymbol{x}_2 \ \ b\boldsymbol{x}_3 \ \ c\boldsymbol{x}_4]$

$$= \underbrace{[\boldsymbol{x}_1 \ \ \boldsymbol{x}_2 \ \ \boldsymbol{x}_3 \ \ \boldsymbol{x}_4]}_{\text{行列} A \text{のこと}} \begin{bmatrix} a & 1 & 0 & 0 \\ 0 & a & 0 & 0 \\ 0 & 0 & b & 0 \\ 0 & 0 & 0 & c \end{bmatrix} = \text{与式の右辺}$$

$$\therefore A = [\boldsymbol{x}_1 \ \ \boldsymbol{x}_2 \ \ \boldsymbol{x}_3 \ \ \boldsymbol{x}_4] = \begin{bmatrix} 2 & 3 & -1 & 3 \\ -1 & 2 & 0 & 1 \\ 1 & -1 & 1 & -1 \\ 0 & 1 & 2 & 2 \end{bmatrix}$$ ……………………(答)

よって，求める A の転置行列 ${}^tA$ は，

$${}^tA = \begin{bmatrix} 2 & -1 & 1 & 0 \\ 3 & 2 & -1 & 1 \\ -1 & 0 & 1 & 2 \\ 3 & 1 & -1 & 2 \end{bmatrix}$$ ……………………(答)

イメージとして，$A = $ [縦長の列4本] に対して，${}^tA = $ [横長の行4本] のように，行と列を入れ替えるだけで，${}^tA$ は簡単に求まる。

実践問題 5 ● 行列の列ベクトルへの分割と変形(Ⅱ)●

$$\begin{bmatrix} -a & b & 2b+1 & c \\ a & 3b & b+3 & -c \\ 2a & -b & b-1 & 0 \\ 0 & 2b & -b+2 & 2c \end{bmatrix} = A\begin{bmatrix} a & 0 & 0 & 0 \\ 0 & b & 1 & 0 \\ 0 & 0 & b & 0 \\ 0 & 0 & 0 & c \end{bmatrix}$$ のとき,

行列 A と, その転置行列 ${}^tA$ を求めよ。(ただし, $a \neq 0,\ b \neq 0,\ c \neq 0$)

ヒント! 左辺の行列を4つの列ベクトルに分割するとき, 第3列がポイントになる。

解答&解説

$\boldsymbol{x}_1 = \begin{bmatrix} -1 \\ 1 \\ 2 \\ 0 \end{bmatrix}$, $\boldsymbol{x}_2 = \begin{bmatrix} 1 \\ 3 \\ -1 \\ 2 \end{bmatrix}$, $\boldsymbol{x}_3 =$ (ア) [ ], $\boldsymbol{x}_4 = \begin{bmatrix} 1 \\ -1 \\ 0 \\ 2 \end{bmatrix}$ とおく。

与式の左辺 $= [a\boldsymbol{x}_1\ \ b\boldsymbol{x}_2$ (イ) [ ] $c\boldsymbol{x}_4]$

$$= [\boldsymbol{x}_1\ \ \boldsymbol{x}_2\ \ \boldsymbol{x}_3\ \ \boldsymbol{x}_4]\begin{bmatrix} a & 0 & 0 & 0 \\ 0 & b & 1 & 0 \\ 0 & 0 & b & 0 \\ 0 & 0 & 0 & c \end{bmatrix} = \text{与式の右辺}$$

(行列 A のこと)

$$\therefore A = [\boldsymbol{x}_1\ \ \boldsymbol{x}_2\ \ \boldsymbol{x}_3\ \ \boldsymbol{x}_4] = \begin{bmatrix} -1 & 1 & 2 & 1 \\ 1 & 3 & 1 & -1 \\ 2 & -1 & 1 & 0 \\ 0 & 2 & -1 & 2 \end{bmatrix}$$ ……………………(答)

よって, 求める A の転置行列 ${}^tA$ は,

${}^tA =$ (ウ) [ ] ……………………(答)

解答 (ア) $\begin{bmatrix} 2 \\ 1 \\ 1 \\ -1 \end{bmatrix}$ (イ) $1 \cdot \boldsymbol{x}_2 + b\boldsymbol{x}_3$ (ウ) $\begin{bmatrix} -1 & 1 & 2 & 0 \\ 1 & 3 & -1 & 2 \\ 2 & 1 & 1 & -1 \\ 1 & -1 & 0 & 2 \end{bmatrix}$

§3. 2次の正方行列でウォーミング・アップ

本格的な線形代数の解説に入る前に，2次の正方行列でウォーミングアップしておこう。高校数学の課程の変更により，未習，既習いずれの方もいらっしゃると思うけれど，ここで，その基本を親切に解説しておこう。

● 単位行列，零行列，逆行列から始めよう！

2次の正方行列は，$A=\begin{bmatrix} a & b \\ c & d \end{bmatrix}$ $(a,\ b,\ c,\ d$: 実数$)$ で表され，その特殊なものとして，次の単位行列と零行列がある。

単位行列と零行列

(1) 単位行列 $E=\begin{bmatrix} 1 & 0 \\ 0 & 1 \end{bmatrix}$ は，次の性質をもつ。

(i) $AE=EA=A$　　(ii) $E^n=E$　(n: 自然数)　← E は，実数の1と同じ働きをする。

(2) 零行列 $O=\begin{bmatrix} 0 & 0 \\ 0 & 0 \end{bmatrix}$ は，次の性質をもつ。

(i) $A+O=O+A=A$　　(ii) $AO=OA=O$　← O は，実数の0と同じ働きをする。

次に，$AB=BA=E$ をみたす行列 B を，A の“**逆行列**”と呼び，A^{-1} で表す。（“A のインバース”と読む）

$A=\begin{bmatrix} a & b \\ c & d \end{bmatrix}$ に対して $ad-bc\neq 0$ のとき，A の逆行列 A^{-1} は存在して，

$A^{-1}=\dfrac{1}{ad-bc}\begin{bmatrix} d & -b \\ -c & a \end{bmatrix}$ となる。決して，$A^{-1}=\dfrac{1}{A}$ ではないことに注意しよう。実際に，$A^{-1}A$ を計算すると，

$$A^{-1}A=\frac{1}{ad-bc}\begin{bmatrix} d & -b \\ -c & a \end{bmatrix}\begin{bmatrix} a & b \\ c & d \end{bmatrix}=\frac{1}{ad-bc}\begin{bmatrix} ad-bc & 0 \\ 0 & ad-bc \end{bmatrix}$$

$=\begin{bmatrix} 1 & 0 \\ 0 & 1 \end{bmatrix}=E$ となることがわかる。

ここで，$ad-bc$ を2次の正方行列 A の“**行列式**”と呼び，$|A|$ や $\det A$ や Δ（デルタ）などと表す。以上をまとめて，次に示す。

逆行列 A^{-1}

行列 $A=\begin{bmatrix} a & b \\ c & d \end{bmatrix}$ に対して，$AA^{-1}=A^{-1}A=E$ をみたす行列 A^{-1} を，A の逆行列という。

(ⅰ) $|A|=ad-bc=0$ のとき，A^{-1} は存在しない。← A は正則でない

(ⅱ) $|A|=ad-bc\neq 0$ のとき，A^{-1} は存在して

$$A^{-1}=\frac{1}{ad-bc}\begin{bmatrix} d & -b \\ -c & a \end{bmatrix}$$ である。← A は正則である

実は，一般の n 次の正方行列 A の行列式 $|A|$ や逆行列 A^{-1} は，それぞれについて一章を設けないといけない程の内容をもっている。

ここでは，その一番簡単な例を学んだと思ってくれればいいんだよ。

一般に，

(ⅰ) $|A|=0$ のとき，A は"**正則でない**"，と言い，（"せいそく"と読む）

(ⅱ) $|A|\neq 0$ のとき，A は"**正則である**"，と言う。

また，表記法として $\begin{bmatrix} a & b \\ c & d \end{bmatrix}$ は行列を表すけれど，$\begin{vmatrix} a & b \\ c & d \end{vmatrix}$ は行列式のことで，これは $\begin{vmatrix} a & b \\ c & d \end{vmatrix}=ad-bc$ というただの実数のことだ。

それでは，例題を一つやっておこう。次の A の逆行列を求めてごらん。

$A=\begin{bmatrix} 2 & 1 \\ -1 & 4 \end{bmatrix}$ について，行列式 $|A|=2\times4-1\times(-1)=9\neq 0$ より

A は正則なので，逆行列 $A^{-1}=\frac{1}{9}\begin{bmatrix} 4 & -1 \\ 1 & 2 \end{bmatrix}$ をもつ。

公式：$A^{-1}=\frac{1}{|A|}\begin{bmatrix} d & -b \\ -c & a \end{bmatrix}$ を使った！

● 2元1次の連立方程式も復習しよう！

2元1次の連立方程式は，大きく次の2つに分類できる。

(Ⅰ) $\begin{cases} ax+by=0 \\ cx+dy=0 \end{cases}$ ……① を，同次の連立1次方程式と呼び

(Ⅱ) $\begin{cases} ax+by=p \\ cx+dy=q \end{cases}$ ……② $\left(\begin{bmatrix} p \\ q \end{bmatrix} \neq \begin{bmatrix} 0 \\ 0 \end{bmatrix}\right)$ を，非同次の連立1次方程式と呼ぶことを，まず覚えよう。

(Ⅰ) 同次の2元連立1次方程式①は，次のように変形できる。

$$\begin{bmatrix} a & b \\ c & d \end{bmatrix}\begin{bmatrix} x \\ y \end{bmatrix} = \begin{bmatrix} 0 \\ 0 \end{bmatrix} \quad \cdots\cdots ①'$$

(i) 係数行列 $\begin{bmatrix} a & b \\ c & d \end{bmatrix}$ が正則のとき，この逆行列を①′の両辺に左からかけて

$$\begin{bmatrix} x \\ y \end{bmatrix} = \begin{bmatrix} a & b \\ c & d \end{bmatrix}^{-1}\begin{bmatrix} 0 \\ 0 \end{bmatrix} = \begin{bmatrix} 0 \\ 0 \end{bmatrix}$$

$$\frac{1}{ad-bc}\begin{bmatrix} d & -b \\ -c & a \end{bmatrix}\begin{bmatrix} 0 \\ 0 \end{bmatrix} = \frac{1}{ad-bc}\begin{bmatrix} 0 \\ 0 \end{bmatrix} = \begin{bmatrix} 0 \\ 0 \end{bmatrix}$$

∴ $x=0$ かつ $y=0$ となり，これを“**自明な解**”という。

図1
(Ⅰ)(i) イメージ

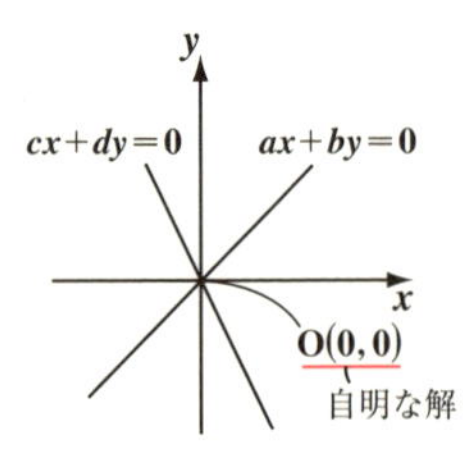

(ii) $\begin{bmatrix} a & b \\ c & d \end{bmatrix}$ が正則でないとき，

$ax+by=0$ と $cx+dy=0$ は一致する。

($\because ad-bc=0$ より $a:c=b:d$)

よって，①の解は直線 $ax+by=0$ 上のすべての点となる。(不定解)

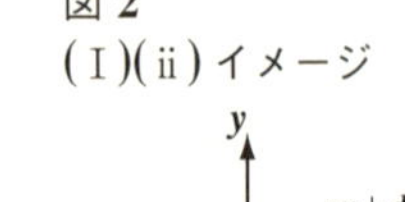

図2
(Ⅰ)(ii) イメージ

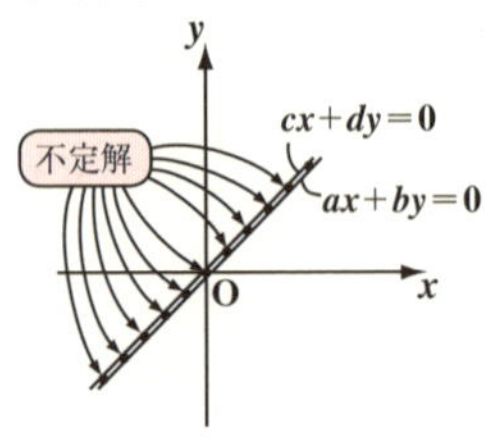

また，①の連立方程式は，次のように変形することもできる。

$$x\begin{bmatrix} a \\ c \end{bmatrix} + y\begin{bmatrix} b \\ d \end{bmatrix} = \begin{bmatrix} 0 \\ 0 \end{bmatrix} \quad \cdots\cdots ①''$$

ここで，①″の左辺のことを，2 つのベクトル $\begin{bmatrix} a \\ c \end{bmatrix}$ と $\begin{bmatrix} b \\ d \end{bmatrix}$ の **“1 次結合”** と呼ぶ。①″の方程式をみたす実数 x, y について

(ⅰ) $(x, y) = (0, 0)$ しかないとき，←自明な解

$\begin{bmatrix} a \\ c \end{bmatrix}$ と $\begin{bmatrix} b \\ d \end{bmatrix}$ は，**“1 次独立である”** といい，

(ⅱ) $(x, y) = (0, 0)$ 以外の解が存在するとき，←自明な解以外の無数の解をもつ

$\begin{bmatrix} a \\ c \end{bmatrix}$ と $\begin{bmatrix} b \\ d \end{bmatrix}$ は，**“1 次従属である”** という。これも覚えておこう。

(Ⅱ) 次に，非同次の 2 元連立 1 次方程式②も，同様に変形して，

$$\begin{bmatrix} a & b \\ c & d \end{bmatrix}\begin{bmatrix} x \\ y \end{bmatrix} = \begin{bmatrix} p \\ q \end{bmatrix} \quad \cdots\cdots ②' \quad \left(\begin{bmatrix} p \\ q \end{bmatrix} \neq \begin{bmatrix} 0 \\ 0 \end{bmatrix}\right)$$ となる。

（$\begin{bmatrix} a & b \\ c & d \end{bmatrix}$ を **“係数行列”** と呼ぶ）

(ⅰ) 係数行列が正則のとき，係数行列の逆行列を②′の両辺に左からかけて

$$\begin{bmatrix} x \\ y \end{bmatrix} = \begin{bmatrix} a & b \\ c & d \end{bmatrix}^{-1}\begin{bmatrix} p \\ q \end{bmatrix} = \begin{bmatrix} \alpha \\ \beta \end{bmatrix}$$

$$\left(\alpha = \frac{dp - bq}{ad - bc},\ \beta = \frac{-cp + aq}{ad - bc}\right)$$

となって，ただ 1 組の解 (α, β) が求まる。

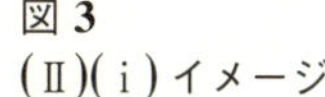
図 3
(Ⅱ)(ⅰ) イメージ

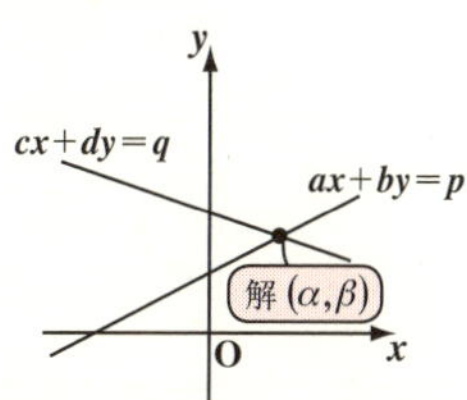

(ⅱ) 係数行列が正則でないとき，

(ア) $ax + by = p$ と $cx + dy = q$ が一致するならば，

$(a : c = b : d = p : q)$

②の解は直線 $ax + by = p$ 上のすべての点となる。

図 4
(Ⅱ)(ⅱ)(ア) イメージ

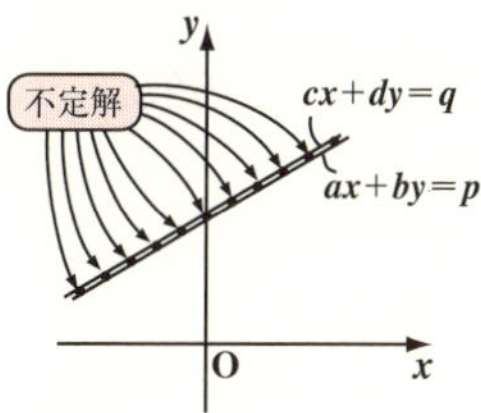

(イ) $ax + by = p$ と $cx + dy = q$ が一致しないならば

$(a : c = b : d \neq p : q)$

②は解をもたない。

図 5
(Ⅱ)(ⅱ)(イ) イメージ

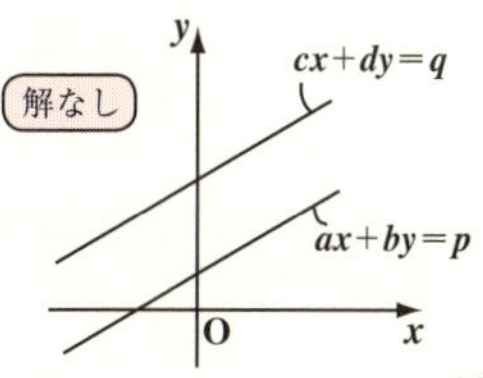

ここで，$\begin{bmatrix} a & b \\ c & d \end{bmatrix}\begin{bmatrix} x \\ y \end{bmatrix}=\begin{bmatrix} p \\ q \end{bmatrix}$ ……②′についても，もっと手を加えてみようか？

定ベクトル $\begin{bmatrix} p \\ q \end{bmatrix}$ の代わりに動ベクトル $\begin{bmatrix} x' \\ y' \end{bmatrix}$ を代入すると，②′は

（p, q は定数）（x', y' は変数）

$\begin{bmatrix} x' \\ y' \end{bmatrix}=\begin{bmatrix} a & b \\ c & d \end{bmatrix}\begin{bmatrix} x \\ y \end{bmatrix}$ ……②″となる。

図 6　線形写像のイメージ

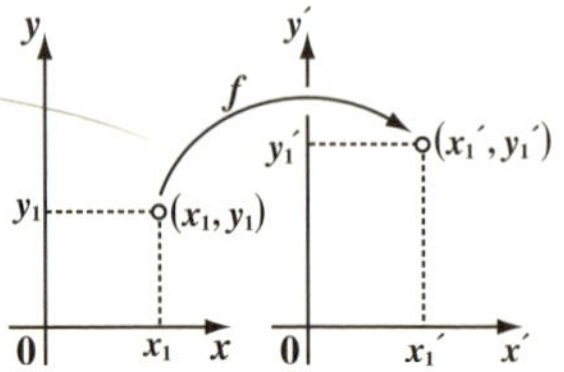

これは，線形写像（線形変換）と呼ばれる式で，(x, y) にある点の座標 (x_1, y_1) を代入すると，②″より

$\begin{bmatrix} x_1' \\ y_1' \end{bmatrix}=\begin{bmatrix} ax_1+by_1 \\ cx_1+dy_1 \end{bmatrix}$ と計算されて，点 (x_1', y_1') が定まる。これから，

行列 $\begin{bmatrix} a & b \\ c & d \end{bmatrix}$ で表される写像 f により，点 (x_1, y_1) が点 (x_1', y_1') に写されることになる。そのイメージを図 6 に示した。

②″を，さらに変形して，

$\begin{bmatrix} x' \\ y' \end{bmatrix}=x\begin{bmatrix} a \\ c \end{bmatrix}+y\begin{bmatrix} b \\ d \end{bmatrix}$ ……②‴とすることもできる。ここで，$\begin{bmatrix} a \\ c \end{bmatrix}$ と $\begin{bmatrix} b \\ d \end{bmatrix}$ が 1 次独立であるとする。ここで，x，y の値を任意に変化させると，図 7 に示すように $x'y'$ 座標平面上の任意の点 (x', y')（または，ベクトル $[x', y']$）を自由に表すことができる。文字通り，2 つのベクトル $\begin{bmatrix} a \\ c \end{bmatrix}$ と $\begin{bmatrix} b \\ d \end{bmatrix}$ を基にして，平面が描かれるので，これらのベクトルのことを“**基底**”と呼ぶんだよ。

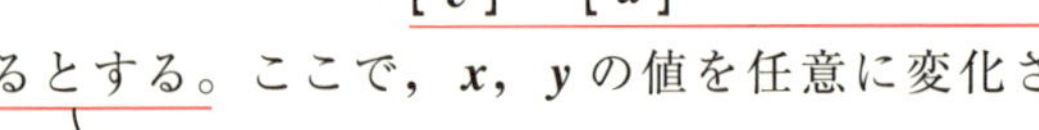

図 7　基底 $\begin{bmatrix} a \\ c \end{bmatrix}$, $\begin{bmatrix} b \\ d \end{bmatrix}$ で張られる平面

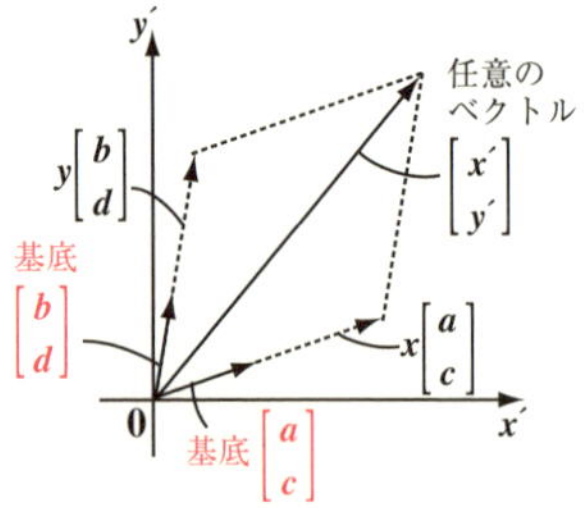

（“きてい”と読む）

このように，1 つの式から様々なことが読み取れるんだよ。面白かった？これから勉強する線形代数の丁度いい予告編になったと思う。

● ケーリー・ハミルトンの定理も重要定理だ！

行列 $A=\begin{bmatrix} a & b \\ c & d \end{bmatrix}$ に対して，次のケーリー・ハミルトンの定理が成り立つ。

ケーリー・ハミルトンの定理

行列 $A=\begin{bmatrix} a & b \\ c & d \end{bmatrix}$ について

$A^2-(a+d)A+(ad-bc)E=O$ が成り立つ。

（$a+d$：対角成分の和 $\mathrm{tr}\,A$ と表す。"トレース A" と読む）

（$ad-bc$：行列式 $|A|$）

これは，左辺を計算して，右辺の零行列となることを示せればいいんだね。

$$\text{左辺}=\begin{bmatrix} a & b \\ c & d \end{bmatrix}\begin{bmatrix} a & b \\ c & d \end{bmatrix}-(a+d)\begin{bmatrix} a & b \\ c & d \end{bmatrix}+(ad-bc)\begin{bmatrix} 1 & 0 \\ 0 & 1 \end{bmatrix}$$

$$=\begin{bmatrix} a^2+bc & ab+bd \\ ac+cd & bc+d^2 \end{bmatrix}-\begin{bmatrix} a^2+ad & ab+bd \\ ac+cd & ad+d^2 \end{bmatrix}+\begin{bmatrix} ad-bc & 0 \\ 0 & ad-bc \end{bmatrix}$$

$$=\begin{bmatrix} 0 & 0 \\ 0 & 0 \end{bmatrix}=O=\text{右辺}$$ と，ナルホド成り立つ。

● 行列の n 乗計算の基本はこれだ！

受験数学において，行列の n 乗計算も 1 つのメインテーマだった。

行列の n 乗計算の 4 つの基本パターン

(1) $A^2=kA$ （k：実数）のとき，$A^n=k^{n-1}A$ 　$(n=1,\ 2,\ \cdots)$

(2) $A=\begin{bmatrix} \alpha & 0 \\ 0 & \beta \end{bmatrix}$ のとき，$A^n=\begin{bmatrix} \alpha^n & 0 \\ 0 & \beta^n \end{bmatrix}$ 　$(n=1,\ 2,\ \cdots)$

（対角行列）

(3) $A=\begin{bmatrix} 1 & a \\ 0 & 1 \end{bmatrix}$ のとき，$A^n=\begin{bmatrix} 1 & na \\ 0 & 1 \end{bmatrix}$ 　$(n=1,\ 2,\ \cdots)$

(4) $A=\begin{bmatrix} \cos\theta & -\sin\theta \\ \sin\theta & \cos\theta \end{bmatrix}$ のとき，$A^n=\begin{bmatrix} \cos n\theta & -\sin n\theta \\ \sin n\theta & \cos n\theta \end{bmatrix}$ 　$(n=1,\ 2,\ \cdots)$

これらは，すべて 10 秒で結果が出せる n 乗計算の公式なんだね。

(1) をみたす行列 A は，$A=kE$ $(k \neq 0)$ を除いて，正則でないものだ。

$A=\begin{bmatrix} a & b \\ c & d \end{bmatrix}$ が正則でないとき，ケーリー・ハミルトンの定理より，

$$A^2-(a+d)A+(ad-bc)E=O$$

$|A|=0$ （∵ A は正則でない）

ここで，$a+d=k$ とおくと，

$A^2=kA$　　これから $A^n=k^{n-1}A$ $(n=1, 2, \cdots)$ となる。

この 4 つの公式は，すべて，数学的帰納法により証明できる。ここでは，(1) のみを証明しておこう。

(1)：(Ⅰ) $n=1$ のとき，左辺 $=A^1$，右辺 $=k^{1-1}A=A$ となって，成り立つ。

(Ⅱ) $n=m$ $(m=1, 2, \cdots)$ のとき，$A^m=k^{m-1}A$ が成り立つと仮定して，

この両辺に A をかけると，$A^{m+1}=k^{m-1}A^2=k^mA$　（∵ $A^2=kA$）

kA

となって，$n=m+1$ のときも成り立つ。

以上 (Ⅰ)(Ⅱ) より，$A^2=kA$ ならば $A^n=k^{n-1}A$　$(n=1, 2, \cdots)$ は成り立つ。

(2)(3)(4) についても，自分で証明してみるといい。

● $P^{-1}AP$ の形の n 乗計算も重要だ！

これまでの 4 つのパターンに乗らない，一般の 2 次の正方行列 A の n 乗計算についても，ある正則な行列 P を使って

逆行列をもつという意味

$$P^{-1}AP=\begin{bmatrix} \alpha & 0 \\ 0 & \beta \end{bmatrix} \cdots\cdots ① や，P^{-1}AP=\begin{bmatrix} \alpha & 1 \\ 0 & \alpha \end{bmatrix} \cdots\cdots ②$$

対角行列　　　　ジョルダン標準形

の形にもち込み，A^n を求めることを，受験数学でも相当練習した。

①の変形後，この両辺を n 乗して

$$(P^{-1}AP)^n=\begin{bmatrix} \alpha & 0 \\ 0 & \beta \end{bmatrix}^n$$

$(P^{-1}AP)(P^{-1}AP)\cdots(P^{-1}AP)=P^{-1}AEAE\cdots EAP=P^{-1}A^nP$

$$P^{-1}A^nP = \begin{bmatrix} \alpha^n & 0 \\ 0 & \beta^n \end{bmatrix}$$

よって，この両辺に左から P，右から P^{-1} をかけて

$A^n = P\begin{bmatrix} \alpha^n & 0 \\ 0 & \beta^n \end{bmatrix}P^{-1}$ を計算すれば，A^n が求まる。

②も同様に，両辺を n 乗して

$$P^{-1}A^nP = \left(\alpha\begin{bmatrix} 1 & \frac{1}{\alpha} \\ 0 & 1 \end{bmatrix}\right)^n = \alpha^n\begin{bmatrix} 1 & \frac{n}{\alpha} \\ 0 & 1 \end{bmatrix} = \begin{bmatrix} \alpha^n & n\alpha^{n-1} \\ 0 & \alpha^n \end{bmatrix} \quad (\text{ただし}\ \alpha \neq 0)$$

$\therefore A^n = P\begin{bmatrix} \alpha^n & n\alpha^{n-1} \\ 0 & \alpha^n \end{bmatrix}P^{-1}$ と，計算できる。

実は，$P^{-1}AP = \begin{bmatrix} \alpha & 0 \\ 0 & \beta \end{bmatrix}$ ……①は，“行列の対角化”という線形代数でも重要なテーマの式になっているんだ。さらに，$P^{-1}AP = \begin{bmatrix} \alpha & 1 \\ 0 & \alpha \end{bmatrix}$ ……②はその発展形の“ジョルダン標準形(細胞)”と呼ばれるものなんだ。

現時点では，行列 P と α, β の値の意味や求め方について知らない人がほとんどだと思う。でも，心配は不要だ。これからすべて解説していくからね。しかし，このような基礎数学のレベルでも，かなりの内容が盛り込まれていることがこれでわかったと思う。決して高校レベルの数学と大学の線形代数は遊離しているものではないんだよ。

これで，かなり自信がついたと思う。これから演習問題・実践問題で練習した後，いよいよ本格的な線形代数の解説に入っていくことにしよう。

演習問題 6　● 行列の対角化と n 乗計算 (Ⅰ) ●

$A=\begin{bmatrix}3 & 4\\ -1 & -2\end{bmatrix}$, $P=\begin{bmatrix}4 & 1\\ -1 & -1\end{bmatrix}$ について，次の問いに答えよ。

(1) $P^{-1}AP$ を求めよ。　(2) A^n $(n=1, 2, \cdots)$ を求めよ。

ヒント！ $P^{-1}AP$ を求めることにより，対角行列が得られる。

解答＆解説

(1) $P^{-1}=\dfrac{1}{4\times(-1)-1\times(-1)}\begin{bmatrix}-1 & -1\\ 1 & 4\end{bmatrix}=\dfrac{1}{3}\begin{bmatrix}1 & 1\\ -1 & -4\end{bmatrix}$

よって，

$$P^{-1}AP=\frac{1}{3}\begin{bmatrix}1 & 1\\ -1 & -4\end{bmatrix}\begin{bmatrix}3 & 4\\ -1 & -2\end{bmatrix}\begin{bmatrix}4 & 1\\ -1 & -1\end{bmatrix}$$

$$=\frac{1}{3}\begin{bmatrix}2 & 2\\ 1 & 4\end{bmatrix}\begin{bmatrix}4 & 1\\ -1 & -1\end{bmatrix}=\frac{1}{3}\begin{bmatrix}6 & 0\\ 0 & -3\end{bmatrix}$$

$$=\begin{bmatrix}2 & 0\\ 0 & -1\end{bmatrix}\ \cdots\cdots①$$ ……………(答)

対角行列

(2) $P^{-1}AP=\begin{bmatrix}2 & 0\\ 0 & -1\end{bmatrix}\ \cdots\cdots①$

①の両辺を n 乗して

$$(P^{-1}AP)^n=\begin{bmatrix}2 & 0\\ 0 & -1\end{bmatrix}^n \qquad \therefore P^{-1}A^nP=\begin{bmatrix}2^n & 0\\ 0 & (-1)^n\end{bmatrix}\ \cdots\cdots②$$

②の両辺に左から P，右から P^{-1} をかけて

$$A^n=P\begin{bmatrix}2^n & 0\\ 0 & (-1)^n\end{bmatrix}P^{-1}=\begin{bmatrix}4 & 1\\ -1 & -1\end{bmatrix}\begin{bmatrix}2^n & 0\\ 0 & (-1)^n\end{bmatrix}\cdot\frac{1}{3}\begin{bmatrix}1 & 1\\ -1 & -4\end{bmatrix}$$

$$=\frac{1}{3}\begin{bmatrix}4\cdot 2^n & (-1)^n\\ -2^n & -(-1)^n\end{bmatrix}\begin{bmatrix}1 & 1\\ -1 & -4\end{bmatrix}$$

$$=\frac{1}{3}\begin{bmatrix}4\cdot 2^n-(-1)^n & 4\cdot 2^n-4\cdot(-1)^n\\ -2^n+(-1)^n & -2^n+4\cdot(-1)^n\end{bmatrix}\ (n=1, 2, \cdots)$$ ………(答)

実践問題 6 ● 行列の対角化と n 乗計算 (Ⅱ) ●

$A=\begin{bmatrix}4 & -3\\ 2 & -1\end{bmatrix}$, $P=\begin{bmatrix}1 & 3\\ 1 & 2\end{bmatrix}$ について，次の問いに答えよ。

(1) $P^{-1}AP$ を求めよ。　(2) A^n $(n=1, 2, \cdots)$ を求めよ。

ヒント！ $P^{-1}AP$ で対角化した後，A^n の計算にもち込む。

解答＆解説

(1) $P^{-1}=\dfrac{1}{1\times2-3\times1}\begin{bmatrix}2 & -3\\ -1 & 1\end{bmatrix}=\dfrac{1}{-1}\begin{bmatrix}2 & -3\\ -1 & 1\end{bmatrix}=$ (ア)

よって，

$$P^{-1}AP=\begin{bmatrix}-2 & 3\\ 1 & -1\end{bmatrix}\begin{bmatrix}4 & -3\\ 2 & -1\end{bmatrix}\begin{bmatrix}1 & 3\\ 1 & 2\end{bmatrix}$$

$$=\begin{bmatrix}-2 & 3\\ 2 & -2\end{bmatrix}\begin{bmatrix}1 & 3\\ 1 & 2\end{bmatrix}=\begin{bmatrix}1 & 0\\ 0 & 2\end{bmatrix} \quad \cdots\cdots ①$$

対角化終了

何故，行列 P を使って，A を対角化できるかについては講義 7 で詳しく解説する。

(2) $P^{-1}AP=$ (イ) ……①

①の両辺を n 乗して

$$(P^{-1}AP)^n=\begin{bmatrix}1 & 0\\ 0 & 2\end{bmatrix}^n \qquad \therefore P^{-1}A^nP= \text{(ウ)} \quad \cdots\cdots ②$$

②の両辺に左から P，右から P^{-1} をかけて

$$A^n=P\begin{bmatrix}1 & 0\\ 0 & 2^n\end{bmatrix}P^{-1}=\begin{bmatrix}1 & 3\\ 1 & 2\end{bmatrix}\begin{bmatrix}1 & 0\\ 0 & 2^n\end{bmatrix}\begin{bmatrix}-2 & 3\\ 1 & -1\end{bmatrix}$$

$$=\begin{bmatrix}1 & 3\cdot2^n\\ 1 & 2\cdot2^n\end{bmatrix}\begin{bmatrix}-2 & 3\\ 1 & -1\end{bmatrix}= \text{(エ)} \quad \cdots\cdots\cdots\cdots\cdots(答)$$

解答 (ア) $\begin{bmatrix}-2 & 3\\ 1 & -1\end{bmatrix}$　(イ) $\begin{bmatrix}1 & 0\\ 0 & 2\end{bmatrix}$　(ウ) $\begin{bmatrix}1 & 0\\ 0 & 2^n\end{bmatrix}$

(エ) $\begin{bmatrix}-2+3\cdot2^n & 3-3\cdot2^n\\ -2+2^{n+1} & 3-2^{n+1}\end{bmatrix}$

講義2 ● 行列　公式エッセンス

1. 行列の積の性質

(i) $(AB)C=A(BC)$ (結合法則)　(ii) $A(B+C)=AB+AC$ (分配法則)

(iii) $(A+B)C=AC+BC$

(iv) $AB\neq BA$　(一般に積の交換法則は成り立たない)

(v) $AE=EA=A$　(E: 単位行列)

(vi) $AO=OA=O$　(O: 零行列)

(vii) $X\neq O$ かつ $Y\neq O$ でも，$XY=O$ となることがある。

2. 転置行列の性質

(1) ${}^t({}^tA)=A$　(2) ${}^t(A+B)={}^tA+{}^tB$　(3) ${}^t(kA)=k{}^tA$　(4) ${}^t(AB)={}^tB{}^tA$

3. 逆行列 A^{-1}

行列 $A=\begin{bmatrix} a & b \\ c & d \end{bmatrix}$ について，$AA^{-1}=A^{-1}A=E$ をみたす行列 A^{-1}を，A の逆行列という。

(i) 行列式 $|A|=ad-bc=0$ のとき，A^{-1} は存在しない。← A：正則でない

(ii) 行列式 $|A|=ad-bc\neq 0$ のとき，A^{-1} は存在して，← A：正則である

$$A^{-1}=\frac{1}{ad-bc}\begin{bmatrix} d & -b \\ -c & a \end{bmatrix}$$

4. ケーリー・ハミルトンの定理

行列 $A=\begin{bmatrix} a & b \\ c & d \end{bmatrix}$ について，$A^2-(a+d)A+(ad-bc)E=O$ が成り立つ。

($a+d$ = tr A (トレース A)，$ad-bc$ = $|A|$)

5. 行列の n 乗計算の4つの基本パターン

(1) $A^2=kA$ (k: 実数) のとき，$A^n=k^{n-1}A$　$(n=1, 2, 3, \cdots)$

(2) $A=\begin{bmatrix} \alpha & 0 \\ 0 & \beta \end{bmatrix}$ のとき，$A^n=\begin{pmatrix} \alpha^n & 0 \\ 0 & \beta^n \end{pmatrix}$　$(n=1, 2, 3, \cdots)$

(対角行列)

(3) $A=\begin{bmatrix} 1 & a \\ 0 & 1 \end{bmatrix}$ のとき，$A^n=\begin{bmatrix} 1 & na \\ 0 & 1 \end{bmatrix}$　$(n=1, 2, 3, \cdots)$　など。

6. $P^{-1}AP$ の形の n 乗計算

$P^{-1}AP=\begin{bmatrix} \alpha & 0 \\ 0 & \beta \end{bmatrix}$ や，$P^{-1}AP=\begin{bmatrix} \alpha & 1 \\ 0 & \alpha \end{bmatrix}$ の形にもち込んでから，n乗する。

(対角行列)　(ジョルダン標準形)

行列式

- サラスの公式
- n 次正方行列の行列式
- 置換と互換
- 行列式の余因子展開
- 行列式の性質

§1. 3次の行列式とサラスの公式

これから，n 次の正方行列の“行列式”について，講義を始めよう。一般の行列式の定義式では，“置換”や Σ 計算が必要となる。はじめて線形代数を学習していく者にとって，最初の関門となるところなんだね。でも，わかりやすく解説するから心配は無用だ。

まずここでは，なじみの深い **2** 次の行列式から始めて，“サラスの公式”を使って，**3** 次の行列式を求めるところまでやってみよう。

● 行列式って，何？

n 次の正方行列 A に対して，ある規則に従った計算を行って，ある数値を対応させる。この数値のことを“**行列式**”といい，$|A|$ や $\det A$ などと表す。（“ディターミナント A”と読む）

行列式

n 次の正方行列 $A=\begin{bmatrix} a_{11} & a_{12} & \cdots & a_{1n} \\ a_{21} & a_{22} & \cdots & a_{2n} \\ \vdots & \vdots & & \vdots \\ a_{n1} & a_{n2} & \cdots & a_{nn} \end{bmatrix}$ に対して（これは行列）

A の行列式は

$$|A|=\begin{vmatrix} a_{11} & a_{12} & \cdots & a_{1n} \\ a_{21} & a_{22} & \cdots & a_{2n} \\ \vdots & \vdots & & \vdots \\ a_{n1} & a_{n2} & \cdots & a_{nn} \end{vmatrix}$$ と表す。（これは，ある数値のこと）

それでは，$n=1,2,3$ のときの行列式を具体的に求めてみることにしよう。エッ？ 何で，行列式なんて数値を計算するのかって？ それは，この値(行列式)が，行列 A の逆行列 A^{-1} を求めたり，連立 **1** 次方程式の解を表現したりするときに，鍵となる重要な数値だからだ。

一般に，n 次の正方行列 A の行列式 $|A|$ が $|A|\neq 0$ をみたすとき，A を“**正則な行列**”といい，これは必ず逆行列 A^{-1} をもつ。

(ⅰ) $n=1$ のとき，

行列 $A=[a]$ の行列式は，$|A|=a$ である。

((1, 1) 型の行列)

(ⅱ) $n=2$ のとき，

行列 $A=\begin{bmatrix} a & b \\ c & d \end{bmatrix}$ の行列式は

$|A|=ad-bc$ である。

(ⅲ) $n=3$ のとき **[サラスの公式]**

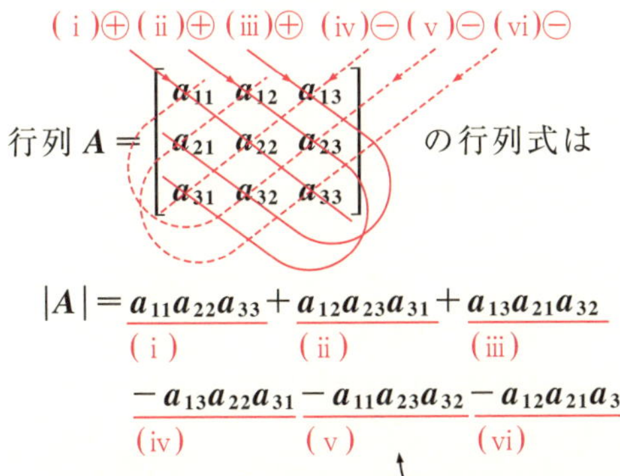

行列 $A=\begin{bmatrix} a_{11} & a_{12} & a_{13} \\ a_{21} & a_{22} & a_{23} \\ a_{31} & a_{32} & a_{33} \end{bmatrix}$ の行列式は

$$|A|=\underbrace{a_{11}a_{22}a_{33}}_{(ⅰ)}+\underbrace{a_{12}a_{23}a_{31}}_{(ⅱ)}+\underbrace{a_{13}a_{21}a_{32}}_{(ⅲ)}\underbrace{-a_{13}a_{22}a_{31}}_{(ⅳ)}\underbrace{-a_{11}a_{23}a_{32}}_{(ⅴ)}\underbrace{-a_{12}a_{21}a_{33}}_{(ⅵ)}$$

公式では，どの項の積も，$a_{1\bigcirc}a_{2\square}a_{3\triangle}$ のように，行の小さい順に表す。
しかし，実際の計算では，矢印の流れに沿って，かけ算していけばいいんだよ。

この 3 次の行列式も，2 次の行列式と同様に，実線部と破線部の成分の積を求め，実線部の成分の積の符号は⊕，破線部の成分の積の符号は⊖として，その和をとれば求まる。この公式を "**サラスの公式**" という。

それでは，例題で，実際に行列式を求めてみることにしよう。

(1) $A=[5]$　(2) $B=[-2]$　(3) $C=\begin{bmatrix} 1 & 3 \\ -1 & 2 \end{bmatrix}$

(4) $D=\begin{bmatrix} -2 & -1 \\ 1 & 4 \end{bmatrix}$　(5) $X=\begin{bmatrix} 1 & 1 & -2 \\ -1 & 3 & 0 \\ 2 & 3 & 1 \end{bmatrix}$　(6) $Y=\begin{bmatrix} 2 & -1 & 5 \\ 2 & 4 & -1 \\ 1 & 3 & 2 \end{bmatrix}$

(1) $A=[5]$ の行列式は $|A|=5$ ……………………………………(答)

(2) $B=[-2]$ の行列式は $|B|=-2$ ……………………………………(答)

(3) $C=\begin{bmatrix}1 & 3\\ -1 & 2\end{bmatrix}$ の行列式は

$$|C|=\begin{vmatrix}1 & 3\\ -1 & 2\end{vmatrix}=1\times2-3\times(-1)=5$$ ……………………………………(答)

(4) $D=\begin{bmatrix}-2 & -1\\ 1 & 4\end{bmatrix}$ の行列式は

$$|D|=\begin{vmatrix}-2 & -1\\ 1 & 4\end{vmatrix}=-2\times4-(-1)\times1=-7$$ ……………………………………(答)

(5) $X=\begin{bmatrix}1 & 1 & -2\\ -1 & 3 & 0\\ 2 & 3 & 1\end{bmatrix}$ の行列式は

(i) (ii) (iii) (iv) (v) (vi)

$$|X|=\begin{vmatrix}1 & 1 & -2\\ -1 & 3 & 0\\ 2 & 3 & 1\end{vmatrix}$$

成分に**0**がある
と楽になる！

$$=\underset{(\text{i})}{1\cdot3\cdot1}+\underset{(\text{ii})}{1\cdot0\cdot2}+\underset{(\text{iii})}{(-2)\cdot3\cdot(-1)}-\underset{(\text{iv})}{(-2)\cdot3\cdot2}-\underset{(\text{v})}{0\cdot3\cdot1}-\underset{(\text{vi})}{1\cdot(-1)\cdot1}$$

$$=3+6+12+1=22$$ ……………………………………(答)

(6) $Y=\begin{bmatrix}2 & -1 & 5\\ 2 & 4 & -1\\ 1 & 3 & 2\end{bmatrix}$ の行列式は

(i) (ii) (iii) (iv) (v) (vi)

$$|Y|=\begin{vmatrix}2 & -1 & 5\\ 2 & 4 & -1\\ 1 & 3 & 2\end{vmatrix}$$

$$=\underset{(\text{i})}{2\cdot4\cdot2}+\underset{(\text{ii})}{(-1)\cdot(-1)\cdot1}+\underset{(\text{iii})}{5\cdot3\cdot2}-\underset{(\text{iv})}{5\cdot4\cdot1}-\underset{(\text{v})}{(-1)\cdot3\cdot2}-\underset{(\text{vi})}{2\cdot2\cdot(-1)}$$

$$=16+1+30-20+6+4=37$$ ……………………………………(答)

さらにもう 2 題，練習しておこう。次の各行列の行列式を求めてみよう。

(7) $U = \begin{bmatrix} 2 & 2 & -4 \\ -1 & 3 & 0 \\ 2 & 3 & 1 \end{bmatrix}$	(8) $V = \begin{bmatrix} 2 & -3 & 5 \\ 2 & 12 & -1 \\ 1 & 9 & 2 \end{bmatrix}$

(7) $|U| = \begin{vmatrix} 2 & 2 & -4 \\ -1 & 3 & 0 \\ 2 & 3 & 1 \end{vmatrix}$ ← 行列 X の第 1 行の成分がすべて 2 倍になっている。

$= 2\cdot 3\cdot 1 + 2\cdot 0\cdot 2 + (-4)\cdot 3\cdot(-1) - (-4)\cdot 3\cdot 2 - 0\cdot 3\cdot 2 - 1\cdot(-1)\cdot 2$

$= 2(3+6+12+1) = 2\times \underset{}{\overset{|X|}{22}} = 44$ ……………………………(答)

行列 X の第 1 行の成分が 2 倍になると，行列式の計算では各項がすべて 2 倍になるので，行列式の値そのものが 2 倍になる。つまり，$|U| = 2|X|$ だね。

(参考) ちなみに $2X$ の行列式 $|2X|$ は，$2X$ によって第 1, 2, 3 行すべてが 2 倍となるので行列式の計算で，各項がすべて 2^3 倍になる。よって，$|2X| = 2^3|X| = 8\times 22 = 176$ となることがわかるだろうか？

(8) $|V| = \begin{vmatrix} 2 & -3 & 5 \\ 2 & 12 & -1 \\ 1 & 9 & 2 \end{vmatrix}$ ← 行列 Y の第 2 列の成分がすべて 3 倍になっている。

$= 2\cdot 12\cdot 2 + (-3)\cdot(-1)\cdot 1 + 5\cdot 9\cdot 2 - 5\cdot 12\cdot 1 - (-1)\cdot 9\cdot 2 - 2\cdot 2\cdot(-3)$

$= 3(16+1+30-20+6+4) = 3\times \overset{|Y|}{37} = 111$ ……………………(答)

V は，行列 Y の第 2 列がすべて 3 倍になったものだから，(7) と同様に $|V| = 3|Y|$ となったんだね。

このように，行列式の計算には，ある性質(規則性)のあることがわかったと思う。この行列式の性質については，この後，詳しく解説することにしよう。

それでは，さらに，2 次，3 次の行列式の計算を，演習問題と実践問題で練習してごらん。このような計算は，自分の手で実際にやって，慣れることが大切なんだよ。

4 次以上の一般の n 次の行列式については，次節で詳しく解説する。

演習問題 7 ● 行列式の計算 (Ⅰ) ●

次の各行列の行列式を求めよ。

(1) $A=\begin{bmatrix}1 & 2\\ 4 & -1\end{bmatrix}$ (2) $B=\begin{bmatrix}2 & 1 & -1\\ 1 & 3 & 1\\ 2 & -1 & 1\end{bmatrix}$ (3) $C=\begin{bmatrix}2 & 1 & -1\\ 1 & 3 & 1\\ 2 & 1 & -1\end{bmatrix}$

ヒント！ (2)(3) は，サラスの公式通り計算すればいいよ。特に (3) は，第 1 行と第 3 行が同じであることも要注意だね。

解答＆解説

(1) $|A|=\begin{vmatrix}1 & 2\\ 4 & -1\end{vmatrix}=1\times(-1)-2\times4=-9$ ……………………(答)

(2) $|B|=\begin{vmatrix}2 & 1 & -1\\ 1 & 3 & 1\\ 2 & -1 & 1\end{vmatrix}$ ← サラスの公式

$=\underbrace{2\cdot3\cdot1}_{(\mathrm{i})}+\underbrace{1\cdot1\cdot2}_{(\mathrm{ii})}+\underbrace{(-1)\cdot(-1)\cdot1}_{(\mathrm{iii})}-\underbrace{(-1)\cdot3\cdot2}_{(\mathrm{iv})}-\underbrace{1\cdot(-1)\cdot2}_{(\mathrm{v})}-\underbrace{1\cdot1\cdot1}_{(\mathrm{vi})}$

$=6+2+1+6+2-1=16$ ……………………(答)

(3) $|C|=\begin{vmatrix}2 & 1 & -1\\ 1 & 3 & 1\\ 2 & 1 & -1\end{vmatrix}$ ← 第 1 行と第 3 行がまったく同じ！

$=\underbrace{2\cdot3\cdot(-1)}_{(\mathrm{i})}+\underbrace{1\cdot1\cdot2}_{(\mathrm{ii})}+\underbrace{(-1)\cdot1\cdot1}_{(\mathrm{iii})}-\underbrace{(-1)\cdot3\cdot2}_{(\mathrm{iv})}-\underbrace{1\cdot1\cdot2}_{(\mathrm{v})}-\underbrace{(-1)\cdot1\cdot1}_{(\mathrm{vi})}$

$=-6+2-1+6-2+1=0$ ……………………(答)

（(参考) 行列 C のように，同じ行が 2 行ある場合，その行列式は必ず 0 になる。これも，行列式の重要な性質の 1 つだ。）

実践問題 7　● 行列式の計算（Ⅱ）●

次の各行列の行列式を求めよ。

(1) $A=\begin{bmatrix}3 & -1\\ 4 & 2\end{bmatrix}$　(2) $B=\begin{bmatrix}1 & 2 & 3\\ 2 & 1 & -1\\ 4 & 2 & 3\end{bmatrix}$　(3) $C=\begin{bmatrix}1 & 3 & 3\\ 2 & -1 & -1\\ 4 & 3 & 3\end{bmatrix}$

ヒント！ (3) は，第 2 列と第 3 列が同じであることに注意しよう。

解答＆解説

(1) $|A|=\begin{vmatrix}3 & -1\\ 4 & 2\end{vmatrix}=$ (ア)　……………………………(答)

(i) (ii) (iii)　(iv) (v) (vi)

(2) $|B|=\begin{vmatrix}1 & 2 & 3\\ 2 & 1 & -1\\ 4 & 2 & 3\end{vmatrix}$

$=\underset{(i)}{1\cdot1\cdot3}+\underset{(ii)}{2\cdot(-1)\cdot4}+\underset{(iii)}{3\cdot2\cdot2}-\underset{(iv)}{3\cdot1\cdot4}-\underset{(v)}{\text{(イ)}}-\underset{(vi)}{3\cdot2\cdot2}$

$=3-8+12-12+2-12=$ (ウ)　……………………………(答)

(i) (ii) (iii)　(iv) (v) (vi)

(3) $|C|=\begin{vmatrix}1 & 3 & 3\\ 2 & -1 & -1\\ 4 & 3 & 3\end{vmatrix}$　←　第 2 列と第 3 列が同じ。このような場合，その行列式は 0 となる！

$=\underset{(i)}{1\cdot(-1)\cdot3}+\underset{(ii)}{3\cdot(-1)\cdot4}+\underset{(iii)}{\text{(エ)}}\underset{(iv)}{-3\cdot(-1)\cdot4}-\underset{(v)}{(-1)\cdot3\cdot1}-\underset{(vi)}{3\cdot2\cdot3}$

$=-3-12+18+12+3-18=$ (オ)　……………………………(答)

解答　(ア) $3\times2-(-1)\times4=10$　(イ) $(-1)\cdot2\cdot1$　(ウ) -15　(エ) $3\cdot3\cdot2$　(オ) 0

§2. n 次の行列式の定義

いよいよ，一般論として n 次の正方行列の行列式の定義式について解説することにしよう。理論的な話が多くなるので，大変だと感じるかも知れないね。でも，できるだけわかりやすく解説するから理解できると思うよ。

そして，理論的な話が終わると，行列式の性質が十分に把握できるから，その後の行列式の計算は，テクニカルに行えるようになるんだよ。むしろこれで計算は楽になるわけだから，頑張ろう！

● これが n 次の行列式の定義式だ！

一般に，n 次の正方行列 A の行列式 $|A|$ は，次のように定義される。

n 次の行列式の定義

行列 $A=\begin{bmatrix} a_{11} & a_{12} & \cdots & a_{1n} \\ a_{21} & a_{22} & \cdots & a_{2n} \\ \vdots & \vdots & & \vdots \\ a_{n1} & a_{n2} & \cdots & a_{nn} \end{bmatrix}$ の行列式 $|A|$ は

$$|A|=\sum \mathrm{sgn}\begin{pmatrix} 1 & 2 & 3 & \cdots & n \\ i_1 & i_2 & i_3 & \cdots & i_n \end{pmatrix} a_{1i_1}a_{2i_2}a_{3i_3}\cdots a_{ni_n} \quad \cdots\cdots(*)$$

と表される。

ヒェ〜って思っている人が多いと思う。線形代数はここでつまづく人が非常に多いんだけど，心配はいらない。1 つ 1 つていねいに解き明かしていくからね。

$(*)$ の式の $a_{1i_1}a_{2i_2}a_{3i_3}\cdots a_{ni_n}$ は，サラスの公式でやった通り，行列式の計算式ででてくる各項の積を $a_{1\bigcirc}a_{2\square}a_{3\triangle}\cdots a_{n\triangledown}$ のように行の小さい成分の順にかけていっただけのものだ。

問題は，$\mathrm{sgn}\begin{pmatrix} 1 & 2 & 3 & \cdots & n \\ i_1 & i_2 & i_3 & \cdots & i_n \end{pmatrix}$ の意味だろうね。しかし，これも実は，$+1$ または -1 を表すだけのものなんだ。つまり，

$$\text{sgn}\begin{pmatrix} 1 & 2 & 3 & \cdots & n \\ i_1 & i_2 & i_3 & \cdots & i_n \end{pmatrix} = \begin{cases} +1 \\ -1 \end{cases}$$ ということだ。

すると，(＊) の公式は，$a_{1\bigcirc}a_{2\square}a_{3\triangle}\cdots a_{n\triangledown}$ に，＋1 か－1 をかけたものの和 (Σ 計算) ということだから，サラスの公式と同じ構造をもった式であることがわかったはずだ。

ここで，$\begin{pmatrix} 1 & 2 & 3 & \cdots & n \\ i_1 & i_2 & i_3 & \cdots & i_n \end{pmatrix}$ は“**置換**”と言い，**sgn** は“**符号**”と呼ぶ。まず，置換の意味から解説していくことにしよう。

（“ちかん”と読む）（*signature*, または *signum* の略）

● 置換には，恒等置換・逆置換がある！

“置換”とは，1 から n までの自然数を，同じ 1 から n までの自然数のいずれかに 1 対 1 に対応させる変換のことをいい，次のように表す。(図 1 参照)

（一般には，n 個の異なる文字を使う）

図 1　置換のイメージ

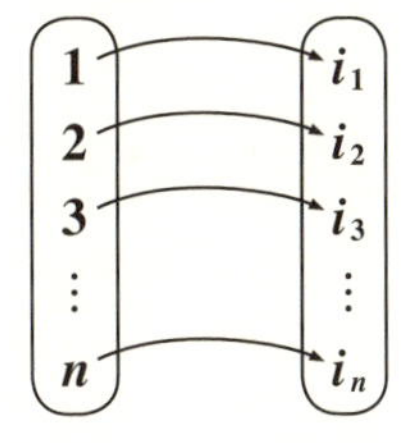

$$\begin{pmatrix} 1 & 2 & 3 & \cdots & n \\ i_1 & i_2 & i_3 & \cdots & i_n \end{pmatrix} \begin{matrix} \leftarrow \text{上段} \\ \leftarrow \text{下段} \end{matrix}$$

$\left(i_1, i_2, \cdots, i_n \text{ は } 1, 2, \cdots, n \text{ のいずれかを表す。} \right)$

$n=4$ のときの置換の具体例として，$\begin{pmatrix} 1 & 2 & 3 & 4 \\ 3 & 4 & 2 & 1 \end{pmatrix}$ を考えよう。これは，1 を 3 に，2 を 4 に，3 を 2 に，4 を 1 に対応させるものなんだ。慣例として，上段の自然数は 1, 2, …のように小さい順に並べて示すことが多い。

それでは，先に進もう。まず，$n=2$，$n=3$ のときのすべての置換を書き出してみるよ。

(i) $n=2$ のときのすべての置換

$$\begin{matrix} \text{上段} \rightarrow \\ \text{下段} \rightarrow \end{matrix} \begin{pmatrix} 1 & 2 \\ 1 & 2 \end{pmatrix}, \begin{pmatrix} 1 & 2 \\ 2 & 1 \end{pmatrix}$$

（下段の 1, 2 の並べ替えなので，全部で $2!=2$ 通りある。）

(ⅱ) $n=3$ のときのすべての置換

上段→ $\begin{pmatrix} 1 & 2 & 3 \\ 1 & 2 & 3 \end{pmatrix}$, $\begin{pmatrix} 1 & 2 & 3 \\ 1 & 3 & 2 \end{pmatrix}$, $\begin{pmatrix} 1 & 2 & 3 \\ 2 & 1 & 3 \end{pmatrix}$ ←下段

上段→ $\begin{pmatrix} 1 & 2 & 3 \\ 2 & 3 & 1 \end{pmatrix}$, $\begin{pmatrix} 1 & 2 & 3 \\ 3 & 1 & 2 \end{pmatrix}$, $\begin{pmatrix} 1 & 2 & 3 \\ 3 & 2 & 1 \end{pmatrix}$ ←下段

下段の **1, 2, 3** の並べ替えなので，全部で **3! = 6** 通りある。

ここで，$\begin{pmatrix} 1 & 2 \\ 1 & 2 \end{pmatrix}$や$\begin{pmatrix} 1 & 2 & 3 \\ 1 & 2 & 3 \end{pmatrix}$，一般には$\begin{pmatrix} 1 & 2 & \cdots & n \\ 1 & 2 & \cdots & n \end{pmatrix}$のように，どの自然数も動かさないものを，“**恒等置換**”という。

また，ある置換とちょうど逆の数の対応を行う変換を“**逆置換**”という。最初の置換の例$\begin{pmatrix} 1 & 2 & 3 & 4 \\ 3 & 4 & 2 & 1 \end{pmatrix}$の逆置換は，次の手順で求まる。

(ⅰ) まず，上段と下段を入れ替えて，$\begin{pmatrix} 3 & 4 & 2 & 1 \\ 1 & 2 & 3 & 4 \end{pmatrix}$を得る。 ←これがすでに逆置換！

(ⅱ) 上段を **1, 2, …**のように並べ替える。当然，それに対応して下段を動かす。これから，形式的にも整った逆置換$\begin{pmatrix} 1 & 2 & 3 & 4 \\ 4 & 3 & 1 & 2 \end{pmatrix}$が得られる。

以上(ⅰ)(ⅱ)より，$\begin{pmatrix} 1 & 2 & 3 & 4 \\ 3 & 4 & 2 & 1 \end{pmatrix}$の逆置換は$\begin{pmatrix} 1 & 2 & 3 & 4 \\ 4 & 3 & 1 & 2 \end{pmatrix}$となる。

それでは，次の **2** つの置換の逆置換を求めてみよう。

(1) $\begin{pmatrix} 1 & 2 & 3 \\ 2 & 1 & 3 \end{pmatrix}$	(2) $\begin{pmatrix} 1 & 2 & 3 \\ 3 & 1 & 2 \end{pmatrix}$

(1) $\begin{pmatrix} 1 & 2 & 3 \\ 2 & 1 & 3 \end{pmatrix}$の逆置換は$\begin{pmatrix} 2 & 1 & 3 \\ 1 & 2 & 3 \end{pmatrix}$ ←(ⅰ)の操作 より，

$\begin{pmatrix} 1 & 2 & 3 \\ 2 & 1 & 3 \end{pmatrix}$ ←(ⅱ)の操作 である。……………………………………(答)

(2) $\begin{pmatrix} 1 & 2 & 3 \\ 3 & 1 & 2 \end{pmatrix}$の逆置換は$\begin{pmatrix} 3 & 1 & 2 \\ 1 & 2 & 3 \end{pmatrix}$ ←(ⅰ)の操作 より，

$\begin{pmatrix} 1 & 2 & 3 \\ 2 & 3 & 1 \end{pmatrix}$ ←(ⅱ)の操作 である。……………………………………(答)

● 置換には，さらに偶置換と奇置換がある！

下段の **1, 2, …, *n*** のうち，任意の **2** つだけを入れ替える置換のことを特に "**互換**" と言う。そして，任意のどんな置換も，恒等置換 $\begin{pmatrix} 1 & 2 & \cdots & n \\ 1 & 2 & \cdots & n \end{pmatrix}$ にこの互換を繰り返すことによって得られる。

"ごかん" と読む

これも，先ほどの置換の例 $\begin{pmatrix} 1 & 2 & 3 & 4 \\ 3 & 4 & 2 & 1 \end{pmatrix}$ を使って示そう。

恒等置換からスタート！

$$\begin{pmatrix} 1 & 2 & 3 & 4 \\ 1 & 2 & 3 & 4 \end{pmatrix} \xrightarrow[(1,\,3)]{(\mathrm{i})\ 互換} \begin{pmatrix} 1 & 2 & 3 & 4 \\ 3 & 2 & 1 & 4 \end{pmatrix} \xrightarrow[(2,\,4)]{(\mathrm{ii})\ 互換} \begin{pmatrix} 1 & 2 & 3 & 4 \\ 3 & 4 & 1 & 2 \end{pmatrix}$$

$$\xrightarrow[(3,\,4)]{(\mathrm{iii})\ 互換} \begin{pmatrix} 1 & 2 & 3 & 4 \\ 3 & 4 & 2 & 1 \end{pmatrix}$$

この下段が，順に **3, 4, 2, 1** となるように，互換を繰り返す。

頭に **3** がきた！

2 番目に **4** がきた！

完成！

3 番目，**4** 番目に **2** と **1** がきた！

このように，互換を (i) **(1, 3)**，(ii) **(2, 4)**，(iii) **(3, 4)** と，**3** 回 (奇数回) 行って $\begin{pmatrix} 1 & 2 & 3 & 4 \\ 3 & 4 & 2 & 1 \end{pmatrix}$ の置換になるので，この置換を "**奇置換**" という。同様に互換を偶数回行ってできる置換を "**偶置換**" という。

互換は，入れ替えたい数の上段の数で表すことも要注意だ！

次に，置換 $\begin{pmatrix} 1 & 2 & 3 & 4 \\ 3 & 4 & 2 & 1 \end{pmatrix}$ の逆置換 $\begin{pmatrix} 1 & 2 & 3 & 4 \\ 4 & 3 & 1 & 2 \end{pmatrix}$ を同様に調べてみよう。

$$\begin{pmatrix} 1 & 2 & 3 & 4 \\ 1 & 2 & 3 & 4 \end{pmatrix} \xrightarrow[(1,\,4)]{(\mathrm{i})} \begin{pmatrix} 1 & 2 & 3 & 4 \\ 4 & 2 & 3 & 1 \end{pmatrix} \xrightarrow[(2,\,3)]{(\mathrm{ii})} \begin{pmatrix} 1 & 2 & 3 & 4 \\ 4 & 3 & 2 & 1 \end{pmatrix} \xrightarrow[(3,\,4)]{(\mathrm{iii})} \begin{pmatrix} 1 & 2 & 3 & 4 \\ 4 & 3 & 1 & 2 \end{pmatrix}$$

したがって，この逆置換も，**3** 回の互換からできるので奇置換であることがわかった。

一般に，この互換の組合せは，一意ではない (**1** 通りではない) が，偶置換，奇置換に変動はない。ばからしいけれど，この後，たとえば **(1, 3)**

の互換を**2**回, **4**回, **6**回, …と行っても, 同じ置換が得られるだろう。でもこの場合, 奇数＋**2**, 奇数＋**4**, 奇数＋**6**, …となって, 奇数回の互換に変化はないんだね。つまり, 奇置換に変動はない。

一般に, 次のことが言える。

置換と逆置換の関係

(i) 元の置換が偶置換ならば, その逆置換も偶置換である。

(ii) 元の置換が奇置換ならば, その逆置換も奇置換である。

((i)(ii) 共に, その逆の命題も成り立つ。)

それでは, $n=3$ のときのすべての置換の偶・奇を調べてみよう。

(1) $\begin{pmatrix}1&2&3\\1&2&3\end{pmatrix}$ は互換**0**回より, 偶置換。 ← 一般に, 恒等置換は偶置換

(2) $\begin{pmatrix}1&2&3\\1&3&2\end{pmatrix}$ は, $\begin{pmatrix}1&2&3\\1&2&3\end{pmatrix}\xrightarrow[(2,\ 3)]{(\mathrm{i})}\begin{pmatrix}1&2&3\\1&3&2\end{pmatrix}$ より, 奇置換。

(3) $\begin{pmatrix}1&2&3\\2&1&3\end{pmatrix}$ は, $\begin{pmatrix}1&2&3\\1&2&3\end{pmatrix}\xrightarrow[(1,\ 2)]{(\mathrm{i})}\begin{pmatrix}1&2&3\\2&1&3\end{pmatrix}$ より, 奇置換。

(4) $\begin{pmatrix}1&2&3\\2&3&1\end{pmatrix}$ は, $\begin{pmatrix}1&2&3\\1&2&3\end{pmatrix}\xrightarrow[(1,\ 2)]{(\mathrm{i})}\begin{pmatrix}1&2&3\\2&1&3\end{pmatrix}\xrightarrow[(2,\ 3)]{(\mathrm{ii})}\begin{pmatrix}1&2&3\\2&3&1\end{pmatrix}$ より, 偶置換。

(5) $\begin{pmatrix}1&2&3\\3&1&2\end{pmatrix}$ は, $\begin{pmatrix}1&2&3\\1&2&3\end{pmatrix}\xrightarrow[(1,\ 3)]{(\mathrm{i})}\begin{pmatrix}1&2&3\\3&2&1\end{pmatrix}\xrightarrow[(2,\ 3)]{(\mathrm{ii})}\begin{pmatrix}1&2&3\\3&1&2\end{pmatrix}$ より, 偶置換。

(6) $\begin{pmatrix}1&2&3\\3&2&1\end{pmatrix}$ は, $\begin{pmatrix}1&2&3\\1&2&3\end{pmatrix}\xrightarrow[(1,\ 3)]{(\mathrm{i})}\begin{pmatrix}1&2&3\\3&2&1\end{pmatrix}$ より, 奇置換。

どう？ 置換を偶置換と奇置換に分類する手順についても, マスターできただろう？ そして, 一般にトータルで $n!$ 個の置換のうち, 偶置換と奇置換は, それぞれ $\frac{n!}{2}$ 個ずつ存在する。

後は, この偶置換と奇置換に, それぞれ＋**1**と－**1**を割り当てるものが符号 (**sgn**) だったんだよ。いよいよ, 行列式の一般的な定義の最終的な解説に入っていこう。

● sgn は，置換に符号を割り当てる！

sgn は次のように置換に符号を割り当てる役割をもっているんだよ。

sgn の定義

置換 $\begin{pmatrix} 1 & 2 & 3 & \cdots & n \\ i_1 & i_2 & i_3 & \cdots & i_n \end{pmatrix}$ について

$$\begin{cases} (\text{i})\ \text{これが偶置換のとき，} \mathrm{sgn}\begin{pmatrix} 1 & 2 & 3 & \cdots & n \\ i_1 & i_2 & i_3 & \cdots & i_n \end{pmatrix} = +1 \\ (\text{ii})\ \text{これが奇置換のとき，} \mathrm{sgn}\begin{pmatrix} 1 & 2 & 3 & \cdots & n \\ i_1 & i_2 & i_3 & \cdots & i_n \end{pmatrix} = -1 \end{cases}$$ とする。

これで，n 次の行列式の定義式：

$\sum \mathrm{sgn}\begin{pmatrix} 1 & 2 & 3 & \cdots & n \\ i_1 & i_2 & i_3 & \cdots & i_n \end{pmatrix} a_{1i_1}a_{2i_2}a_{3i_3}\cdots a_{ni_n}$ ……(＊) の意味がすべてわかったと思う。$\sum$ に何もついていないのは，$i_1, i_2, \cdots, i_n$ の並べ替えの数 $n!$ 通りのすべてにわたって和を求めよという意味なんだよ。

それでは，$n=3$ のとき，3 次の正方行列 $A = \begin{bmatrix} a_{11} & a_{12} & a_{13} \\ a_{21} & a_{22} & a_{23} \\ a_{31} & a_{32} & a_{33} \end{bmatrix}$ の行列式 $|A|$ を，定義式通り求めてみよう。この場合，$3! = 6$ 項の和 (差) で表される。

$$|A| = \sum \mathrm{sgn}\begin{pmatrix} 1 & 2 & 3 \\ i_1 & i_2 & i_3 \end{pmatrix} a_{1i_1}a_{2i_2}a_{3i_3}$$

$$= \underbrace{\mathrm{sgn}\begin{pmatrix} 1 & 2 & 3 \\ 1 & 2 & 3 \end{pmatrix}}_{+1\ (\text{偶置換})} a_{11}a_{22}a_{33} + \underbrace{\mathrm{sgn}\begin{pmatrix} 1 & 2 & 3 \\ 1 & 3 & 2 \end{pmatrix}}_{-1\ (\text{奇置換})} a_{11}a_{23}a_{32}$$

$$+ \underbrace{\mathrm{sgn}\begin{pmatrix} 1 & 2 & 3 \\ 2 & 1 & 3 \end{pmatrix}}_{-1\ (\text{奇置換})} a_{12}a_{21}a_{33} + \underbrace{\mathrm{sgn}\begin{pmatrix} 1 & 2 & 3 \\ 2 & 3 & 1 \end{pmatrix}}_{+1\ (\text{偶置換})} a_{12}a_{23}a_{31}$$

$$+ \underbrace{\mathrm{sgn}\begin{pmatrix} 1 & 2 & 3 \\ 3 & 1 & 2 \end{pmatrix}}_{+1\ (\text{偶置換})} a_{13}a_{21}a_{32} + \underbrace{\mathrm{sgn}\begin{pmatrix} 1 & 2 & 3 \\ 3 & 2 & 1 \end{pmatrix}}_{-1\ (\text{奇置換})} a_{13}a_{22}a_{31}$$

$$\therefore |A| = a_{11}a_{22}a_{33} - a_{11}a_{23}a_{32} - a_{12}a_{21}a_{33} + a_{12}a_{23}a_{31} + a_{13}a_{21}a_{32} - a_{13}a_{22}a_{31} \quad \cdots\cdots ①$$

となって，サラスの公式とはたす(引く)順番は異なるけれど，まったく同じ行列式の結果が導ける。

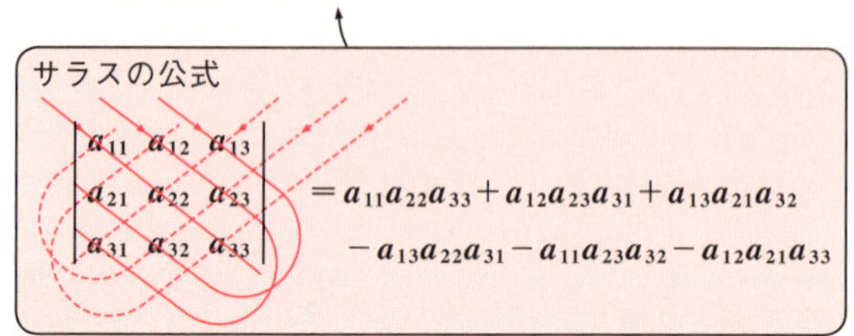

この行列式の定義式(＊)があれば，$n=3$ のときだけでなく，$n=4, 5, 6, \cdots$ のときも，行列式を計算できることがわかるはずだ。ただし，$n=4$ のときは，$4!=24$ 項の Σ 計算になり，さらに $n=5$ のときは，$5!=120$ 項の Σ 計算になるわけだから，手計算でやる分には実用的ではないけどね。

● $|A| = |{}^tA|$ が成り立つ！

一般に，n 次の正方行列 $A = \begin{bmatrix} a_{11} & a_{12} & \cdots & a_{1n} \\ a_{21} & a_{22} & \cdots & a_{2n} \\ \vdots & \vdots & & \vdots \\ a_{n1} & a_{n2} & \cdots & a_{nn} \end{bmatrix}$ の行列式 $|A|$ は，この転置行列 ${}^tA = \begin{bmatrix} a_{11} & a_{21} & \cdots & a_{n1} \\ a_{12} & a_{22} & \cdots & a_{n2} \\ \vdots & \vdots & & \vdots \\ a_{1n} & a_{2n} & \cdots & a_{nn} \end{bmatrix}$ の行列式 $|{}^tA|$ と等しくなることを示そう。${}^tA$ は，

（A の行と列を入れ替えた行列）

A の行と列を入れ替えた行列だから，公式 $|A| = |{}^tA|$ が示せれば，これから沢山でてくる行列式の性質について「行で言えることは，列でも言える」ことになるんだよ。

これは，$n=3$ のときを示せば，以下同様に示せることがわかると思う。行列式の定義式(＊)より，転置行列 ${}^tA$ の行列式は，

$$|{}^tA| = \sum \underbrace{\mathrm{sgn}\begin{pmatrix} 1 & 2 & 3 \\ i_1 & i_2 & i_3 \end{pmatrix}}_{(\mathrm{ii})} \underbrace{a_{i_1 1} a_{i_2 2} a_{i_3 3}}_{(\mathrm{i})} \quad \cdots\cdots(＊＊)$$

(ⅰ) 転置行列の成分は，行と列が入れ替わるので，a の行と列を表す添え字が入れ替わっていることに注意しよう！
(ⅱ) 符号を決定する置換の上下の数字は，各成分がどの行どの列に属するかに依存するだけで，成分の移動があっても変化しないことに要注意だ！

ここで，置換 $\begin{pmatrix} 1 & 2 & 3 \\ i_1 & i_2 & i_3 \end{pmatrix}$ と，その逆置換 $\begin{pmatrix} i_1 & i_2 & i_3 \\ 1 & 2 & 3 \end{pmatrix}$ の奇・偶は一致するので，その符号も一致する。よって，

$$\mathrm{sgn}\begin{pmatrix} 1 & 2 & 3 \\ i_1 & i_2 & i_3 \end{pmatrix} = \mathrm{sgn}\begin{pmatrix} i_1 & i_2 & i_3 \\ 1 & 2 & 3 \end{pmatrix} \quad \cdots\cdots②$$

②を(＊＊)に代入して

$$|{}^tA| = \sum \mathrm{sgn}\begin{pmatrix} i_1 & i_2 & i_3 \\ 1 & 2 & 3 \end{pmatrix} a_{i_1 1} a_{i_2 2} a_{i_3 3}$$ となる。

これは，$(i_1\ i_2\ i_3)$ のすべての順列にわたって和をとることを意味しているので，$|A|$ のときと，たす順番が異なるだけで，結局，$|A|$ と同じ結果になるはずだね。それじゃ確かめておくよ。

$$|{}^tA| = \underbrace{\mathrm{sgn}\begin{pmatrix} 1 & 2 & 3 \\ 1 & 2 & 3 \end{pmatrix}}_{+1} a_{11}a_{22}a_{33} + \underbrace{\mathrm{sgn}\begin{pmatrix} 1 & 3 & 2 \\ 1 & 2 & 3 \end{pmatrix}}_{\mathrm{sgn}\begin{pmatrix} 1 & 2 & 3 \\ 1 & 3 & 2 \end{pmatrix} = -1} a_{11}a_{32}a_{23}$$

$$+ \underbrace{\mathrm{sgn}\begin{pmatrix} 2 & 1 & 3 \\ 1 & 2 & 3 \end{pmatrix}}_{\mathrm{sgn}\begin{pmatrix} 1 & 2 & 3 \\ 2 & 1 & 3 \end{pmatrix} = -1} a_{21}a_{12}a_{33} + \underbrace{\mathrm{sgn}\begin{pmatrix} 2 & 3 & 1 \\ 1 & 2 & 3 \end{pmatrix}}_{\mathrm{sgn}\begin{pmatrix} 1 & 2 & 3 \\ 2 & 3 & 1 \end{pmatrix} = +1} a_{21}a_{32}a_{13}$$

$$+ \underbrace{\mathrm{sgn}\begin{pmatrix} 3 & 1 & 2 \\ 1 & 2 & 3 \end{pmatrix}}_{\mathrm{sgn}\begin{pmatrix} 1 & 2 & 3 \\ 3 & 1 & 2 \end{pmatrix} = +1} a_{31}a_{12}a_{23} + \underbrace{\mathrm{sgn}\begin{pmatrix} 3 & 2 & 1 \\ 1 & 2 & 3 \end{pmatrix}}_{\mathrm{sgn}\begin{pmatrix} 1 & 2 & 3 \\ 3 & 2 & 1 \end{pmatrix} = -1} a_{31}a_{22}a_{13}$$

$$= a_{11}a_{22}a_{33} - a_{11}a_{23}a_{32} - a_{12}a_{21}a_{33}$$

$$+ a_{13}a_{21}a_{32} + a_{12}a_{23}a_{31} - a_{13}a_{22}a_{31} \quad \cdots\cdots③$$

①と③は等しい。よって，同様に一般の n 次の行列式についても，公式 $|A| = |{}^tA|$ が成り立つことがわかっただろう？

演習問題 8　● 行列式の性質 (I) ●

行列式の定義式を用いて，次の公式が成り立つことを示せ。

$$\begin{vmatrix} a_{11} & a_{12} & \cdots & a_{1n} \\ \vdots & \vdots & & \vdots \\ a_{k1}+b_{k1} & a_{k2}+b_{k2} & \cdots & a_{kn}+b_{kn} \\ \vdots & \vdots & & \vdots \\ a_{n1} & a_{n2} & \cdots & a_{nn} \end{vmatrix} = \begin{vmatrix} a_{11} & a_{12} & \cdots & a_{1n} \\ \vdots & \vdots & & \vdots \\ a_{k1} & a_{k2} & \cdots & a_{kn} \\ \vdots & \vdots & & \vdots \\ a_{n1} & a_{n2} & \cdots & a_{nn} \end{vmatrix} + \begin{vmatrix} a_{11} & a_{12} & \cdots & a_{1n} \\ \vdots & \vdots & & \vdots \\ b_{k1} & b_{k2} & \cdots & b_{kn} \\ \vdots & \vdots & & \vdots \\ a_{n1} & a_{n2} & \cdots & a_{nn} \end{vmatrix}$$

ヒント！ 第 k 行のみが，$a_{ki}+b_{ki}$ $(i=1, 2, \cdots, n)$ の形になっているので，行列式の定義式に，これを反映させればいいんだね。

解答＆解説

$$与式の左辺 = \begin{vmatrix} a_{11} & a_{12} & \cdots & a_{1n} \\ a_{21} & a_{22} & \cdots & a_{2n} \\ \vdots & \vdots & & \vdots \\ a_{k1}+b_{k1} & a_{k2}+b_{k2} & \cdots & a_{kn}+b_{kn} \\ \vdots & \vdots & & \vdots \\ a_{n1} & a_{n2} & \cdots & a_{nn} \end{vmatrix}$$

第 k 行のみが $a_{ki}+b_{ki}$ $(i=1, 2, \cdots, n)$ の形になっている。

$$= \sum \mathrm{sgn}\begin{pmatrix} 1 & 2 & \cdots & n \\ i_1 & i_2 & \cdots & i_n \end{pmatrix} a_{1i_1} \cdot a_{2i_2} \cdot \cdots \cdot (a_{ki_k}+b_{ki_k}) \cdot \cdots \cdot a_{ni_n}$$

$$= \sum \mathrm{sgn}\begin{pmatrix} 1 & 2 & \cdots & n \\ i_1 & i_2 & \cdots & i_n \end{pmatrix} a_{1i_1} \cdot a_{2i_2} \cdot \cdots \cdot a_{ki_k} \cdot \cdots \cdot a_{ni_n}$$

$$+ \sum \mathrm{sgn}\begin{pmatrix} 1 & 2 & \cdots & n \\ i_1 & i_2 & \cdots & i_n \end{pmatrix} a_{1i_1} \cdot a_{2i_2} \cdot \cdots \cdot b_{ki_k} \cdot \cdots \cdot a_{ni_n}$$

$$= \begin{vmatrix} a_{11} & a_{12} & \cdots & a_{1n} \\ a_{21} & a_{22} & \cdots & a_{2n} \\ \vdots & \vdots & & \vdots \\ a_{k1} & a_{k2} & \cdots & a_{kn} \\ \vdots & \vdots & & \vdots \\ a_{n1} & a_{n2} & \cdots & a_{nn} \end{vmatrix} + \begin{vmatrix} a_{11} & a_{12} & \cdots & a_{1n} \\ a_{21} & a_{22} & \cdots & a_{2n} \\ \vdots & \vdots & & \vdots \\ b_{k1} & b_{k2} & \cdots & b_{kn} \\ \vdots & \vdots & & \vdots \\ a_{n1} & a_{n2} & \cdots & a_{nn} \end{vmatrix} = 与式の右辺$$ ……………(終)

実践問題 8　● 行列式の性質 (Ⅱ) ●

行列式の定義式を用いて，次の公式が成り立つことを示せ。

$$\begin{vmatrix} a_{11} & a_{12} & \cdots & a_{1n} \\ \vdots & \vdots & & \vdots \\ ca_{k1} & ca_{k2} & \cdots & ca_{kn} \\ \vdots & \vdots & & \vdots \\ a_{n1} & a_{n2} & \cdots & a_{nn} \end{vmatrix} = c \begin{vmatrix} a_{11} & a_{12} & \cdots & a_{1n} \\ \vdots & \vdots & & \vdots \\ a_{k1} & a_{k2} & \cdots & a_{kn} \\ \vdots & \vdots & & \vdots \\ a_{n1} & a_{n2} & \cdots & a_{nn} \end{vmatrix}$$

ヒント！ 第 k 行のみに定数 c がかかった ca_{ki} $(i=1, 2, \cdots, n)$ の形になっている。

解答＆解説

$$与式の左辺 = \begin{vmatrix} a_{11} & a_{12} & \cdots & a_{1n} \\ a_{21} & a_{22} & \cdots & a_{2n} \\ \vdots & \vdots & & \vdots \\ ca_{k1} & ca_{k2} & \cdots & ca_{kn} \\ \vdots & \vdots & & \vdots \\ a_{n1} & a_{n2} & \cdots & a_{nn} \end{vmatrix}$$

← 第 k 行のみが ca_{ki} $(i=1, 2, \cdots, n)$ の形になっている。

$$= \sum \mathrm{sgn}\begin{pmatrix} 1 & 2 & \cdots & n \\ i_1 & i_2 & \cdots & i_n \end{pmatrix} a_{1i_1} \cdot a_{2i_2} \cdot \cdots \cdot \boxed{(ア)\quad} \cdot \cdots \cdot a_{ni_n}$$

$$= \boxed{(イ)\quad} \sum \mathrm{sgn}\begin{pmatrix} 1 & 2 & \cdots & n \\ i_1 & i_2 & \cdots & i_n \end{pmatrix} a_{1i_1} \cdot a_{2i_2} \cdot \cdots \cdot a_{ki_k} \cdot \cdots \cdot a_{ni_n}$$

↑ 定数 c をくくり出す！

$$= \boxed{(ウ)\quad} \begin{vmatrix} a_{11} & a_{12} & \cdots & a_{1n} \\ a_{21} & a_{22} & \cdots & a_{2n} \\ \vdots & \vdots & & \vdots \\ a_{k1} & a_{k2} & \cdots & a_{kn} \\ \vdots & \vdots & & \vdots \\ a_{n1} & a_{n2} & \cdots & a_{nn} \end{vmatrix} = 与式の右辺$$ ……………………………(終)

解答　(ア) ca_{ki_k}　(イ) c　(ウ) c

§3. n 次の行列式の計算

前回で，n 次の行列式の定義式を勉強したので，今回は，これを使って n 次の行列式の様々な性質を明らかにしていこう。(その 3 つの例は，実は，演習問題 7，8 と実践問題 7，8 でやっている。) そして，これらの性質を利用して，高次の行列式の値を簡単に求めることができる。かなり，具体的でテクニカルな計算になるので，わかりやすいと思うよ。

● 高次の行列式は，余因子で展開できる！

前回勉強した 3 次の正方行列 $A=\begin{bmatrix} a_{11} & a_{12} & a_{13} \\ a_{21} & a_{22} & a_{23} \\ a_{31} & a_{32} & a_{33} \end{bmatrix}$ の行列式 $|A|$ をもう 1 度，ここに示す。

$$|A| = \sum \mathrm{sgn}\begin{pmatrix} 1 & 2 & 3 \\ i_1 & i_2 & i_3 \end{pmatrix} a_{1i_1}a_{2i_2}a_{3i_3}$$

$$= a_{11}a_{22}a_{33} - a_{11}a_{23}a_{32} - a_{12}a_{21}a_{33} + a_{12}a_{23}a_{31} + a_{13}a_{21}a_{32} - a_{13}a_{22}a_{31}$$

これを，それぞれ a_{11}, a_{12}, a_{13} でまとめると，(行列 A の第 1 行)

$$|A| = a_{11}(a_{22}a_{33} - a_{23}a_{32}) - a_{12}(a_{21}a_{33} - a_{23}a_{31}) + a_{13}(a_{21}a_{32} - a_{22}a_{31})$$

$$a_{22}a_{33} - a_{23}a_{32} = \begin{vmatrix} a_{22} & a_{23} \\ a_{32} & a_{33} \end{vmatrix}, \quad a_{21}a_{33} - a_{23}a_{31} = \begin{vmatrix} a_{21} & a_{23} \\ a_{31} & a_{33} \end{vmatrix}, \quad a_{21}a_{32} - a_{22}a_{31} = \begin{vmatrix} a_{21} & a_{22} \\ a_{31} & a_{32} \end{vmatrix}$$

$$\therefore \begin{vmatrix} a_{11} & a_{12} & a_{13} \\ a_{21} & a_{22} & a_{23} \\ a_{31} & a_{32} & a_{33} \end{vmatrix} = a_{11}\begin{vmatrix} a_{22} & a_{23} \\ a_{32} & a_{33} \end{vmatrix} - a_{12}\begin{vmatrix} a_{21} & a_{23} \\ a_{31} & a_{33} \end{vmatrix} + a_{13}\begin{vmatrix} a_{21} & a_{22} \\ a_{31} & a_{32} \end{vmatrix} \quad \cdots①$$ となる。

$$\begin{vmatrix} a_{11} & a_{12} & a_{13} \\ a_{21} & a_{22} & a_{23} \\ a_{31} & a_{32} & a_{33} \end{vmatrix} \quad \begin{vmatrix} a_{11} & a_{12} & a_{13} \\ a_{21} & a_{22} & a_{23} \\ a_{31} & a_{32} & a_{33} \end{vmatrix} \quad \begin{vmatrix} a_{11} & a_{12} & a_{13} \\ a_{21} & a_{22} & a_{23} \\ a_{31} & a_{32} & a_{33} \end{vmatrix}$$

この式は，左辺の 3 次の行列式を，右辺の 2 次の行列式で展開しているね。正確には，これは，「3 次の行列式 $|A|$ を，その第 1 行によって余因子展開したものである。」と言う。そして，3 次の行列式だけでなく一般に n 次の行列式を，$n-1$ 次の行列式で余因子展開することができるんだよ。それではまず，余因子から解説していくことにしよう。

“よいんし” と読む

余因子の定義はこれだ！

n 次の正方行列 A が，次のように与えられているとする。

$$A=\begin{bmatrix} a_{11} & a_{12} & \cdots & a_{1j} & \cdots & a_{1n} \\ a_{21} & a_{22} & \cdots & a_{2j} & \cdots & a_{2n} \\ \vdots & \vdots & & \vdots & & \vdots \\ a_{i1} & a_{i2} & \cdots & a_{ij} & \cdots & a_{in} \\ \vdots & \vdots & & \vdots & & \vdots \\ a_{n1} & a_{n2} & \cdots & a_{nj} & \cdots & a_{nn} \end{bmatrix}$$

←第 i 行

↑第 j 列

この n 次の正方行列 A の (i,j) 成分である a_{ij} を中心に第 i 行と第 j 列を取り除いた $(n-1)$ 次の行列式をつくり，それに，$(-1)^{i+j}$ をかけたものを，行列 A の “(i,j) **余因子**” といい，A_{ij} で表す。すなわち，

取り除く！

$$A_{ij}=(-1)^{i+j}\begin{vmatrix} a_{11} & a_{12} & \cdots & a_{1j} & \cdots & a_{1n} \\ a_{21} & a_{22} & \cdots & a_{2j} & \cdots & a_{2n} \\ \vdots & \vdots & & \vdots & & \vdots \\ a_{i1} & a_{i2} & \cdots & a_{ij} & \cdots & a_{in} \\ \vdots & \vdots & & \vdots & & \vdots \\ a_{n1} & a_{n2} & \cdots & a_{nj} & \cdots & a_{nn} \end{vmatrix}$$ となる。

具体例で示そう。行列 $A=\begin{bmatrix} 1 & 2 & -1 \\ 2 & 3 & 1 \\ 4 & 1 & 3 \end{bmatrix}$ の $(1,2)$ 余因子 A_{12} を求めてみよう。（$2 = a_{12}$）

$a_{12}=2$ のたてと横の成分を取り除いた行列式に，$(-1)^{1+2}$ をかけたものが，求める $(1,2)$ 余因子 A_{12} なので，

$$A_{12}=(-1)^{1+2}\begin{vmatrix} 1 & 2 & -1 \\ 2 & 3 & 1 \\ 4 & 1 & 3 \end{vmatrix}=(-1)^3\begin{vmatrix} 2 & 1 \\ 4 & 3 \end{vmatrix}$$

$=-(2\times3-1\times4)=-2$　となる。

同様に

$$A_{23}=(-1)^{2+3}\begin{vmatrix} 1 & 2 & -1 \\ 2 & 3 & 1 \\ 4 & 1 & 3 \end{vmatrix}=-\begin{vmatrix} 1 & 2 \\ 4 & 1 \end{vmatrix}=7$$

$$A_{31}=(-1)^{3+1}\begin{vmatrix} 1 & 2 & -1 \\ 2 & 3 & 1 \\ 4 & 1 & 3 \end{vmatrix}=\begin{vmatrix} 2 & -1 \\ 3 & 1 \end{vmatrix}=5$$　となる。

この余因子 A_{ij} を用いて，n 次の行列式を $n-1$ 次の行列式で，次のように展開できる。

余因子による行列式の展開

n 次の正方行列 A の行列式 $|A|$ は次のように余因子で展開できる。

(Ⅰ) 第 i 行による展開

$$|A|=a_{i1}A_{i1}+a_{i2}A_{i2}+\cdots\cdots+a_{in}A_{in}\quad(i=1,2,\cdots,n)$$

(Ⅱ) 第 j 列による展開

$$|A|=a_{1j}A_{1j}+a_{2j}A_{2j}+\cdots\cdots+a_{nj}A_{nj}\quad(j=1,2,\cdots,n)$$

転置行列 ${}^tA$ は，A の行と列を入れ替えたもので，$|A|=|{}^tA|$ が成り立つ。よって，行列式の場合，「行で言えることは，列でも言える」ので，「(Ⅰ) $|A|$ が行で展開できるのならば，(Ⅱ) $|A|$ は列でも展開できる。」ということになるんだね。

$A=\begin{bmatrix} a_{11} & a_{12} & a_{13} \\ a_{21} & a_{22} & a_{23} \\ a_{31} & a_{32} & a_{33} \end{bmatrix}$ の行列式 $|A|$ を第 1 行で展開したものが，

$$|A| = a_{11}A_{11} + a_{12}A_{12} + a_{13}A_{13}$$

$$= a_{11}(-1)^{1+1}\begin{vmatrix} a_{22} & a_{23} \\ a_{32} & a_{33} \end{vmatrix} + a_{12}(-1)^{1+2}\begin{vmatrix} a_{21} & a_{23} \\ a_{31} & a_{33} \end{vmatrix} + a_{13}(-1)^{1+3}\begin{vmatrix} a_{21} & a_{22} \\ a_{31} & a_{32} \end{vmatrix}$$

$$= a_{11}\begin{vmatrix} a_{22} & a_{23} \\ a_{32} & a_{33} \end{vmatrix} - a_{12}\begin{vmatrix} a_{21} & a_{23} \\ a_{31} & a_{33} \end{vmatrix} + a_{13}\begin{vmatrix} a_{21} & a_{22} \\ a_{31} & a_{32} \end{vmatrix}$$

で，実はこれが①式だったんだね。

それでは，$A = \begin{bmatrix} 1 & 2 & -1 \\ 2 & 3 & 1 \\ 4 & 1 & 3 \end{bmatrix}$ の行列式 $|A|$ の値を，次の **2** 通りで求めてみよう。

(1) 第 **1** 行で展開して，$|A|$ を求めよ。

$$|A| = \underset{a_{11}}{1}\cdot(-1)^{1+1}\begin{vmatrix} 1 & 2 & -1 \\ 2 & 3 & 1 \\ 4 & 1 & 3 \end{vmatrix} + \underset{a_{12}}{2}\cdot(-1)^{1+2}\begin{vmatrix} 1 & 2 & -1 \\ 2 & 3 & 1 \\ 4 & 1 & 3 \end{vmatrix} + \underset{a_{13}}{(-1)}\cdot(-1)^{1+3}\begin{vmatrix} 1 & 2 & -1 \\ 2 & 3 & 1 \\ 4 & 1 & 3 \end{vmatrix}$$

（それぞれ A_{11}，A_{12}，A_{13}）

$$= \begin{vmatrix} 3 & 1 \\ 1 & 3 \end{vmatrix} - 2\begin{vmatrix} 2 & 1 \\ 4 & 3 \end{vmatrix} - \begin{vmatrix} 2 & 3 \\ 4 & 1 \end{vmatrix}$$

$$= (9-1) - 2(6-4) - (2-12) = 8 - 4 + 10 = 14$$ ………………(答)

(2) 第 **3** 列で展開して，$|A|$ を求めよ。

$$|A| = \underset{a_{13}}{-1}\cdot(-1)^{1+3}\begin{vmatrix} 1 & 2 & -1 \\ 2 & 3 & 1 \\ 4 & 1 & 3 \end{vmatrix} + \underset{a_{23}}{1}\cdot(-1)^{2+3}\begin{vmatrix} 1 & 2 & -1 \\ 2 & 3 & 1 \\ 4 & 1 & 3 \end{vmatrix} + \underset{a_{33}}{3}\cdot(-1)^{3+3}\begin{vmatrix} 1 & 2 & -1 \\ 2 & 3 & 1 \\ 4 & 1 & 3 \end{vmatrix}$$

（それぞれ A_{13}，A_{23}，A_{33}）

$$= -\begin{vmatrix} 2 & 3 \\ 4 & 1 \end{vmatrix} - \begin{vmatrix} 1 & 2 \\ 4 & 1 \end{vmatrix} + 3\begin{vmatrix} 1 & 2 \\ 2 & 3 \end{vmatrix}$$

$$= -(2-12) - (1-8) + 3(3-4) = 10 + 7 - 3 = 14$$ ……………(答)

どう？第 **1** 行で展開しても，第 **3** 列で展開しても，同じ結果が導けただろう。この展開公式も，実は行列式の定義式 $\sum \mathrm{sgn}\begin{pmatrix} 1 & 2 & \cdots & n \\ i_1 & i_2 & \cdots & i_n \end{pmatrix} a_{1i_1}a_{2i_2}\cdots a_{ni_n}$ から導けるんだけれど，これは初心者には難しい。このまま，結果を覚えておいていいよ。

それでは，次，$\boldsymbol{B}=\begin{bmatrix} 0 & 2 & 1 & 3 \\ 1 & -1 & 1 & 4 \\ 0 & 2 & 2 & 1 \\ 0 & 1 & 2 & 0 \end{bmatrix}$の行列式$|\boldsymbol{B}|$の値を求めてみよう。

(3) 第**1**列は，**(2, 1)** 成分のみが $a_{21}=1$ で，他は**0**なので，第**1**列について展開すると，$|\boldsymbol{B}|$は楽に計算できる。

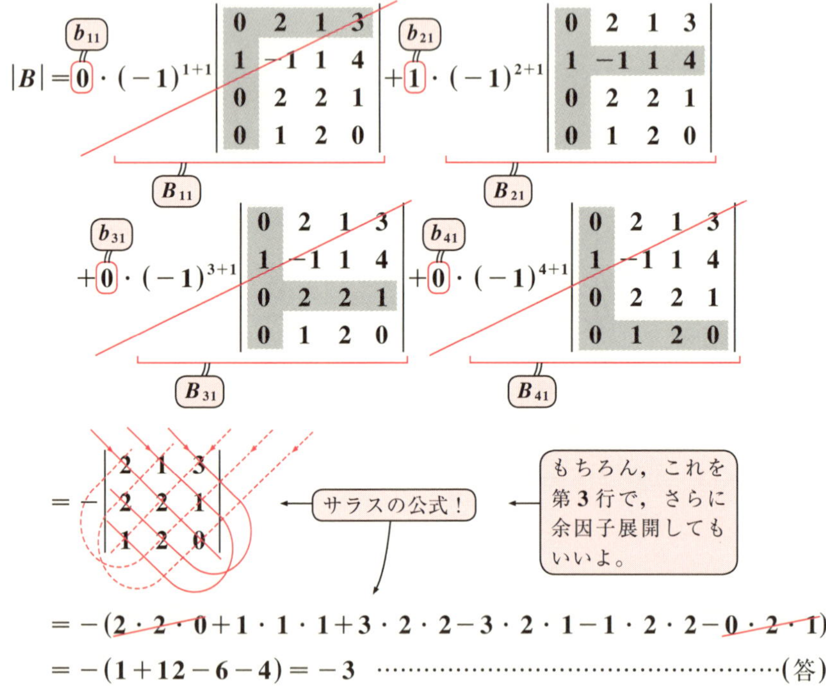

$$|\boldsymbol{B}|=0\cdot(-1)^{1+1}\begin{vmatrix} 0 & 2 & 1 & 3 \\ 1 & -1 & 1 & 4 \\ 0 & 2 & 2 & 1 \\ 0 & 1 & 2 & 0 \end{vmatrix}+1\cdot(-1)^{2+1}\begin{vmatrix} 0 & 2 & 1 & 3 \\ 1 & -1 & 1 & 4 \\ 0 & 2 & 2 & 1 \\ 0 & 1 & 2 & 0 \end{vmatrix}$$

$$+0\cdot(-1)^{3+1}\begin{vmatrix} 0 & 2 & 1 & 3 \\ 1 & -1 & 1 & 4 \\ 0 & 2 & 2 & 1 \\ 0 & 1 & 2 & 0 \end{vmatrix}+0\cdot(-1)^{4+1}\begin{vmatrix} 0 & 2 & 1 & 3 \\ 1 & -1 & 1 & 4 \\ 0 & 2 & 2 & 1 \\ 0 & 1 & 2 & 0 \end{vmatrix}$$

$$=-\begin{vmatrix} 2 & 1 & 3 \\ 2 & 2 & 1 \\ 1 & 2 & 0 \end{vmatrix}$$

$$=-(2\cdot2\cdot0+1\cdot1\cdot1+3\cdot2\cdot2-3\cdot2\cdot1-1\cdot2\cdot2-0\cdot2\cdot1)$$

$$=-(1+12-6-4)=-3 \quad\cdots\cdots\cdots\cdots\cdots(\text{答})$$

どう？　このように**1**つの列や行の成分の中に**0**がたくさんあると行列式を余因子展開して計算する際に，非常に楽になるのがわかっただろう？実は，この成分が**0**でない場合でも，これから解説する行列式の性質をフルに利用して，積極的に成分**0**を作り出していくことができる。それでは，いよいよ行列式の性質について解説していくことにしよう。

● 行列式の性質をマスターしよう！

それでは，行列式の行に関する性質を下に示す。

行列式の行に関する性質

(Ⅰ)
$$\begin{vmatrix} a_{11} & a_{12} & \cdots & a_{1n} \\ \vdots & \vdots & & \vdots \\ a_{k1}+b_{k1} & a_{k2}+b_{k2} & \cdots & a_{kn}+b_{kn} \\ \vdots & \vdots & & \vdots \\ a_{n1} & a_{n2} & \cdots & a_{nn} \end{vmatrix} = \begin{vmatrix} a_{11} & a_{12} & \cdots & a_{1n} \\ \vdots & \vdots & & \vdots \\ a_{k1} & a_{k2} & \cdots & a_{kn} \\ \vdots & \vdots & & \vdots \\ a_{n1} & a_{n2} & \cdots & a_{nn} \end{vmatrix} + \begin{vmatrix} a_{11} & a_{12} & \cdots & a_{1n} \\ \vdots & \vdots & & \vdots \\ b_{k1} & b_{k2} & \cdots & b_{kn} \\ \vdots & \vdots & & \vdots \\ a_{n1} & a_{n2} & \cdots & a_{nn} \end{vmatrix}$$

(Ⅱ)
$$\begin{vmatrix} a_{11} & a_{12} & \cdots & a_{1n} \\ \vdots & \vdots & & \vdots \\ ca_{k1} & ca_{k2} & \cdots & ca_{kn} \\ \vdots & \vdots & & \vdots \\ a_{n1} & a_{n2} & \cdots & a_{nn} \end{vmatrix} = c\begin{vmatrix} a_{11} & a_{12} & \cdots & a_{1n} \\ \vdots & \vdots & & \vdots \\ a_{k1} & a_{k2} & \cdots & a_{kn} \\ \vdots & \vdots & & \vdots \\ a_{n1} & a_{n2} & \cdots & a_{nn} \end{vmatrix}$$

(Ⅲ)（第 k 行，第 l 行）
$$\begin{vmatrix} a_{11} & a_{12} & \cdots & a_{1n} \\ \vdots & \vdots & & \vdots \\ a_{k1} & a_{k2} & \cdots & a_{kn} \\ \vdots & \vdots & & \vdots \\ a_{l1} & a_{l2} & \cdots & a_{ln} \\ \vdots & \vdots & & \vdots \\ a_{n1} & a_{n2} & \cdots & a_{nn} \end{vmatrix} = -\begin{vmatrix} a_{11} & a_{12} & \cdots & a_{1n} \\ \vdots & \vdots & & \vdots \\ a_{l1} & a_{l2} & \cdots & a_{ln} \\ \vdots & \vdots & & \vdots \\ a_{k1} & a_{k2} & \cdots & a_{kn} \\ \vdots & \vdots & & \vdots \\ a_{n1} & a_{n2} & \cdots & a_{nn} \end{vmatrix}$$

← 第 k 行と第 l 行を入れ替えると行列式の符号が変わる。

(Ⅳ)（第 k 行，第 l 行）
$$\begin{vmatrix} a_{11} & a_{12} & \cdots & a_{1n} \\ \vdots & \vdots & & \vdots \\ a_{k1} & a_{k2} & \cdots & a_{kn} \\ \vdots & \vdots & & \vdots \\ a_{k1} & a_{k2} & \cdots & a_{kn} \\ \vdots & \vdots & & \vdots \\ a_{n1} & a_{n2} & \cdots & a_{nn} \end{vmatrix} = 0$$

← 第 k 行と第 l 行が同じ行列の行列式は 0 になる。

演習・実践問題7を参照

(Ⅴ)（第 k 行，第 l 行）
$$\begin{vmatrix} a_{11} & a_{12} & \cdots & a_{1n} \\ \vdots & \vdots & & \vdots \\ a_{k1} & a_{k2} & \cdots & a_{kn} \\ \vdots & \vdots & & \vdots \\ a_{l1} & a_{l2} & \cdots & a_{ln} \\ \vdots & \vdots & & \vdots \\ a_{n1} & a_{n2} & \cdots & a_{nn} \end{vmatrix} = \begin{vmatrix} a_{11} & a_{12} & \cdots & a_{1n} \\ \vdots & \vdots & & \vdots \\ a_{k1} & a_{k2} & \cdots & a_{kn} \\ \vdots & \vdots & & \vdots \\ a_{l1}\pm ca_{k1} & a_{l2}\pm ca_{k2} & \cdots & a_{ln}\pm ca_{kn} \\ \vdots & \vdots & & \vdots \\ a_{n1} & a_{n2} & \cdots & a_{nn} \end{vmatrix}$$

(Ⅰ)(Ⅱ)(Ⅲ) は，行列式の定義式 $\sum \mathrm{sgn}\begin{pmatrix} 1 & 2 & \cdots & n \\ i_1 & i_2 & \cdots & i_n \end{pmatrix} a_{1i_1}a_{2i_2}\cdots a_{ni_n}$ を使って証明できる。(Ⅳ) は (Ⅲ) から，また，(Ⅴ) は (Ⅳ) から成り立つことを示せる。

(Ⅰ) $\sum \mathrm{sgn}\begin{pmatrix} 1 & 2 & \cdots & k & \cdots & n \\ i_1 & i_2 & \cdots & i_k & \cdots & i_n \end{pmatrix} a_{1i_1}a_{2i_2}\cdots(a_{ki_k}+b_{ki_k})\cdots a_{ni_n}$

$$= \sum \mathrm{sgn}\begin{pmatrix} 1 & 2 & \cdots & k & \cdots & n \\ i_1 & i_2 & \cdots & i_k & \cdots & i_n \end{pmatrix} a_{1i_1}a_{2i_2}\cdots a_{ki_k}\cdots a_{ni_n}$$

$$+ \sum \mathrm{sgn}\begin{pmatrix} 1 & 2 & \cdots & k & \cdots & n \\ i_1 & i_2 & \cdots & i_k & \cdots & i_n \end{pmatrix} a_{1i_1}a_{2i_2}\cdots b_{ki_k}\cdots a_{ni_n}$$ から示せる。

演習問題 **8** 参照！

(Ⅱ) $\sum \mathrm{sgn}\begin{pmatrix} 1 & 2 & \cdots & k & \cdots & n \\ i_1 & i_2 & \cdots & i_k & \cdots & i_n \end{pmatrix} a_{1i_1}a_{2i_2}\cdots c\,a_{ki_k}\cdots a_{ni_n}$

$$= c\sum \mathrm{sgn}\begin{pmatrix} 1 & 2 & \cdots & k & \cdots & n \\ i_1 & i_2 & \cdots & i_k & \cdots & i_n \end{pmatrix} a_{1i_1}a_{2i_2}\cdots a_{ki_k}\cdots a_{ni_n}$$ から (Ⅱ) も成り立つ。

実践問題 **8** 参照！

(Ⅲ) 左辺 $= \sum \mathrm{sgn}\begin{pmatrix} 1 & 2 & \cdots & k & \cdots & l & \cdots & n \\ i_1 & i_2 & \cdots & i_k & \cdots & i_l & \cdots & i_n \end{pmatrix} a_{1i_1}a_{2i_2}\cdots a_{ki_k}\cdots a_{li_l}\cdots a_{ni_n}$

入れ替え

a_{ki_k} と a_{li_l} のかける順番を変えても，符号自身は変化しない。

$$= \sum \mathrm{sgn}\begin{pmatrix} 1 & 2 & \cdots & k & \cdots & l & \cdots & n \\ i_1 & i_2 & \cdots & i_k & \cdots & i_l & \cdots & i_n \end{pmatrix} a_{1i_1}a_{2i_2}\cdots a_{li_l}\cdots a_{ki_k}\cdots a_{ni_n} \quad \cdots\cdots②$$

ここで，$\begin{pmatrix} 1 & 2 & \cdots & k & \cdots & l & \cdots & n \\ i_1 & i_2 & \cdots & i_k & \cdots & i_l & \cdots & i_n \end{pmatrix}$ に互換 $(k,\ l)$ を施すと，

$\begin{pmatrix} 1 & 2 & \cdots & k & \cdots & l & \cdots & n \\ i_1 & i_2 & \cdots & i_l & \cdots & i_k & \cdots & i_n \end{pmatrix}$ となり，元が偶置換とすると互換 $(k,\ l)$ 後は奇置換に，また，元が奇置換の場合は偶置換に変わるので，この **2** つの置換の符号 (sgn) は異なる。

$$\therefore\ \mathrm{sgn}\begin{pmatrix} 1 & 2 & \cdots & k & \cdots & l & \cdots & n \\ i_1 & i_2 & \cdots & i_k & \cdots & i_l & \cdots & i_n \end{pmatrix} = -\mathrm{sgn}\begin{pmatrix} 1 & 2 & \cdots & k & \cdots & l & \cdots & n \\ i_1 & i_2 & \cdots & i_l & \cdots & i_k & \cdots & i_n \end{pmatrix} \quad \cdots③$$

③を②に代入して，

$$\text{左辺} = \sum \mathrm{sgn}\begin{pmatrix} 1 & 2 & \cdots & k & \cdots & l & \cdots & n \\ i_1 & i_2 & \cdots & i_k & \cdots & i_l & \cdots & i_n \end{pmatrix} a_{1i_1}a_{2i_2}\cdots a_{li_l}\cdots a_{ki_k}\cdots a_{ni_n}$$

$$= -\sum \mathrm{sgn}\begin{pmatrix} 1 & 2 & \cdots & k & \cdots & l & \cdots & n \\ i_1 & i_2 & \cdots & i_l & \cdots & i_k & \cdots & i_n \end{pmatrix} a_{1i_1}a_{2i_2}\cdots a_{li_l}\cdots a_{ki_k}\cdots a_{ni_n}$$

＝右辺　となって，(Ⅲ) の性質も成り立つ。

(Ⅳ) $|A| = \begin{vmatrix} a_{11} & a_{12} & \cdots & a_{1n} \\ \vdots & \vdots & & \vdots \\ a_{k1} & a_{k2} & \cdots & a_{kn} \\ \vdots & \vdots & & \vdots \\ a_{k1} & a_{k2} & \cdots & a_{kn} \\ \vdots & \vdots & & \vdots \\ a_{n1} & a_{n2} & \cdots & a_{nn} \end{vmatrix}$ とおく。この場合，第 k 行と第 l 行がまったく同じで，この第 k 行と第 l 行を入れ替えたものは，(Ⅲ) より，$-|A|$ となり，これは $|A|$ と等しい。

よって，$|A| = -|A|$ より，$2|A| = 0$　　$\therefore |A| = 0$ が成り立つ。

(Ⅴ) 一般に，行列式の計算では，ある第 k 行を c 倍したものを，別の第 l 行にたして(引いて)も，その行列式の値は変化しない。これを示す。

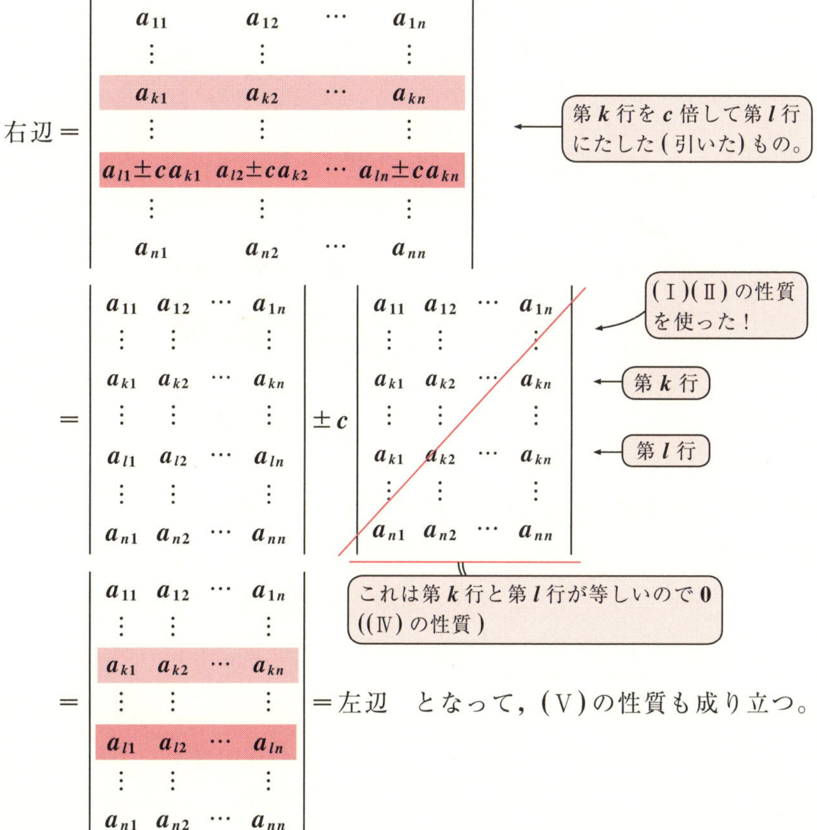

ここで，$|A| = |{}^tA|$ より「行で言えるものは，列でも言える」ので，次の行列式の列に関する性質も同様に成り立つ。

行列式の列に関する性質

(Ⅰ) $$\begin{vmatrix} a_{11} & \cdots & a_{1k}+b_{1k} & \cdots & a_{1n} \\ \vdots & & \vdots & & \vdots \\ a_{n1} & \cdots & a_{nk}+b_{nk} & \cdots & a_{nn} \end{vmatrix} = \begin{vmatrix} a_{11} & \cdots & a_{1k} & \cdots & a_{1n} \\ \vdots & & \vdots & & \vdots \\ a_{n1} & \cdots & a_{nk} & \cdots & a_{nn} \end{vmatrix} + \begin{vmatrix} a_{11} & \cdots & b_{1k} & \cdots & a_{1n} \\ \vdots & & \vdots & & \vdots \\ a_{n1} & \cdots & b_{nk} & \cdots & a_{nn} \end{vmatrix}$$

(Ⅱ) $$\begin{vmatrix} a_{11} & \cdots & ca_{1k} & \cdots & a_{1n} \\ \vdots & & \vdots & & \vdots \\ a_{n1} & \cdots & ca_{nk} & \cdots & a_{nn} \end{vmatrix} = c\begin{vmatrix} a_{11} & \cdots & a_{1k} & \cdots & a_{1n} \\ \vdots & & \vdots & & \vdots \\ a_{n1} & \cdots & a_{nk} & \cdots & a_{nn} \end{vmatrix}$$

(Ⅲ) $$\begin{vmatrix} a_{11} & \cdots & a_{1k} & \cdots & a_{1l} & \cdots & a_{1n} \\ \vdots & & \vdots & & \vdots & & \vdots \\ a_{n1} & \cdots & a_{nk} & \cdots & a_{nl} & \cdots & a_{nn} \end{vmatrix} = -\begin{vmatrix} a_{11} & \cdots & a_{1l} & \cdots & a_{1k} & \cdots & a_{1n} \\ \vdots & & \vdots & & \vdots & & \vdots \\ a_{n1} & \cdots & a_{nl} & \cdots & a_{nk} & \cdots & a_{nn} \end{vmatrix}$$

第 k 列　第 l 列

第 k 列と第 l 列を入れ替えると行列式の符号が変わる。

(Ⅳ) $$\begin{vmatrix} a_{11} & \cdots & a_{1k} & \cdots & a_{1k} & \cdots & a_{1n} \\ \vdots & & \vdots & & \vdots & & \vdots \\ a_{n1} & \cdots & a_{nk} & \cdots & a_{nk} & \cdots & a_{nn} \end{vmatrix} = 0$$

第 k 列　第 l 列

第 k 列と第 l 列が等しい行列の行列式は 0 になる。

(Ⅴ) $$\begin{vmatrix} a_{11} & \cdots & a_{1k} & \cdots & a_{1l} & \cdots & a_{1n} \\ \vdots & & \vdots & & \vdots & & \vdots \\ a_{n1} & \cdots & a_{nk} & \cdots & a_{nl} & \cdots & a_{nn} \end{vmatrix} = \begin{vmatrix} a_{11} & \cdots & a_{1k} & \cdots & a_{1l}\pm ca_{1k} & \cdots & a_{1n} \\ \vdots & & \vdots & & \vdots & & \vdots \\ a_{n1} & \cdots & a_{nk} & \cdots & a_{nl}\pm ca_{nk} & \cdots & a_{nn} \end{vmatrix}$$

第 k 列　第 l 列

第 k 列を c 倍して第 l 列にたして（引いて）も，行列式の値は変化しない。

列に関する行列式の性質は，行に関するものと同様だからもう説明はいらないと思う。

最後になったけれど，**2** つの n 次の正方行列 A，B の積に関する行列式の基本公式 $|AB| = |A||B|$ も示しておく。この証明も，行列式の定義式から導けるんだけれど，初心者にはわかりづらいので，結果をまずシッカリ覚えておいてくれたらいいよ。慣れたら，証明にもチャレンジするといい。

それでは，これまでの行列式の性質をフルに活かして，実際に行列式の値を求めてみることにしよう。

$X = \begin{bmatrix} 2 & 1 & 3 \\ -1 & 5 & 2 \\ 4 & 1 & -1 \end{bmatrix}$　$Y = \begin{bmatrix} 3 & -1 & 1 \\ 1 & 2 & 1 \\ 2 & -1 & 4 \end{bmatrix}$ のとき，次の行列式の値を求めよ。

(4) $|X|$　(5) $|Y|$　(6) $|XY|$

(4) $|X| = \begin{vmatrix} 2 & 1 & 3 \\ -1 & 5 & 2 \\ 4 & 1 & -1 \end{vmatrix} \overset{①' \leftrightarrow ②'}{=} -\begin{vmatrix} 1 & 2 & 3 \\ 5 & -1 & 2 \\ 1 & 4 & -1 \end{vmatrix}$ ←第1列と第2列の入れ替え

$\overset{②-5\times①}{\underset{③-①}{=}} -\begin{vmatrix} 1 & 2 & 3 \\ 0 & -11 & -13 \\ 0 & 2 & -4 \end{vmatrix}$

第2行から第1行を5倍したものを引く

第3行から，第1行を引く

これから
・第1行，第2行，… は ①，②，… で表し，
・第1列，第2列，… は ①′，②′，… で表す。

$= -\underset{a_{11}}{1} \times (-1)^{1+1} \underbrace{\begin{vmatrix} -11 & -13 \\ 2 & -4 \end{vmatrix}}_{A_{11}}$ ←第1列による余因子展開 ←$a_{21}A_{21}+a_{31}A_{31}=0$ より不要！

$= \begin{vmatrix} 11 & 13 \\ 2 & -4 \end{vmatrix} = 11\times(-4) - 13\times 2 = -70$ ……………………………(答)

第1行から-1をくくり出した。

(5) $|Y| = \begin{vmatrix} 3 & -1 & 1 \\ 1 & 2 & 1 \\ 2 & -1 & 4 \end{vmatrix} \overset{①' \leftrightarrow ③'}{=} -\begin{vmatrix} 1 & -1 & 3 \\ 1 & 2 & 1 \\ 4 & -1 & 2 \end{vmatrix}$

$\overset{②'+①'}{\underset{③'-3\times①'}{=}} -\begin{vmatrix} 1 & 0 & 0 \\ 1 & 3 & -2 \\ 4 & 3 & -10 \end{vmatrix} = -\underset{a_{11}}{1} \times (-1)^{1+1} \underbrace{\begin{vmatrix} 3 & -2 \\ 3 & -10 \end{vmatrix}}_{A_{11}}$ ←第1行による余因子展開 ←$a_{12}A_{12}+a_{13}A_{13}=0$ より不要！

$= -\{3\times(-10) - (-2)\times 3\} = 24$ ……………………………(答)

(6) $XY=\begin{bmatrix} 2 & 1 & 3 \\ -1 & 5 & 2 \\ 4 & 1 & -1 \end{bmatrix}\begin{bmatrix} 3 & -1 & 1 \\ 1 & 2 & 1 \\ 2 & -1 & 4 \end{bmatrix}=\begin{bmatrix} 13 & -3 & 15 \\ 6 & 9 & 12 \\ 11 & -1 & 1 \end{bmatrix}$

よって，求める行列式$|XY|$は

$$|XY|=\begin{vmatrix} 13 & -3 & 15 \\ 6 & 9 & 12 \\ 11 & -1 & 1 \end{vmatrix}=3\begin{vmatrix} 13 & -3 & 15 \\ 2 & 3 & 4 \\ 11 & -1 & 1 \end{vmatrix}$$

← 第2行から3をくくり出した。

$$\underset{②'+③'}{\overset{①'-11\times③'}{=}}3\begin{vmatrix} -152 & 12 & 15 \\ -42 & 7 & 4 \\ 0 & 0 & 1 \end{vmatrix}$$

$$=3\times\underset{a_{33}}{1}\times\underbrace{(-1)^{3+3}\begin{vmatrix} -\underset{4\times38}{152} & \underset{4\times3}{12} \\ -\underset{7\times6}{42} & 7 \end{vmatrix}}_{A_{33}}$$

← 第3行による余因子展開 ← $a_{31}A_{31}+a_{32}A_{32}=0$ より不要！

$$=3\times4\times7\begin{vmatrix} -38 & 3 \\ -6 & 1 \end{vmatrix}$$

← 第1行から4を，第2行から7をくくり出す。

$$=84\{-38\times1-3\times(-6)\}$$

$$=84\times(-20)=-1680$$ ……………………………………………(答)

以上(4)，(5)，(6)の結果，$|X|=-70$，$|Y|=24$，$|XY|=-1680$より，$|XY|=|X|\cdot|Y|$が成り立っていることがわかるね。

一般に，高次の行列式を求める場合，$\begin{vmatrix} 1 & 0 & 0 \\ \vdots & \vdots & \vdots \\ \vdots & \vdots & \vdots \end{vmatrix}$や$\begin{vmatrix} 1 & \cdots & \cdots \\ 0 & \cdots & \cdots \\ 0 & \cdots & \cdots \end{vmatrix}$の形に変形して，余因子展開することが多いが，(6)のように，$\begin{vmatrix} \vdots & \vdots & \vdots \\ \vdots & \vdots & \vdots \\ 0 & 0 & 1 \end{vmatrix}$の形にして余因子展開してもかまわない。どのように計算しても，正しいやり方であれば結局同じ行列式の値が導けるので，自分なりにいろいろ試してみるといい。

それでは，文字の入った行列式の計算にもチャレンジしておこう。計算方法はまったく同じだから，緊張することはないよ。

(7) 行列式 $\begin{vmatrix} 1 & 1 & 1 & 1 \\ a & a^2 & a^3 & a^4 \\ b & b^2 & b^3 & b^4 \\ c & c^2 & c^3 & c^4 \end{vmatrix}$ の値を求めよ。

$$\begin{vmatrix} 1 & 1 & 1 & 1 \\ a & a^2 & a^3 & a^4 \\ b & b^2 & b^3 & b^4 \\ c & c^2 & c^3 & c^4 \end{vmatrix} = abc \begin{vmatrix} 1 & 1 & 1 & 1 \\ 1 & a & a^2 & a^3 \\ 1 & b & b^2 & b^3 \\ 1 & c & c^2 & c^3 \end{vmatrix}$$

← 第 **2, 3, 4** 行からそれぞれ a, b, c をくくり出す。

$$\underset{④-①}{\overset{②-①}{\overset{③-①}{=}}} abc \begin{vmatrix} 1 & 1 & 1 & 1 \\ 0 & a-1 & a^2-1 & a^3-1 \\ 0 & b-1 & b^2-1 & b^3-1 \\ 0 & c-1 & c^2-1 & c^3-1 \end{vmatrix}$$

第 **1** 列による余因子展開！

$$= abc \times \underset{a_{11}}{1} \times (-1)^{1+1} \underbrace{\begin{vmatrix} a-1 & (a-1)(a+1) & (a-1)(a^2+a+1) \\ b-1 & (b-1)(b+1) & (b-1)(b^2+b+1) \\ c-1 & (c-1)(c+1) & (c-1)(c^2+c+1) \end{vmatrix}}_{A_{11}}$$

($a^2-1 = (a-1)(a+1)$, $a^3-1 = (a-1)(a^2+a+1)$)

$$= abc(a-1)(b-1)(c-1) \begin{vmatrix} 1 & a+1 & a^2+a+1 \\ 1 & b+1 & b^2+b+1 \\ 1 & c+1 & c^2+c+1 \end{vmatrix}$$

← 第 **1, 2, 3** 行からそれぞれ $(a-1)$, $(b-1)$, $(c-1)$ をくくり出す。

$$\underset{③-①}{\overset{②-①}{=}} abc(a-1)(b-1)(c-1) \begin{vmatrix} 1 & a+1 & a^2+a+1 \\ 0 & b-a & b^2-a^2+b-a \\ 0 & c-a & c^2-a^2+c-a \end{vmatrix}$$

第 **1** 列による余因子展開！

$$= abc(a-1)(b-1)(c-1) \times 1 \times (-1)^{1+1} \begin{vmatrix} b-a & (b-a)(b+a+1) \\ c-a & (c-a)(c+a+1) \end{vmatrix}$$

$$= abc(a-1)(b-1)(c-1)(b-a)(c-a) \begin{vmatrix} 1 & b+a+1 \\ 1 & c+a+1 \end{vmatrix}$$

← 第 **1, 2** 行から，それぞれ $(b-a)$, $(c-a)$ をくくり出す。

$$= abc(a-1)(b-1)(c-1)(b-a)(c-a)\{c+\cancel{a}+\cancel{1}-(b+\cancel{a}+\cancel{1})\}$$

$$= abc(a-1)(b-1)(c-1)(a-b)(b-c)(c-a)$$ ……………………(答)

● スカラー3重積をもう1度考えよう！

これまで行列式を学んだので，この行列式を利用すると，スカラー3重積 (P16) をシンプルに表すことができるんだね。3つの3次元ベクトル $\boldsymbol{a}=[a_1\ \ a_2\ \ a_3]$, $\boldsymbol{b}=[b_1\ \ b_2\ \ b_3]$, $\boldsymbol{c}=[c_1\ \ c_2\ \ c_3]$ を使って，スカラー3重積は，$\boldsymbol{a}\cdot(\boldsymbol{b}\times\boldsymbol{c})$ と表されるんだったね。そして，外積 $\boldsymbol{b}\times\boldsymbol{c}$ は右のように計算することによって，

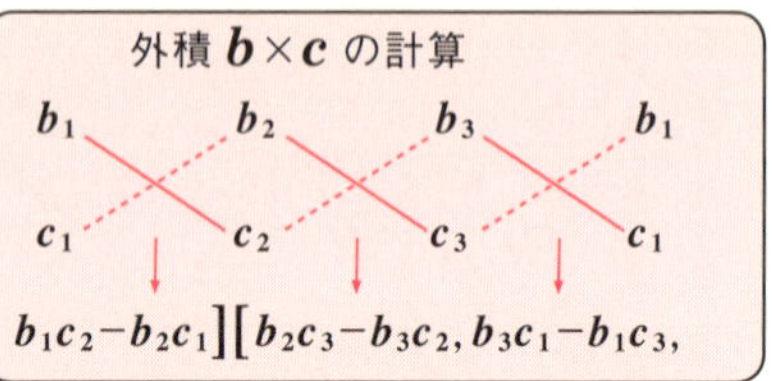

$$\boldsymbol{b}\times\boldsymbol{c}=[b_2c_3-b_3c_2\ \ b_3c_1-b_1c_3\ \ b_1c_2-b_2c_1] \quad \cdots\cdots ①$$ と表される。

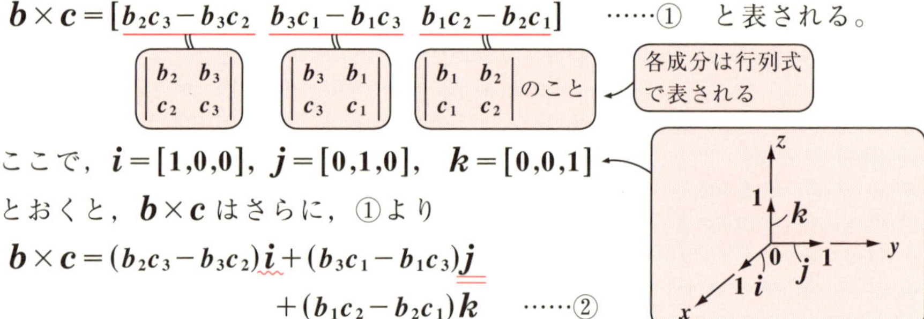

ここで，$\boldsymbol{i}=[1,0,0]$, $\boldsymbol{j}=[0,1,0]$, $\boldsymbol{k}=[0,0,1]$ とおくと，$\boldsymbol{b}\times\boldsymbol{c}$ はさらに，①より

$$\boldsymbol{b}\times\boldsymbol{c}=(b_2c_3-b_3c_2)\boldsymbol{i}+(b_3c_1-b_1c_3)\boldsymbol{j}+(b_1c_2-b_2c_1)\boldsymbol{k} \quad \cdots\cdots ②$$

と表されているのはいいね。すると，これは，行列式の表現法を利用して，形式的にではあるんだけれど，次のように表すことができる。

$$\boldsymbol{b}\times\boldsymbol{c}=\begin{vmatrix} \boldsymbol{i} & \boldsymbol{j} & \boldsymbol{k} \\ b_1 & b_2 & b_3 \\ c_1 & c_2 & c_3 \end{vmatrix} \quad \cdots\cdots\cdots\cdots ③$$

← 第1行の各成分はベクトル

もちろん，③の右辺の第1行の各成分は $\boldsymbol{i},\boldsymbol{j},\boldsymbol{k}$ とベクトルであるため，これは行列式と呼ぶことはできないけれど，③の右辺をサラスの公式を使って展開すると，②式が導かれることが分かるはずだ。

ここで，スカラー3重積 $\boldsymbol{a}\cdot(\boldsymbol{b}\times\boldsymbol{c})$ は $\boldsymbol{a}$ と $\boldsymbol{b}\times\boldsymbol{c}$ の内積だから，これらの x 成分同士，y 成分同士，z 成分同士の積の和となるので，

$$\boldsymbol{a}\cdot(\boldsymbol{b}\times\boldsymbol{c})=(b_2c_3-b_3c_2)a_1+(b_3c_1-b_1c_3)a_2+(b_1c_2-b_2c_1)a_3 \quad \cdots\cdots ④$$

となり，④の a_1, a_2, a_3 は②の $\boldsymbol{i}, \boldsymbol{j}, \boldsymbol{k}$ を置き換えたものだから，このスカラー3重積 $\boldsymbol{a}\cdot(\boldsymbol{b}\times\boldsymbol{c})$ は，③の代わりに今度は本当の行列式として，次のようにシンプルに表されることになるんだね。

スカラー3重積 $\boldsymbol{a}\cdot(\boldsymbol{b}\times\boldsymbol{c})=\begin{vmatrix} a_1 & a_2 & a_3 \\ b_1 & b_2 & b_3 \\ c_1 & c_2 & c_3 \end{vmatrix}$ ……(＊1)

したがって，P17 の例題 $\boldsymbol{a}=[1\ \ -1\ \ 2]$, $\boldsymbol{b}=[2\ \ 1\ \ 1]$, $\boldsymbol{c}=[1\ \ -1\ \ 3]$ のスカラー3重積 $\boldsymbol{a}\cdot(\boldsymbol{b}\times\boldsymbol{c})$ は，次のように計算できる。

$$\boldsymbol{a}\cdot(\boldsymbol{b}\times\boldsymbol{c})=\begin{vmatrix} 1 & -1 & 2 \\ 2 & 1 & 1 \\ 1 & -1 & 3 \end{vmatrix}$$

サラスの公式通りだね

$=1\cdot1\cdot3+(-1)\cdot1\cdot1+2\cdot(-1)\cdot2-2\cdot1\cdot1\cdot-1\cdot(-1)\cdot1-3\cdot2\cdot(-1)$

$=3-1-4-2+1+6=3$ と，アッサリ求まるんだね。面白かった？

● ベクトル3重積 $\boldsymbol{a}\times(\boldsymbol{b}\times\boldsymbol{c})$ もマスターしよう！

同じく，3つの3次元ベクトル $\boldsymbol{a}=[a_1\ \ a_2\ \ a_3]$, $\boldsymbol{b}=[b_1\ \ b_2\ \ b_3]$, $\boldsymbol{c}=[c_1\ \ c_2\ \ c_3]$ を用いて，新たなベクトル $\boldsymbol{a}\times(\boldsymbol{b}\times\boldsymbol{c})$ を定義できる。これを，"**ベクトル3重積**"と呼ぶ。これは，2つのベクトル $\boldsymbol{a}$ と $\boldsymbol{b}\times\boldsymbol{c}$ の外積なので，当然ベクトルだね。

そして，図1(i)に示すように，$\boldsymbol{b}\times\boldsymbol{c}$ は $\boldsymbol{b}$ と $\boldsymbol{c}$ の両方に直交するベクトルであり，さらに，図1(ii)に示すように，ベクトル3重積 $\boldsymbol{a}\times(\boldsymbol{b}\times\boldsymbol{c})$ は $\boldsymbol{a}$ と $\boldsymbol{b}\times\boldsymbol{c}$ の両方に直交するベクトルだね。ということは，ベクトル3重積 $\boldsymbol{a}\times(\boldsymbol{b}\times\boldsymbol{c})$ は，

$\boldsymbol{b}$ と $\boldsymbol{c}$ の張る平面上のベクトルになるので，これは，

ここでは，$\boldsymbol{b}$ と $\boldsymbol{c}$ は1次独立と考えよう！

$\boldsymbol{b}$ と $\boldsymbol{c}$ の1次結合で，次のように表せるはずだね。

$\boldsymbol{a}\times(\boldsymbol{b}\times\boldsymbol{c})=k\cdot\boldsymbol{b}-l\cdot\boldsymbol{c}$ (k, l：定数係数)

$k=\boldsymbol{a}\cdot\boldsymbol{c}$　$l=\boldsymbol{a}\cdot\boldsymbol{b}$

そして，この定数係数 k, l は，実は $k=\boldsymbol{a}\cdot\boldsymbol{c}$，$l=\boldsymbol{a}\cdot\boldsymbol{b}$ と表せる。

$\boldsymbol{a}$ と $\boldsymbol{c}$ の内積　$\boldsymbol{a}$ と $\boldsymbol{b}$ の内積

図1
ベクトル3重積 $\boldsymbol{a}\times(\boldsymbol{b}\times\boldsymbol{c})$

(i)

(ii)

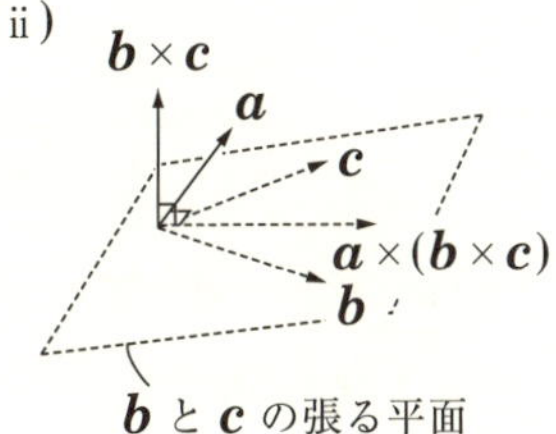

したがって，ベクトル3重積 $\boldsymbol{a}\times(\boldsymbol{b}\times\boldsymbol{c})$ について，次の公式

ベクトル3重積 $\boldsymbol{a}\times(\boldsymbol{b}\times\boldsymbol{c})=(\boldsymbol{a}\cdot\boldsymbol{c})\boldsymbol{b}-(\boldsymbol{a}\cdot\boldsymbol{b})\boldsymbol{c}$ …………(＊2)

が成り立つので，これも覚えておこう。

$\boldsymbol{a}\times(\boldsymbol{b}\times\boldsymbol{c})$ は，外積を2回も行わないといけないので，意外と計算がメンドウなんだけれど，(＊2)の公式では，2つの内積と1次結合の計算だけなので，比較的楽に $\boldsymbol{a}\times(\boldsymbol{b}\times\boldsymbol{c})$ を求められるんだね。

では，(＊2)が成り立つことをここで証明しておこう。

$\boldsymbol{a}=[a_1\ \ a_2\ \ a_3]$ $\quad$ $\boldsymbol{b}\times\boldsymbol{c}=[D_1\ \ D_2\ \ D_3]$ とおく。ただし

$$\begin{cases} D_1=\begin{vmatrix} b_2 & b_3 \\ c_2 & c_3 \end{vmatrix}=b_2c_3-b_3c_2 \\ D_2=\begin{vmatrix} b_3 & b_1 \\ c_3 & c_1 \end{vmatrix}=b_3c_1-b_1c_3 \\ D_3=\begin{vmatrix} b_1 & b_2 \\ c_1 & c_2 \end{vmatrix}=b_1c_2-b_2c_1 \end{cases}$$ である。

外積計算

$a_1\quad a_2\quad a_3\quad a_1$

$D_1\quad D_2\quad D_3\quad D_1$

$a_1D_2-a_2D_1][a_2D_3-a_3D_2,\ a_3D_1-a_1D_3,$

よって，ベクトル3重積 $\boldsymbol{a}\times(\boldsymbol{b}\times\boldsymbol{c})$ は

$$\boldsymbol{a}\times(\boldsymbol{b}\times\boldsymbol{c})=[a_2D_3-a_3D_2\ \ a_3D_1-a_1D_3\ \ a_1D_2-a_2D_1]$$ だね。

$a_2(b_1c_2-b_2c_1)-a_3(b_3c_1-b_1c_3)$
$=(a_2c_2+a_3c_3)b_1-(a_2b_2+a_3b_3)c_1$

b_1 と c_1 でまとめた

$=(a_1c_1+a_2c_2+a_3c_3)b_1$
$\quad-(a_1b_1+a_2b_2+a_3b_3)c_1$

$a_1b_1c_1$ をたした分，ひいた

$=(\boldsymbol{a}\cdot\boldsymbol{c})b_1-(\boldsymbol{a}\cdot\boldsymbol{b})c_1$

同様に計算して
$(\boldsymbol{a}\cdot\boldsymbol{c})b_2-(\boldsymbol{a}\cdot\boldsymbol{b})c_2$

同様に計算して
$(\boldsymbol{a}\cdot\boldsymbol{c})b_3-(\boldsymbol{a}\cdot\boldsymbol{b})c_3$

これをまとめると，

$$\boldsymbol{a}\times(\boldsymbol{b}\times\boldsymbol{c})=[(\boldsymbol{a}\cdot\boldsymbol{c})b_1-(\boldsymbol{a}\cdot\boldsymbol{b})c_1\ \ (\boldsymbol{a}\cdot\boldsymbol{c})b_2-(\boldsymbol{a}\cdot\boldsymbol{b})c_2\ \ (\boldsymbol{a}\cdot\boldsymbol{c})b_3-(\boldsymbol{a}\cdot\boldsymbol{b})c_3]$$

$$=[(\boldsymbol{a}\cdot\boldsymbol{c})b_1\ (\boldsymbol{a}\cdot\boldsymbol{c})b_2\ (\boldsymbol{a}\cdot\boldsymbol{c})b_3]-[(\boldsymbol{a}\cdot\boldsymbol{b})c_1\ (\boldsymbol{a}\cdot\boldsymbol{b})c_2\ (\boldsymbol{a}\cdot\boldsymbol{b})c_3]$$

$$=(\boldsymbol{a}\cdot\boldsymbol{c})[b_1\ \ b_2\ \ b_3]-(\boldsymbol{a}\cdot\boldsymbol{b})[c_1\ \ c_2\ \ c_3]$$ となって

定数項をくくり出した。 $\quad[b_1\ b_2\ b_3]=\boldsymbol{b}$ $\quad$ 定数項をくくり出した。 $\quad[c_1\ c_2\ c_3]=\boldsymbol{c}$

公式 $\boldsymbol{a}\times(\boldsymbol{b}\times\boldsymbol{c})=(\boldsymbol{a}\cdot\boldsymbol{c})\boldsymbol{b}-(\boldsymbol{a}\cdot\boldsymbol{b})\boldsymbol{c}$ …………(＊2) が導けるんだね。
（①の内積）（②の内積）

では，先程の例題の 3 つのベクトル

$\boldsymbol{a}=[1,-1,2]$, $\boldsymbol{b}=[2,1,1]$, $\boldsymbol{c}=[1,-1,3]$ を使って，ベクトル 3 重積 $\boldsymbol{a}\times(\boldsymbol{b}\times\boldsymbol{c})$ を求めてみよう。まず，2 つの係数を求めると

$$\begin{cases}\boldsymbol{a}\cdot\boldsymbol{c}=1\cdot1+(-1)\cdot(-1)+2\cdot3=1+1+6=8\\ \boldsymbol{a}\cdot\boldsymbol{b}=1\cdot2+(-1)\cdot1+2\cdot1=2-1+2=3\end{cases}$$ となる。

よって，

$$\boldsymbol{a}\times(\boldsymbol{b}\times\boldsymbol{c})=\underset{\boldsymbol{a}\cdot\boldsymbol{c}}{8}\boldsymbol{b}-\underset{\boldsymbol{a}\cdot\boldsymbol{b}}{3}\boldsymbol{c}=8[2\ \ 1\ \ 1]-3[1\ \ -1\ \ 3]$$

$$=[16\ \ 8\ \ 8]-[3\ \ -3\ \ 9]$$

$$=[13\ \ 11\ \ -1]$$ となって，答えだ。

ちなみに，これを直接外積計算から求めると

・$\boldsymbol{b}\times\boldsymbol{c}=[4\ \ -5\ \ -3]$

・$\boldsymbol{a}\times(\boldsymbol{b}\times\boldsymbol{c})=[13\ \ 11\ \ -1]$

となって，同じ結果が導けるんだね。

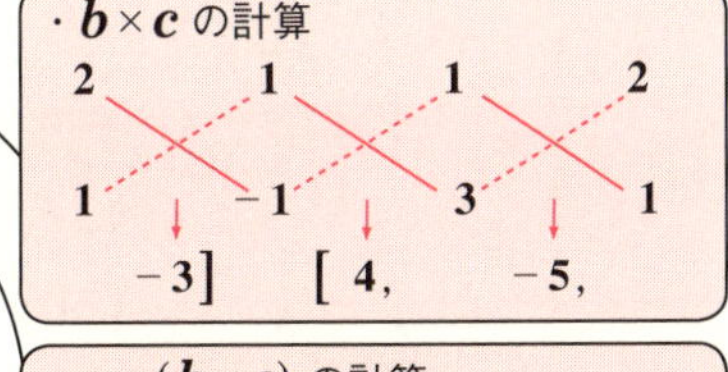

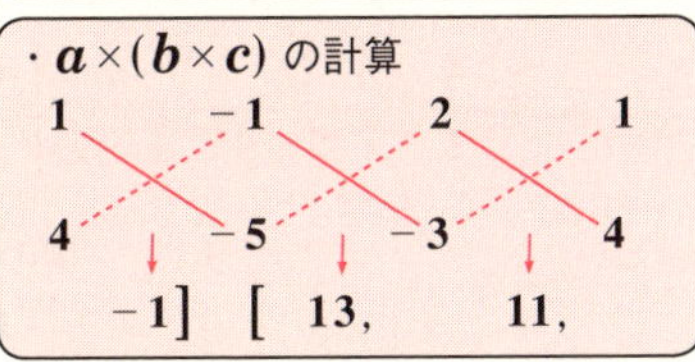

ここで，ベクトル 3 重積について，一般的に結合の法則は成り立たない。つまり，$\boldsymbol{a}\times(\boldsymbol{b}\times\boldsymbol{c})\neq(\boldsymbol{a}\times\boldsymbol{b})\times\boldsymbol{c}$ であることも覚えておこう。そして $(\boldsymbol{a}\times\boldsymbol{b})\times\boldsymbol{c}$ についても (＊2) と同様の公式を導いてみよう。

$$(\boldsymbol{a}\times\boldsymbol{b})\times\boldsymbol{c}=-\boldsymbol{c}\times(\boldsymbol{a}\times\boldsymbol{b})$$ ←公式 $\boldsymbol{x}\times\boldsymbol{y}=-\boldsymbol{y}\times\boldsymbol{x}$

$$=-\{(\boldsymbol{c}\cdot\boldsymbol{b})\boldsymbol{a}-(\boldsymbol{c}\cdot\boldsymbol{a})\boldsymbol{b}\}=(\boldsymbol{c}\cdot\boldsymbol{a})\boldsymbol{b}-(\boldsymbol{c}\cdot\boldsymbol{b})\boldsymbol{a}$$

（①の内積）（②の内積）　$\boldsymbol{c}\cdot\boldsymbol{a}=\boldsymbol{a}\cdot\boldsymbol{c}$，$\boldsymbol{c}\cdot\boldsymbol{b}=\boldsymbol{b}\cdot\boldsymbol{c}$ ←内積には，交換の法則が成り立つ

$\therefore(\boldsymbol{a}\times\boldsymbol{b})\times\boldsymbol{c}=(\boldsymbol{a}\cdot\boldsymbol{c})\boldsymbol{b}-(\boldsymbol{b}\cdot\boldsymbol{c})\boldsymbol{a}$ …………(＊2)′ が成り立つ。

これで，ベクトル 3 重積についても，その基本をご理解頂けたと思う。

演習問題 9　●3 次の正方行列の行列式 (Ⅰ)●

次の行列式の値を求めよ。

(1) $\begin{vmatrix} 1 & 2 & 1 \\ 2 & -1 & 1 \\ 3 & 1 & 2 \end{vmatrix}$　(2) $\begin{vmatrix} 2-\lambda & 3 & -1 \\ 2 & 1-\lambda & 1 \\ 1 & -1 & 4-\lambda \end{vmatrix}$　(これは λ の式で表せばよい。)

ヒント！ (1) 行列式 $=0$ となる。(2) λ の 3 次式で表せる。

解答＆解説

(1) $\begin{vmatrix} 1 & 2 & 1 \\ 2 & -1 & 1 \\ 3 & 1 & 2 \end{vmatrix} \underset{③-3\times①}{\overset{②-2\times①}{=}} \begin{vmatrix} 1 & 2 & 1 \\ 0 & -5 & -1 \\ 0 & -5 & -1 \end{vmatrix} = 0$ ……………………(答)

第 2 行と第 3 行は同じなので行列式は 0

(2) $\begin{vmatrix} 2-\lambda & 3 & -1 \\ 2 & 1-\lambda & 1 \\ 1 & -1 & 4-\lambda \end{vmatrix} \overset{①'+②'+③'}{=} \begin{vmatrix} 2-\lambda+3-1 & 3 & -1 \\ 2+1-\lambda+1 & 1-\lambda & 1 \\ 1-1+4-\lambda & -1 & 4-\lambda \end{vmatrix}$

第 1 列①′に，第 2，3 列②′，③′をたすと，第 1 列の成分がすべて $4-\lambda$ となるので，新たな第 1 列から $(4-\lambda)$ をくくり出せる。

$= \begin{vmatrix} 4-\lambda & 3 & -1 \\ 4-\lambda & 1-\lambda & 1 \\ 4-\lambda & -1 & 4-\lambda \end{vmatrix} = (4-\lambda) \begin{vmatrix} 1 & 3 & -1 \\ 1 & 1-\lambda & 1 \\ 1 & -1 & 4-\lambda \end{vmatrix}$ ← 第 1 列から $(4-\lambda)$ をくくり出す。

$\underset{③-①}{\overset{②-①}{=}} (4-\lambda) \begin{vmatrix} 1 & 3 & -1 \\ 0 & -2-\lambda & 2 \\ 0 & -4 & 5-\lambda \end{vmatrix}$

$= (4-\lambda) \times 1 \times (-1)^{1+1} \begin{vmatrix} -2-\lambda & 2 \\ -4 & 5-\lambda \end{vmatrix}$ ← 第 1 列による余因子展開

$= (4-\lambda)\{(-2-\lambda)(5-\lambda) - 2\times(-4)\}$

$= (4-\lambda)(\lambda^2-3\lambda-2) = -(\lambda-4)(\lambda^2-3\lambda-2)$ ……………(答)

実践問題 9　● 3 次の正方行列の行列式 (Ⅱ) ●

次の行列式の値を求めよ。

(1) $\begin{vmatrix} 1 & 2 & -2 \\ 1 & 5 & -3 \\ 2 & 7 & -5 \end{vmatrix}$　(2) $\begin{vmatrix} 1-\lambda & 1 & 1 \\ 1 & 1-\lambda & 1 \\ 1 & 1 & 1-\lambda \end{vmatrix}$　（これは λ の式で表せばよい。）

ヒント！ (1) 行列式 $=0$ となる。(2) 第 2 列，第 3 列を第 1 列にたす。

解答＆解説

(1) $\begin{vmatrix} 1 & 2 & -2 \\ 1 & 5 & -3 \\ 2 & 7 & -5 \end{vmatrix} \underset{③-2\times①}{\overset{②-①}{=}} \begin{vmatrix} 1 & 2 & -2 \\ 0 & 3 & -1 \\ 0 & 3 & -1 \end{vmatrix} = \boxed{(ア)}$ ……………………(答)

第 2 行と第 3 行は同じなので行列式は 0

(2) $\begin{vmatrix} 1-\lambda & 1 & 1 \\ 1 & 1-\lambda & 1 \\ 1 & 1 & 1-\lambda \end{vmatrix} \overset{①'+②'+③'}{=} \begin{vmatrix} 1-\lambda+1+1 & 1 & 1 \\ 1+1-\lambda+1 & 1-\lambda & 1 \\ 1+1+1-\lambda & 1 & 1-\lambda \end{vmatrix}$

①′ に②′ ③′ をたすと，第 1 列の成分はすべて $3-\lambda$ になる。

$= \begin{vmatrix} 3-\lambda & 1 & 1 \\ 3-\lambda & 1-\lambda & 1 \\ 3-\lambda & 1 & 1-\lambda \end{vmatrix} = \boxed{(イ)} \begin{vmatrix} 1 & 1 & 1 \\ 1 & 1-\lambda & 1 \\ 1 & 1 & 1-\lambda \end{vmatrix}$ ← 第 1 列から $(3-\lambda)$ をくくり出す。

$\underset{③-①}{\overset{②-①}{=}} (3-\lambda)\begin{vmatrix} 1 & 1 & 1 \\ 0 & -\lambda & 0 \\ 0 & 0 & -\lambda \end{vmatrix}$

$= (3-\lambda)\times 1\times(-1)^{1+1}\begin{vmatrix} -\lambda & 0 \\ 0 & -\lambda \end{vmatrix}$ ← 第 1 列による余因子展開

$= (3-\lambda)\{(-\lambda)^2-0^2\} = \boxed{(ウ)}$ ……………………(答)

解答　(ア) 0　(イ) $(3-\lambda)$　(ウ) $-\lambda^2(\lambda-3)$

演習問題 10 ● 4 次の正方行列の行列式 (I) ●

行列式 $\begin{vmatrix} 2 & -2 & 4 & 2 \\ 2 & -1 & 6 & 3 \\ 3 & -2 & 12 & 12 \\ -1 & 3 & -4 & 4 \end{vmatrix}$ の値を求めよ。

ヒント！ 行列式の性質をフルに活かして計算していくんだよ。

解答＆解説

$$\begin{vmatrix} 2 & -2 & 4 & 2 \\ 2 & -1 & 6 & 3 \\ 3 & -2 & 12 & 12 \\ -1 & 3 & -4 & 4 \end{vmatrix} = 2\begin{vmatrix} 1 & -1 & 2 & 1 \\ 2 & -1 & 6 & 3 \\ 3 & -2 & 12 & 12 \\ -1 & 3 & -4 & 4 \end{vmatrix}$$

← 第 1 行から 2 をくくり出す。

$$\underset{④+①}{\overset{②-2\times①,\ ③-3\times①}{=}} 2\begin{vmatrix} 1 & -1 & 2 & 1 \\ 0 & 1 & 2 & 1 \\ 0 & 1 & 6 & 9 \\ 0 & 2 & -2 & 5 \end{vmatrix}$$

$$= 2\times1\times(-1)^{1+1}\begin{vmatrix} 1 & 2 & 1 \\ 1 & 6 & 9 \\ 2 & -2 & 5 \end{vmatrix}$$

← 第 1 列による余因子展開

$$\underset{③-2\times①}{\overset{②-①}{=}} 2\begin{vmatrix} 1 & 2 & 1 \\ 0 & 4 & 8 \\ 0 & -6 & 3 \end{vmatrix}$$

$$= 2\times1\times(-1)^{1+1}\begin{vmatrix} 4 & 8 \\ -6 & 3 \end{vmatrix}$$

← 第 1 列による余因子展開

$$= 2\times4\times3\begin{vmatrix} 1 & 2 \\ -2 & 1 \end{vmatrix}$$

← 第 1, 2 行から，それぞれ 4 と 3 をくくり出す。

$$= 24\{1\times1-2\times(-2)\} = 24\times5 = 120$$ ……………………………(答)

実践問題 10　● 4 次の正方行列の行列式 (Ⅱ) ●

行列式 $\begin{vmatrix} 2 & -1 & 2 & 1 \\ 4 & -1 & 6 & 3 \\ -2 & 2 & 4 & 2 \\ -6 & 5 & 3 & 9 \end{vmatrix}$ の値を求めよ。

ヒント！ まず，第 **1** 列から，**2** をくくり出すことからスタートだ。

解答＆解説

$$\begin{vmatrix} 2 & -1 & 2 & 1 \\ 4 & -1 & 6 & 3 \\ -2 & 2 & 4 & 2 \\ -6 & 5 & 3 & 9 \end{vmatrix} = 2\begin{vmatrix} 1 & -1 & 2 & 1 \\ 2 & -1 & 6 & 3 \\ -1 & 2 & 4 & 2 \\ -3 & 5 & 3 & 9 \end{vmatrix}$$

第 **1** 列から **2** をくくり出す。

$$\underset{④+3\times①}{\overset{②-2\times①,\ ③+①}{=}} 2\begin{vmatrix} 1 & -1 & 2 & 1 \\ 0 & 1 & 2 & 1 \\ 0 & 1 & 6 & 3 \\ 0 & 2 & 9 & 12 \end{vmatrix} = \boxed{(ア)\qquad}\begin{vmatrix} 1 & 2 & 1 \\ 1 & 6 & 3 \\ 2 & 9 & 12 \end{vmatrix}$$

← 第 **1** 列による余因子展開

$$\underset{③-2\times①}{\overset{②-①}{=}} 2\begin{vmatrix} 1 & 2 & 1 \\ 0 & 4 & 2 \\ 0 & 5 & 10 \end{vmatrix} = \boxed{(イ)\qquad}\begin{vmatrix} 4 & 2 \\ 5 & 10 \end{vmatrix}$$

← 第 **1** 列による余因子展開

$$= 2\times2\times5\begin{vmatrix} 2 & 1 \\ 1 & 2 \end{vmatrix}$$

← 第 **1**, **2** 行から，それぞれ **2** と **5** をくくり出す。

$$= \boxed{(ウ)\quad}(2\times2-1\times1) = \boxed{(エ)\qquad}$$ ……………………………………(答)

解答　(ア) $2\times1\times(-1)^{1+1}$　(イ) $2\times1\times(-1)^{1+1}$　(ウ) **20**　(エ) **60**

講義3 ● 行列式 公式エッセンス

1. サラスの公式

(i)⊕ (ii)⊕ (iii)⊕ (iv)⊖ (v)⊖ (vi)⊖

行列 $A=\begin{bmatrix} a_{11} & a_{12} & a_{13} \\ a_{21} & a_{22} & a_{23} \\ a_{31} & a_{32} & a_{33} \end{bmatrix}$ の行列式 $|A|$ は

$$|A|=\underset{(\text{i})}{\underline{a_{11}a_{22}a_{33}}}+\underset{(\text{ii})}{\underline{a_{12}a_{23}a_{31}}}+\underset{(\text{iii})}{\underline{a_{13}a_{21}a_{32}}}\underset{(\text{iv})}{\underline{-a_{13}a_{22}a_{31}}}\underset{(\text{v})}{\underline{-a_{11}a_{23}a_{32}}}\underset{(\text{vi})}{\underline{-a_{12}a_{21}a_{33}}}$$

2. n 次の行列式

行列 $A=\begin{bmatrix} a_{11} & a_{12} & \cdots & a_{1n} \\ a_{21} & a_{22} & \cdots & a_{2n} \\ \vdots & \vdots & & \vdots \\ a_{n1} & a_{n2} & \cdots & a_{nn} \end{bmatrix}$ の行列式 $|A|$ は

$$|A|=\sum \mathrm{sgn}\begin{pmatrix} 1 & 2 & 3 & \cdots & n \\ i_1 & i_2 & i_3 & \cdots & i_n \end{pmatrix} a_{1i_1}a_{2i_2}a_{3i_3}\cdots a_{ni_n}$$

3. (1) $|A|=|{}^tA|$　　(2) $|AB|=|A||B|$

4. 余因子による行列式の展開 (A : n 次の正方行列)

(Ⅰ) 第 i 行による展開

$$|A|=a_{i1}A_{i1}+a_{i2}A_{i2}+\cdots\cdots+a_{in}A_{in}\quad (i=1,\ 2,\ \cdots,\ n)$$

(Ⅱ) 第 j 列による展開

$$|A|=a_{1j}A_{1j}+a_{2j}A_{2j}+\cdots\cdots+a_{nj}A_{nj}\quad (j=1,\ 2,\ \cdots,\ n)$$

5. 行列式の行に関する性質

(Ⅰ)
$$\begin{vmatrix} a_{11} & a_{12} & \cdots & a_{1n} \\ \vdots & \vdots & & \vdots \\ a_{k1}+b_{k1} & a_{k2}+b_{k2} & \cdots & a_{kn}+b_{kn} \\ \vdots & \vdots & & \vdots \\ a_{n1} & a_{n2} & \cdots & a_{nn} \end{vmatrix}=\begin{vmatrix} a_{11} & a_{12} & \cdots & a_{1n} \\ \vdots & \vdots & & \vdots \\ a_{k1} & a_{k2} & \cdots & a_{kn} \\ \vdots & \vdots & & \vdots \\ a_{n1} & a_{n2} & \cdots & a_{nn} \end{vmatrix}+\begin{vmatrix} a_{11} & a_{12} & \cdots & a_{1n} \\ \vdots & \vdots & & \vdots \\ b_{k1} & b_{k2} & \cdots & b_{kn} \\ \vdots & \vdots & & \vdots \\ a_{n1} & a_{n2} & \cdots & a_{nn} \end{vmatrix}$$

(Ⅱ)
$$\begin{vmatrix} a_{11} & a_{12} & \cdots & a_{1n} \\ \vdots & \vdots & & \vdots \\ ca_{k1} & ca_{k2} & \cdots & ca_{kn} \\ \vdots & \vdots & & \vdots \\ a_{n1} & a_{n2} & \cdots & a_{nn} \end{vmatrix}=c\begin{vmatrix} a_{11} & a_{12} & \cdots & a_{1n} \\ \vdots & \vdots & & \vdots \\ a_{k1} & a_{k2} & \cdots & a_{kn} \\ \vdots & \vdots & & \vdots \\ a_{n1} & a_{n2} & \cdots & a_{nn} \end{vmatrix}$$ など

6. 行列式の列に関する性質は，行に関するものと同様。

連立 1 次方程式

- 余因子行列と逆行列
- クラメルの公式
- 掃き出し法と連立 1 次方程式の解
- 掃き出し法と逆行列
- 行列の階数 (ランク)
- 同次・非同次連立 1 次方程式

§1. 逆行列と連立1次方程式の基本

これから，正則な正方行列の逆行列と，基本的な連立1次方程式について解説しよう。逆行列は，(i) 余因子行列を用いても，(ii) 掃き出し法によっても，求めることができる。また，基本的な連立1次方程式も，(i) クラメルの公式と，(ii) 掃き出し法の2通りによって解くことができるんだ。今回も詳しく解説していくよ。

● 逆行列は，余因子行列で表せる！

n 次の正方行列 A の余因子 A_{11}，A_{12}，…，A_{nn} を用いて，"余因子行列" $\tilde{A}$ を次のように定義する。

余因子行列 $\tilde{A}$ の定義

n 次の正方行列 $A = \begin{bmatrix} a_{11} & a_{12} & \cdots & a_{1n} \\ a_{21} & a_{22} & \cdots & a_{2n} \\ \vdots & \vdots & & \vdots \\ a_{n1} & a_{n2} & \cdots & a_{nn} \end{bmatrix}$ の "**余因子行列**" $\tilde{A}$ を

（転置行列にする。）（行と列の入れ替え）

$$\tilde{A} = {}^t\begin{bmatrix} A_{11} & A_{12} & \cdots & A_{1n} \\ A_{21} & A_{22} & \cdots & A_{2n} \\ \vdots & \vdots & & \vdots \\ A_{n1} & A_{n2} & \cdots & A_{nn} \end{bmatrix} = \begin{bmatrix} A_{11} & A_{21} & \cdots & A_{n1} \\ A_{12} & A_{22} & \cdots & A_{n2} \\ \vdots & \vdots & & \vdots \\ A_{1n} & A_{2n} & \cdots & A_{nn} \end{bmatrix}$$ と定義する。

行列 A が正則，すなわち $|A| \neq 0$ のとき，n 次正方行列 A の逆行列 A^{-1} は，余因子行列 $\tilde{A}$ を使って，次のように表される。

逆行列 A^{-1}

n 次の正方行列 A が正則のとき，その逆行列 A^{-1} は

逆行列 $A^{-1} = \dfrac{1}{|A|}\tilde{A} = \dfrac{1}{|A|}\begin{bmatrix} A_{11} & A_{21} & \cdots & A_{n1} \\ A_{12} & A_{22} & \cdots & A_{n2} \\ \vdots & \vdots & & \vdots \\ A_{1n} & A_{2n} & \cdots & A_{nn} \end{bmatrix}$ と表せる。

これだけでは，なんのことかよくわからないだろうね。この式を読み解くキーワードは，行列式の余因子展開だ。

逆行列 A^{-1} の定義は，$AA^{-1}=A^{-1}A=E$ だから，ここで，$A^{-1}=\frac{1}{|A|}\tilde{A}$ のとき $AA^{-1}=E$ となることを確認してみよう。

$$AA^{-1}=\begin{bmatrix} a_{11} & a_{12} & \cdots & a_{1n} \\ \vdots & \vdots & & \vdots \\ a_{i1} & a_{i2} & \cdots & a_{in} \\ \vdots & \vdots & & \vdots \\ a_{n1} & a_{n2} & \cdots & a_{nn} \end{bmatrix} \cdot \frac{1}{|A|}\begin{bmatrix} A_{11} & \cdots & A_{j1} & \cdots & A_{n1} \\ A_{12} & \cdots & A_{j2} & \cdots & A_{n2} \\ \vdots & & \vdots & & \vdots \\ A_{1n} & \cdots & A_{jn} & \cdots & A_{nn} \end{bmatrix}$$

$$=\frac{1}{|A|}\begin{bmatrix} a_{11} & a_{12} & \cdots & a_{1n} \\ \vdots & \vdots & & \vdots \\ a_{i1} & a_{i2} & \cdots & a_{in} \\ \vdots & \vdots & & \vdots \\ a_{n1} & a_{n2} & \cdots & a_{nn} \end{bmatrix}\begin{bmatrix} A_{11} & \cdots & A_{j1} & \cdots & A_{n1} \\ A_{12} & \cdots & A_{j2} & \cdots & A_{n2} \\ \vdots & & \vdots & & \vdots \\ A_{1n} & \cdots & A_{jn} & \cdots & A_{nn} \end{bmatrix} \quad \cdots\cdots①$$

この $(i,\ j)$ 成分を C_{ij} とおく

この２つの行列の積の $(i,\ j)$ 成分を C_{ij} とおくと，

$$C_{ij}=a_{i1}A_{j1}+a_{i2}A_{j2}+\cdots+a_{in}A_{jn} \quad (i=1,\ 2,\ \cdots,\ n,\ j=1,\ 2,\ \cdots,\ n)$$

となる。ここで，

(ⅰ) $i=j$ のとき

$C_{ii}=a_{i1}A_{i1}+a_{i2}A_{i2}+\cdots+a_{in}A_{in}$ となって，

この右辺は，行列式 $|A|$ の第 i 行による余因子展開に他ならない。

$\therefore\ C_{ii}=|A|$ ……② $(i=1,\ 2,\ \cdots,\ n)$ ←対角成分は $|A|$

これに対して，

(ⅱ) $i\neq j$ のとき

$C_{ij}=a_{i1}A_{j1}+a_{i2}A_{j2}+\cdots+a_{in}A_{jn}$ $(i\neq j)$ となり，

これは，行列式の第 j 行による余因子展開の式になっているが，その第 j 行の成分が $[a_{i1}\ \ a_{i2}\ \ \cdots\ \ a_{in}]$ となって，第 i 行の成分と一致していることになる。よって，第 i 行と第 j 行が同じ成分の行列式となるので，これは 0 となる。すなわち，

$$C_{ij}=\begin{vmatrix} a_{11} & a_{12} & \cdots & a_{1n} \\ \vdots & \vdots & & \vdots \\ a_{i1} & a_{i2} & \cdots & a_{in} \\ \vdots & \vdots & & \vdots \\ a_{i1} & a_{i2} & \cdots & a_{in} \\ \vdots & \vdots & & \vdots \\ a_{n1} & a_{n2} & \cdots & a_{nn} \end{vmatrix}=0 \quad \cdots\cdots③ \quad (i \neq j)$$

第 i 行

第 j 行 ― 第 j 行による余因子展開

対角成分以外の成分はすべて 0 となる

以上②，③を①に代入すると

$$AA^{-1}=\frac{1}{|A|}\begin{bmatrix} C_{11} & C_{12} & \cdots & C_{1n} \\ C_{21} & C_{22} & \cdots & C_{2n} \\ \vdots & \vdots & & \vdots \\ C_{n1} & C_{n2} & \cdots & C_{nn} \end{bmatrix}=\frac{1}{|A|}\begin{bmatrix} |A| & 0 & \cdots & 0 \\ 0 & |A| & \cdots & 0 \\ \vdots & \vdots & \ddots & \vdots \\ 0 & 0 & \cdots & |A| \end{bmatrix}$$

$$=\begin{bmatrix} 1 & 0 & \cdots & 0 \\ 0 & 1 & \cdots & 0 \\ \vdots & \vdots & \ddots & \vdots \\ 0 & 0 & \cdots & 1 \end{bmatrix}=E$$ （単位行列）が成り立つ。

それでは実際に，例題で，この公式を使って A^{-1} を求めてみよう。

(1) $A=\begin{bmatrix} 1 & 0 & 1 \\ 2 & 2 & 3 \\ 1 & -1 & 1 \end{bmatrix}$ のとき，公式 $A^{-1}=\frac{1}{|A|}\tilde{A}$ を用いて，A^{-1} を求めよ。

$$|A|=\begin{vmatrix} 1 & 0 & 1 \\ 2 & 2 & 3 \\ 1 & -1 & 1 \end{vmatrix}=1\cdot2\cdot1+0\cdot3\cdot1+1\cdot(-1)\cdot2-1\cdot2\cdot1-3\cdot(-1)\cdot1-1\cdot2\cdot0$$

$$=2-2-2+3=1$$

$A_{11}=(-1)^{1+1}\begin{vmatrix} 2 & 3 \\ -1 & 1 \end{vmatrix}=5$ $\qquad$ $A_{12}=(-1)^{1+2}\begin{vmatrix} 2 & 3 \\ 1 & 1 \end{vmatrix}=1$

$A_{13}=(-1)^{1+3}\begin{vmatrix} 2 & 2 \\ 1 & -1 \end{vmatrix}=-4$ $\qquad$ $A_{21}=(-1)^{2+1}\begin{vmatrix} 0 & 1 \\ -1 & 1 \end{vmatrix}=-1$

$A_{22}=(-1)^{2+2}\begin{vmatrix} 1 & 1 \\ 1 & 1 \end{vmatrix}=0$ $\qquad$ $A_{23}=(-1)^{2+3}\begin{vmatrix} 1 & 0 \\ 1 & -1 \end{vmatrix}=1$

$$A_{31}=(-1)^{3+1}\begin{vmatrix}0 & 1\\ 2 & 3\end{vmatrix}=-2 \qquad A_{32}=(-1)^{3+2}\begin{vmatrix}1 & 1\\ 2 & 3\end{vmatrix}=-1$$

$$A_{33}=(-1)^{3+3}\begin{vmatrix}1 & 0\\ 2 & 2\end{vmatrix}=2$$

以上より，求める逆行列 A^{-1} は

$$A^{-1}=\frac{1}{|A|}\begin{bmatrix}A_{11} & A_{21} & A_{31}\\ A_{12} & A_{22} & A_{32}\\ A_{13} & A_{23} & A_{33}\end{bmatrix}=\frac{1}{1}\begin{bmatrix}5 & -1 & -2\\ 1 & 0 & -1\\ -4 & 1 & 2\end{bmatrix}=\begin{bmatrix}5 & -1 & -2\\ 1 & 0 & -1\\ -4 & 1 & 2\end{bmatrix} \quad \cdots\cdots\cdots(答)$$

このとき，$AA^{-1}=\begin{bmatrix}1 & 0 & 1\\ 2 & 2 & 3\\ 1 & -1 & 1\end{bmatrix}\begin{bmatrix}5 & -1 & -2\\ 1 & 0 & -1\\ -4 & 1 & 2\end{bmatrix}=\begin{bmatrix}1 & 0 & 0\\ 0 & 1 & 0\\ 0 & 0 & 1\end{bmatrix}=E$ となって，

間違いないことがわかるね。しかし，このような A^{-1} の求め方は，高次の行列になると計算がめんどうで実用的ではない。もっと実践的な A^{-1} の求め方として“掃き出し法”があるんだけれど，これについてはもっと後で解説するつもりだ。

● クラメルの公式に挑戦しよう！

余因子行列による逆行列の求め方を勉強したので，次に，これを使って n 元1次の連立方程式を求めることにしよう。

未知数 $x_1, x_2, \cdots, x_n$ に対して，次のような n 個の式からなる連立1次方程式が与えられたものとしよう。

$$\begin{cases} a_{11}x_1+a_{12}x_2+\cdots+a_{1n}x_n=b_1\\ a_{21}x_1+a_{22}x_2+\cdots+a_{2n}x_n=b_2\\ \cdots\cdots\cdots\cdots\cdots\cdots\cdots\cdots\cdots\cdots\cdots\cdots\\ a_{n1}x_1+a_{n2}x_2+\cdots+a_{nn}x_n=b_n \end{cases} \quad \cdots\cdots(*)$$

この $(*)$ 式は，次のように変形できる。

$$\begin{bmatrix}a_{11} & a_{12} & \cdots & a_{1n}\\ a_{21} & a_{22} & \cdots & a_{2n}\\ \vdots & \vdots & & \vdots\\ a_{n1} & a_{n2} & \cdots & a_{nn}\end{bmatrix}\begin{bmatrix}x_1\\ x_2\\ \vdots\\ x_n\end{bmatrix}=\begin{bmatrix}b_1\\ b_2\\ \vdots\\ b_n\end{bmatrix} \quad \cdots\cdots(**)$$

ここで，$A=\begin{bmatrix} a_{11} & a_{12} & \cdots & a_{1n} \\ a_{21} & a_{22} & \cdots & a_{2n} \\ \vdots & \vdots & & \vdots \\ a_{n1} & a_{n2} & \cdots & a_{nn} \end{bmatrix}$を“**係数行列**”という。

また，$\boldsymbol{x}=\begin{bmatrix} x_1 \\ \vdots \\ x_n \end{bmatrix}$，$\boldsymbol{b}=\begin{bmatrix} b_1 \\ \vdots \\ b_n \end{bmatrix}$とおくと，方程式$(**)$は，さらに，

クラメルの公式では，この条件が必要！

$A\boldsymbol{x}=\boldsymbol{b}$ ……$(***)$と表せる。Aが正則，すなわち$|A|\neq 0$のとき，この方程式の解は，次の“**クラメルの公式**”で求めることができる。

クラメルの公式

$|A|\neq 0$のとき，n元1次の連立方程式$(*)$の解は

$x_i=\dfrac{|A_i|}{|A|}$ $(i=1, 2, \cdots, n)$と表される。

$$\left(\text{ただし，}|A_i|=\begin{vmatrix} a_{11} & a_{12} & \cdots & b_1 & \cdots & a_{1n} \\ a_{21} & a_{22} & \cdots & b_2 & \cdots & a_{2n} \\ \vdots & \vdots & & \vdots & & \vdots \\ a_{n1} & a_{n2} & \cdots & b_n & \cdots & a_{nn} \end{vmatrix}\text{とする。}\right)$$

行列Aの第i列に$\boldsymbol{b}$が割りこんだものの行列式

このような連立1次方程式の実践的な解法は，やはり“掃き出し法”になるんだけれど，クラメルの公式は，形式的に美しい形をしているので，非常に覚えやすいと思う。

それでは，クラメルの公式を解説しておこう。

$|A|\neq 0$より，逆行列$A^{-1}=\dfrac{1}{|A|}\tilde{A}$は存在する。よって，$(***)$の両辺に左から$A^{-1}$をかけて，

$\boldsymbol{x}=A^{-1}\boldsymbol{b}=\dfrac{1}{|A|}\tilde{A}\boldsymbol{b}$ より

$$\begin{bmatrix} x_1 \\ \vdots \\ x_i \\ \vdots \\ x_n \end{bmatrix}=\frac{1}{|A|}\begin{bmatrix} A_{11} & A_{21} & \cdots & A_{n1} \\ \vdots & \vdots & & \vdots \\ A_{1i} & A_{2i} & \cdots & A_{ni} \\ \vdots & \vdots & & \vdots \\ A_{1n} & A_{2n} & \cdots & A_{nn} \end{bmatrix}\begin{bmatrix} b_1 \\ b_2 \\ \vdots \\ b_n \end{bmatrix} \quad (i=1, 2, \cdots, n)$$

よって，$x_i = \frac{1}{|A|}(b_1 A_{1i} + b_2 A_{2i} + \cdots\cdots + b_n A_{ni}) \quad (i = 1, 2, \cdots, n)$

これは第 i 列による余因子展開の式だね。
そして，その第 i 列は $\begin{bmatrix} b_1 \\ \vdots \\ b_n \end{bmatrix}$ のことだ！

$$\therefore x_i = \frac{1}{|A|}\begin{vmatrix} a_{11} & a_{12} & \cdots & b_1 & \cdots & a_{1n} \\ a_{21} & a_{22} & \cdots & b_2 & \cdots & a_{2n} \\ \vdots & \vdots & & \vdots & & \vdots \\ a_{n1} & a_{n2} & \cdots & b_n & \cdots & a_{nn} \end{vmatrix} = \frac{|A_i|}{|A|}$$ となる。 $(i = 1, 2, \cdots, n)$

（b：第 i 列）

それではクラメルの公式を使う例題をやっておこう。

(2) 連立方程式 $\begin{cases} 2x_1 + 3x_2 + x_3 = 7 \\ x_1 + x_2 - x_3 = 4 \\ 3x_1 + x_2 - x_3 = 6 \end{cases}$ を，クラメルの公式を使って解け。

変形して $\begin{bmatrix} 2 & 3 & 1 \\ 1 & 1 & -1 \\ 3 & 1 & -1 \end{bmatrix}\begin{bmatrix} x_1 \\ x_2 \\ x_3 \end{bmatrix} = \begin{bmatrix} 7 \\ 4 \\ 6 \end{bmatrix}$ 　ここで，$A = \begin{bmatrix} 2 & 3 & 1 \\ 1 & 1 & -1 \\ 3 & 1 & -1 \end{bmatrix}$ とおく。

（A，x，b）

クラメルの公式より，

$$|A| = \begin{vmatrix} 2 & 3 & 1 \\ 1 & 1 & -1 \\ 3 & 1 & -1 \end{vmatrix} = -8$$

$= -2 - 9 + 1 - 3 + 2 + 3$ （サラスの公式）

$$|A_1| = \begin{vmatrix} 7 & 3 & 1 \\ 4 & 1 & -1 \\ 6 & 1 & -1 \end{vmatrix} = -8$$

$= -7 - 18 + 4 - 6 + 7 + 12$ （サラス）

$$|A_2| = \begin{vmatrix} 2 & 7 & 1 \\ 1 & 4 & -1 \\ 3 & 6 & -1 \end{vmatrix} = -16$$

$= -8 - 21 + 6 - 12 + 12 + 7$ （サラス）

$$|A_3| = \begin{vmatrix} 2 & 3 & 7 \\ 1 & 1 & 4 \\ 3 & 1 & 6 \end{vmatrix} = 8$$

$= 12 + 36 + 7 - 21 - 8 - 18$ （サラス）

以上より

$x_1 = \frac{|A_1|}{|A|} = \frac{-8}{-8} = 1$，$x_2 = \frac{|A_2|}{|A|} = \frac{-16}{-8} = 2$，$x_3 = \frac{|A_3|}{|A|} = \frac{8}{-8} = -1$ …(答)

● 掃き出し法による1次方程式の解法！

n 元1次の連立方程式 $A\boldsymbol{x}=\boldsymbol{b}$ の実践的な解法として，“掃き出し法”がある。係数行列 A に，定数項の列ベクトル $\boldsymbol{b}$ を加えた行列 $[A|\boldsymbol{b}]$ を“拡大係数行列”と呼び，A_a と表すことにする。これに，行基本変形を加えることにより，$[E|\boldsymbol{u}]$ の形にして，解 $\boldsymbol{x}=\boldsymbol{u}$ を求めることができる。

（augmented matrix（拡大行列）の“a”をとった！）

これだけでは，何のことかわからないって？ 当然だね。さっそく，(2)の例題を使って，この意味を解説しよう。これは，次のように，一般の連立1次方程式の解法と拡大係数行列の変化の流れを対比して示すと，意味がよくわかると思う。

・(2)の例題の3元1次の連立方程式

$$\begin{cases} 2x_1+3x_2+x_3=7 & \cdots\cdots㋐ \\ x_1+x_2-x_3=4 & \cdots\cdots㋑ \\ 3x_1+x_2-x_3=6 & \cdots\cdots㋒ \end{cases}$$

㋐と㋑を入れ替えて，

$$\begin{cases} x_1+x_2-x_3=4 & \cdots\cdots㋐ \\ 2x_1+3x_2+x_3=7 & \cdots\cdots㋑ \\ 3x_1+x_2-x_3=6 & \cdots\cdots㋒ \end{cases}$$

㋑$-2\times$㋐，㋒$-3\times$㋐より

$$\begin{cases} x_1+x_2-x_3=4 & \cdots\cdots㋐ \\ x_2+3x_3=-1 & \cdots\cdots㋑ \\ -2x_2+2x_3=-6 & \cdots\cdots㋒ \end{cases}$$

$-\frac{1}{2}\times$㋒より

$$\begin{cases} x_1+x_2-x_3=4 & \cdots\cdots㋐ \\ x_2+3x_3=-1 & \cdots\cdots㋑ \\ x_2-x_3=3 & \cdots\cdots㋒ \end{cases}$$

㋐$-$㋑，㋒$-$㋑より

$$\begin{cases} x_1-4x_3=5 & \cdots\cdots㋐ \\ x_2+3x_3=-1 & \cdots\cdots㋑ \\ -4x_3=4 & \cdots\cdots㋒ \end{cases}$$

・拡大係数行列 $[A|\boldsymbol{b}]$

$$\left[\begin{array}{ccc|c} 2 & 3 & 1 & 7 \\ 1 & 1 & -1 & 4 \\ 3 & 1 & -1 & 6 \end{array}\right]$$ ㋐↔㋑（行の入れ替え）

（ここを1にする）

$$\left[\begin{array}{ccc|c} 1 & 1 & -1 & 4 \\ 2 & 3 & 1 & 7 \\ 3 & 1 & -1 & 6 \end{array}\right]$$

（1を使って，他の行の成分を掃き出す感じなので，“掃き出し法”という！）

$$\left[\begin{array}{ccc|c} 1 & 1 & -1 & 4 \\ 0 & 1 & 3 & -1 \\ 0 & -2 & 2 & -6 \end{array}\right]$$ ㋑$-2\times$㋐，㋒$-3\times$㋐

$$\left[\begin{array}{ccc|c} 1 & 1 & -1 & 4 \\ 0 & 1 & 3 & -1 \\ 0 & 1 & -1 & 3 \end{array}\right]$$ $-\frac{1}{2}\times$㋒

（1を使って掃き出す）

$$\left[\begin{array}{ccc|c} 1 & 0 & -4 & 5 \\ 0 & 1 & 3 & -1 \\ 0 & 0 & -4 & 4 \end{array}\right]$$ ㋐$-$㋑，㋒$-$㋑

$-\frac{1}{4}\times$ ㋒ より

$$\begin{cases} x_1 \quad\quad -4x_3 = 5 & \cdots\cdots ㋐ \\ x_2 + 3x_3 = -1 & \cdots\cdots ㋑ \\ x_3 = -1 & \cdots\cdots ㋒ \end{cases}$$

㋐ $+4\times$ ㋒，㋑ $-3\times$ ㋒ より

$$\begin{cases} x_1 = 1 \\ x_2 = 2 \\ x_3 = -1 \end{cases}$$

$\therefore\ x_1 = 1,\ x_2 = 2,\ x_3 = -1$

$$\left[\begin{array}{ccc|c} 1 & 0 & -4 & 5 \\ 0 & 1 & 3 & -1 \\ 0 & 0 & 1 & -1 \end{array}\right] -\frac{1}{4}\times ㋒$$

1を使って掃き出す

$$\left[\begin{array}{ccc|c} 1 & 0 & 0 & 1 \\ 0 & 1 & 0 & 2 \\ 0 & 0 & 1 & -1 \end{array}\right] \begin{array}{l} ㋐ +4\times ㋒ \\ ㋑ -3\times ㋒ \end{array}$$

$[E|u]$ の完成！

解ベクトル

3元1次の連立方程式を解いていく流れが，そのまま拡大係数行列 $[A|b]$ に変形を加えて，$[E|u]$ とすることに対応している。この変形のやり方は，“**行基本変形**”と呼ばれるもので，実は，次の3つの操作を行っているだけなんだね。

行基本変形

(i) 2つの行を入れ替える。

(ii) 1つの行を c 倍(スカラー倍)する。$(c \neq 0)$

(iii) 1つの行を c 倍(スカラー倍)したものを，他の行にたす。

他の行から“引いて”もいい。

これから，n 元1次の連立方程式が与えられたら，まず，$Ax = b$ の形にする。(A：係数行列，x：未知数の列ベクトル，b：定数項の列ベクトル)

そして，これから拡大係数行列 $A_a = [A|b]$ を作って，

$[A|b] \xrightarrow{\text{行基本変形}} [E|u]$ を求める。その結果，解 $x = u$，すなわち，

(単位行列)(解の列ベクトル)

$\begin{bmatrix} x_1 \\ \vdots \\ x_n \end{bmatrix} = \begin{bmatrix} u_1 \\ \vdots \\ u_n \end{bmatrix}$ としてすべての解が求まるんだね。この行基本変形を行う際に，対角成分の1を使って，他の行の成分を0に掃き出す感じになるので，“**掃き出し法**”と呼ぶ。この行基本変形は，行列式の計算法とは異なることにも注意しよう。

たとえば，行を入れ替えると，行列式の符号は変わる！

● 逆行列 A^{-1} も，掃き出し法で求まる！

n 次の正則な正方行列 A に対して，$AX=XA=E$ (E：n 次の単位行列) をみたす n 次の正方行列 X が，A の逆行列 A^{-1} になるんだったね。この $X=A^{-1}$ は，余因子行列 $\tilde{A}$ を使って $A^{-1}=\frac{1}{|A|}\tilde{A}$ と求められるが，より実践的には "**掃き出し法**" を使って求める。

3 次の正方行列 A を例にとって，その逆行列 $X=A^{-1}$ を求めるメカニズムを示すことにしよう。

$$A=\begin{bmatrix} a_{11} & a_{12} & a_{13} \\ a_{21} & a_{22} & a_{23} \\ a_{31} & a_{32} & a_{33} \end{bmatrix},\ X=\begin{bmatrix} x_1 & y_1 & z_1 \\ x_2 & y_2 & z_2 \\ x_3 & y_3 & z_3 \end{bmatrix},\ E=\begin{bmatrix} 1 & 0 & 0 \\ 0 & 1 & 0 \\ 0 & 0 & 1 \end{bmatrix} \text{とおく。}$$

ここで，X を 3 つの列ベクトル $\boldsymbol{x}=\begin{bmatrix} x_1 \\ x_2 \\ x_3 \end{bmatrix}$, $\boldsymbol{y}=\begin{bmatrix} y_1 \\ y_2 \\ y_3 \end{bmatrix}$, $\boldsymbol{z}=\begin{bmatrix} z_1 \\ z_2 \\ z_3 \end{bmatrix}$ に，また E も 3 つの列ベクトル $\boldsymbol{e}_1=\begin{bmatrix} 1 \\ 0 \\ 0 \end{bmatrix}$, $\boldsymbol{e}_2=\begin{bmatrix} 0 \\ 1 \\ 0 \end{bmatrix}$, $\boldsymbol{e}_3=\begin{bmatrix} 0 \\ 0 \\ 1 \end{bmatrix}$ に分割して考えると，

$AX=E$ の式，すなわち

$$\underbrace{\begin{bmatrix} a_{11} & a_{12} & a_{13} \\ a_{21} & a_{22} & a_{23} \\ a_{31} & a_{32} & a_{33} \end{bmatrix}}_{A}\begin{bmatrix} \underset{\boldsymbol{x}}{\begin{matrix} x_1 \\ x_2 \\ x_3 \end{matrix}} & \underset{\boldsymbol{y}}{\begin{matrix} y_1 \\ y_2 \\ y_3 \end{matrix}} & \underset{\boldsymbol{z}}{\begin{matrix} z_1 \\ z_2 \\ z_3 \end{matrix}} \end{bmatrix}=\begin{bmatrix} \underset{\boldsymbol{e}_1}{\begin{matrix} 1 \\ 0 \\ 0 \end{matrix}} & \underset{\boldsymbol{e}_2}{\begin{matrix} 0 \\ 1 \\ 0 \end{matrix}} & \underset{\boldsymbol{e}_3}{\begin{matrix} 0 \\ 0 \\ 1 \end{matrix}} \end{bmatrix} \quad \cdots\cdots ①\text{は}$$

3 つの方程式：

(ⅰ) $A\boldsymbol{x}=\boldsymbol{e}_1$ (ⅱ) $A\boldsymbol{y}=\boldsymbol{e}_2$ (ⅲ) $A\boldsymbol{z}=\boldsymbol{e}_3$ に分割できる。

> 逆に，(ⅰ)(ⅱ)(ⅲ) をまとめて，$A[\boldsymbol{x}\ \boldsymbol{y}\ \boldsymbol{z}]=[\boldsymbol{e}_1\ \boldsymbol{e}_2\ \boldsymbol{e}_3]$ ……①
> とすることが出来るのも大丈夫だね。各成分の対応関係がまったく同じになるからだ。

ここで，未知数の列ベクトル $\boldsymbol{x}, \boldsymbol{y}, \boldsymbol{z}$ のそれぞれの解の列ベクトル $\boldsymbol{u}_1, \boldsymbol{u}_2, \boldsymbol{u}_3$ が求まれば，$[\boldsymbol{x}\ \boldsymbol{y}\ \boldsymbol{z}]=[\boldsymbol{u}_1\ \boldsymbol{u}_2\ \boldsymbol{u}_3]$ としたものが A^{-1} のことになるんだね。そして，これらの解のベクトルを求める手法として，連立 1 次方程式の解法の "掃き出し法" があったんだね。(ⅰ)(ⅱ)(ⅲ) それぞれについて，$\boldsymbol{u}_1, \boldsymbol{u}_2, \boldsymbol{u}_3$ を求める手順を簡単に示すと，

(i) $[A|\boldsymbol{e}_1] \xrightarrow{\text{行基本変形}} [E|\boldsymbol{u}_1]$

(ii) $[A|\boldsymbol{e}_2] \xrightarrow{\text{行基本変形}} [E|\boldsymbol{u}_2]$

(iii) $[A|\boldsymbol{e}_3] \xrightarrow{\text{行基本変形}} [E|\boldsymbol{u}_3]$ となる。

行基本変形
(i) 2つの行の入れ替え
(ii) 1つの行の c 倍
(iii) 1つの行を c 倍したものを他の行にたす。

そして，この3つを1つの式にもう1度まとめて書くと，

$$[A|\boldsymbol{e}_1\ \boldsymbol{e}_2\ \boldsymbol{e}_3] \xrightarrow{\text{行基本変形}} [E|\boldsymbol{u}_1\ \boldsymbol{u}_2\ \boldsymbol{u}_3]$$

$$\begin{bmatrix} 1 & 0 & 0 \\ 0 & 1 & 0 \\ 0 & 0 & 1 \end{bmatrix} = E \qquad [\boldsymbol{u}_1\ \boldsymbol{u}_2\ \boldsymbol{u}_3] = A^{-1}$$

となり，すなわち

$[A|E] \xrightarrow{\text{行基本変形}} [E|A^{-1}]$ となるんだね。

これが，掃き出し法による A の逆行列 A^{-1} を求める手法だ。

掃き出し法による逆行列 A^{-1} の計算

n 次正方行列 A が正則のとき，$AA^{-1} = A^{-1}A = E$ をみたす逆行列 A^{-1} が存在し，それは，

$$[A|E] \xrightarrow{\text{行基本変形}} [E|A^{-1}]$$

によって，計算することができる。

それでは，(1) の例題で使った3次の正方行列 A の逆行列 A^{-1} をこの掃き出し法により，求めてみよう。

(3) $A=\begin{bmatrix}1&0&1\\2&2&3\\1&-1&1\end{bmatrix}$の逆行列 A^{-1} を掃き出し法により求めよ。

$[A|E]$ からスタートだ。 → 目標 $[E|A^{-1}]$

$$\left[\begin{array}{ccc|ccc}1&0&1&1&0&0\\2&2&3&0&1&0\\1&-1&1&0&0&1\end{array}\right]\xrightarrow[③-①]{②-2\times①}\left[\begin{array}{ccc|ccc}1&0&1&1&0&0\\0&2&1&-2&1&0\\0&-1&0&-1&0&1\end{array}\right]$$

1 を使って掃き出す

(2行目)$-2\times$(1行目)
$=[2\ 2\ 3\,|\,0\ 1\ 0]$
$\quad-2[1\ 0\ 1\,|\,1\ 0\ 0]$
$=[0\ 2\ 1\,|\,-2\ 1\ 0]$

$$\xrightarrow{②\leftrightarrow③}\left[\begin{array}{ccc|ccc}1&0&1&1&0&0\\0&-1&0&-1&0&1\\0&2&1&-2&1&0\end{array}\right]\xrightarrow{-1\times②}\left[\begin{array}{ccc|ccc}1&0&1&1&0&0\\0&1&0&1&0&-1\\0&2&1&-2&1&0\end{array}\right]$$

1 を使って掃き出す

$$\xrightarrow{③-2\times②}\left[\begin{array}{ccc|ccc}1&0&1&1&0&0\\0&1&0&1&0&-1\\0&0&1&-4&1&2\end{array}\right]\xrightarrow{①-③}\left[\begin{array}{ccc|ccc}1&0&0&5&-1&-2\\0&1&0&1&0&-1\\0&0&1&-4&1&2\end{array}\right]$$

1 を使って掃き出す　　$[E|A^{-1}]$ の完成！

$\therefore$ A の逆行列 A^{-1} は，$A^{-1}=\begin{bmatrix}5&-1&-2\\1&0&-1\\-4&1&2\end{bmatrix}$ ……………………………(答)

これは，(1) で求めた $A^{-1}=\dfrac{1}{|A|}\tilde{A}$ の結果とまったく同じだね。

次，(4, 4) 型行列の逆行列も求めておこう。

(4) $B=\begin{bmatrix}1&0&-1&2\\2&1&1&0\\-1&-1&-1&1\\1&2&2&-2\end{bmatrix}$の逆行列 B^{-1} を掃き出し法により求めよ。

$[B|E]$ からスタートだ！ → 目標 $[E|B^{-1}]$

$$\left[\begin{array}{cccc|cccc}1&0&-1&2&1&0&0&0\\2&1&1&0&0&1&0&0\\-1&-1&-1&1&0&0&1&0\\1&2&2&-2&0&0&0&1\end{array}\right]\xrightarrow[④-①]{②-2\times①\ \ ③+①}\left[\begin{array}{cccc|cccc}1&0&-1&2&1&0&0&0\\0&1&3&-4&-2&1&0&0\\0&-1&-2&3&1&0&1&0\\0&2&3&-4&-1&0&0&1\end{array}\right]$$

1 を使って掃き出す　　1 を使って掃き出す

$$\xrightarrow[\text{④}-2\times\text{②}]{\text{③}+\text{②}}\left[\begin{array}{cccc|cccc} 1 & 0 & -1 & 2 & 1 & 0 & 0 & 0 \\ 0 & 1 & 3 & -4 & -2 & 1 & 0 & 0 \\ 0 & 0 & 1 & -1 & -1 & 1 & 1 & 0 \\ 0 & 0 & -3 & 4 & 3 & -2 & 0 & 1 \end{array}\right]$$

1 を使って掃き出す

(4 行目) − 2 × (2 行目)
$[0\ 2\ 3\ -4\,|\,-1\ 0\ 0\ 1]$
$\quad -2[0\ 1\ 3\ -4\,|\,-2\ 1\ 0\ 0]$
$=[0\ 0\ -3\ 4\,|\,3\ -2\ 0\ 1]$

$$\xrightarrow[\text{④}+3\times\text{③}]{\substack{\text{①}+\text{③}\\ \text{②}-3\times\text{③}}}\left[\begin{array}{cccc|cccc} 1 & 0 & 0 & 1 & 0 & 1 & 1 & 0 \\ 0 & 1 & 0 & -1 & 1 & -2 & -3 & 0 \\ 0 & 0 & 1 & -1 & -1 & 1 & 1 & 0 \\ 0 & 0 & 0 & 1 & 0 & 1 & 3 & 1 \end{array}\right]$$

1 を使って掃き出す

(2 行目) − 3 × (3 行目)
$[0\ 1\ 3\ -4\,|\,-2\ 1\ 0\ 0]$
$\quad -3[0\ 0\ 1\ -1\,|\,-1\ 1\ 1\ 0]$
$=[0\ 1\ 0\ -1\,|\,1\ -2\ -3\ 0]$

$$\xrightarrow[\text{③}+\text{④}]{\substack{\text{①}-\text{④}\\ \text{②}+\text{④}}}\left[\begin{array}{cccc|cccc} 1 & 0 & 0 & 0 & 0 & 0 & -2 & -1 \\ 0 & 1 & 0 & 0 & 1 & -1 & 0 & 1 \\ 0 & 0 & 1 & 0 & -1 & 2 & 4 & 1 \\ 0 & 0 & 0 & 1 & 0 & 1 & 3 & 1 \end{array}\right]$$

$[E|B^{-1}]$ の完成！

∴ B の逆行列 B^{-1} は，$B^{-1}=\begin{bmatrix} 0 & 0 & -2 & -1 \\ 1 & -1 & 0 & 1 \\ -1 & 2 & 4 & 1 \\ 0 & 1 & 3 & 1 \end{bmatrix}$ ……………………………(答)

(4, 4) 型の行列の逆行列になると，計算量も多くなるので，慎重に計算していってくれ。そして，この結果で間違いないかを確認したければ，$BB^{-1}=E$ となるかどうかを調べればいいんだね。それでは，B^{-1} について，検算しておこう。

$$BB^{-1}=\begin{bmatrix} 1 & 0 & -1 & 2 \\ 2 & 1 & 1 & 0 \\ -1 & -1 & -1 & 1 \\ 1 & 2 & 2 & -2 \end{bmatrix}\begin{bmatrix} 0 & 0 & -2 & -1 \\ 1 & -1 & 0 & 1 \\ -1 & 2 & 4 & 1 \\ 0 & 1 & 3 & 1 \end{bmatrix}$$

$$=\begin{bmatrix} 1 & 0 & 0 & 0 \\ 0 & 1 & 0 & 0 \\ 0 & 0 & 1 & 0 \\ 0 & 0 & 0 & 1 \end{bmatrix}=E$$ となるので，B^{-1} の結果に間違いないね。

演習問題 11　● 余因子行列による逆行列 ●

$A=\begin{bmatrix}2&1&0\\1&-1&2\\-1&0&-1\end{bmatrix}$ の逆行列 A^{-1} を，公式 $A^{-1}=\frac{1}{|A|}\tilde{A}$（$\tilde{A}$：余因子行列）から求めよ。

ヒント！ $|A|$ と余因子 A_{11}, A_{12}, …, A_{33} を求めて，A^{-1} を計算する。

解答＆解説

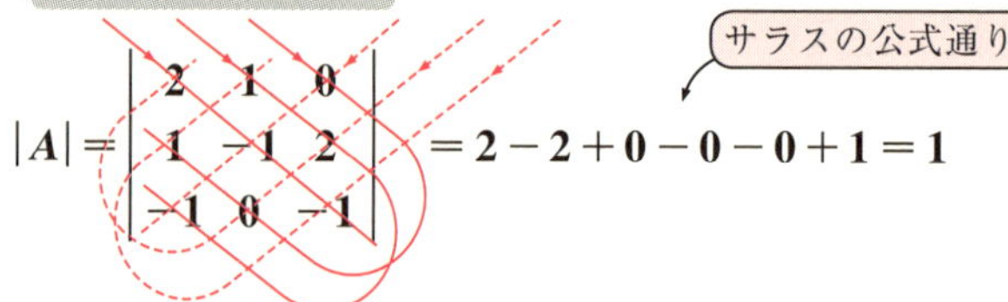

$$|A|=\begin{vmatrix}2&1&0\\1&-1&2\\-1&0&-1\end{vmatrix}=2-2+0-0-0+1=1$$

$$A_{11}=(-1)^{1+1}\begin{vmatrix}-1&2\\0&-1\end{vmatrix}=1 \qquad A_{12}=(-1)^{1+2}\begin{vmatrix}1&2\\-1&-1\end{vmatrix}=-1$$

$$A_{13}=(-1)^{1+3}\begin{vmatrix}1&-1\\-1&0\end{vmatrix}=-1 \qquad A_{21}=(-1)^{2+1}\begin{vmatrix}1&0\\0&-1\end{vmatrix}=1$$

$$A_{22}=(-1)^{2+2}\begin{vmatrix}2&0\\-1&-1\end{vmatrix}=-2 \qquad A_{23}=(-1)^{2+3}\begin{vmatrix}2&1\\-1&0\end{vmatrix}=-1$$

$$A_{31}=(-1)^{3+1}\begin{vmatrix}1&0\\-1&2\end{vmatrix}=2 \qquad A_{32}=(-1)^{3+2}\begin{vmatrix}2&0\\1&2\end{vmatrix}=-4$$

$$A_{33}=(-1)^{3+3}\begin{vmatrix}2&1\\1&-1\end{vmatrix}=-3$$

以上より，求める逆行列 A^{-1} は，

$$A^{-1}=\frac{1}{|A|}\tilde{A}=\frac{1}{|A|}\begin{bmatrix}A_{11}&A_{21}&A_{31}\\A_{12}&A_{22}&A_{32}\\A_{13}&A_{23}&A_{33}\end{bmatrix}=\frac{1}{1}\begin{bmatrix}1&1&2\\-1&-2&-4\\-1&-1&-3\end{bmatrix}$$

$$\therefore A^{-1}=\begin{bmatrix}1&1&2\\-1&-2&-4\\-1&-1&-3\end{bmatrix}$$ ……………………（答）

実践問題 11　● 掃き出し法による逆行列 ●

$A=\begin{bmatrix}2&1&0\\1&-1&2\\-1&0&-1\end{bmatrix}$ の逆行列 A^{-1} を，掃き出し法により求めよ。

ヒント！ 行基本変形により，$[A|E]\longrightarrow[E|A^{-1}]$ と変形する。

解答＆解説

$$[A|E]=\left[\begin{array}{ccc|c}2&1&0&\\1&-1&2&(ア)\\-1&0&-1&\end{array}\right]\xrightarrow{①\leftrightarrow②}\left[\begin{array}{ccc|ccc}1&-1&2&0&1&0\\2&1&0&1&0&0\\-1&0&-1&0&0&1\end{array}\right]$$

$$\xrightarrow[③+①]{②-2\times①}\left[\begin{array}{ccc|ccc}1&-1&2&0&1&0\\0&3&-4&1&-2&0\\0&-1&1&0&1&1\end{array}\right]\xrightarrow{②\leftrightarrow③}\left[\begin{array}{c|ccc}&0&1&0\\(イ)&0&1&1\\&1&-2&0\end{array}\right]$$

$$\xrightarrow{-1\times②}\left[\begin{array}{ccc|ccc}1&-1&2&0&1&0\\0&1&-1&0&-1&-1\\0&3&-4&1&-2&0\end{array}\right]\xrightarrow[③-3\times②]{①+②}\left[\begin{array}{ccc|ccc}1&0&1&0&0&-1\\0&1&-1&0&-1&-1\\0&0&-1&1&1&3\end{array}\right]$$

$$\xrightarrow{-1\times③}\left[\begin{array}{ccc|c}1&0&1&\\0&1&-1&(ウ)\\0&0&1&\end{array}\right]$$

$$\xrightarrow[②+③]{①-③}\left[\begin{array}{ccc|c}1&0&0&\\0&1&0&(エ)\\0&0&1&\end{array}\right]=[E|A^{-1}]$$

$\therefore$ 求める逆行列 A^{-1} は，$A^{-1}=\begin{bmatrix}1&1&2\\-1&-2&-4\\-1&-1&-3\end{bmatrix}$ ……………………………(答)

解答　(ア) $\begin{matrix}1&0&0\\0&1&0\\0&0&1\end{matrix}$　(イ) $\begin{matrix}1&-1&2\\0&-1&1\\0&3&-4\end{matrix}$　(ウ) $\begin{matrix}0&0&-1\\0&-1&-1\\-1&-1&-3\end{matrix}$　(エ) $\begin{matrix}1&1&2\\-1&-2&-4\\-1&-1&-3\end{matrix}$

演習問題 12　●クラメルの公式と連立 1 次方程式●

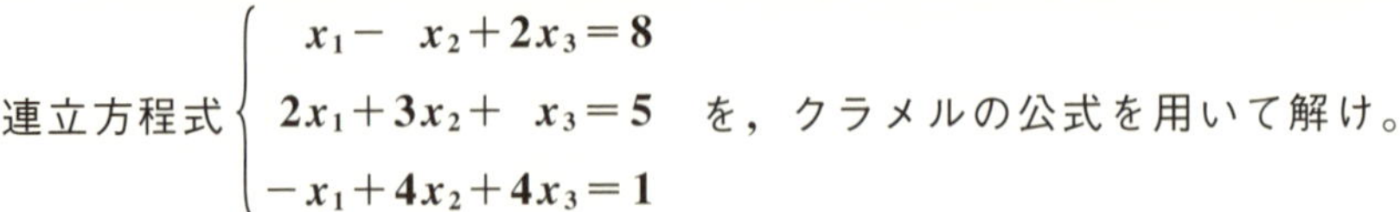

連立方程式 $\begin{cases} x_1 - x_2 + 2x_3 = 8 \\ 2x_1 + 3x_2 + x_3 = 5 \\ -x_1 + 4x_2 + 4x_3 = 1 \end{cases}$ を，クラメルの公式を用いて解け。

ヒント！ $Ax = b$ の形にし，$|A|, |A_1|, |A_2|, |A_3|$ の値を求めて解く。

解答＆解説

連立方程式を変形して，

$$\begin{bmatrix} 1 & -1 & 2 \\ 2 & 3 & 1 \\ -1 & 4 & 4 \end{bmatrix}\begin{bmatrix} x_1 \\ x_2 \\ x_3 \end{bmatrix} = \begin{bmatrix} 8 \\ 5 \\ 1 \end{bmatrix}$$ として，

$$A = \begin{bmatrix} 1 & -1 & 2 \\ 2 & 3 & 1 \\ -1 & 4 & 4 \end{bmatrix}, \quad x = \begin{bmatrix} x_1 \\ x_2 \\ x_3 \end{bmatrix}, \quad b = \begin{bmatrix} 8 \\ 5 \\ 1 \end{bmatrix}$$ とおく。

ここで，

$$|A| = \begin{vmatrix} 1 & -1 & 2 \\ 2 & 3 & 1 \\ -1 & 4 & 4 \end{vmatrix} = 39 \qquad |A_1| = \begin{vmatrix} 8 & -1 & 2 \\ 5 & 3 & 1 \\ 1 & 4 & 4 \end{vmatrix} = 117$$

$12+1+16+6-4+8$ ← サラス　　$96-1+40-6-32+20$ ← サラス

$$|A_2| = \begin{vmatrix} 1 & 8 & 2 \\ 2 & 5 & 1 \\ -1 & 1 & 4 \end{vmatrix} = -39 \qquad |A_3| = \begin{vmatrix} 1 & -1 & 8 \\ 2 & 3 & 5 \\ -1 & 4 & 1 \end{vmatrix} = 78$$

$20-8+4+10-1-64$ ← サラス　　$3+5+64+24-20+2$ ← サラス

以上より，求める解は

$$x_1 = \frac{|A_1|}{|A|} = \frac{117}{39} = 3, \quad x_2 = \frac{|A_2|}{|A|} = \frac{-39}{39} = -1, \quad x_3 = \frac{|A_3|}{|A|} = \frac{78}{39} = 2$$

$$\therefore \text{解 } x = \begin{bmatrix} x_1 \\ x_2 \\ x_3 \end{bmatrix} = \begin{bmatrix} 3 \\ -1 \\ 2 \end{bmatrix}$$ ……………………（答）

実践問題 12　● 掃き出し法と連立1次方程式 ●

連立方程式 $\begin{cases} x_1 - x_2 + 2x_3 = 8 \\ 2x_1 + 3x_2 + x_3 = 5 \\ -x_1 + 4x_2 + 4x_3 = 1 \end{cases}$ を，掃き出し法を用いて解け。

ヒント！ 拡大係数行列 $[A|\boldsymbol{b}]$ を行基本変形して，$[E|\boldsymbol{u}]$ の形にする。

解答＆解説

$A = \begin{bmatrix} 1 & -1 & 2 \\ 2 & 3 & 1 \\ -1 & 4 & 4 \end{bmatrix}$，$\boldsymbol{x} = \begin{bmatrix} x_1 \\ x_2 \\ x_3 \end{bmatrix}$，$\boldsymbol{b} = \begin{bmatrix} \boxed{(ア)} \end{bmatrix}$ とおく。

拡大係数行列 $[A|\boldsymbol{b}]$ に行基本変形を行って，$[E|\boldsymbol{u}]$ の形にもち込む。

$$[A|\boldsymbol{b}] = \left[\begin{array}{ccc|c} 1 & -1 & 2 & 8 \\ 2 & 3 & 1 & 5 \\ -1 & 4 & 4 & 1 \end{array}\right] \xrightarrow[③+①]{②-2\times①} \left[\begin{array}{ccc|c} 1 & -1 & 2 & 8 \\ 0 & 5 & -3 & -11 \\ 0 & 3 & 6 & 9 \end{array}\right]$$

$$\xrightarrow{\frac{1}{3}\times③} \left[\begin{array}{ccc|c} 1 & -1 & 2 & 8 \\ 0 & 5 & -3 & -11 \\ 0 & 1 & 2 & 3 \end{array}\right] \xrightarrow{②\leftrightarrow③} \left[\begin{array}{c|c} \boxed{(イ)} & \begin{matrix} 8 \\ 3 \\ -11 \end{matrix} \end{array}\right]$$

$$\xrightarrow[③-5\times②]{①+②} \left[\begin{array}{ccc|c} 1 & 0 & 4 & 11 \\ 0 & 1 & 2 & 3 \\ 0 & 0 & -13 & -26 \end{array}\right] \xrightarrow{-\frac{1}{13}\times③} \left[\begin{array}{ccc|c} 1 & 0 & 4 & \\ 0 & 1 & 2 & \boxed{(ウ)} \\ 0 & 0 & 1 & \end{array}\right]$$

$$\xrightarrow[②-2\times③]{①-4\times③} \left[\begin{array}{ccc|c} 1 & 0 & 0 & 3 \\ 0 & 1 & 0 & -1 \\ 0 & 0 & 1 & 2 \end{array}\right] = [E|\boldsymbol{u}]$$

$\therefore$ 解 $\boldsymbol{x} = \begin{bmatrix} x_1 \\ x_2 \\ x_3 \end{bmatrix} = \boldsymbol{u} = \begin{bmatrix} \boxed{(エ)} \end{bmatrix}$ ……………………………………………（答）

解答　(ア) $\begin{matrix} 8 \\ 5 \\ 1 \end{matrix}$　(イ) $\begin{matrix} 1 & -1 & 2 \\ 0 & 1 & 2 \\ 0 & 5 & -3 \end{matrix}$　(ウ) $\begin{matrix} 11 \\ 3 \\ 2 \end{matrix}$　(エ) $\begin{matrix} 3 \\ -1 \\ 2 \end{matrix}$

§ 2. 行列の階数と，一般の連立 1 次方程式

クラメルの公式で解ける，すなわち 1 組の解が決定できる基本的な連立 1 次方程式については前節で解説した。ここでは，解が 1 組には定まらない場合も想定した，一般的な連立 1 次方程式の話に入る。

その際，係数行列の"階数(ランク)"が重要な役割を演ずるので，まず，その解説から始めよう。

● 行列には，階数(ランク)がある！

一般の (m, n) 型行列に，行基本変形を行うことにより，その行列の"**階数(ランク)**"を決定することができる。 ("かいすう"と読む)

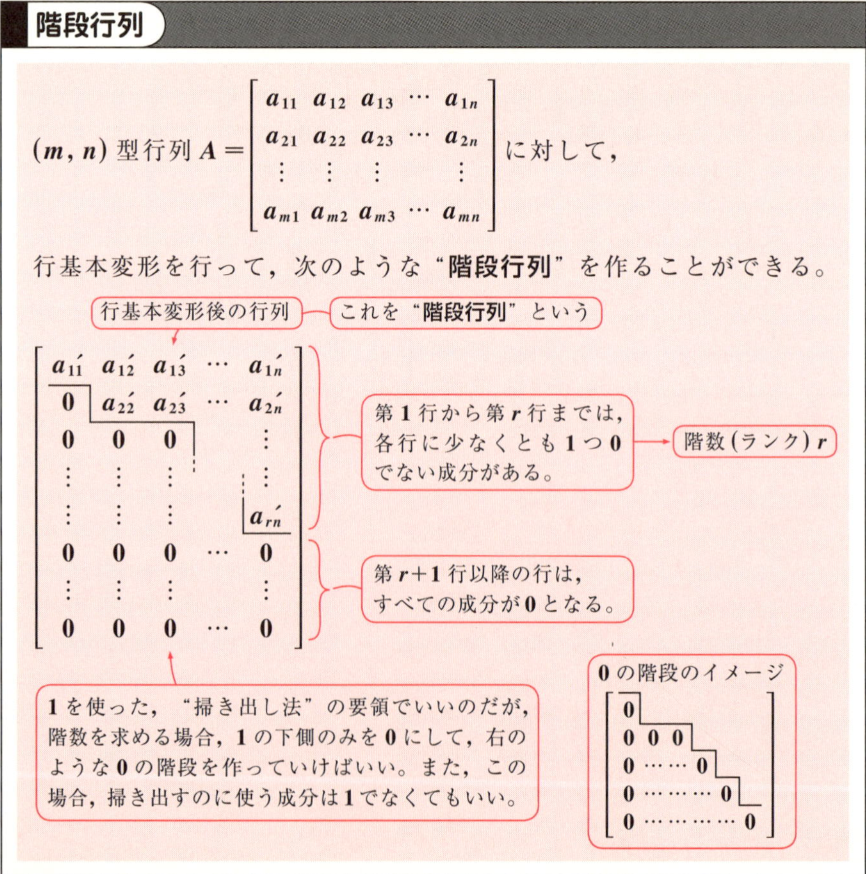

この階段行列から，元の行列 A の階数 (ランク) を決定する。

階数 (ランク) の決定

(m, n) 型行列 A に行基本変形を行って階段行列にしたとき，少なくとも1つは0でない成分をもつ行の個数 r を，行列 A の "**階数(ランク)**" と呼び，

$\text{rank}\,A = r \quad (0 \leqq r \leqq m)$ と表す。

同じ行列 A に対しても，行基本変形のやり方によって，さまざまな階段行列を作ることができる。でも，どのような階段行列にせよ，行列 A の階数 r は，必ず1通りに定まることを，覚えておいてくれ。さらに，$\text{rank}\,A = \text{rank}\,{}^tA$ が成り立つので，A に列基本変形を行って求めても，同じ階数 (ランク) になる。

（${}^tA$：転置行列：A の行と列を入れ替えた行列）

それでは，具体的に，例題でランク (階数) を求めてみよう。

次の行列の階数を求めよ。

(1) $X = \begin{bmatrix} 2 & -1 \\ -4 & 2 \end{bmatrix}$ (2) $A = \begin{bmatrix} 1 & 2 & 1 \\ 2 & 3 & 3 \\ -1 & 1 & 4 \end{bmatrix}$ (3) $B = \begin{bmatrix} 1 & 2 & -1 \\ 2 & -1 & 3 \\ 4 & 3 & 1 \end{bmatrix}$

(4) $C = \begin{bmatrix} 2 & -1 & 1 \\ 4 & -2 & 2 \\ -6 & 3 & -3 \end{bmatrix}$ (5) $Y = \begin{bmatrix} 0 & 1 & 1 & 3 \\ 1 & 2 & 3 & 2 \\ 2 & 3 & 5 & 1 \end{bmatrix}$

(1) $X = \begin{bmatrix} 2 & -1 \\ -4 & 2 \end{bmatrix} \xrightarrow{②+2\times①} \begin{bmatrix} 2 & -1 \\ 0 & 0 \end{bmatrix} \} r=1$ （ランクを求める場合，これは特に1でなくてもいい。）

$\therefore \text{rank}\,X = 1$ ……………(答)

(2) $A = \begin{bmatrix} 1 & 2 & 1 \\ 2 & 3 & 3 \\ -1 & 1 & 4 \end{bmatrix} \xrightarrow[③+①]{②-2\times①} \begin{bmatrix} 1 & 2 & 1 \\ 0 & -1 & 1 \\ 0 & 3 & 5 \end{bmatrix} \xrightarrow{③+3\times②} \begin{bmatrix} 1 & 2 & 1 \\ 0 & -1 & 1 \\ 0 & 0 & 8 \end{bmatrix} \} r=3$

$\therefore \text{rank}\,A = 3$ ……………(答)

(3) $B = \begin{bmatrix} 1 & 2 & -1 \\ 2 & -1 & 3 \\ 4 & 3 & 1 \end{bmatrix} \xrightarrow[③-4\times①]{②-2\times①} \begin{bmatrix} 1 & 2 & -1 \\ 0 & -5 & 5 \\ 0 & -5 & 5 \end{bmatrix} \xrightarrow{③-②} \begin{bmatrix} 1 & 2 & -1 \\ 0 & -5 & 5 \\ 0 & 0 & 0 \end{bmatrix} \} r=2$

$\therefore \text{rank}\,B = 2$ ……………(答)

(4) $C=\begin{bmatrix} 2 & -1 & 1 \\ 4 & -2 & 2 \\ -6 & 3 & -3 \end{bmatrix} \xrightarrow[③+3\times①]{②-2\times①} \begin{bmatrix} 2 & -1 & 1 \\ 0 & 0 & 0 \\ 0 & 0 & 0 \end{bmatrix}$ } $r=1$　　$\therefore \text{rank}\, C=1$ …(答)

(5) $Y=\begin{bmatrix} 0 & 1 & 1 & 3 \\ 1 & 2 & 3 & 2 \\ 2 & 3 & 5 & 1 \end{bmatrix} \xrightarrow{①\leftrightarrow②} \begin{bmatrix} 1 & 2 & 3 & 2 \\ 0 & 1 & 1 & 3 \\ 2 & 3 & 5 & 1 \end{bmatrix} \xrightarrow{③-2\times①} \begin{bmatrix} 1 & 2 & 3 & 2 \\ 0 & 1 & 1 & 3 \\ 0 & -1 & -1 & -3 \end{bmatrix}$

$\xrightarrow{③+②} \begin{bmatrix} 1 & 2 & 3 & 2 \\ 0 & 1 & 1 & 3 \\ 0 & 0 & 0 & 0 \end{bmatrix}$ } $r=2$　　$\therefore \text{rank}\, Y=2$ …………………(答)

これで，ランク(階数)の計算にも慣れただろう？

一般に，n 次の正方行列 A については，次のことが言える。

$$\begin{cases} (\text{i})\ \text{rank}\, A=n \iff A\ \text{は正則である}\ (|A|\neq 0) \iff A^{-1}\ \text{あり} \\ (\text{ii})\ \text{rank}\, A<n \iff A\ \text{は正則でない}\ (|A|=0) \iff A^{-1}\ \text{なし} \end{cases}$$

行基本変形と，行列式の計算は違うが，それぞれの計算に慣れれば，上記のことが言えることはすぐにわかると思う。そして，前節で習ったクラメルの公式でも解ける連立1次方程式は，その解が $x_1=\dfrac{|A_1|}{|A|}$ などの形をとることからもわかるように，その係数の正方行列 A の行列式 $|A|\neq 0$，すなわち，$\text{rank}\, A=n$ の場合に限られたものだったんだ。今回は，$\text{rank}\, A<n$ の場合の連立1次方程式についても，さらに A が正方行列でない場合についてもその解を調べてみることにしよう。

● 同次連立1次方程式から始めよう！

n 個の未知数 $x_1, x_2, \cdots, x_n$ に対して，m 個の方程式からなる連立1次方程式で，その右辺の定数項がすべて0であるものを，"**同次連立1次方程式**"と呼ぶ。

$$\begin{cases} a_{11}x_1+a_{12}x_2+\cdots+a_{1n}x_n=0 \\ a_{21}x_1+a_{22}x_2+\cdots+a_{2n}x_n=0 \\ \cdots\cdots\cdots\cdots\cdots\cdots\cdots\cdots\cdots\cdots \\ a_{m1}x_1+a_{m2}x_2+\cdots+a_{mn}x_n=0 \end{cases} \quad \cdots\cdots(*)$$

(i) $m<n$　(ii) $m=n$　(iii) $m>n$ のいずれの場合においても，

$x_1=x_2=\cdots=x_n=0$ のとき $(*)$ は成り立つ。これを"**自明な解**"という。

それでは，(＊)が自明な解以外の解をもつときはどういう場合なのか調べてみよう。

ここで，$A=\begin{bmatrix} a_{11} & a_{12} & a_{13} & \cdots & a_{1n} \\ a_{21} & a_{22} & a_{23} & \cdots & a_{2n} \\ \vdots & \vdots & \vdots & & \vdots \\ a_{m1} & a_{m2} & a_{m3} & \cdots & a_{mn} \end{bmatrix}$，$\boldsymbol{x}=\begin{bmatrix} x_1 \\ x_2 \\ \vdots \\ x_n \end{bmatrix}$，$\boldsymbol{0}=\begin{bmatrix} 0 \\ 0 \\ \vdots \\ 0 \end{bmatrix}$とおくと，

（A：(m, n)型，$\boldsymbol{x}$：$(n, 1)$型，$\boldsymbol{0}$：$(m, 1)$型）

(＊)の方程式は，$A\boldsymbol{x}=\boldsymbol{0}$ ……(＊＊)となり，$\boldsymbol{x}=\boldsymbol{0}$が自明な解ということになる。

(＊)では，見かけ上m個の連立方程式が与えられているけれど，実質的な方程式の個数は，係数行列Aの階数 rank Aと等しい。そして，この方程式の“**自由度**”は，$n-\text{rank}\,A$で決まる。さらに，この自由度が正のとき，(＊)は自明な解以外の解をもつんだよ。以上をまとめて示す。

（n：未知数の個数，rank A：Aの階数）

(Ⅰ) (＊)の実質的な方程式の個数は，rank Aに等しい。

(Ⅱ) 自由度$=n-\text{rank}\,A$　(n：未知数の個数)

(Ⅲ) (ⅰ) 自由度>0のとき，(＊)は自明な解以外にも解をもつ。
　　(ⅱ) 自由度$=0$のとき，(＊)は自明な解のみを解にもつ。

それでは，次の3つの例題で以上のことを確かめてみよう。

次の同次連立1次方程式を解け。

(6) $\begin{cases} x_1+2x_2+x_3=0 & \cdots\cdots ㋐ \\ 2x_1+3x_2+3x_3=0 & \cdots\cdots ㋑ \\ -x_1+x_2+4x_3=0 & \cdots\cdots ㋒ \end{cases}$

係数行列A：(2)の例題と同じ

(7) $\begin{cases} x_1+2x_2-x_3=0 & \cdots\cdots ㋓ \\ 2x_1-x_2+3x_3=0 & \cdots\cdots ㋔ \\ 4x_1+3x_2+x_3=0 & \cdots\cdots ㋕ \end{cases}$

係数行列B：(3)の例題と同じ

(8) $\begin{cases} 2x_1-x_2+x_3=0 & \cdots\cdots ㋖ \\ 4x_1-2x_2+2x_3=0 & \cdots\cdots ㋗ \\ -6x_1+3x_2-3x_3=0 & \cdots\cdots ㋘ \end{cases}$

係数行列C：(4)の例題と同じ

(6) $n=3$（未知数の個数）　係数行列$A=\begin{bmatrix} 1 & 2 & 1 \\ 2 & 3 & 3 \\ -1 & 1 & 4 \end{bmatrix}$ $\xrightarrow{\text{行基本変形}}$ $\begin{bmatrix} 1 & 2 & 1 \\ 0 & -1 & 1 \\ 0 & 0 & 1 \end{bmatrix}$　$r=3$

例題(2)と同じ行列　最後に$\frac{1}{8}\times$③として，8を1とした。

自由度 $= n - \mathrm{rank}\,A = 3 - 3 = 0$　となる。

このとき，

イメージ

㋐ ㋑ ㋒

自明な解

$(0,\ 0,\ 0)$ ← 1組の解

3枚の平面の交点

$$\begin{bmatrix} 1 & 2 & 1 \\ 0 & -1 & 1 \\ 0 & 0 & 1 \end{bmatrix}\begin{bmatrix} x_1 \\ x_2 \\ x_3 \end{bmatrix} = \begin{bmatrix} 0 \\ 0 \\ 0 \end{bmatrix} \quad \text{より}$$

$$\begin{cases} x_1 + 2x_2 + x_3 = 0 \\ \quad -x_2 + x_3 = 0 \\ \qquad x_3 = 0 \end{cases} \quad \text{より}$$

$x_1 = 0$，$x_2 = 0$，$x_3 = 0$ の自明な解のみが解になる。　………………(答)

(7) $n = 3$　係数行列 $B = \begin{bmatrix} 1 & 2 & -1 \\ 2 & -1 & 3 \\ 4 & 3 & 1 \end{bmatrix} \xrightarrow{\text{行基本変形}} \begin{bmatrix} 1 & 2 & -1 \\ 0 & -1 & 1 \\ 0 & 0 & 0 \end{bmatrix}$ } $r = 2$

未知数の個数

例題 (3) と同じ行列

最後に $\frac{1}{5}\times$ ②とした！

自由度 $= n - \mathrm{rank}\,B = 3 - 2 = 1$　となる。← 自明な解以外の解ももつ。

このとき，

イメージ

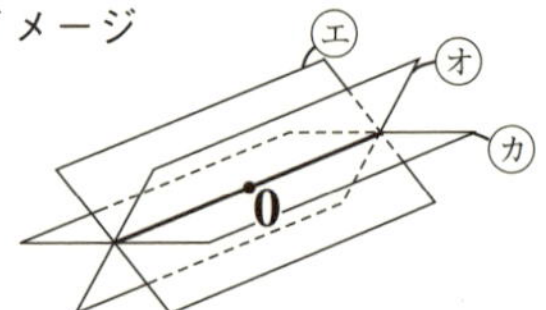

自明な解 $\mathbf{0}$ 以外の解

ももつ。(不定解)

3枚の平面が同一の交線をもつ。この交線上の点がすべて解

$$\begin{bmatrix} 1 & 2 & -1 \\ 0 & -1 & 1 \\ 0 & 0 & 0 \end{bmatrix}\begin{bmatrix} x_1 \\ x_2 \\ x_3 \end{bmatrix} = \begin{bmatrix} 0 \\ 0 \\ 0 \end{bmatrix} \quad \text{より}$$

$$\begin{cases} x_1 + 2x_2 - x_3 = 0 & \cdots\cdots ㋓' \\ \quad -x_2 + x_3 = 0 & \cdots\cdots ㋔' \end{cases}$$

見かけ上㋓，㋔，㋕の3つの式が与えられていたが，実質的には，この2式のみ。

未知数 $n = 3$ に対して，方程式が $\mathrm{rank}\,B = 2$ しかないため，1組の解 (自明な解) 以外の解ももつ。自由度 $= 3 - 2 = 1$ より，x_1，x_2，x_3 のいずれか1つは任意の値 k をとるものとすることができる。

ここで，$x_3 = k$ (k：任意の実数) とおくと，㋔′，㋓′ より，

$x_2 = x_3 = k$　　$x_1 = -2x_2 + x_3 = -2k + k = -k$

以上より，$x_1 = -k$，$x_2 = k$，$x_3 = k$　(k：任意の実数)　……………(答)

(8) $n=3$　係数行列 $C=\begin{bmatrix} 2 & -1 & 1 \\ 4 & -2 & 2 \\ -6 & 3 & -3 \end{bmatrix} \xrightarrow{\text{行基本変形}} \begin{bmatrix} 2 & -1 & 1 \\ 0 & 0 & 0 \\ 0 & 0 & 0 \end{bmatrix}$ } $r=1$

未知数の個数

例題(4)と同じ行列

自由度 $= n - \text{rank}\, C = 3 - 1 = 2$　となる。← 自明な解以外の解ももつ。

このとき，

$$\begin{bmatrix} 2 & -1 & 1 \\ 0 & 0 & 0 \\ 0 & 0 & 0 \end{bmatrix}\begin{bmatrix} x_1 \\ x_2 \\ x_3 \end{bmatrix} = \begin{bmatrix} 0 \\ 0 \\ 0 \end{bmatrix}$$ より

$2x_1 - x_2 + x_3 = 0$　……㋖′

イメージ

㋖㋗㋘

自明な解 **0** 以外の解ももつ。(不定解)

見かけ上㋖，㋗，㋘の3つの式が与えられていたが，実質的には，この1式のみ。

3枚の平面が一致する。この平面上の点がすべて解

自由度が2より，x_1，x_2，x_3 のいずれか2つは任意の値 k と l をとるものとすることができる。

ここで，$x_1 = k$，$x_2 = l$　(k, l：任意の実数) とおくと，㋖′より，

$x_3 = -2x_1 + x_2 = -2k + l$

以上より，$x_1 = k$，$x_2 = l$，$x_3 = -2k + l$　(k, l：任意の実数)　……(答)

どう？　同次連立1次方程式にも慣れてきた？　この連立1次方程式は，最も単純なものなんだけど，この後の1次結合の線形独立や線形従属の問題，それに線形写像(線形変換)における核(かく)の問題などで，非常に重要な役割を演じることになるんだよ。

● 非同次連立1次方程式の解法はこれだ！

連立1次方程式で，右辺の定数項のうち少なくとも1つは0でないものを，"**非同次連立1次方程式**"という。

$$\begin{cases} a_{11}x_1 + a_{12}x_2 + \cdots + a_{1n}x_n = b_1 \\ a_{21}x_1 + a_{22}x_2 + \cdots + a_{2n}x_n = b_2 \\ \cdots\cdots\cdots\cdots\cdots\cdots\cdots\cdots\cdots\cdots \\ a_{m1}x_1 + a_{m2}x_2 + \cdots + a_{mn}x_n = b_m \end{cases} \quad \cdots\cdots(*1)$$

$b_1, b_2, \cdots, b_m$ のうち少なくとも1つは0でない。

今回は，$x_1 = x_2 = \cdots = x_n = 0$ の自明な解は存在しない。

$$A=\begin{bmatrix} a_{11} & a_{12} & a_{13} & \cdots & a_{1n} \\ a_{21} & a_{22} & a_{23} & \cdots & a_{2n} \\ \vdots & \vdots & \vdots & & \vdots \\ a_{m1} & a_{m2} & a_{m3} & \cdots & a_{mn} \end{bmatrix},\ \boldsymbol{x}=\begin{bmatrix} x_1 \\ x_2 \\ \vdots \\ x_n \end{bmatrix},\ \boldsymbol{b}=\begin{bmatrix} b_1 \\ b_2 \\ \vdots \\ b_m \end{bmatrix}$$ とおく。

今回の解法には，拡大係数行列 $A_a=[A|\boldsymbol{b}]$，すなわち

(augmented matrix の "a" をとった。)

$$A_a=\left[\begin{array}{ccccc|c} a_{11} & a_{12} & a_{13} & \cdots & a_{1n} & b_1 \\ a_{21} & a_{22} & a_{23} & \cdots & a_{2n} & b_2 \\ \vdots & \vdots & \vdots & & \vdots & \vdots \\ a_{m1} & a_{m2} & a_{m3} & \cdots & a_{mn} & b_m \end{array}\right]$$ を利用する。

(A が，$(m,\ n)$ 型行列に対して，A_a は，$(m,\ n+1)$ 型行列になる。)

これに行基本変形を行って，

$[A|\boldsymbol{b}] \xrightarrow{\text{行基本変形}} [A'|\boldsymbol{b}']$ とする。ここで，もし

$\left(A_a \xrightarrow{\text{行基本変形}} A_a'\right)$

(A' から求める) (A_a' から求める)

(Ⅰ) $\text{rank } A<\text{rank } A_a$ であれば，解は存在しない。

(Ⅱ) $\text{rank } A=\text{rank } A_a$ であれば，解は存在する。

そして，(Ⅱ) のとき，$\text{rank } A_a=r$ とおくと，自由度 $=n-r$ に対して方程式 $(*1)$ は

(ⅰ) 自由度 >0 のとき，不定解をもつ。

(ⅱ) 自由度 $=0$ のとき，ただ 1 組の解をもつ，ことになる。

それでは，例題で練習しておこう。

次の非同次連立 1 次方程式を解け。

(9) $\begin{cases} x_1+2x_2-\ x_3=2 & \cdots\cdots ㋙ \\ 2x_1-\ x_2+3x_3=9 & \cdots\cdots ㋚ \\ 4x_1+3x_2+\ x_3=13 & \cdots\cdots ㋛ \end{cases}$　(10) $\begin{cases} 2x_1-\ x_2+\ x_3=-1 & \cdots\cdots ㋜ \\ 4x_1-2x_2+2x_3=7 & \cdots\cdots ㋝ \\ -6x_1+3x_2-3x_3=3 & \cdots\cdots ㋞ \end{cases}$

(9) $n=3$　拡大係数行列に，行基本変形を行って，

(未知数の個数) (拡大係数行列 $B_a=[B|\boldsymbol{b}]$) (係数行列 B：(3) の例題と同じ)

$$\underbrace{\left[\begin{array}{ccc|c} 1 & 2 & -1 & 2 \\ 2 & -1 & 3 & 9 \\ 4 & 3 & 1 & 13 \end{array}\right]}_{B_a} \xrightarrow[③-4\times①]{②-2\times①} \left[\begin{array}{ccc|c} 1 & 2 & -1 & 2 \\ 0 & -5 & 5 & 5 \\ 0 & -5 & 5 & 5 \end{array}\right]$$

$$\xrightarrow{③-②}\left[\begin{array}{ccc|c}1&2&-1&2\\0&-5&5&5\\0&0&0&0\end{array}\right]\xrightarrow{\frac{1}{5}\times②}\left[\begin{array}{ccc|c}1&2&-1&2\\0&-1&1&1\\0&0&0&0\end{array}\right]\text{rank }B_a$$

(B', b', B_a')

ここで，$B'=\begin{bmatrix}1&2&-1\\0&-1&1\\0&0&0\end{bmatrix}$ rank B，$B_a'=[B'|\boldsymbol{b}']=\left[\begin{array}{ccc|c}1&2&-1&2\\0&-1&1&1\\0&0&0&0\end{array}\right]$ rank B_a

$\text{rank } B=\text{rank } B_a=2\ \ (=r)$

自由度$=n-r=3-2=1$ ←不定解をもつ。

このとき，$\begin{bmatrix}1&2&-1\\0&-1&1\\0&0&0\end{bmatrix}\begin{bmatrix}x_1\\x_2\\x_3\end{bmatrix}=\begin{bmatrix}2\\1\\0\end{bmatrix}$ より

$$\begin{cases}x_1+2x_2-x_3=2 & \cdots\cdots ㋙'\\ \quad -x_2+x_3=1 & \cdots\cdots ㋚'\end{cases}$$

←見かけ上㋙，㋚，㋛の3つの式が与えられていたが，実質的には，この2式のみ。

ここで，$x_3=k$ (k：任意の実数) とおくと，㋚′ より，$x_2=x_3-1=k-1$

㋙′ より，$x_1=2-2x_2+x_3=2-2(k-1)+k=-k+4$

以上より，$x_1=-k+4$，$x_2=k-1$，$x_3=k$ (k：任意の実数) …(答)

(10) $n=3$ 拡大係数行列に行基本変形を行って，

(未知数の個数) (拡大係数行列 $C_a=[C|\boldsymbol{b}]$) (係数行列 C：(4) の例題と同じ)

$$\left[\begin{array}{ccc|c}2&-1&1&-1\\4&-2&2&7\\-6&3&-3&3\end{array}\right]\xrightarrow[③+3\times①]{②-2\times①}\left[\begin{array}{ccc|c}2&-1&1&-1\\0&0&0&9\\0&0&0&0\end{array}\right]$$

(C_a, C', b', C_a')

ここで，$C'=\begin{bmatrix}2&-1&1\\0&0&0\\0&0&0\end{bmatrix}$ rank C，$C_a'=\left[\begin{array}{ccc|c}2&-1&1&-1\\0&0&0&9\\0&0&0&0\end{array}\right]$ rank $C_a=2$

$\underbrace{\text{rank } C}_{1}<\underbrace{\text{rank } C_a}_{2}$ となるので，この方程式の解は存在しない。…(答)

実際に$\begin{bmatrix}2&-1&1\\0&0&0\\0&0&0\end{bmatrix}\begin{bmatrix}x_1\\x_2\\x_3\end{bmatrix}=\begin{bmatrix}-1\\9\\0\end{bmatrix}$ より

$2x_1-x_2+x_3=-1$，$0=9$ となって矛盾が生じるからだ！

演習問題 13　● 同次連立 1 次方程式の解 (I) ●

連立 1 次方程式 $\begin{cases} x_1+2x_2-x_3=0 \\ x_1+x_2+3x_4=0 \\ 3x_1+5x_2-2x_3+3x_4=0 \\ x_1+3x_2-2x_3-3x_4=0 \end{cases}$ を解け。

ヒント！ 係数行列に行基本変形を行って，まず階数 (ランク) を求める。

解答＆解説

未知数の個数 $n=4$　この係数行列を A とおき，これに行基本変形を行って，rank A を求める。

$$A=\begin{bmatrix} 1 & 2 & -1 & 0 \\ 1 & 1 & 0 & 3 \\ 3 & 5 & -2 & 3 \\ 1 & 3 & -2 & -3 \end{bmatrix} \xrightarrow[④-①]{\substack{②-① \\ ③-3\times①}} \begin{bmatrix} 1 & 2 & -1 & 0 \\ 0 & -1 & 1 & 3 \\ 0 & -1 & 1 & 3 \\ 0 & 1 & -1 & -3 \end{bmatrix}$$

$$\xrightarrow[④+②]{③-②} \begin{bmatrix} 1 & 2 & -1 & 0 \\ 0 & -1 & 1 & 3 \\ 0 & 0 & 0 & 0 \\ 0 & 0 & 0 & 0 \end{bmatrix} \Big\} \text{rank } A=2 \qquad \therefore \text{rank } A=2$$

自由度 $= n-\text{rank } A=4-2=2$

$$\begin{bmatrix} 1 & 2 & -1 & 0 \\ 0 & -1 & 1 & 3 \\ 0 & 0 & 0 & 0 \\ 0 & 0 & 0 & 0 \end{bmatrix}\begin{bmatrix} x_1 \\ x_2 \\ x_3 \\ x_4 \end{bmatrix}=\begin{bmatrix} 0 \\ 0 \\ 0 \\ 0 \end{bmatrix}$$ より

実質的に，この 2 式のみ。自由度 2 より，x_4，x_3 をそれぞれ任意の実数 k，l とおく。

$x_1+2x_2-x_3=0$ ……①　　$-x_2+x_3+3x_4=0$ ……②

ここで，$x_4=k$，$x_3=l$ (k，l：任意の実数) とおくと

②より，$x_2=x_3+3x_4=l+3k$

①より，$x_1=-2x_2+x_3=-2(l+3k)+l=-l-6k$

以上より，$x_1=-l-6k$，$x_2=l+3k$，$x_3=l$，$x_4=k$ (k, l：任意の実数)

………(答)

実践問題 13　● 同次連立1次方程式の解(Ⅱ) ●

連立1次方程式 $\begin{cases} x_1+3x_2+2x_3 = 0 \\ 2x_1+8x_2+5x_3+x_4=0 \\ -x_1-x_2-x_3+x_4=0 \end{cases}$ を解け。

ヒント！ 係数行列が，正方行列でなくても同様に解ける。

解答&解説

未知数の個数 $n=4$　この係数行列を A とおき，これに行基本変形を行って，rank A を求める。

$$A=\begin{bmatrix} 1 & 3 & 2 & 0 \\ 2 & 8 & 5 & 1 \\ -1 & -1 & -1 & 1 \end{bmatrix} \xrightarrow[③+①]{②-2\times①} \begin{bmatrix} 1 & 3 & 2 & 0 \\ 0 & 2 & 1 & 1 \\ 0 & 2 & 1 & 1 \end{bmatrix} \xrightarrow{③-②} \begin{bmatrix} 1 & 3 & 2 & 0 \\ 0 & 2 & 1 & 1 \\ \multicolumn{4}{c}{\boxed{(ア)\qquad}} \end{bmatrix}$$

$\therefore$ rank $A=\boxed{(イ)\quad}$

自由度 $=n-\text{rank}\,A=4-2=2$

$$\begin{bmatrix} 1 & 3 & 2 & 0 \\ 0 & 2 & 1 & 1 \\ 0 & 0 & 0 & 0 \end{bmatrix}\begin{bmatrix} x_1 \\ x_2 \\ x_3 \\ x_4 \end{bmatrix}=\begin{bmatrix} 0 \\ 0 \\ 0 \end{bmatrix}$$ より

$x_1+3x_2+2x_3=0$ ……①　$\boxed{(ウ)\qquad\qquad}=0$ ……②

ここで，$x_4=k$，$x_3=l$ (k，l：任意の実数)とおくと

②より，$2x_2=-x_3-x_4=-l-k$　$x_2=-\frac{1}{2}(l+k)$

①より，$x_1=-3x_2-2x_3=\frac{3}{2}(l+k)-2l=\boxed{(エ)\qquad}$

以上より，$x_1=\boxed{(エ)\qquad}$，$x_2=-\frac{1}{2}(l+k)$，$x_3=l$，$x_4=k$

(k，l：任意の実数) ……………………………(答)

解答　(ア) 0 0 0 0　(イ) 2　(ウ) $2x_2+x_3+x_4$　(エ) $\frac{1}{2}(-l+3k)$

演習問題 14　● 非同次連立 1 次方程式の解 (Ⅰ) ●

次の連立 1 次方程式を解け。

(1) $\begin{cases} x_1+3x_2+\ \ x_3=2 \\ 2x_1+7x_2-\ \ x_3=-3 \\ -x_1+2x_2+3x_3=1 \end{cases}$　　(2) $\begin{cases} x_1+3x_2-\ \ x_3=1 \\ 2x_1+6x_2-2x_3=4 \end{cases}$

ヒント！　非同次連立 1 次方程式より，拡大係数行列で考える。

解答＆解説

(1) 係数行列を A，拡大係数行列を A_a とおく。(未知数の個数 $n=3$)

$$A_a=\left[\begin{array}{ccc|c} 1 & 3 & 1 & 2 \\ 2 & 7 & -1 & -3 \\ -1 & 2 & 3 & 1 \end{array}\right] \xrightarrow[③+①]{②-2\times①} \left[\begin{array}{ccc|c} 1 & 3 & 1 & 2 \\ 0 & 1 & -3 & -7 \\ 0 & 5 & 4 & 3 \end{array}\right]$$

$$\xrightarrow{③-5\times②} \left[\begin{array}{ccc|c} 1 & 3 & 1 & 2 \\ 0 & 1 & -3 & -7 \\ 0 & 0 & 19 & 38 \end{array}\right] \xrightarrow{\frac{1}{19}\times③} \left[\begin{array}{ccc|c} 1 & 3 & 1 & 2 \\ 0 & 1 & -3 & -7 \\ 0 & 0 & 1 & 2 \end{array}\right]$$

（A'，A_a'）　rank A ＝ rank A_a ＝ 3

rank A ＝ rank A_a ＝ $\boxed{3}$ ($=r$)　　自由度 $=n-r=3-3=0$

$x_1+3x_2+x_3=2$，$x_2-3x_3=-7$，$x_3=2$ より　解はただ 1 組に決まる。

$x_1=3$，$x_2=-1$，$x_3=2$　……………………………………………(答)

(2) 係数行列を B，拡大係数行列を B_a とおく。(未知数の個数 $n=3$)

$$B_a=\left[\begin{array}{ccc|c} 1 & 3 & -1 & 1 \\ 2 & 6 & -2 & 4 \end{array}\right] \xrightarrow{②-2\times①} \left[\begin{array}{ccc|c} 1 & 3 & -1 & 1 \\ 0 & 0 & 0 & 2 \end{array}\right]$$

（B'，B_a'）　rank $B=1$　　rank $B_a=2$

rank B ＜ rank B_a $(1<2)$ より，

この連立 1 次方程式は解をもたない。　………………………………(答)

実践問題 14 ● 非同次連立 1 次方程式の解 (Ⅱ) ●

次の連立 1 次方程式を解け。

(1) $\begin{cases} x_1+2x_2=1 \\ 2x_1+3x_2=1 \\ 3x_1+\ \ x_2=1 \end{cases}$　　(2) $\begin{cases} x_1+\ \ x_2-x_3=2 \\ 2x_1+3x_2+x_3=1 \end{cases}$

ヒント！ まず，係数行列と拡大係数行列のランクに注目して解くんだよ。

解答＆解説

(1) 係数行列を A，拡大係数行列を A_a とおく。(未知数の個数 $n=2$)

$$A_a=\left[\begin{array}{cc|c} 1 & 2 & 1 \\ 2 & 3 & 1 \\ 3 & 1 & 1 \end{array}\right] \xrightarrow[③-3\times①]{②-2\times①} \left[\begin{array}{cc|c} 1 & 2 & 1 \\ 0 & -1 & -1 \\ 0 & -5 & -2 \end{array}\right] \xrightarrow{③-5\times②} \left[\begin{array}{cc|c} 1 & 2 & 1 \\ 0 & -1 & -1 \\ 0 & 0 & 3 \end{array}\right]$$

(A，A_a，rank A，rank A_a)

rank $A=$ (ア)，rank $A_a=$ (イ) より，rank $A<$ rank A_a

∴ (ウ) ……………………………(答)

(2) 係数行列を B，拡大係数行列を B_a とおく。(未知数の個数 $n=3$)

$$B_a=\left[\begin{array}{ccc|c} 1 & 1 & -1 & 2 \\ 2 & 3 & 1 & 1 \end{array}\right] \xrightarrow{②-2\times①} \left[\begin{array}{ccc|c} 1 & 1 & -1 & 2 \\ 0 & 1 & 3 & -3 \end{array}\right]$$

(B，B_a，rank $B_a=$ rank B)

rank $B=$ rank $B_a=$ (エ)　　自由度 $=n-r=3-2=1$

$x_1+x_2-x_3=2$，$x_2+3x_3=-3$ より，$x_3=k$ とおくと

$x_2=-3x_3-3=-3k-3$

$x_1=-x_2+x_3+2=-(-3k-3)+k+2=$ (オ)

∴ $x_1=$ (オ)，$x_2=-3k-3$，$x_3=k$　(k：任意の実数)　……(答)

解答　(ア) 2　(イ) 3　(ウ) この連立 1 次方程式は解をもたない。　(エ) 2　(オ) $4k+5$

講義 4 ● 連立 1 次方程式　公式エッセンス

1.　逆行列 A^{-1}

n 次の正方行列 A が正則のとき，その逆行列 A^{-1} は

$$\text{逆行列 } A^{-1} = \frac{1}{|A|}\tilde{A} = \frac{1}{|A|}\begin{bmatrix} A_{11} & A_{21} & \cdots & A_{n1} \\ A_{12} & A_{22} & \cdots & A_{n2} \\ \vdots & \vdots & & \vdots \\ A_{1n} & A_{2n} & \cdots & A_{nn} \end{bmatrix} \quad (\tilde{A}\text{：余因子行列})$$

2.　クラメルの公式

n 元連立 1 次方程式 $A\boldsymbol{x} = \boldsymbol{b}$

$$\left(\text{係数行列 } A = \begin{bmatrix} a_{11} & a_{12} & \cdots & a_{1n} \\ a_{21} & a_{22} & \cdots & a_{2n} \\ \vdots & \vdots & & \vdots \\ a_{n1} & a_{n2} & \cdots & a_{nn} \end{bmatrix},\ \boldsymbol{x} = \begin{bmatrix} x_1 \\ x_2 \\ \vdots \\ x_n \end{bmatrix},\ \boldsymbol{b} = \begin{bmatrix} b_1 \\ b_2 \\ \vdots \\ b_n \end{bmatrix}\right)$$

の解は，$|A| \neq 0$ のとき，

$$x_i = \frac{|A_i|}{|A|} \quad (i = 1, 2, \cdots, n) \text{ となる。}$$

$$\left(\text{ただし，} |A_i| = \begin{vmatrix} a_{11} & a_{12} & \cdots & b_1 & \cdots & a_{1n} \\ a_{21} & a_{22} & \cdots & b_2 & \cdots & a_{2n} \\ \vdots & \vdots & & \vdots & & \vdots \\ a_{n1} & a_{n2} & \cdots & b_n & \cdots & a_{nn} \end{vmatrix}\right)$$

第 i 列

行列 A の第 i 列に $\boldsymbol{b}$ が割りこんだものの行列式

3.　n 次の正方行列 A について，

(ⅰ) rank $A = n \iff A$ は正則である ($|A| \neq 0$) $\iff A^{-1}$ あり

(ⅱ) rank $A < n \iff A$ は正則でない ($|A| = 0$) $\iff A^{-1}$ なし

4.　同次の n 元連立 1 次方程式 $A\boldsymbol{x} = \boldsymbol{0}$ …(＊) について，

(Ⅰ) (＊) の実質的な方程式の個数は，rank A に等しい。

(Ⅱ) 自由度 $= n$ (未知数の個数) $-$ rank A　とおくと，

- (ⅰ) 自由度 > 0 のとき，(＊) は自明な解以外にも解をもつ。
- (ⅱ) 自由度 $= 0$ のとき，(＊) は自明な解 $\boldsymbol{x} = \boldsymbol{0}$ のみを解にもつ。

5.　非同次の n 元連立 1 次方程式 $A\boldsymbol{x} = \boldsymbol{b}$ …(＊＊) ($\boldsymbol{b} \neq \boldsymbol{0}$) について，

(Ⅰ) rank $A <$ rank A_a であれば，解は存在しない。

(Ⅱ) rank $A =$ rank A_a であれば，解は存在する。

(Ⅱ) のとき，rank $A_a = r$ とおくと，自由度 $= n - r$ に対して，(＊＊) は

- (ⅰ) 自由度 > 0 のとき，不定解をもつ。
- (ⅱ) 自由度 $= 0$ のとき，ただ 1 組の解をもつ。

線形空間（ベクトル空間）

- 線形空間（ベクトル空間）の定義
- 線形結合，線形独立・線形従属
- 線形空間の基底と次元
- 部分空間

§1. 線形空間と基底

さァ，これから線形空間（ベクトル空間）の解説に入ろう。ここでは，ベクトルのもつ和とスカラー倍の性質を基に，線形空間がつくられることをまず示すよ。そして，線形空間を作り出す基底（きてい）についても詳しく解説するつもりだ。話が抽象的になってくるけれど，わかりやすく教えるから，しっかりついてらっしゃい。

● 線形空間の定義はこれだ！

集合Vが，次の条件をみたすとき，Vを"線形空間"または"ベクトル空間"という。

線形空間の定義

（"げん"と読む。要素といってもいい）

集合Vの任意の元$\boldsymbol{a}, \boldsymbol{b}$に対して，（Ⅰ）和$\boldsymbol{a}+\boldsymbol{b}$と（Ⅱ）スカラー倍$k\boldsymbol{a}$（$k$：実数）が$V$の元となるように定義され，それぞれ次の性質をみたすとき，Vを実数全体$\boldsymbol{R}$上の"**線形空間**"または"**ベクトル空間**"と呼ぶ。（本節では，複素数は考えていない。）

（Ⅰ）和の性質

（ⅰ）$(\boldsymbol{a}+\boldsymbol{b})+\boldsymbol{c}=\boldsymbol{a}+(\boldsymbol{b}+\boldsymbol{c})$　（結合法則）

（ⅱ）$\boldsymbol{a}+\boldsymbol{b}=\boldsymbol{b}+\boldsymbol{a}$　（交換法則）

（ⅲ）$\boldsymbol{a}+\boldsymbol{0}=\boldsymbol{0}+\boldsymbol{a}=\boldsymbol{a}$をみたすただ1つの元$\boldsymbol{0}$が存在する。（"**零ベクトル**"の存在）

（ⅳ）$\boldsymbol{a}+\boldsymbol{x}=\boldsymbol{x}+\boldsymbol{a}=\boldsymbol{0}$をみたすただ1つの元$\boldsymbol{x}$が存在する。$\boldsymbol{x}$を$\boldsymbol{a}$の"**逆元**"といい，$\boldsymbol{x}=-\boldsymbol{a}$で表す。（逆元の存在）

（Ⅱ）スカラー倍の性質

（ⅰ）$1\cdot\boldsymbol{a}=\boldsymbol{a}$　（ⅱ）$k(\boldsymbol{a}+\boldsymbol{b})=k\boldsymbol{a}+k\boldsymbol{b}$

（ⅲ）$(k+l)\boldsymbol{a}=k\boldsymbol{a}+l\boldsymbol{a}$　（ⅳ）$(kl)\boldsymbol{a}=k(l\boldsymbol{a})$　（k, l：実数）

（Ⅰ）-（ⅰ）（ⅱ）より，$(\boldsymbol{a}+\boldsymbol{b})+\boldsymbol{c}=\boldsymbol{a}+\boldsymbol{b}+\boldsymbol{c}$とでき，さらに和をとる順序を入れかえて，$\boldsymbol{b}+\boldsymbol{a}+\boldsymbol{c}$などとしてもいいことがわかるだろう。また，（Ⅰ）-（ⅲ）の$\boldsymbol{0}$（零ベクトル）がただ1つしかないことは，次のように示せる。

もし，$\mathbf{0}$ と同じ性質をもつ $\mathbf{0}'$ が存在するとすると，

$\mathbf{0}+\mathbf{0}'=\mathbf{0}$　$\mathbf{0}+\mathbf{0}'=\mathbf{0}'$　$\therefore\ \mathbf{0}=\mathbf{0}'$ となる。

（Ⅰ）-（ⅲ）で，$\boldsymbol{a}$ が $\mathbf{0}$ のとき　$\boldsymbol{a}=\mathbf{0}'$ のとき

さらに，（Ⅰ）-（ⅳ）の逆元が 1 つしかないことも示そう。$\boldsymbol{x}$ と同じ性質をもつ $\boldsymbol{x}'$ をまず仮定する。すると，

$$\boldsymbol{a}+\boldsymbol{x}+\boldsymbol{x}'=\underbrace{(\boldsymbol{a}+\boldsymbol{x})}_{\mathbf{0}}+\boldsymbol{x}'=\boldsymbol{x}',\quad \boldsymbol{a}+\boldsymbol{x}+\boldsymbol{x}'=\underbrace{(\boldsymbol{a}+\boldsymbol{x}')}_{\mathbf{0}}+\boldsymbol{x}=\boldsymbol{x}$$

だから，$\boldsymbol{x}=\boldsymbol{x}'$ となる。大丈夫？

また，$0\boldsymbol{a}=\mathbf{0}$，$k\mathbf{0}=\mathbf{0}$，$(-1)\boldsymbol{a}=-\boldsymbol{a}$ となることも大丈夫だね。

（Ⅱ）-（ⅲ）$k=l=0$ とおくと　$0\boldsymbol{a}=0\boldsymbol{a}+0\boldsymbol{a}$　$\therefore 0\boldsymbol{a}=\mathbf{0}$

（Ⅱ）-（ⅱ）$\boldsymbol{a}=\boldsymbol{b}=\mathbf{0}$ とおくと　$k\mathbf{0}=k\mathbf{0}+k\mathbf{0}$　$\therefore k\mathbf{0}=\mathbf{0}$

（Ⅱ）-（ⅲ）$k=1$，$l=-1$ とおくと　$0\boldsymbol{a}=1\cdot\boldsymbol{a}-1\cdot\boldsymbol{a}$　$\therefore -1\cdot\boldsymbol{a}=-\boldsymbol{a}$

抽象的で，これを見て，何コレ？と思っている人がほとんどだと思う。ここで，まずこれまで勉強してきた 2 次元ベクトル $\begin{bmatrix} x_1 \\ x_2 \end{bmatrix}$ の集合を $\boldsymbol{R}^2$，3 次元ベクトル $\begin{bmatrix} x_1 \\ x_2 \\ x_3 \end{bmatrix}$ の集合を $\boldsymbol{R}^3$ と表すことにする。そして，これらを一般化した"**n 次元列ベクトル**" $\begin{bmatrix} x_1 \\ x_2 \\ \vdots \\ x_n \end{bmatrix}$ の集合を $\boldsymbol{R}^n$ $(n=1, 2, \cdots)$ と表す。

このとき，この $\boldsymbol{R}^n$ の任意の元 $\boldsymbol{x}$, $\boldsymbol{y}$ に対して，次のような (1) 和と (2) スカラー倍を定義するよ。

(1) $\boldsymbol{x}=\begin{bmatrix} x_1 \\ x_2 \\ \vdots \\ x_n \end{bmatrix}$，$\boldsymbol{y}=\begin{bmatrix} y_1 \\ y_2 \\ \vdots \\ y_n \end{bmatrix}$ に対して，$\boldsymbol{x}+\boldsymbol{y}=\begin{bmatrix} x_1+y_1 \\ x_2+y_2 \\ \vdots \\ x_n+y_n \end{bmatrix}$

(2) 実数 k と $\boldsymbol{x}=\begin{bmatrix} x_1 \\ x_2 \\ \vdots \\ x_n \end{bmatrix}$ に対して，$k\boldsymbol{x}=\begin{bmatrix} kx_1 \\ kx_2 \\ \vdots \\ kx_n \end{bmatrix}$

すると，$\boldsymbol{R}^n$ が線形空間 V となる，すなわち $V=\boldsymbol{R}^n$ となることはすぐわかると思う。

でも，これだけを見て，n 次元列ベクトル全体 R^n が，線形空間 V となって，当たり前だー！と思うだろうね。しかし，この線形空間の定義は，R^n を意識して作られてはいるが，R^n 以外にも線形空間となり得るものは無数にあるんだよ。

たとえば，実数全体 R は当然だけど，それ以外にも，x の 2 次式の集合の元として，$\boldsymbol{a}=a_1x^2+a_2x+a_3$，$\boldsymbol{b}=b_1x^2+b_2x+b_3$ $(a_i, b_i$: 実数 $(i=1, 2, 3))$ などとおくと，これらが，(Ⅰ)(Ⅱ) の線形空間の定義 (性質) をすべてみたすことがわかるだろう？ よって，x の 2 次式の集合は，線形空間 V になるんだね。

また，2 次の正方行列の集合の元として，$\boldsymbol{a}=\begin{bmatrix} a_{11} & a_{12} \\ a_{21} & a_{22} \end{bmatrix}$，$\boldsymbol{b}=\begin{bmatrix} b_{11} & b_{12} \\ b_{21} & b_{22} \end{bmatrix}$ などとおき，和 : $\boldsymbol{a}+\boldsymbol{b}$ とスカラー倍 : $k\boldsymbol{a}$ をこれまで通り定義すれば，これもまた (Ⅰ)(Ⅱ) の 8 つの性質をすべてみたすので，線形空間 V となるんだね。

このように，線形空間とは，ベクトル以外のものも含めた広い概念だということがわかっただろう。

でも，これから線形空間の元を使って，さまざまな議論を進めていくけれど，その際，君達の頭の中では，n 次元列ベクトル全体 R^n や，もっと具体的な 2 次元や 3 次元の列ベクトル全体，すなわち R^2 や R^3 を念頭において，考えてくれたらいいんだよ。

● 線形独立と線形従属は，その係数に注目しよう！

まず，線形空間の元の“線形結合”と“線形関係式”の解説から始めよう。

線形結合と線形関係式の定義

(1) 線形結合 (1 次結合)

線形空間 V の元 $\boldsymbol{a}_1, \boldsymbol{a}_2, \cdots, \boldsymbol{a}_n$ と，実数 $c_1, c_2, \cdots, c_n$ によってできる式 : $c_1\boldsymbol{a}_1+c_2\boldsymbol{a}_2+\cdots+c_n\boldsymbol{a}_n$ を $\boldsymbol{a}_1, \boldsymbol{a}_2, \cdots, \boldsymbol{a}_n$ の“**線形結合**”または“**1 次結合**”という。

(2) 線形関係式 (1 次関係式)

線形空間 V の元 $\boldsymbol{a}_1, \boldsymbol{a}_2, \cdots, \boldsymbol{a}_n$ に対する関係式 :

$$c_1\boldsymbol{a}_1+c_2\boldsymbol{a}_2+\cdots+c_n\boldsymbol{a}_n=\boldsymbol{0} \quad (c_i \in R \quad (i=1, 2, \cdots, n))$$

「$c_1, c_2, \cdots, c_n$ は実数」の意味

を，$\boldsymbol{a}_1, \boldsymbol{a}_2, \cdots, \boldsymbol{a}_n$ の“**線形関係式**”または“**1 次関係式**”という。

そして，この線形関係式に対して，次のように“線形独立(1次独立)”と“線形従属(1次従属)”が定義される。

線形独立と線形従属の定義

線形空間 V の元 $\boldsymbol{a}_1, \boldsymbol{a}_2, \cdots, \boldsymbol{a}_n$ の線形関係式：

$$c_1\boldsymbol{a}_1+c_2\boldsymbol{a}_2+\cdots+c_n\boldsymbol{a}_n=\boldsymbol{0} \quad \cdots\cdots(*) \quad (c_i \in R \ (i=1,2,\cdots,n))$$

に対して，

(i) $c_1=c_2=\cdots=c_n=0$ のときしか，$(*)$ が成り立たないとき，
$\boldsymbol{a}_1, \boldsymbol{a}_2, \cdots, \boldsymbol{a}_n$ は“**線形独立**”または“**1次独立**”という。

(ii) $c_1, c_2, \cdots, c_n$ のうち少なくとも1つが0でないとき，
$\boldsymbol{a}_1, \boldsymbol{a}_2, \cdots, \boldsymbol{a}_n$ は，“**線形従属**”または“**1次従属**”という。

この線形独立か，線形従属かの問題は，同次連立1次方程式の問題に帰着する。エッ，よくわからないって？ いいよ，例題で示そう。

(1), (2) それぞれの3つのベクトルは，線形独立か，それとも線形従属か。

(1) $\boldsymbol{a}_1=\begin{bmatrix}1\\2\\-1\end{bmatrix}$, $\boldsymbol{a}_2=\begin{bmatrix}2\\3\\1\end{bmatrix}$, $\boldsymbol{a}_3=\begin{bmatrix}1\\3\\4\end{bmatrix}$

(2) $\boldsymbol{b}_1=\begin{bmatrix}1\\2\\4\end{bmatrix}$, $\boldsymbol{b}_2=\begin{bmatrix}2\\-1\\3\end{bmatrix}$, $\boldsymbol{b}_3=\begin{bmatrix}-1\\3\\1\end{bmatrix}$

(i) $c_1=c_2=c_3=0$ (自明な解) のみのとき，線形独立。
(ii) 自明な解以外の解ももつとき，線形従属。

(1) 線形関係式：$c_1\boldsymbol{a}_1+c_2\boldsymbol{a}_2+c_3\boldsymbol{a}_3=\boldsymbol{0}$ を変形して，

$$[\boldsymbol{a}_1\ \boldsymbol{a}_2\ \boldsymbol{a}_3]\begin{bmatrix}c_1\\c_2\\c_3\end{bmatrix}=\begin{bmatrix}0\\0\\0\end{bmatrix} \qquad \therefore \begin{bmatrix}1&2&1\\2&3&3\\-1&1&4\end{bmatrix}\begin{bmatrix}c_1\\c_2\\c_3\end{bmatrix}=\begin{bmatrix}0\\0\\0\end{bmatrix}$$

これを未知数とする方程式！

ここで，$A=\begin{bmatrix}1&2&1\\2&3&3\\-1&1&4\end{bmatrix}$, $\boldsymbol{c}=\begin{bmatrix}c_1\\c_2\\c_3\end{bmatrix}$, $\boldsymbol{0}=\begin{bmatrix}0\\0\\0\end{bmatrix}$ とおき，

方程式：$A\boldsymbol{c}=\boldsymbol{0}$ が自明な解 $(c_1=c_2=c_3=0)$ のみをもつか，それ以外の解をもつかを調べるために，まず係数行列 A のランク(階数)を求める。

線形独立　　線形従属

$$A=\begin{bmatrix}1&2&1\\2&3&3\\-1&1&4\end{bmatrix}\xrightarrow[③+①]{②-2\times①}\begin{bmatrix}1&2&1\\0&-1&1\\0&3&5\end{bmatrix}\xrightarrow{③+3\times②}\begin{bmatrix}1&2&1\\0&-1&1\\0&0&8\end{bmatrix}\Bigg\}\ \boxed{\mathrm{rank}A=3}$$

よって，3次の正方行列 A の $\mathrm{rank}A=3$ より

方程式 $A\boldsymbol{c}=\boldsymbol{0}$ は

自明な解 $\boldsymbol{c}=\boldsymbol{0}$，すなわち

$c_1=c_2=c_3=0$ しかもたない。

$\therefore\ \boldsymbol{a}_1,\ \boldsymbol{a}_2,\ \boldsymbol{a}_3$ は線形独立である。 ……(答)

3次の正方行列 A の $\mathrm{rank}A=3$
$\rightleftarrows\ |A|\neq0$（$A$ は正則）
$\rightleftarrows\ A^{-1}$ が存在する。(P114)
$\therefore A\boldsymbol{c}=\boldsymbol{0}$ の両辺に左から A^{-1} をかけて，
$\boldsymbol{c}=A^{-1}\boldsymbol{0}=\boldsymbol{0}$ となる！

この論理の流れは大丈夫？

図形的にいうと，$\boldsymbol{a}_1,\ \boldsymbol{a}_2,\ \boldsymbol{a}_3$ は同一平面内におさまることはない。

(2) 線形関係式：$c_1\boldsymbol{b}_1+c_2\boldsymbol{b}_2+c_3\boldsymbol{b}_3=\boldsymbol{0}$ を変形して，

$$[\boldsymbol{b}_1\ \boldsymbol{b}_2\ \boldsymbol{b}_3]\begin{bmatrix}c_1\\c_2\\c_3\end{bmatrix}=\begin{bmatrix}0\\0\\0\end{bmatrix}\quad\therefore\begin{bmatrix}1&2&-1\\2&-1&3\\4&3&1\end{bmatrix}\begin{bmatrix}c_1\\c_2\\c_3\end{bmatrix}=\begin{bmatrix}0\\0\\0\end{bmatrix}$$

$c_1,\ c_2,\ c_3$ を未知数とする同次連立1次方程式

ここで，$B=\begin{bmatrix}1&2&-1\\2&-1&3\\4&3&1\end{bmatrix}$，$\boldsymbol{c}=\begin{bmatrix}c_1\\c_2\\c_3\end{bmatrix}$，$\boldsymbol{0}=\begin{bmatrix}0\\0\\0\end{bmatrix}$とおき，

方程式 $B\boldsymbol{c}=\boldsymbol{0}$ が，自明な解 $\boldsymbol{c}=\boldsymbol{0}$ のみをもつか，それ以外の解ももつかを調べるために，係数行列 B のランク（階数）を調べる。

$$B=\begin{bmatrix}1&2&-1\\2&-1&3\\4&3&1\end{bmatrix}\xrightarrow[③-4\times①]{②-2\times①}\begin{bmatrix}1&2&-1\\0&-5&5\\0&-5&5\end{bmatrix}\xrightarrow{③-②}\begin{bmatrix}1&2&-1\\0&-5&5\\0&0&0\end{bmatrix}$$

$$\xrightarrow{\frac{1}{5}\times②}\underbrace{\begin{bmatrix}1&2&-1\\0&-1&1\\0&0&0\end{bmatrix}}_{B'}\Bigg\}\ \boxed{\mathrm{rank}B=2}$$

自由度 $=n-\mathrm{rank}B=3-2=1$ より，方程式 $B\boldsymbol{c}=\boldsymbol{0}$ は自明な解

（n：未知数の個数）

$(c_1=c_2=c_3=0)$ 以外の解ももつ。

$\therefore\boldsymbol{b}_1,\ \boldsymbol{b}_2,\ \boldsymbol{b}_3$ は線形従属である。 ……………………………………(答)

実際に，$Bc = 0$，すなわち $B'c = 0$ を解くと，
（行基本変形後の B）

$$\begin{bmatrix} 1 & 2 & -1 \\ 0 & -1 & 1 \\ 0 & 0 & 0 \end{bmatrix}\begin{bmatrix} c_1 \\ c_2 \\ c_3 \end{bmatrix} = \begin{bmatrix} 0 \\ 0 \\ 0 \end{bmatrix} \qquad \therefore\ c_1 + 2c_2 - c_3 = 0 \text{ かつ } -c_2 + c_3 = 0$$

ここで，$c_3 = k$（k：任意の実数）とおくと $c_2 = k$，$c_1 = -k$
（自由度 1 より，1 つの変数だけ任意とできる。）　（自明な解以外の解の具体例）

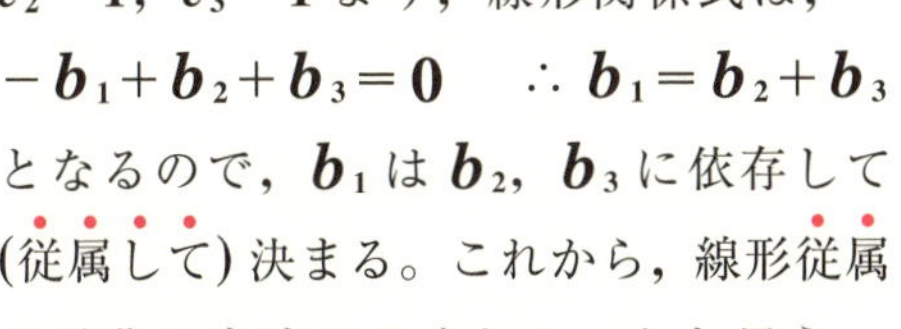

ここで，たとえば $k = 1$ とおくと，$c_1 = -1$，$c_2 = 1$，$c_3 = 1$ より，線形関係式は，

$-b_1 + b_2 + b_3 = 0 \qquad \therefore\ b_1 = b_2 + b_3$

となるので，b_1 は b_2，b_3 に依存して（従属して）決まる。これから，線形従属の言葉の意味がよくわかったと思う。

図 1　b_1, b_2, b_3 は同一平面内のベクトル

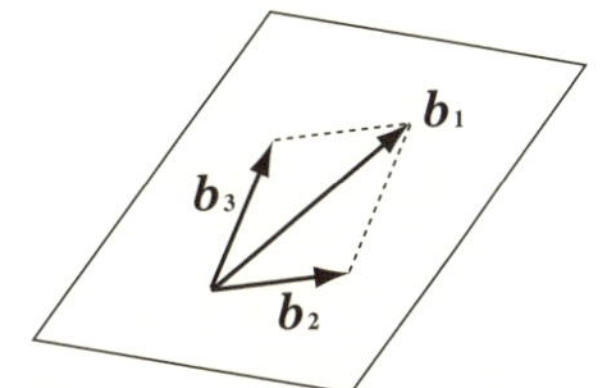

● 基底が線形空間を作りだす！

線形独立・線形従属を勉強したので，さらにこれを使って，線形空間を生成する（作り出す）"基底（きてい）"について解説しよう。

線形空間の基底

線形空間 V の元の組 $\{a_1, a_2, \cdots, a_n\}$ が次の 2 つの性質をみたすとき，これを V の "**基底**" と呼ぶ。

（i）$a_1, a_2, \cdots, a_n$ は線形独立である。

（ii）V の任意の元 x は，$a_1, a_2, \cdots, a_n$ の線形結合で表せる。

例で示すよ。2 次元列ベクトル全体 R^2 について

$e_1 = \begin{bmatrix} 1 \\ 0 \end{bmatrix}$，$e_2 = \begin{bmatrix} 0 \\ 1 \end{bmatrix}$ とおくと，$\{e_1, e_2\}$ は，次の 2 条件をみたすので R^2 の基底だね。

（i）$c_1e_1 + c_2e_2 = 0$ のとき

$$c_1\begin{bmatrix} 1 \\ 0 \end{bmatrix} + c_2\begin{bmatrix} 0 \\ 1 \end{bmatrix} = \begin{bmatrix} c_1 \\ c_2 \end{bmatrix} = \begin{bmatrix} 0 \\ 0 \end{bmatrix} \text{ より}$$

（ランクをとらなくても，$c_1 = c_2 = 0$ はスグわかる。）

$c_1 = c_2 = 0 \qquad \therefore\ e_1$ と e_2 は線形独立である。

図 2　$x = x_1e_1 + x_2e_2$（線形結合）

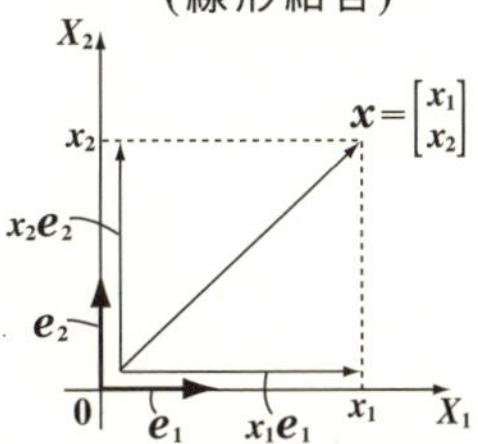

(ⅱ) さらに，R^2 の任意の元 $\boldsymbol{x}=\begin{bmatrix} x_1 \\ x_2 \end{bmatrix}$ は，図 **2** に示す通り

$\boldsymbol{x}=\begin{bmatrix} x_1 \\ x_2 \end{bmatrix}=x_1\begin{bmatrix} 1 \\ 0 \end{bmatrix}+x_2\begin{bmatrix} 0 \\ 1 \end{bmatrix}=x_1\boldsymbol{e}_1+x_2\boldsymbol{e}_2$ となって，$\boldsymbol{e}_1$ と $\boldsymbol{e}_2$ の線形結合で表せる。

以上 (ⅰ)(ⅱ) から，$\{\boldsymbol{e}_1, \boldsymbol{e}_2\}$ は線形空間 $V=R^2$ の基底になるんだね。

それでは，$\boldsymbol{a}_1=\begin{bmatrix} 1 \\ 2 \end{bmatrix}$，$\boldsymbol{a}_2=\begin{bmatrix} -1 \\ 1 \end{bmatrix}$，$\boldsymbol{a}_3=\begin{bmatrix} 3 \\ -1 \end{bmatrix}$ のとき，$\{\boldsymbol{a}_1, \boldsymbol{a}_2, \boldsymbol{a}_3\}$ は $V=R^2$ の基底であるかどうか，判断できる？ 答は，ノーだね。
$c_1\boldsymbol{a}_1+c_2\boldsymbol{a}_2+c_3\boldsymbol{a}_3=\boldsymbol{0}$ を考えたとき，未知数の数 $n=3$ に対して，係数行列 $A=[\boldsymbol{a}_1\ \boldsymbol{a}_2\ \boldsymbol{a}_3]=\begin{bmatrix} 1 & -1 & 3 \\ 2 & 1 & -1 \end{bmatrix}$ の $\mathrm{rank}A$ はどんなに頑張っても **2** 以下だから，自由度 $=n-\mathrm{rank}A>0$ となって，$c_1=c_2=c_3=0$ 以外にも必ず解をもつ。よって $\boldsymbol{a}_1, \boldsymbol{a}_2, \boldsymbol{a}_3$ は線形従属となって (ⅰ) の条件をみたさないので，$\{\boldsymbol{a}_1\ \boldsymbol{a}_2\ \boldsymbol{a}_3\}$ は R^2 の基底ではない。

でも，$\{\boldsymbol{a}_1\ \boldsymbol{a}_2\}$ は，R^2 の基底となるのは，大丈夫？

$B=[\boldsymbol{a}_1\ \boldsymbol{a}_2]$ の $\mathrm{rank}B=2$ より，(ⅰ) $\boldsymbol{a}_1$ と $\boldsymbol{a}_2$ は線形独立。
次に，R^2 の任意の元 $\boldsymbol{x}=\begin{bmatrix} x_1 \\ x_2 \end{bmatrix}$ に対して，$\begin{bmatrix} x_1 \\ x_2 \end{bmatrix}=c_1\boldsymbol{a}_1+c_2\boldsymbol{a}_2=\underbrace{\begin{bmatrix} 1 & -1 \\ 2 & 1 \end{bmatrix}}_{B}\begin{bmatrix} c_1 \\ c_2 \end{bmatrix}$ とおく。
この両辺に B^{-1} を左からかけると $\begin{bmatrix} c_1 \\ c_2 \end{bmatrix}=B^{-1}\begin{bmatrix} x_1 \\ x_2 \end{bmatrix}$ となって，（$\mathrm{rank}B=2$ より，B^{-1} あり）
任意の $\boldsymbol{x}=\begin{bmatrix} x_1 \\ x_2 \end{bmatrix}$ に対して，c_1, c_2 は必ず存在する。よって，(ⅱ) $\boldsymbol{x}$ は $\boldsymbol{a}_1, \boldsymbol{a}_2$ の線形結合で必ず表せる。

次，$\boldsymbol{e}_1=\begin{bmatrix} 1 \\ 0 \\ 0 \end{bmatrix}$，$\boldsymbol{e}_2=\begin{bmatrix} 0 \\ 1 \\ 0 \end{bmatrix}$ とおいたとき，**3** 次元列ベクトル全体 R^3 に対して，$\{\boldsymbol{e}_1\ \boldsymbol{e}_2\}$ は基底となり得るだろうか？ これも，答はノーだね。

$c_1\boldsymbol{e}_1+c_2\boldsymbol{e}_2=\begin{bmatrix} c_1 \\ c_2 \\ 0 \end{bmatrix}=\begin{bmatrix} 0 \\ 0 \\ 0 \end{bmatrix}$ のとき，$c_1=c_2=0$ だから，$\boldsymbol{e}_1$ と $\boldsymbol{e}_2$ が線形独立なのはいい。

でも，R^3 の元でたとえば，$\boldsymbol{x}=\begin{bmatrix}1\\2\\3\end{bmatrix}$ を $\boldsymbol{e}_1$ と $\boldsymbol{e}_2$ の1次結合 $c_1\boldsymbol{e}_1+c_2\boldsymbol{e}_2$ で表そうとしても，

$c_1\boldsymbol{e}_1+c_2\boldsymbol{e}_2=\begin{bmatrix}c_1\\c_2\\0\end{bmatrix}$ となって，$\boldsymbol{x}$ の第3行の成分3を絶対に表せない。

よって，$\{\boldsymbol{e}_1, \boldsymbol{e}_2\}$ は R^3 の基底ではない。しかし，これに $\boldsymbol{e}_3=\begin{bmatrix}0\\0\\1\end{bmatrix}$ を加えた $\{\boldsymbol{e}_1, \boldsymbol{e}_2, \boldsymbol{e}_3\}$ は，R^3 の基底となる。大丈夫だね？

一般に，線形空間 V では，次のように，“**次元**”が定義される。

線形空間の次元の定義

線形空間 V の基底を構成する元の個数 n を，その線形空間 V の“**次元**”と呼び，

（*dimension*（次元）の略）

$\dim V$ と表す。

（ただし，$V=\{0\}$ のとき，$\dim V=0$ とする。）

（V が，零ベクトルのみの集合）

これまでの例からわかるように，$\dim R^2=2$，$\dim R^3=3$ だね。そして，

（2次元ベクトル）（3次元ベクトル）

一般に $\dim R^n=n$ となるのも大丈夫？

（これは，自然対数 $\log e^n=n$ と似ている！）

R^2，R^3 でも触れたが，一般の n 次元列ベクトル全体 R^n について

$$\boldsymbol{e}_1=\begin{bmatrix}1\\0\\0\\\vdots\\0\\0\end{bmatrix},\ \boldsymbol{e}_2=\begin{bmatrix}0\\1\\0\\\vdots\\0\\0\end{bmatrix},\ \cdots,\ \boldsymbol{e}_n=\begin{bmatrix}0\\0\\0\\\vdots\\0\\1\end{bmatrix}$$ とおいたとき，

（←第 n 行）

$\{\boldsymbol{e}_1, \boldsymbol{e}_2, \cdots, \boldsymbol{e}_n\}$ は R^n の基底で，特にこれを“**標準基底**”または，“**標準的な基底**”という。最もわかりやすくて，標準的に使われているから，このように呼ばれるんだろうね。そして，これが，後で出てくる“正規直交基底”の典型的な例であることも，そのうちわかるよ。

それでは，少し抽象的な例題にもチャレンジしておこう。

(3) $\boldsymbol{R}^n$ の任意の元 $\boldsymbol{x}$ を，$\boldsymbol{R}^n$ の基底 $\{\boldsymbol{a}_1, \boldsymbol{a}_2, \cdots, \boldsymbol{a}_n\}$ の線形結合で表す方法は，一意的に定まる(1通りしかない)ことを示せ。

(3) $\{\boldsymbol{a}_1, \boldsymbol{a}_2, \cdots, \boldsymbol{a}_n\}$ は $\boldsymbol{R}^n$ の基底より，$\boldsymbol{R}^n$ の任意の元 $\boldsymbol{x}$ は，この線形結合(1次結合)で表される。

$\therefore \boldsymbol{x} = c_1\boldsymbol{a}_1 + c_2\boldsymbol{a}_2 + \cdots + c_n\boldsymbol{a}_n$ ……① $(c_i \in R \ (i = 1, 2, \cdots, n))$

また，$\boldsymbol{x}$ が $\boldsymbol{a}_1, \boldsymbol{a}_2, \cdots, \boldsymbol{a}_n$ の次の形の線形結合でも表されるものとする：

$\boldsymbol{x} = c_1'\boldsymbol{a}_1 + c_2'\boldsymbol{a}_2 + \cdots + c_n'\boldsymbol{a}_n$ ……② $(c_i' \in R \ (i = 1, 2, \cdots, n))$

①－②より，

$$(c_1 - c_1')\boldsymbol{a}_1 + (c_2 - c_2')\boldsymbol{a}_2 + \cdots + (c_n - c_n')\boldsymbol{a}_n = \boldsymbol{0}$$

ここで，$\{\boldsymbol{a}_1, \boldsymbol{a}_2, \cdots, \boldsymbol{a}_n\}$ は基底なので，$\boldsymbol{a}_1, \boldsymbol{a}_2, \cdots, \boldsymbol{a}_n$ は線形独立(1次独立)である。

自明な解のみ

$\therefore c_1 - c_1' = 0$ かつ $c_2 - c_2' = 0$ かつ …… かつ $c_n - c_n' = 0$

よって，$c_1 = c_1', c_2 = c_2', \cdots, c_n = c_n'$ より，①，②は同一の式である。

∴任意の元 $\boldsymbol{x}$ は，$\boldsymbol{a}_1, \boldsymbol{a}_2, \cdots, \boldsymbol{a}_n$ の一意的な線形結合で表される。…(終)

線形空間 V の基底についても慣れてきた？ $V = \boldsymbol{R}^n$ の基底として，標準基底 $\{\boldsymbol{e}_1, \boldsymbol{e}_2, \cdots, \boldsymbol{e}_n\}$ を用いるのが一般的だけれども，2つの基底の条件さえみたしていれば，実は基底のとり方は無数に存在する。しかし，どのように基底をとったとしても，基底の元の個数，すなわち，V の次元 $\dim V$ は変化しないことに気をつけよう。

また，線形空間 V の次元 $\dim V = k$ のとき，$\boldsymbol{a}_1, \boldsymbol{a}_2, \cdots, \boldsymbol{a}_k$ が V の線形独立な元ならば，$\boldsymbol{a}_1, \boldsymbol{a}_2, \cdots, \boldsymbol{a}_k$ は V の基底となることも覚えておくといい。演習問題 16 では，このことを利用するんだよ。

それでは最後に，$\boldsymbol{R}^n$ 以外の線形空間 V の例として挙げた

(Ⅰ) 2 次式　$\boldsymbol{a} = a_1x^2 + a_2x + a_3$　$(a_1, a_2, a_3 \in \boldsymbol{R})$　と，

(Ⅱ) 2 次の正方行列　$\boldsymbol{a} = \begin{bmatrix} a_{11} & a_{12} \\ a_{21} & a_{22} \end{bmatrix}$　$(a_{11}, a_{12}, a_{21}, a_{22} \in \boldsymbol{R})$ の各集合

について，その基底の例と，次元を考えてみよう。さらに，理解が深まるはずだ。

(Ⅰ) 2次式 $\boldsymbol{a} = a_1x^2 + a_2x + a_3 \cdot 1$ について（零ベクトル $\boldsymbol{0} = 0 = 0 \cdot x^2 + 0 \cdot x + 0 \cdot 1$）

$\boldsymbol{u}_1 = x^2$, $\boldsymbol{u}_2 = x$, $\boldsymbol{u}_3 = 1$ とおくと，　基底の 2 つの条件

(ⅰ) $a_1x^2 + a_2x + a_3 \cdot 1 = \boldsymbol{0} \rightleftarrows a_1 = a_2 = a_3 = 0$ より，$\boldsymbol{u}_1, \boldsymbol{u}_2, \boldsymbol{u}_3$ は線形独立であり，

(ⅱ) $\boldsymbol{u}_1, \boldsymbol{u}_2, \boldsymbol{u}_3$ の 1 次結合 $c_1\boldsymbol{u}_1 + c_2\boldsymbol{u}_2 + c_3\boldsymbol{u}_3 = c_1x^2 + c_2x + c_3$ で任意の 2 次式を表すことが出来る。

以上より，$\{\boldsymbol{u}_1, \boldsymbol{u}_2, \boldsymbol{u}_3\}$ は，2 次式の集合である線形空間 V の基底になる。　$\therefore \dim V = 3$ となる。

基底の元の個数

(Ⅱ) 2 次の正方行列 $\boldsymbol{a} = \begin{bmatrix} a_{11} & a_{12} \\ a_{21} & a_{22} \end{bmatrix}$ について

$\boldsymbol{u}_1 = \begin{bmatrix} 1 & 0 \\ 0 & 0 \end{bmatrix}$, $\boldsymbol{u}_2 = \begin{bmatrix} 0 & 1 \\ 0 & 0 \end{bmatrix}$, $\boldsymbol{u}_3 = \begin{bmatrix} 0 & 0 \\ 1 & 0 \end{bmatrix}$, $\boldsymbol{u}_4 = \begin{bmatrix} 0 & 0 \\ 0 & 1 \end{bmatrix}$ とおくと，

(ⅰ) $c_1\boldsymbol{u}_1 + c_2\boldsymbol{u}_2 + c_3\boldsymbol{u}_3 + c_4\boldsymbol{u}_4 = \boldsymbol{0}$ のとき，　基底の 2 つの条件

$\begin{bmatrix} c_1 & c_2 \\ c_3 & c_4 \end{bmatrix} = \begin{bmatrix} 0 & 0 \\ 0 & 0 \end{bmatrix}$ より $c_1 = c_2 = c_3 = c_4 = 0$ ← 自明な解のみ

よって $\boldsymbol{u}_1, \boldsymbol{u}_2, \boldsymbol{u}_3, \boldsymbol{u}_4$ は線形独立であり，

(ⅱ) 任意の正方行列 $\begin{bmatrix} x_{11} & x_{12} \\ x_{21} & x_{22} \end{bmatrix}$ は

$\begin{bmatrix} x_{11} & x_{12} \\ x_{21} & x_{22} \end{bmatrix} = x_{11}\boldsymbol{u}_1 + x_{12}\boldsymbol{u}_2 + x_{21}\boldsymbol{u}_3 + x_{22}\boldsymbol{u}_4$ と，$\boldsymbol{u}_1, \boldsymbol{u}_2, \boldsymbol{u}_3, \boldsymbol{u}_4$ の線形結合で表される。

以上より，$\{\boldsymbol{u}_1, \boldsymbol{u}_2, \boldsymbol{u}_3, \boldsymbol{u}_4\}$ は，2 次の正方行列の集合である線形空間 V の基底である。　$\therefore \dim V = 4$

基底の元の個数

演習問題 15　● 線形従属の定義 (I) ●

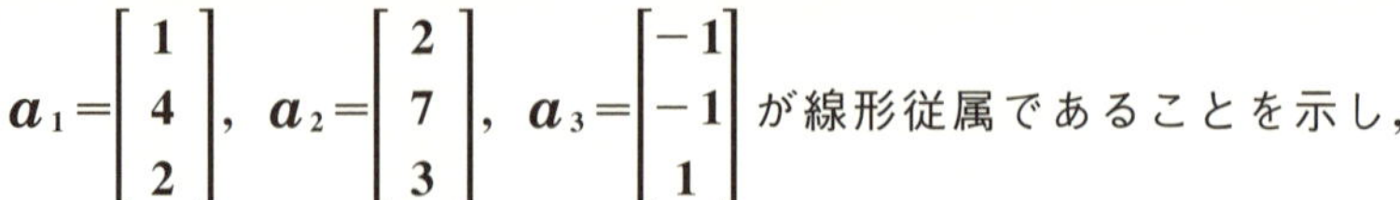

$\boldsymbol{a}_1 = \begin{bmatrix} 1 \\ 4 \\ 2 \end{bmatrix}$, $\boldsymbol{a}_2 = \begin{bmatrix} 2 \\ 7 \\ 3 \end{bmatrix}$, $\boldsymbol{a}_3 = \begin{bmatrix} -1 \\ -1 \\ 1 \end{bmatrix}$ が線形従属であることを示し，

$\boldsymbol{a}_3$ を $\boldsymbol{a}_1$ と $\boldsymbol{a}_2$ の線形結合で表せ。

ヒント！ 線形関係式の係数の方程式が自明な解以外の解をもつことを示す。

解答＆解説

線形関係式 $c_1\boldsymbol{a}_1 + c_2\boldsymbol{a}_2 + c_3\boldsymbol{a}_3 = \boldsymbol{0}$ ……(＊) を変形して，

$$\underbrace{[\boldsymbol{a}_1\ \boldsymbol{a}_2\ \boldsymbol{a}_3]}_{A}\begin{bmatrix} c_1 \\ c_2 \\ c_3 \end{bmatrix} = \begin{bmatrix} 0 \\ 0 \\ 0 \end{bmatrix} \quad \cdots\cdots(＊＊) \quad (\text{未知数}: c_1, c_2, c_3)$$

ここで，$A = [\boldsymbol{a}_1\ \boldsymbol{a}_2\ \boldsymbol{a}_3]$ とおいて，このランク (階数) を求める。

$$A = \begin{bmatrix} 1 & 2 & -1 \\ 4 & 7 & -1 \\ 2 & 3 & 1 \end{bmatrix} \xrightarrow[③-2\times①]{②-4\times①} \begin{bmatrix} 1 & 2 & -1 \\ 0 & -1 & 3 \\ 0 & -1 & 3 \end{bmatrix} \xrightarrow{③-②} \underbrace{\begin{bmatrix} 1 & 2 & -1 \\ 0 & -1 & 3 \\ 0 & 0 & 0 \end{bmatrix}}_{A'} \Big\} \ \mathrm{rank}A = 2$$

$\therefore\ \mathrm{rank}A = 2$　ここで，未知数の個数 $n = 3$ より，

自由度 $= n - \mathrm{rank}A = 3 - 2 = 1$

よって，(＊＊)，すなわち $\underbrace{\begin{bmatrix} 1 & 2 & -1 \\ 0 & -1 & 3 \\ 0 & 0 & 0 \end{bmatrix}}_{A'}\begin{bmatrix} c_1 \\ c_2 \\ c_3 \end{bmatrix} = \begin{bmatrix} 0 \\ 0 \\ 0 \end{bmatrix}$ ……(＊＊)′ は

$c_1 = c_2 = c_3 = 0$ (自明な解) 以外にも解をもつ。

$\therefore\ \boldsymbol{a}_1, \boldsymbol{a}_2, \boldsymbol{a}_3$ は線形従属である。 ……………………………………(終)

(＊＊)′ より，$c_1 + 2c_2 - c_3 = 0$，$-c_2 + 3c_3 = 0$

ここで，$c_3 = 1$ とおくと，$c_2 = 3$　　$c_1 = -5$

よって，(＊) は，$-5\boldsymbol{a}_1 + 3\boldsymbol{a}_2 + \boldsymbol{a}_3 = \boldsymbol{0}$

$\therefore\ \boldsymbol{a}_3 = 5\boldsymbol{a}_1 - 3\boldsymbol{a}_2$　($\boldsymbol{a}_1$ と $\boldsymbol{a}_2$ の線形結合) ……………………(答)

実践問題 15　● 線形従属の定義（Ⅱ）●

$\boldsymbol{a}_1=\begin{bmatrix}1\\-1\\2\end{bmatrix}$, $\boldsymbol{a}_2=\begin{bmatrix}-1\\4\\1\end{bmatrix}$, $\boldsymbol{a}_3=\begin{bmatrix}3\\-4\\5\end{bmatrix}$ が線形従属であることを示し，$\boldsymbol{a}_2$ を $\boldsymbol{a}_1$ と $\boldsymbol{a}_3$ の線形結合で表せ。

ヒント！ まず，行列 $[\boldsymbol{a}_1\ \boldsymbol{a}_2\ \boldsymbol{a}_3]$ に行基本変形を行って，そのランクを調べる。

解答＆解説

線形関係式 $c_1\boldsymbol{a}_1+c_2\boldsymbol{a}_2+c_3\boldsymbol{a}_3=\boldsymbol{0}$ ……(＊) を変形して，

$$[\boldsymbol{a}_1\ \boldsymbol{a}_2\ \boldsymbol{a}_3]\begin{bmatrix}c_1\\c_2\\c_3\end{bmatrix}=\begin{bmatrix}0\\0\\0\end{bmatrix}\quad\cdots\cdots(＊＊)\quad(\text{未知数}: c_1,\ c_2,\ c_3)$$

ここで，$A=[\boldsymbol{a}_1\ \boldsymbol{a}_2\ \boldsymbol{a}_3]$ とおいて，このランク（階数）を求める。

$$A=\begin{bmatrix}1&-1&3\\-1&4&-4\\2&1&5\end{bmatrix}\xrightarrow[③-2\times①]{②+①}\begin{bmatrix}1&-1&3\\0&3&-1\\0&3&-1\end{bmatrix}\xrightarrow{③-②}\underbrace{\begin{bmatrix}1&-1&3\\0&3&-1\\0&0&0\end{bmatrix}}_{A'}\Big\}\ \mathrm{rank}\,A$$

$\therefore\ \mathrm{rank}\,A=$ (ア)　　ここで，未知数の個数 $n=3$ より，

自由度 $=n-\mathrm{rank}\,A=$ (イ)

よって，(＊＊)，すなわち $\underbrace{\begin{bmatrix}1&-1&3\\0&3&-1\\0&0&0\end{bmatrix}}_{A'}\begin{bmatrix}c_1\\c_2\\c_3\end{bmatrix}=\begin{bmatrix}0\\0\\0\end{bmatrix}$ ……(＊＊)′ は

$c_1=c_2=c_3=0$（自明な解）以外にも解をもつ。

$\therefore\ \boldsymbol{a}_1,\ \boldsymbol{a}_2,\ \boldsymbol{a}_3$ は線形従属である。 ……………………(終)

(＊＊)′ より，$c_1-c_2+3c_3=0$，$3c_2-c_3=0$

ここで，$c_2=1$ とおくと，(ウ)　　　$\therefore\ -8\boldsymbol{a}_1+\boldsymbol{a}_2+3\boldsymbol{a}_3=\boldsymbol{0}$

$\therefore\ \boldsymbol{a}_2=$ (エ)　（$\boldsymbol{a}_1$ と $\boldsymbol{a}_3$ の線形結合） ……………………(答)

解答 (ア) 2　(イ) $3-2=1$　(ウ) $c_3=3$　$c_1=-8$　(エ) $8\boldsymbol{a}_1-3\boldsymbol{a}_3$

演習問題 16　● R^4 の基底 ●

$u_1=\begin{bmatrix}1\\1\\0\\1\end{bmatrix}$, $u_2=\begin{bmatrix}0\\1\\2\\1\end{bmatrix}$, $u_3=\begin{bmatrix}1\\-1\\1\\0\end{bmatrix}$, $u_4=\begin{bmatrix}2\\0\\-1\\1\end{bmatrix}$ が，R^4 において，1組の基底となることを示せ。

ヒント！ u_1, u_2, u_3, u_4 が線形独立となることを示せばいいんだね。

解答＆解説

R^4 の線形空間の次元（基底の元の個数）は $\dim R^4=4$ より，u_1, u_2, u_3, u_4 が線形独立であれば，R^4 における1組の基底となる。

したがって，線形関係式 $c_1u_1+c_2u_2+c_3u_3+c_4u_4=\mathbf{0}$ ……$(*)$ をみたす係数が，$c_1=c_2=c_3=c_4=0$ のみであることを示せばよい。←（自明な解のみ）

$(*)$ を変形して

$$[u_1\ u_2\ u_3\ u_4]\begin{bmatrix}c_1\\c_2\\c_3\\c_4\end{bmatrix}=\begin{bmatrix}0\\0\\0\\0\end{bmatrix}\quad\cdots\cdots(**)$$

ここで，$A=[u_1\ u_2\ u_3\ u_4]$ とおいて，$\mathrm{rank}A$ を求める。

$$A=\begin{bmatrix}1&0&1&2\\1&1&-1&0\\0&2&1&-1\\1&1&0&1\end{bmatrix}\xrightarrow[④-①]{②-①}\begin{bmatrix}1&0&1&2\\0&1&-2&-2\\0&2&1&-1\\0&1&-1&-1\end{bmatrix}\xrightarrow[④-②]{③-2\times②}\begin{bmatrix}1&0&1&2\\0&1&-2&-2\\0&0&5&3\\0&0&1&1\end{bmatrix}$$

$$\xrightarrow{③\leftrightarrow④}\begin{bmatrix}1&0&1&2\\0&1&-2&-2\\0&0&1&1\\0&0&5&3\end{bmatrix}\xrightarrow{④-5\times③}\begin{bmatrix}1&0&1&2\\0&1&-2&-2\\0&0&1&1\\0&0&0&-2\end{bmatrix}\quad (\mathrm{rank}A=4)$$

よって，$\mathrm{rank}A=4$ より，自由度 $=4-4=0$

（未知数 $c_1, \cdots, c_4$ の個数）（$\mathrm{rank}A$）

ゆえに，$(**)$ は自明な解 $c_1=c_2=c_3=c_4=0$ のみをもつので，u_1, u_2, u_3, u_4 は線形独立である。

以上より，$\{u_1, u_2, u_3, u_4\}$ は R^4 における1組の基底である。　……(終)

実践問題 16　● R^4における基底の線形結合 ●

R^4の元 $\boldsymbol{x}=\begin{bmatrix}-2\\3\\2\\1\end{bmatrix}$を，演習問題16の基底$\{\boldsymbol{u}_1\ \boldsymbol{u}_2\ \boldsymbol{u}_3\ \boldsymbol{u}_4\}$の線形結合で表せ。

ヒント！ R^4の元 $\boldsymbol{x}$ は必ず，その基底$\{\boldsymbol{u}_1\ \boldsymbol{u}_2\ \boldsymbol{u}_3\ \boldsymbol{u}_4\}$の線形結合で表せる。

解答＆解説

$\{\boldsymbol{u}_1\ \boldsymbol{u}_2\ \boldsymbol{u}_3\ \boldsymbol{u}_4\}$は$R^4$の基底より，$R^4$の元$\boldsymbol{x}$は必ず，この基底の線形結合（1次結合）で表すことができる。

よって，$\boldsymbol{x}=x_1\boldsymbol{u}_1+x_2\boldsymbol{u}_2+x_3\boldsymbol{u}_3+x_4\boldsymbol{u}_4$ ……(＊)

(＊)を変形して

$$[\boldsymbol{u}_1\ \boldsymbol{u}_2\ \boldsymbol{u}_3\ \boldsymbol{u}_4]\begin{bmatrix}x_1\\x_2\\x_3\\x_4\end{bmatrix}=\underbrace{\begin{bmatrix}-2\\3\\2\\1\end{bmatrix}}_{\boldsymbol{x}}\quad\cdots\cdots(＊＊)$$

x_1, x_2, x_3, x_4 を未知数とする非同次の4元連立1次方程式

$A=[\boldsymbol{u}_1\ \boldsymbol{u}_2\ \boldsymbol{u}_3\ \boldsymbol{u}_4]$とおき，拡大係数行列$A_a=[A|\boldsymbol{x}]$を変形する。

$$A_a=\left[\begin{array}{cccc|c}1&0&1&2&-2\\1&1&-1&0&3\\0&2&1&-1&2\\1&1&0&1&1\end{array}\right]\xrightarrow[④-①]{②-①}\left[\begin{array}{cccc|c}1&0&1&2&-2\\0&1&-2&-2&5\\0&2&1&-1&2\\0&1&-1&-1&3\end{array}\right]\xrightarrow[④-②]{③-2\times②}\left[\begin{array}{cccc|c}1&0&1&2&-2\\0&1&-2&-2&5\\0&0&5&3&-8\\0&0&1&1&-2\end{array}\right]$$

$$\xrightarrow{③\leftrightarrow④}\left[\begin{array}{cccc|c}1&0&1&2&-2\\0&1&-2&-2&5\\0&0&1&1&-2\\0&0&5&3&-8\end{array}\right]\xrightarrow{④-5\times③}\left[\begin{array}{cccc|c}1&0&1&2&-2\\0&1&-2&-2&5\\0&0&1&1&-2\\0&0&0&-2&2\end{array}\right]$$

$\therefore\ x_1+x_3+2x_4=$ (ア)，$x_2-2x_3-2x_4=$ (イ)，$x_3+x_4=-2$，$-2x_4=2$

よって，$x_1=1$，$x_2=1$，$x_3=$ (ウ)，$x_4=$ (エ)　これを(＊)に代入して

$\boldsymbol{x}=$ (オ) と表せる。 ……………………………………(答)

解答　(ア) -2　(イ) 5　(ウ) -1　(エ) -1　(オ) $\boldsymbol{u}_1+\boldsymbol{u}_2-\boldsymbol{u}_3-\boldsymbol{u}_4$

§2. 部分空間

線形空間についても随分慣れてきたと思う。今回は，線形空間の部分集合で，線形空間の性質をそのままもっている"部分空間"について，詳しく解説する。エッ，抽象的で難しそうだって？ 大丈夫だよ，今回もまた具体例をふんだんに使って教えるから，全部わかるはずだ。

● 部分空間 W の定義から始めよう！

まず，部分空間の定義を下に示す。

部分空間の定義

線形空間 V の ϕ (空集合) でない部分集合 W が，V と同じく和とスカラー倍の演算に対して，線形空間になっているとき，
W を V の "**部分空間**" または "**線形部分空間**" と呼ぶ。

W は，V の単なる部分集合ではなく，図 1 に示すように，V と同様に，線形空間としての性質を兼ねそなえた部分集合のことなんだ。

図 1 線形空間 V とその部分空間 W

線形空間の条件：
(Ⅰ)和の性質
(ⅰ)$(\boldsymbol{a}+\boldsymbol{b})+\boldsymbol{c}=\boldsymbol{a}+(\boldsymbol{b}+\boldsymbol{c})$ (ⅱ)$\boldsymbol{a}+\boldsymbol{b}=\boldsymbol{b}+\boldsymbol{a}$ (ⅲ)$\boldsymbol{0}$ の存在 (ⅳ)$-\boldsymbol{a}$ の存在
(Ⅱ)スカラー倍の性質
(ⅰ)$1\cdot\boldsymbol{a}=\boldsymbol{a}$ (ⅱ)$k(\boldsymbol{a}+\boldsymbol{b})=k\boldsymbol{a}+k\boldsymbol{b}$ (ⅲ)$(k+l)\boldsymbol{a}=k\boldsymbol{a}+l\boldsymbol{a}$ (ⅳ)$(kl)\boldsymbol{a}=k(l\boldsymbol{a})$

また抽象的と思ってるかもしれないけど，どうせ後で具体的に話すからもうしばらく我慢して，抽象論に付き合ってくれ。

V の部分集合 W が，部分空間となるか，否かを調べるために毎回，(Ⅰ)和と (Ⅱ) スカラー倍の合わせて **8** つもの性質を調べるのはメンドウだね。ここで，W が部分空間となるためのより集約された **2** つの条件を次に示す。

部分空間の条件 (Ⅰ)

線形空間 V の ϕ でない部分集合 W が，部分空間となるための必要十分条件は，次の **2** つである。

$$\begin{cases} (1)\ \boldsymbol{x},\boldsymbol{y}\in W \text{ ならば } \boldsymbol{x}+\boldsymbol{y}\in W \\ (2)\ \boldsymbol{x}\in W,\ c\in R \text{ ならば } c\boldsymbol{x}\in W \end{cases}$$

8 つの条件の内 (Ⅰ) - (ⅰ)(ⅱ) と，(Ⅱ) - (ⅰ)(ⅱ)(ⅲ)(ⅳ) は，W が V の部分集合だから，明らかにみたす。
(Ⅰ) - (ⅲ) については，**(2)** で，$c=0$ とおくと，$0\cdot\boldsymbol{x}=\boldsymbol{0}\in W$ となり，
(Ⅰ) - (ⅳ) については，**(2)** で，$c=-1$ とおくと $-1\cdot\boldsymbol{x}=-\boldsymbol{x}\in W$ となって，みたす。

そして，この2つの条件は，さらに集約されて，次の1つの条件で表すことができる。

部分空間の条件（Ⅱ）

線形空間 V の ϕ でない部分集合 W が部分空間となるための必要十分条件は，次の通りである。

任意の $\boldsymbol{x}, \boldsymbol{y} \in W$ と任意の $\lambda, \mu \in R$ に対して，$\lambda \boldsymbol{x} + \mu \boldsymbol{y} \in W$

したがって，W が V の部分空間となるか，否かを調べるためには，条件（Ⅰ），または条件（Ⅱ）のいずれを利用しても，いいんだよ。

ここで，線形空間 V の部分空間 W の具体例として，まず知っておいてほしいのは，（ⅰ）$W = V$　（ⅱ）$W = \{\boldsymbol{0}\}$ の2つだ。

まず，（ⅰ）V 自身が部分空間の条件（Ⅰ）をみたすのは明らかだから，V 自身が V の部分空間 W と言える。

次に，$\begin{cases} (1)\ \boldsymbol{0}, \boldsymbol{0} \in W \text{ ならば，} \boldsymbol{0} + \boldsymbol{0} = \boldsymbol{0} \in W, \\ (2)\ \boldsymbol{0} \in W,\ c \in R \text{ ならば，} c\boldsymbol{0} = \boldsymbol{0} \in W \end{cases}$ となって，条件（Ⅰ）をみたすので，零ベクトルのみの集合 $\{\boldsymbol{0}\}$ も，部分空間 W になる。

（これは $\boldsymbol{0}$ を含むので，ϕ（空集合）ではない！）

この2つだけじゃバカみたいって？ いいよ，他にも，部分空間 W の例を示そう。

部分空間の例

線形空間 V の元 $\boldsymbol{a}_1, \boldsymbol{a}_2, \cdots, \boldsymbol{a}_k$ の線形結合全体は，V の部分空間 W になる：

$$W = \{\, \boldsymbol{x} \mid \boldsymbol{x} = c_1\boldsymbol{a}_1 + c_2\boldsymbol{a}_2 + \cdots + c_k\boldsymbol{a}_k,\ c_1, c_2, \cdots, c_k \in R \}$$

（この場合，$\boldsymbol{a}_1, \boldsymbol{a}_2, \cdots, \boldsymbol{a}_k$ は V の任意の元でかまわないので，これらが線形独立であったり，V の基底であったりする必要はないんだよ。）

この $\boldsymbol{W}$ が $\boldsymbol{V}$ の部分空間となることを示そう。

$\boldsymbol{W}$ の 2 つの元 $\boldsymbol{x}, \boldsymbol{y}$ を，$\boldsymbol{a}_1, \boldsymbol{a}_2, \cdots, \boldsymbol{a}_k\ (\in \boldsymbol{V})$ により，

$\boldsymbol{x} = c_1\boldsymbol{a}_1 + c_2\boldsymbol{a}_2 + \cdots + c_k\boldsymbol{a}_k,\ \boldsymbol{y} = b_1\boldsymbol{a}_1 + b_2\boldsymbol{a}_2 + \cdots + b_k\boldsymbol{a}_k$

$(c_1, \cdots, c_k,\ b_1, \cdots, b_k \in \boldsymbol{R})$ とおく。

ここで，$\lambda, \mu(\in \boldsymbol{R})$ を使って，$\lambda\boldsymbol{x} + \mu\boldsymbol{y}$ を変形すると，

$$\begin{aligned}\lambda\boldsymbol{x} + \mu\boldsymbol{y} &= \lambda(c_1\boldsymbol{a}_1 + c_2\boldsymbol{a}_2 + \cdots + c_k\boldsymbol{a}_k) + \mu(b_1\boldsymbol{a}_1 + b_2\boldsymbol{a}_2 + \cdots + b_k\boldsymbol{a}_k)\\ &= (\lambda c_1 + \mu b_1)\boldsymbol{a}_1 + (\lambda c_2 + \mu b_2)\boldsymbol{a}_2 + \cdots + (\lambda c_k + \mu b_k)\boldsymbol{a}_k\end{aligned}$$ となって，

これも，$\boldsymbol{a}_1, \cdots, \boldsymbol{a}_k$ の線形結合である。

よって，$\lambda\boldsymbol{x} + \mu\boldsymbol{y} \in \boldsymbol{W}$ となる。 ← 条件 (Ⅱ) による証明終了！

以上より，$\boldsymbol{W}$ は $\boldsymbol{V}$ の部分空間である。 ……………………………………(終)

$\boldsymbol{W}$ の生成元の定義

$\boldsymbol{W} = \{\ \boldsymbol{x} \mid \boldsymbol{x} = c_1\boldsymbol{a}_1 + c_2\boldsymbol{a}_2 + \cdots + c_k\boldsymbol{a}_k,\ c_1, c_2, \cdots, c_k \in \boldsymbol{R}\}$ のとき，

$\boldsymbol{W}$ は，$\boldsymbol{a}_1, \boldsymbol{a}_2, \cdots, \boldsymbol{a}_k$ で **"張られる空間"** または **"生成される空間"**

と呼び，$\boldsymbol{a}_1, \boldsymbol{a}_2, \cdots, \boldsymbol{a}_k$ を，$\boldsymbol{W}$ の **"生成元"** という。

この場合，$\boldsymbol{a}_1, \cdots, \boldsymbol{a}_k$ は，線形独立や $\boldsymbol{W}$ の基底である必要はない。
もちろん，これらが線形独立や基底であってもかまわない。

部分空間 $\boldsymbol{W}$ について，まだピンとこないって？ いいよ，例題で練習してみよう。

(1) $\boldsymbol{R}^2$ の線形空間において，$\boldsymbol{W} = \left\{\boldsymbol{x} = \begin{bmatrix} x_1 \\ x_2 \end{bmatrix} \middle|\ 2x_1 - x_2 = 0\right\}$ が $\boldsymbol{R}^2$ の部分空間であることを示し，$\boldsymbol{W}$ の基底を求めよ。

(1) $\boldsymbol{W}$ の 2 つの元 $\boldsymbol{x}, \boldsymbol{y}$ を

$$\begin{cases} \boldsymbol{x} = \begin{bmatrix} x_1 \\ x_2 \end{bmatrix} & 2x_1 - x_2 = 0 \\ \boldsymbol{y} = \begin{bmatrix} y_1 \\ y_2 \end{bmatrix} & 2y_1 - y_2 = 0 \end{cases}$$ とおく。

$\boldsymbol{W}$ が部分空間となる条件 (Ⅱ)：
$\boldsymbol{x}, \boldsymbol{y} \in \boldsymbol{W}$ のとき $\lambda\boldsymbol{x} + \mu\boldsymbol{y} \in \boldsymbol{W}$

ここで，$\lambda, \mu \in \boldsymbol{R}$ を使って，$\lambda\boldsymbol{x} + \mu\boldsymbol{y}$ を調べる。

$$\lambda\boldsymbol{x} + \mu\boldsymbol{y} = \lambda\begin{bmatrix} x_1 \\ x_2 \end{bmatrix} + \mu\begin{bmatrix} y_1 \\ y_2 \end{bmatrix} = \begin{bmatrix} \lambda x_1 + \mu y_1 \\ \lambda x_2 + \mu y_2 \end{bmatrix}$$

ここで，$2(\lambda x_1+\mu y_1)-(\lambda x_2+\mu y_2)=\lambda(\underset{0}{\underline{2x_1-x_2}})+\mu(\underset{0}{\underline{2y_1-y_2}})=0$

よって，$\lambda\boldsymbol{x}+\mu\boldsymbol{y}\in W$ ←（条件（Ⅱ）による証明終了）

∴ W は R^2 の部分空間である。 ……………………………………………（終）

ここで，$x_2=2x_1$ より，

$$\boldsymbol{x}=\begin{bmatrix}x_1\\x_2\end{bmatrix}=\begin{bmatrix}x_1\\2x_1\end{bmatrix}=x_1\begin{bmatrix}1\\2\end{bmatrix}$$

さらに，$\boldsymbol{a}_1=\begin{bmatrix}1\\2\end{bmatrix}$ とおくと，$\boldsymbol{a}_1$ はこれのみで線形独立であり，かつ（$c\boldsymbol{a}_1=\boldsymbol{0}\rightleftarrows c=0$ より）

W の任意の元 $\boldsymbol{x}$ は $\boldsymbol{x}=c\boldsymbol{a}_1$ と，$\boldsymbol{a}_1$ の線形結合で表される。

よって，$\{\boldsymbol{a}_1\}$ は W の基底である。 ……………………………………（答）

（このとき，W は $\boldsymbol{a}_1$ で生成される（張られる）空間と呼んでもいい。）

どう，少しは分かった？ でも，まだ今イチって？ いいよ，さらに詳しく具体的に部分空間を見てみよう。

● 部分空間とは，原点 0 を通る○○のことだ！

線形空間 V の部分空間 W の図形的な具体例に入るにあたって，$W=V$ と $W=\{\boldsymbol{0}\}$ の特別な場合は除いて考えることにする。

それではまず，$\boldsymbol{e}_1=\begin{bmatrix}1\\0\end{bmatrix}$, $\boldsymbol{e}_2=\begin{bmatrix}0\\1\end{bmatrix}$ とおいて，標準基底 $\{\boldsymbol{e}_1, \boldsymbol{e}_2\}$ で張られる空間，すなわち 2 次元平面 R^2 : $\begin{bmatrix}x_1\\x_2\end{bmatrix}=x_1\begin{bmatrix}1\\0\end{bmatrix}+x_2\begin{bmatrix}0\\1\end{bmatrix}=x_1\boldsymbol{e}_1+x_2\boldsymbol{e}_2$ を V とおいて，その部分空間 W がどのようなものになるか考えてみよう。

W は，V の部分集合なので，図 1 に示すように，x_1x_2 座標平面内のさまざまな図形が考えられるけど，図 1 に示す図形は，いずれも部分空間 W には，なり得ないんだよ。

何故なら，部分空間 $\boldsymbol{W}$ となるための条件，たとえば条件(Ⅰ)の

$$\begin{cases}(1)\ \boldsymbol{x},\boldsymbol{y}\in\boldsymbol{W}\ \text{ならば},\ \boldsymbol{x}+\boldsymbol{y}\in\boldsymbol{W}\\(2)\ \boldsymbol{x}\in\boldsymbol{W},\ c\in\boldsymbol{R}\ \text{ならば},\ c\boldsymbol{x}\in\boldsymbol{W}\end{cases}$$

は，非常に強い制約条件だからなんだ。他のものは言うに及ばず，図1の中の原点 $\boldsymbol{0}$ を通らない直線でさえ，部分空間 $\boldsymbol{W}$ にはなり得ないんだよ。

図2を見てくれ。図2の原点を通らない直線が $\boldsymbol{W}$ だとすると，原点から $\boldsymbol{W}$ 上の2点に向かう2つのベクトル $\boldsymbol{x},\boldsymbol{y}$ をとったとき，$\boldsymbol{x}+\boldsymbol{y}$ は，もはや $\boldsymbol{W}$ 上の点に向かうベクトルではないね。つまり，$\boldsymbol{x}+\boldsymbol{y}\notin\boldsymbol{W}$ となって，(1)の条件をみたさないわけだ。

それでは，どのような図形ならば，条件(Ⅰ)の(1)(2)をみたすのか考えてみるといい。すると，この厳しい条件をクリアできる x_1x_2 平面内の図形は，図3(ⅰ)(ⅱ)に示すような原点 $\boldsymbol{0}$ を通る直線しかないことに気付くはずだ。

実際に，例題(1)で求めた，$\boldsymbol{R}^2$ の部分空間 $\boldsymbol{W}$ も，生成元 $\boldsymbol{a}_1=\begin{bmatrix}1\\2\end{bmatrix}$ で張られた空間だから，図4に示す x_1x_2 平面上の原点 $\boldsymbol{0}$ を通る直線だったんだね。

図1　2次元平面 $\boldsymbol{V}$ の部分空間 $\boldsymbol{W}$ とは，何だろうか？

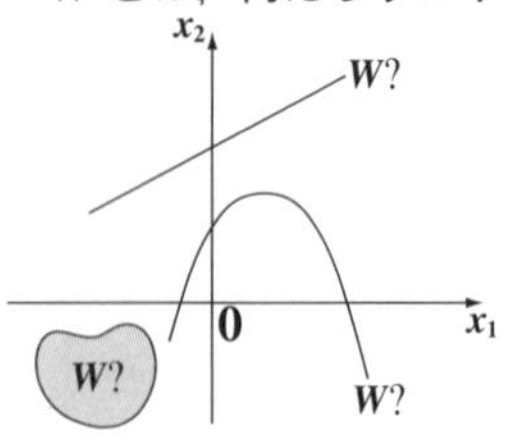

図2　原点を通らない直線は部分空間 $\boldsymbol{W}$ ではない。

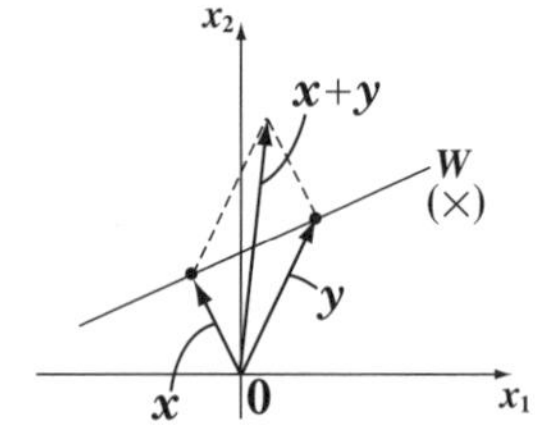

図3　原点を通る直線が部分空間 $\boldsymbol{W}$ となる。

(ⅰ)

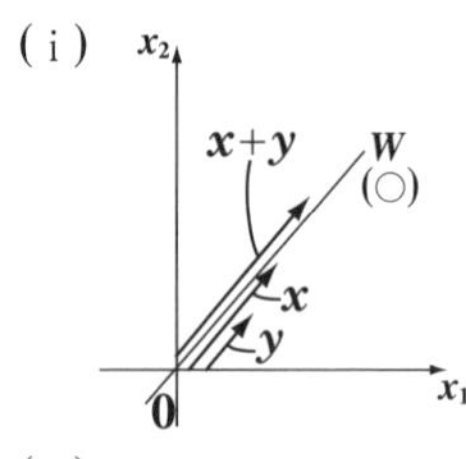

(ⅱ)

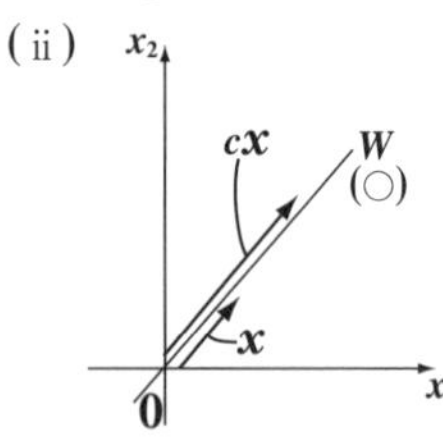

図4　例題(1)の $\boldsymbol{W}$ も原点 $\boldsymbol{0}$ を通る直線

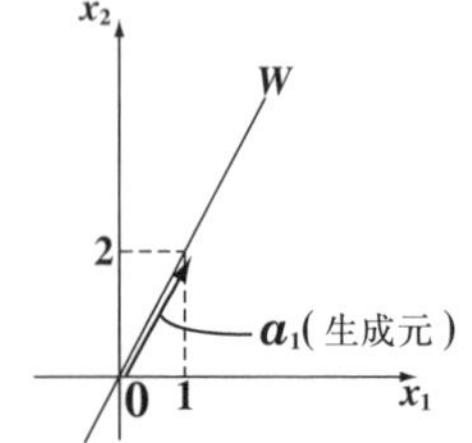

それでは，$V=R^3$ における，$\{0\}$ と V を除く，部分空間 W を考えてみることにしよう。今回は，部分空間となるための条件(Ⅱ)，すなわち

$\boldsymbol{x}, \boldsymbol{y} \in W$ ならば $\lambda\boldsymbol{x}+\mu\boldsymbol{y} \in W$ を使ってみることにする。

すると，これをみたす $x_1x_2x_3$ 座標空間(線形空間)の部分空間 W は，図 5(ⅰ)(ⅱ)に示すような(ⅰ)原点 $\boldsymbol{0}$ を通る直線，または(ⅱ)原点 $\boldsymbol{0}$ を通る平面しかないことに気付くだろう？

図 5　R^3 の部分空間 W

(ⅰ)W：原点 $\boldsymbol{0}$ を通る直線　(ⅱ)W：原点 $\boldsymbol{0}$ を通る平面

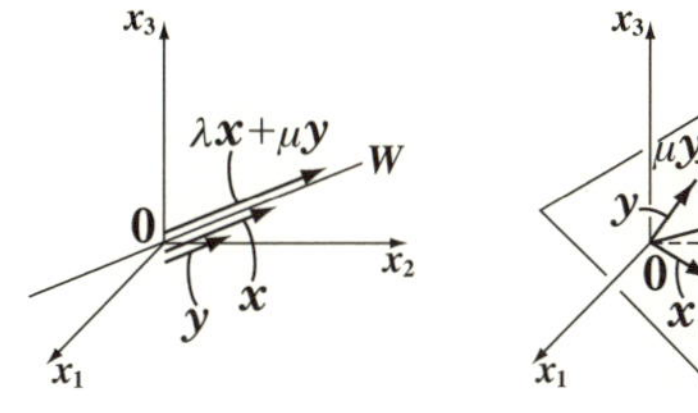

このように具体的に考えることによって，R^2 や R^3 の部分空間 W の姿が明らかになったんだね。

それでは，R^4 において，$\{0\}$ と R^4 自身の特別な場合を除いた部分空間 W はどうなるか考えてみよう。

(ⅰ) W が，$\boldsymbol{0}$ でない $\boldsymbol{a}_1$ によって張られる部分空間のとき，

$$W : \boldsymbol{x} = c_1\boldsymbol{a}_1 = c_1\begin{bmatrix} a_{11} \\ a_{21} \\ a_{31} \\ a_{41} \end{bmatrix} \text{ となる。} \quad (c_1 \in R)$$

← これは，R^4 における原点 $\boldsymbol{0}$ を通る直線(?)のようなもの？

(ⅱ) W が，線形独立な 2 つの元 $\boldsymbol{a}_1, \boldsymbol{a}_2$ で張られた部分空間のとき，

$$W : \boldsymbol{x} = c_1\boldsymbol{a}_1 + c_2\boldsymbol{a}_2 \quad (c_1, c_2 \in R)$$

← これは，R^4 における原点 $\boldsymbol{0}$ を通る平面(??)のようなもの??

(ⅲ) W が，線形独立な 3 つの元 $\boldsymbol{a}_1, \boldsymbol{a}_2, \boldsymbol{a}_3$ で張られた部分空間のとき，

$$W : \boldsymbol{x} = c_1\boldsymbol{a}_1 + c_2\boldsymbol{a}_2 + c_3\boldsymbol{a}_3 \quad (c_1, c_2, c_3 \in R)$$

← これは，R^4 における原点 $\boldsymbol{0}$ を通る 3 次元空間(???)のようなもの???

R^n $(n \geqq 5)$ の部分空間 W についても，同様に考えていけばいいんだよ。

演習問題 17　●R^3 の部分空間となる条件(Ⅰ)●

$W=\left\{ \boldsymbol{x}=\begin{bmatrix} x_1 \\ x_2 \\ x_3 \end{bmatrix} \middle| \ x_1+2x_2-x_3=0 \right\}$ が，R^3 の部分空間であることを示し，その 1 組の基底を求めよ。

ヒント！ W は，法線ベクトル $\boldsymbol{h}=[1, 2, -1]$ をもつ原点を通る平面だから，R^3 の部分空間に当然なり得るね。

解答＆解説

W の 2 つの元 $\boldsymbol{x}, \boldsymbol{y}$ を，

$$\boldsymbol{x}=\begin{bmatrix} x_1 \\ x_2 \\ x_3 \end{bmatrix} \quad x_1+2x_2-x_3=0 \quad \cdots①, \qquad \boldsymbol{y}=\begin{bmatrix} y_1 \\ y_2 \\ y_3 \end{bmatrix} \quad y_1+2y_2-y_3=0 \quad \cdots②$$

とおく。ここで，任意の実数 λ, μ を使った $\lambda\boldsymbol{x}+\mu\boldsymbol{y}$ について考える。

$$\lambda\boldsymbol{x}+\mu\boldsymbol{y}=\lambda\begin{bmatrix} x_1 \\ x_2 \\ x_3 \end{bmatrix}+\mu\begin{bmatrix} y_1 \\ y_2 \\ y_3 \end{bmatrix}=\begin{bmatrix} \lambda x_1+\mu y_1 \\ \lambda x_2+\mu y_2 \\ \lambda x_3+\mu y_3 \end{bmatrix}$$

ここで，$(\lambda x_1+\mu y_1)+2(\lambda x_2+\mu y_2)-(\lambda x_3+\mu y_3)$

$$=\lambda(\underbrace{x_1+2x_2-x_3}_{0\ (①より)})+\mu(\underbrace{y_1+2y_2-y_3}_{0\ (②より)})=0$$ となるので，

$\lambda\boldsymbol{x}+\mu\boldsymbol{y}\in W$ となる。← 部分空間となるための条件(Ⅱ)が成立！

∴ W は，R^3 の部分空間である。……………………………………………(終)

次に，①より $x_3=x_1+2x_2$　よって

$$\boldsymbol{x}=\begin{bmatrix} x_1 \\ x_2 \\ x_3 \end{bmatrix}=\begin{bmatrix} x_1 \\ x_2 \\ x_1+2x_2 \end{bmatrix}=x_1\begin{bmatrix} 1 \\ 0 \\ 1 \end{bmatrix}+x_2\begin{bmatrix} 0 \\ 1 \\ 2 \end{bmatrix}$$

ここで，$\boldsymbol{a}_1=\begin{bmatrix} 1 \\ 0 \\ 1 \end{bmatrix}$，$\boldsymbol{a}_2=\begin{bmatrix} 0 \\ 1 \\ 2 \end{bmatrix}$ とおくと，$\boldsymbol{a}_1$ と $\boldsymbol{a}_2$ は線形独立で，W の任意の元 $\boldsymbol{x}$ は，$\boldsymbol{x}=x_1\boldsymbol{a}_1+x_2\boldsymbol{a}_2$ と，$\boldsymbol{a}_1$ と $\boldsymbol{a}_2$ の線形結合で表せる。

（$\boldsymbol{a}_2=k\boldsymbol{a}_1$ の関係はない！）

∴ $\{\boldsymbol{a}_1, \boldsymbol{a}_2\}$ は W の 1 組の基底である。……………………………(答)

実践問題 17　● R^3 の部分空間となる条件(Ⅱ) ●

$W = \left\{ x = \begin{bmatrix} x_1 \\ x_2 \\ x_3 \end{bmatrix} \middle| \; x_1 + x_2 + x_3 = 1 \right\}$ が，R^3 の部分空間であるか，否かを調べよ。

ヒント！ W，すなわち $x_1+x_2+x_3=1$ は，法線ベクトル $h=[1, 1, 1]$ をもつ原点を通らない平面なので，R^3 の部分空間にはなり得ない。

解答＆解説

W の 2 つの元 x, y を，

$$x = \begin{bmatrix} x_1 \\ x_2 \\ x_3 \end{bmatrix} \quad x_1+x_2+x_3=1 \quad \cdots ①, \qquad y = \begin{bmatrix} y_1 \\ y_2 \\ y_3 \end{bmatrix} \quad y_1+y_2+y_3= \boxed{(ア)} \quad \cdots ②$$

とおく。ここで，任意の実数 λ, μ を使った $\lambda x + \mu y$ について考える。

$$\lambda x + \mu y = \lambda \begin{bmatrix} x_1 \\ x_2 \\ x_3 \end{bmatrix} + \mu \begin{bmatrix} y_1 \\ y_2 \\ y_3 \end{bmatrix} = \begin{bmatrix} \lambda x_1 + \mu y_1 \\ \lambda x_2 + \mu y_2 \\ \lambda x_3 + \mu y_3 \end{bmatrix}$$

ここで，$(\lambda x_1 + \mu y_1) + (\lambda x_2 + \mu y_2) + (\lambda x_3 + \mu y_3)$

$$= \lambda (\underbrace{x_1+x_2+x_3}_{1\ (①より)}) + \mu (\underbrace{y_1+y_2+y_3}_{1\ (②より)}) = \boxed{(イ)\qquad}$$ となって，

$(\lambda x_1 + \mu y_1) + (\lambda x_2 + \mu y_2) + (\lambda x_3 + \mu y_3) = \boxed{(ウ)}$ をみたすとは限らない。

$\therefore \lambda x + \mu y \notin W$ となる。

$\therefore W$ は，R^3 の部分空間 $\boxed{(エ)\qquad}$ ……………………………………(答)

解答　(ア)　1　　(イ)　$\lambda+\mu$　　(ウ)　1　　(エ)　ではない。

R^3 において，次の 3 つのベクトルで生成される部分空間 W の 1 組の基底と，W の次元 $\dim W$ を求めよ。

$$\boldsymbol{a}_1=\begin{bmatrix}1\\0\\2\end{bmatrix},\ \boldsymbol{a}_2=\begin{bmatrix}2\\-1\\0\end{bmatrix},\ \boldsymbol{a}_3=\begin{bmatrix}4\\-1\\4\end{bmatrix}$$

ヒント！ $[\boldsymbol{a}_1, \boldsymbol{a}_2, \boldsymbol{a}_3]$ のランクから，$\dim W$ がわかる。

解答＆解説

W の元を $\boldsymbol{x}$ とおくと，これは $\boldsymbol{a}_1, \boldsymbol{a}_2, \boldsymbol{a}_3$ から生成されるので，

$\boldsymbol{x}=c_1\boldsymbol{a}_1+c_2\boldsymbol{a}_2+c_3\boldsymbol{a}_3$ ……① $(c_1, c_2, c_3\in R)$ と表される。

線形関係式：$c_1\boldsymbol{a}_1+c_2\boldsymbol{a}_2+c_3\boldsymbol{a}_3=[\boldsymbol{a}_1\ \boldsymbol{a}_2\ \boldsymbol{a}_3]\begin{bmatrix}c_1\\c_2\\c_3\end{bmatrix}=\begin{bmatrix}0\\0\\0\end{bmatrix}$ ……②から，

$A=[\boldsymbol{a}_1\ \boldsymbol{a}_2\ \boldsymbol{a}_3]=\begin{bmatrix}1&2&4\\0&-1&-1\\2&0&4\end{bmatrix}$ とおき，

$A \longrightarrow \begin{bmatrix}1&2&4\\0&-1&-1\\0&-4&-4\end{bmatrix} \longrightarrow \begin{bmatrix}1&2&4\\0&-1&-1\\0&0&0\end{bmatrix}=A'$

これに行基本変形を行った行列を A' とおくと，$A'=\begin{bmatrix}1&2&4\\0&-1&-1\\0&0&0\end{bmatrix}$ $\}$ $\mathrm{rank}\,A=2$

$\therefore$ ②は $\begin{bmatrix}1&2&4\\0&-1&-1\\0&0&0\end{bmatrix}\begin{bmatrix}c_1\\c_2\\c_3\end{bmatrix}=\begin{bmatrix}0\\0\\0\end{bmatrix}$ となる。

$\mathrm{rank}\,A=2$ より
自由度 $=3-2=1$

$c_3=1$ とおく

$\therefore\ c_1+2c_2+4c_3=0,\quad -c_2-c_3=0$

ここで，$c_3=1$ とおくと，$c_2=-1,\ c_1=-2$

②は，$-2\boldsymbol{a}_1-\boldsymbol{a}_2+\boldsymbol{a}_3=\boldsymbol{0}$ より，$\boldsymbol{a}_3=2\boldsymbol{a}_1+\boldsymbol{a}_2$ ……③

③を①に代入して，

$\boldsymbol{x}=c_1\boldsymbol{a}_1+c_2\boldsymbol{a}_2+c_3(2\boldsymbol{a}_1+\boldsymbol{a}_2)=(c_1+2c_3)\boldsymbol{a}_1+(c_2+c_3)\boldsymbol{a}_2$

$\boldsymbol{a}_1=k\boldsymbol{a}_2$ の形にはならない

$\therefore$ W の任意の元 $\boldsymbol{x}$ は，$\boldsymbol{a}_1$ と $\boldsymbol{a}_2$ の線形結合で表され，$\boldsymbol{a}_1$ と $\boldsymbol{a}_2$ は線形独立。

$\therefore$ W の 1 組の基底は $\{\boldsymbol{a}_1, \boldsymbol{a}_2\}$，$\dim W=2$ ……………………………(答)

実践問題 18 ● 3つのベクトルで生成される部分空間 W(Ⅱ) ●

R^3 において，次の3つのベクトルで生成される部分空間 W の1組の基底と，W の次元 $\dim W$ を求めよ。

$$\boldsymbol{a}_1=\begin{bmatrix}1\\-1\\1\end{bmatrix},\ \boldsymbol{a}_2=\begin{bmatrix}-2\\2\\-2\end{bmatrix},\ \boldsymbol{a}_3=\begin{bmatrix}3\\-3\\3\end{bmatrix}$$

ヒント！ $\boldsymbol{a}_2=-2\boldsymbol{a}_1$，$\boldsymbol{a}_3=3\boldsymbol{a}_1$ より，$\dim W=1$，基底 $\{\boldsymbol{a}_1\}$ がわかるね。

解答＆解説

W の元を $\boldsymbol{x}$ とおくとこれは，$\boldsymbol{a}_1, \boldsymbol{a}_2, \boldsymbol{a}_3$ から生成されるので，

$\boldsymbol{x}=c_1\boldsymbol{a}_1+c_2\boldsymbol{a}_2+c_3\boldsymbol{a}_3$ ……①　$(c_1, c_2, c_3\in R)$　と表される。

ここで，明らかに $\boldsymbol{a}_2=$ (ア) $\boldsymbol{a}_1$ ……②，　$\boldsymbol{a}_3=$ (イ) $\boldsymbol{a}_1$ ……③

②，③を①に代入して，

$\boldsymbol{x}=c_1\boldsymbol{a}_1-2c_2\boldsymbol{a}_1+3c_3\boldsymbol{a}_1=($ (ウ) $)\boldsymbol{a}_1$ ← $\boldsymbol{a}_1$ の線形結合

∴ W の任意の元 $\boldsymbol{x}$ は，$\boldsymbol{a}_1$ の線形結合で表され，$\boldsymbol{a}_1$ はそれのみで線形独立である。

∴ W の1組の基底は $\{\boldsymbol{a}_1\}$ で，$\dim W=$ (エ) ……………………………(答)

 解答 (ア) -2　(イ) 3　(ウ) $c_1-2c_2+3c_3$　(エ) 1

講義 5 ● 線形空間（ベクトル空間） 公式エッセンス

1．$\boldsymbol{a}$ が $\boldsymbol{R}$ 上の線形空間 V の元のとき，次が成り立つ。

(ⅰ) $0\boldsymbol{a}=\boldsymbol{0}$　(ⅱ) $k\boldsymbol{0}=\boldsymbol{0}$　(ⅲ) $(-1)\boldsymbol{a}=-\boldsymbol{a}$

（$k\in\boldsymbol{R}$，$\boldsymbol{0}$：零ベクトル）

2．線形空間 $\boldsymbol{R}^n$（n 次元ベクトル全体）の標準基底は，

$$\boldsymbol{e}_1=\begin{bmatrix}1\\0\\0\\\vdots\\0\\0\end{bmatrix},\ \boldsymbol{e}_2=\begin{bmatrix}0\\1\\0\\\vdots\\0\\0\end{bmatrix},\ \cdots,\ \boldsymbol{e}_n=\begin{bmatrix}0\\0\\0\\\vdots\\0\\1\end{bmatrix}\leftarrow \text{第 } n \text{ 行}$$

3．$V=\boldsymbol{R}^n$ の次元は，

$\dim \boldsymbol{R}^n=n$

4．$\boldsymbol{R}^n$ の任意の元 $\boldsymbol{x}$ を，$\boldsymbol{R}^n$ の基底 $\{\boldsymbol{a}_1, \boldsymbol{a}_2, \cdots, \boldsymbol{a}_n\}$ の線形結合で表す方法は，一意的に定まる。

5．線形空間 V の次元 $\dim V$，すなわち基底の元の個数は，その基底のとり方によらず一定である。

6．線形空間 V の次元 $\dim V=k$ のとき，$\boldsymbol{a}_1, \boldsymbol{a}_2, \cdots, \boldsymbol{a}_k$ が V の線形独立な元ならば，$\boldsymbol{a}_1, \boldsymbol{a}_2, \cdots, \boldsymbol{a}_k$ は V の基底となる。

7．**部分空間の条件**（Ⅰ）

線形空間 V の ϕ でない部分集合 W が V の部分空間となるための条件は，次の 2 つである。

$$\begin{cases}(1)\ \boldsymbol{x}, \boldsymbol{y}\in W \Rightarrow \boldsymbol{x}+\boldsymbol{y}\in W\\(2)\ \boldsymbol{x}\in W,\ c\in\boldsymbol{R} \Rightarrow c\boldsymbol{x}\in W\end{cases}$$

8．**部分空間の条件**（Ⅱ）

線形空間 V の ϕ でない部分集合 W が V の部分空間となるための条件は，任意の $\boldsymbol{x}, \boldsymbol{y}\in W$ と任意の $\lambda, \mu\in\boldsymbol{R}$ に対して，$\lambda\boldsymbol{x}+\mu\boldsymbol{y}\in W$

9．**部分空間の例**

線形空間 V の元 $\boldsymbol{a}_1, \boldsymbol{a}_2, \cdots, \boldsymbol{a}_k$ の線形結合全体は，V の部分空間 W になる：$W=\{\boldsymbol{x}\,|\,\boldsymbol{x}=c_1\boldsymbol{a}_1+c_2\boldsymbol{a}_2+\cdots+c_k\boldsymbol{a}_k,\ c_1, \cdots, c_k\in\boldsymbol{R}\}$

線形写像

- 線形写像・線形変換
- 線形写像の表現行列
- 核 (Ker$f$) と商空間
- 線形写像の基本定理
  (V/Ker$f \cong$ Imf)

§1. 線形写像

今回は，$\boldsymbol{R}$ 上の線形空間 V を，別の $\boldsymbol{R}$ 上の線形空間 V' に写像する線形写像について勉強する。ここでは，写像 f の像 $(\mathrm{Im}f)$，核 $(\mathrm{Ker}f)$ や，線形写像の表現行列，それに，合成写像についても解説する。

● 線形写像の定義から始めよう！

"線形写像" の定義は次の通りだ。

線形写像の定義

V, V' を，$\boldsymbol{R}$ 上の線形空間として，V から V' への写像 $f: V \to V'$ が，任意の $\boldsymbol{x}, \boldsymbol{y} \in V$ と任意の $\lambda \in \boldsymbol{R}$ に対して，次の $\mathbf{2}$ つの条件をみたすとき，f を V から V' への **"線形写像"** という。

$$\begin{cases} (1)\ f(\boldsymbol{x}+\boldsymbol{y}) = f(\boldsymbol{x}) + f(\boldsymbol{y}) \\ (2)\ f(\lambda\boldsymbol{x}) = \lambda f(\boldsymbol{x}) \end{cases}$$

(1)(2) をまとめて，$f(\lambda\boldsymbol{x}+\mu\boldsymbol{y}) = \lambda f(\boldsymbol{x}) + \mu f(\boldsymbol{y})$ を線形写像の条件としてもいい。

また，いきなり抽象的な話から入ったけれど，V は n 次元ベクトル空間 $\boldsymbol{R}^n$ と考えていいわけで，さらにこれを $\boldsymbol{R}^1 = \boldsymbol{R}$，つまり実数と考えると，(1)，(2) の意味が，最も単純な形で非常に明確になると思う。

一般に，"線形性" という言葉から，「直線的な性質」を連想する人が多いと思う。しかし，これはもっと踏み込んで，「原点を通る直線的な性質」と考えていいんだ。

実際に，実数変数 x から x' への線形写像 $x' = f(x)$ が，2 つの条件：

$$\begin{cases} (1)\ f(x_1+x_2) = f(x_1) + f(x_2) \\ (2)\ f(\lambda x_1) = \lambda f(x_1) \end{cases}$$

（x から x' への写像）（線形写像の定義）

をみたすのは，図 1(ⅰ)(ⅱ) に示すように，原点を通る直線，すなわち，$x' = f(x) = ax$ の場合に限ることがわかるはずだ。

図 1　実数における線形写像

(ⅰ) $f(x_1+x_2) = f(x_1) + f(x_2)$

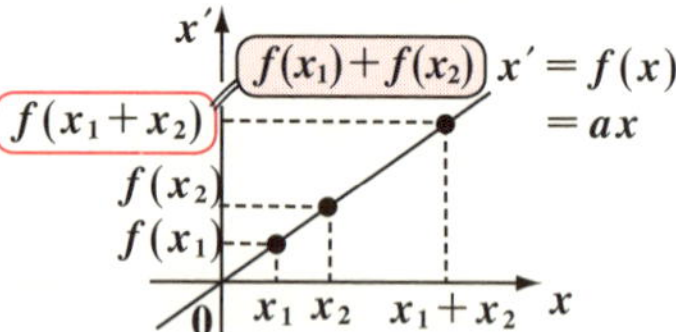

(ⅱ) $f(\lambda x_1) = \lambda f(x_1)$

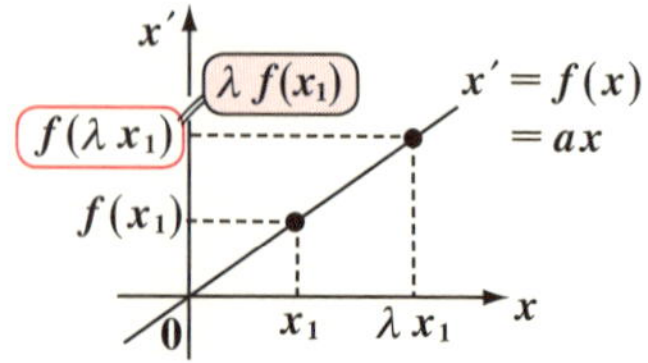

一般には, $V = R^n$, $V' = R^m$ と考えると, n 次元列ベクトル $\boldsymbol{x}$ を, 線形写像 f により, m 次元列ベクトル $\boldsymbol{x}'$ ($\boldsymbol{x} \in R^n$, $\boldsymbol{x}' \in R^m$) に写すことになる。
ここで, $m = n$ すなわち, n 次元ベクトルから n 次元ベクトルへの線形写像 $f : R^n \to R^n$ のことを特に "**線形変換**" と呼ぶことも, 覚えておいてくれ。

この線形写像には, 次に示す重要な性質がある。

線形写像の性質

線形写像 $f : V \to V'$ は, 次の性質をもつ。((ⅱ) の性質を, f の "**線形性**" という。)

(ⅰ) $f(\mathbf{0}) = \mathbf{0}'$ (V の零ベクトル $\mathbf{0}$ は, V' の零ベクトル $\mathbf{0}'$ に写される)

(ⅱ) $f(c_1\boldsymbol{x}_1 + c_2\boldsymbol{x}_2 + \cdots\cdots + c_n\boldsymbol{x}_n) = c_1 f(\boldsymbol{x}_1) + c_2 f(\boldsymbol{x}_2) + \cdots\cdots + c_n f(\boldsymbol{x}_n)$

(ⅰ) は, 条件 (1) で, $\boldsymbol{x} = \mathbf{0}$, $\boldsymbol{y} = \mathbf{0}$ を代入すると,

$f(\mathbf{0}) = f(\mathbf{0}) + f(\mathbf{0})$ $\therefore f(\mathbf{0}) = \mathbf{0}'$ が導かれる。

(ⅱ) は, 条件 (1), (2) を使えば, 容易に示せる。つまり,

$$f(c_1\boldsymbol{x}_1 + c_2\boldsymbol{x}_2 + \cdots\cdots + c_n\boldsymbol{x}_n) = f(c_1\boldsymbol{x}_1) + f(c_2\boldsymbol{x}_2) + \cdots\cdots + f(c_n\boldsymbol{x}_n) \quad ((1) \text{ より})$$

$$= c_1 f(\boldsymbol{x}_1) + c_2 f(\boldsymbol{x}_2) + \cdots\cdots + c_n f(\boldsymbol{x}_n) \quad ((2) \text{ より}) \text{ となる。}$$

ここで, $f(V) = \{f(\boldsymbol{x}) \mid \boldsymbol{x} \in V\}$ とおく。これは, 線形空間 V 上の任意の元 $\boldsymbol{x}$ の 線形写像 f による "**像**" $f(\boldsymbol{x})$ の集合のことで, これを V の f による "**像**" と呼び, $\mathrm{Im} f$ とも表す。("イメージ f" と読む)

$\mathrm{Im} f$ は V' の部分空間

線形写像 $f : V \to V'$ について,

$\mathrm{Im} f = f(V) = \{f(\boldsymbol{x}) \mid \boldsymbol{x} \in V\}$

は, V' の部分空間となる。

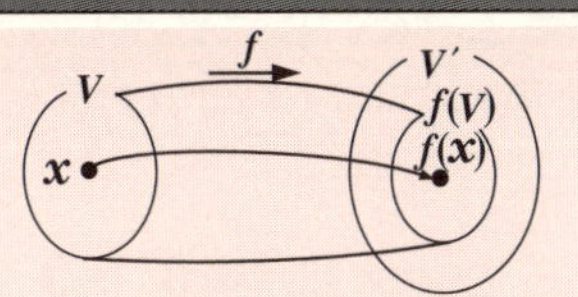

$f(V) = V'$ となるとき, この写像 f を, V から V' の "**上への写像**" という。

$f(V)$ の 2 つの元 $\boldsymbol{x}_1'$, $\boldsymbol{x}_2'$ をとると,

$$\begin{cases} \boldsymbol{x}_1' = f(\boldsymbol{x}_1) & (\boldsymbol{x}_1 \in V) \\ \boldsymbol{x}_2' = f(\boldsymbol{x}_2) & (\boldsymbol{x}_2 \in V) \end{cases}$$

→ $\boldsymbol{x}_1'$, $\boldsymbol{x}_2'$ は $\boldsymbol{x}_1$, $\boldsymbol{x}_2$ の f による像 →

方針

ここで, $f(V)$ が V' の部分空間であることを示すには, 部分空間の条件 (Ⅱ) を使って, $\boldsymbol{x}_1' \in f(V)$, $\boldsymbol{x}_2' \in f(V)$ のとき, $\lambda\boldsymbol{x}_1' + \mu\boldsymbol{x}_2' \in f(V)$ を示せばよい。

ここで, 2 つの実数 λ, μ に対して,

$$\lambda\boldsymbol{x}_1' + \mu\boldsymbol{x}_2' = \lambda f(\boldsymbol{x}_1) + \mu f(\boldsymbol{x}_2)$$

$$= f(\lambda\boldsymbol{x}_1 + \mu\boldsymbol{x}_2) \quad (f \text{ の線形性より})$$

ここで, V は線形空間より, $\lambda\boldsymbol{x}_1 + \mu\boldsymbol{x}_2 \in V$

$\therefore \lambda\boldsymbol{x}_1' + \mu\boldsymbol{x}_2' \in f(V)$ より, $\mathrm{Im} f = f(V)$ は V' の部分空間である。

核 (Ker$f$) の定義

線形写像 $f: V \to V'$ について

$f^{-1}(\mathbf{0}') = \{\boldsymbol{x} \in V \mid f(\boldsymbol{x}) = \mathbf{0}'\}$

を, V の f による "**核**" といい,

これを **Ker$f$** で表す。

("カーネルf"と読む)

そして, Ker$f$ はV の部分空間である。

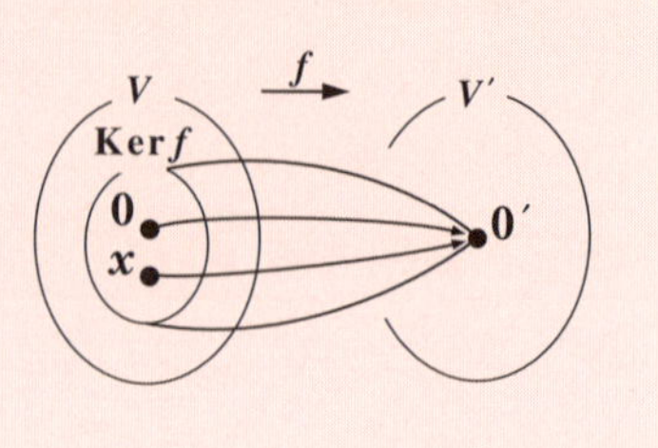

ここで, f^{-1} の記号を用いたが, この線形写像 f に逆写像が定義されてい

(逆写像が定義されるためには, f が**上への 1 対 1 の写像 (全単射)** であることが必要!)

なくてもかまわない。$f^{-1}(\mathbf{0}')$ は, $\mathbf{0}'$ に写されるすべての V の元の集合, すなわち Ker$f$ を表しているだけだからだ。

それでは, Ker$f$ がV の部分空間となることを示そう。

($\boldsymbol{x} \in$ Ker$f$, $\boldsymbol{y} \in$ Ker$f$ のとき $\lambda\boldsymbol{x} + \mu\boldsymbol{y} \in$ Ker$f$ を示せばいい)

Ker$f$ の 2 つの元 $\boldsymbol{x}, \boldsymbol{y}$ をとる。

$$\begin{cases} \boldsymbol{x} \in \mathrm{Ker}f & (f(\boldsymbol{x}) = \mathbf{0}') \\ \boldsymbol{y} \in \mathrm{Ker}f & (f(\boldsymbol{y}) = \mathbf{0}') \end{cases}$$

ここで, 2つの実数λとμを用いて, $\lambda\boldsymbol{x} + \mu\boldsymbol{y}$ が Ker$f$の元となることを示す。

$$f(\lambda\boldsymbol{x} + \mu\boldsymbol{y}) = \lambda \underbrace{f(\boldsymbol{x})}_{\mathbf{0}'} + \mu \underbrace{f(\boldsymbol{y})}_{\mathbf{0}'} \quad (f \text{ の線形性より})$$

$$= \lambda\mathbf{0}' + \mu\mathbf{0}' = \mathbf{0}'$$

ゆえに, $\lambda\boldsymbol{x} + \mu\boldsymbol{y} \in$ Ker$f$ となる。

これで, Ker$f$ はV の部分空間であることが示せたね。

抽象論ばかりで, 疲れたって? わかるよ。では, そろそろ具体的な話に入ることにしよう。n 次元列ベクトル $\boldsymbol{x}$ から, m 次元列ベクトル $\boldsymbol{x}'$ への線形写像 f, すなわち $\boldsymbol{x}' = f(\boldsymbol{x})$ はすべて, $\boldsymbol{x}' = A\boldsymbol{x}$ の形で書くことが出来る。

($\boldsymbol{x}'$: $(m, 1)$ 型, $\boldsymbol{x}$: $(n, 1)$ 型行列, $\boldsymbol{x}'$: $(m, 1)$ 型, A: (m, n) 型, $\boldsymbol{x}$: $(n, 1)$ 型行列)

これって, この節の最初の例で示した, 原点を通る直線の式 $x' = ax$ と同様の形の式なんだね。どう? 元気が出てきた?

● 線形写像には，表現行列が存在する！

$V=R^n$ (n 次元ベクトル空間), $V'=R^m$ (m 次元ベクトル空間) とおいて，線形写像 $f : R^n \to R^m$ について考えることにしよう。

R^n の標準基底 $\{e_1, e_2, \cdots\cdots, e_n\}$ を，

(n, 1) 型

$$e_1=\begin{bmatrix}1\\0\\\vdots\\0\end{bmatrix},\ e_2=\begin{bmatrix}0\\1\\\vdots\\0\end{bmatrix},\ \cdots\cdots,\ e_n=\begin{bmatrix}0\\0\\\vdots\\1\end{bmatrix}$$ とおくと，

R^n の任意の元 $x=\begin{bmatrix}x_1\\x_2\\\vdots\\x_n\end{bmatrix}$ は，$e_1, e_2, \cdots\cdots, e_n$ の線形結合で表せる。

$$x=\begin{bmatrix}x_1\\x_2\\\vdots\\x_n\end{bmatrix}=x_1\begin{bmatrix}1\\0\\\vdots\\0\end{bmatrix}+x_2\begin{bmatrix}0\\1\\\vdots\\0\end{bmatrix}+\ \cdots\cdots\ +x_n\begin{bmatrix}0\\0\\\vdots\\1\end{bmatrix}$$

$\therefore\ x=x_1e_1+x_2e_2+\cdots\cdots+x_ne_n$ ……①

この x を線形写像したものを $x'=f(x)$ とおき，これに①を代入して，

(m, 1) 型

$$x'=\begin{bmatrix}x_1'\\x_2'\\\vdots\\x_m'\end{bmatrix}=f(x)=f(x_1e_1+x_2e_2+\cdots\cdots+x_ne_n)$$

$$=x_1f(e_1)+x_2f(e_2)+\cdots\cdots+x_nf(e_n)\ \cdots\cdots②$$

(f の線形性より)

ここで，$f(e_1)=\begin{bmatrix}a_{11}\\a_{21}\\\vdots\\a_{m1}\end{bmatrix}$, $f(e_2)=\begin{bmatrix}a_{12}\\a_{22}\\\vdots\\a_{m2}\end{bmatrix}$, ……, $f(e_n)=\begin{bmatrix}a_{1n}\\a_{2n}\\\vdots\\a_{mn}\end{bmatrix}$ とおき，

これらを②に代入すると，

$$\begin{bmatrix} x_1{}' \\ x_2{}' \\ \vdots \\ x_m{}' \end{bmatrix} = x_1 \begin{bmatrix} a_{11} \\ a_{21} \\ \vdots \\ a_{m1} \end{bmatrix} + x_2 \begin{bmatrix} a_{12} \\ a_{22} \\ \vdots \\ a_{m2} \end{bmatrix} + \cdots\cdots + x_n \begin{bmatrix} a_{1n} \\ a_{2n} \\ \vdots \\ a_{mn} \end{bmatrix}$$

$$\underbrace{\begin{bmatrix} x_1{}' \\ x_2{}' \\ \vdots \\ x_m{}' \end{bmatrix}}_{\boldsymbol{x}':(m,\,1)\text{型}} = \underbrace{\begin{bmatrix} a_{11} & a_{12} & \cdots & a_{1n} \\ a_{21} & a_{22} & \cdots & a_{2n} \\ \vdots & \vdots & \vdots & \vdots \\ a_{m1} & a_{m2} & \cdots & a_{mn} \end{bmatrix}}_{A:(m,\,n)\text{型}} \underbrace{\begin{bmatrix} x_1 \\ x_2 \\ \vdots \\ x_n \end{bmatrix}}_{\boldsymbol{x}:(n,\,1)\text{型行列}} \cdots\cdots③$$

以上より，線形写像 $f : R^n \to R^m$ は，$\boldsymbol{x}' = A\boldsymbol{x}$ の形で表せる。

線形写像と表現行列

線形写像 $f : R^n \to R^m$ に対して，(m, n) 型の行列 A がただ 1 つ定まり，

$\boldsymbol{x}' = f(\boldsymbol{x}) = A\boldsymbol{x}$ と表せる。$(\boldsymbol{x} \in R^n,\ \boldsymbol{x}' \in R^m)$

この行列 A を，線形写像 f の“**表現行列**”という。

n 次元ベクトルから n 次元ベクトルへの線形写像 $f : R^n \to R^n$ のことを特に“線形変換”ということは既に話したね。従って，線形変換 f の表現行列 A は，n 次の正方行列になることも大丈夫だね。

それでは，ここで，具体的に練習しておこう。$f : R^3 \to R^2$ の線形写像の表現行列 A が，$A = \begin{bmatrix} 1 & 1 & 0 \\ 0 & 1 & 2 \end{bmatrix}$ で与えられているとき，線形写像の式は，

$$\begin{bmatrix} x_1{}' \\ x_2{}' \end{bmatrix} = \begin{bmatrix} 1 & 1 & 0 \\ 0 & 1 & 2 \end{bmatrix} \begin{bmatrix} x_1 \\ x_2 \\ x_3 \end{bmatrix} \text{ となる。}$$

ここで，$\begin{bmatrix} x_1 \\ x_2 \\ x_3 \end{bmatrix} = \begin{bmatrix} 0 \\ 0 \\ 0 \end{bmatrix}$ や $\begin{bmatrix} 1 \\ 1 \\ 1 \end{bmatrix}$ のとき

(i) $\begin{bmatrix} x_1{}' \\ x_2{}' \end{bmatrix} = \begin{bmatrix} 1 & 1 & 0 \\ 0 & 1 & 2 \end{bmatrix} \begin{bmatrix} 0 \\ 0 \\ 0 \end{bmatrix} = \begin{bmatrix} 0 \\ 0 \end{bmatrix}$

図 2　$f : R^3 \to R^2$ の例

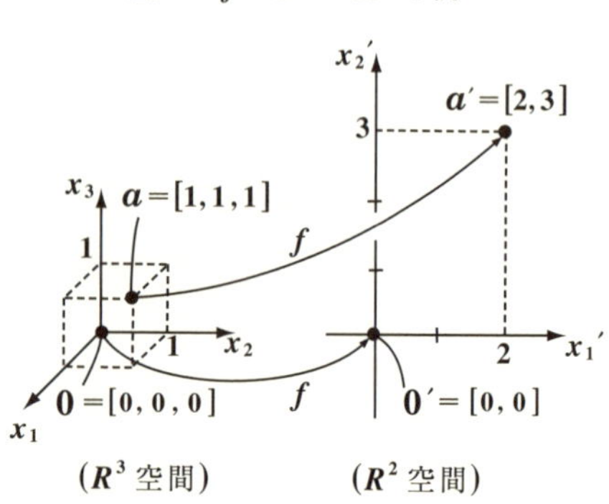

より，$\mathbf{0}=[0,0,0]$ は，$\mathbf{0}'=[0,0]$ に写される。(図 2 参照)

(ii) $\begin{bmatrix} x_1' \\ x_2' \end{bmatrix}=\begin{bmatrix} 1 & 1 & 0 \\ 0 & 1 & 2 \end{bmatrix}\begin{bmatrix} 1 \\ 1 \\ 1 \end{bmatrix}=\begin{bmatrix} 2 \\ 3 \end{bmatrix}$

よって，点 $\boldsymbol{a}=[1,1,1]$ は，点 $\boldsymbol{a}'=[2,3]$ に写される。(図 2 参照)
このように，具体的に考えると線形写像にもなじみが出てくると思う。

● 合成写像にもチャレンジしよう！

合成写像の考え方は，次の通りだ。

合成写像

2 つの線形写像 $f: \boldsymbol{R}^n \to \boldsymbol{R}^m$, $g: \boldsymbol{R}^m \to \boldsymbol{R}^l$ の表現行列をそれぞれ A, B とおくと，(A : (m, n) 型行列，B : (l, m) 型行列)

$$\begin{cases} f: \boldsymbol{x}'=A\boldsymbol{x} & \cdots\cdots ㋐ \quad (\boldsymbol{x} \in \boldsymbol{R}^n, \boldsymbol{x}' \in \boldsymbol{R}^m) \\ g: \boldsymbol{x}''=B\boldsymbol{x}' & \cdots\cdots ㋑ \quad (\boldsymbol{x}' \in \boldsymbol{R}^m, \boldsymbol{x}'' \in \boldsymbol{R}^l) \end{cases}$$

ここで，合成写像 $g \circ f$ を考えると，

$g \circ f : \boldsymbol{R}^n \longrightarrow \boldsymbol{R}^l$
(g：後，f：先)

($\boldsymbol{R}^m$ を経由せず，直接 $\boldsymbol{R}^n$ から $\boldsymbol{R}^l$ へと直行する写像が，合成写像 $g \circ f$ なんだ。)

よって，$g \circ f$ の表現行列は $B \cdot A$ となる。
(B：後，A：先)

合成写像 $g \circ f$ は，下の模式図のように，$\boldsymbol{R}^n(\boldsymbol{x})$ から $\boldsymbol{R}^l(\boldsymbol{x}'')$ に直行便を

$$\boldsymbol{R}^n(\boldsymbol{x}) \xrightarrow[A]{f} \boldsymbol{R}^m(\boldsymbol{x}') \xrightarrow[B]{g} \boldsymbol{R}^l(\boldsymbol{x}'')$$

$g \circ f$ (合成写像)

飛ばすようなもので，㋐を㋑に代入することにより，

$\boldsymbol{x}''=B\boldsymbol{x}'=BA\boldsymbol{x} \quad \therefore \boldsymbol{x}''=BA\boldsymbol{x}$ となる。

よって，$g \circ f$ の表現行列は，BA となる。

演習問題 19　●表現行列と合成写像 (Ⅰ)●

次のような 2 つの線形写像 f と g がある。

$f : R^3 \longrightarrow R^2$　　,　　$g : R^2 \longrightarrow R^2$

$$\begin{bmatrix} x_1 \\ x_2 \\ x_3 \end{bmatrix} \longrightarrow \begin{bmatrix} x_1+2x_2 \\ x_2-x_3 \end{bmatrix} \qquad \begin{bmatrix} x_1' \\ x_2' \end{bmatrix} \longrightarrow \begin{bmatrix} x_1'-x_2' \\ -2x_2' \end{bmatrix}$$

(1) f と g それぞれの表現行列 A と B を求めよ。

(2) 合成写像 $g \circ f$ の表現行列 BA を求めよ。

ヒント！ (1)(2) $f : \boldsymbol{x}'=A\boldsymbol{x}$, $g : \boldsymbol{x}''=B\boldsymbol{x}'$ を求めて，$\boldsymbol{x}'$ を消去する。

解答＆解説

(1) $f : \boldsymbol{x}' = \begin{bmatrix} x_1' \\ x_2' \end{bmatrix} = \begin{bmatrix} x_1+2x_2 \\ x_2-x_3 \end{bmatrix} = \underbrace{\begin{bmatrix} 1 & 2 & 0 \\ 0 & 1 & -1 \end{bmatrix}}_{A} \underbrace{\begin{bmatrix} x_1 \\ x_2 \\ x_3 \end{bmatrix}}_{\boldsymbol{x}}$ ……①

$\therefore$ f の表現行列 A は, $A=\begin{bmatrix} 1 & 2 & 0 \\ 0 & 1 & -1 \end{bmatrix}$ ……………………………(答)

$g : \boldsymbol{x}'' = \begin{bmatrix} x_1'' \\ x_2'' \end{bmatrix} = \begin{bmatrix} x_1'-x_2' \\ -2x_2' \end{bmatrix} = \underbrace{\begin{bmatrix} 1 & -1 \\ 0 & -2 \end{bmatrix}}_{B} \underbrace{\begin{bmatrix} x_1' \\ x_2' \end{bmatrix}}_{\boldsymbol{x}'}$ ……②

$\therefore$ g の表現行列 B は，$B=\begin{bmatrix} 1 & -1 \\ 0 & -2 \end{bmatrix}$ ……………………………(答)

(2) ①を②に代入して，$\boldsymbol{x}'$ を消去すると，

$\underset{後}{g} \circ \underset{先}{f} : \boldsymbol{x}''=B\boldsymbol{x}'=\underset{後}{B}\cdot\underset{先}{A}\boldsymbol{x}$

$\therefore$ $g \circ f$ の表現行列 BA は，

$BA=\begin{bmatrix} 1 & -1 \\ 0 & -2 \end{bmatrix}\begin{bmatrix} 1 & 2 & 0 \\ 0 & 1 & -1 \end{bmatrix}=\begin{bmatrix} 1 & 1 & 1 \\ 0 & -2 & 2 \end{bmatrix}$ ……………………………(答)

実践問題 19 ● 表現行列と合成写像 (Ⅱ) ●

次のような 2 つの線形写像 f と g がある。

$f : R^2 \longrightarrow R^2$,　　$g : R^2 \longrightarrow R$

$\begin{bmatrix} x_1 \\ x_2 \end{bmatrix} \longrightarrow \begin{bmatrix} x_1+2x_2 \\ -x_1+x_2 \end{bmatrix}$　　$\begin{bmatrix} x_1' \\ x_2' \end{bmatrix} \longrightarrow [x_1'+x_2']$

(1) f と g それぞれの表現行列 A と B を求めよ。

(2) 合成写像 $g \circ f$ の表現行列 BA を求めよ。

ヒント！ (1)(2) まず, $f : \boldsymbol{x}'=A\boldsymbol{x}$, $g : \boldsymbol{x}''=B\boldsymbol{x}'$ の形に変形する。

解答＆解説

(1) $f : \boldsymbol{x}' = \begin{bmatrix} x_1' \\ x_2' \end{bmatrix} = \begin{bmatrix} x_1+2x_2 \\ -x_1+x_2 \end{bmatrix} = \boxed{(ア)} \begin{bmatrix} x_1 \\ x_2 \end{bmatrix}$ ……①

（$\boxed{(ア)}$ が A，$\begin{bmatrix} x_1 \\ x_2 \end{bmatrix}$ が $\boldsymbol{x}$）

∴ f の表現行列 A は, $A=\boxed{(ア)}$ ……………………(答)

$g : \boldsymbol{x}''=[x_1'']=[x_1'+x_2']=\boxed{(イ)}\begin{bmatrix} x_1' \\ x_2' \end{bmatrix}$ ……②

（$\boxed{(イ)}$ が B，$\begin{bmatrix} x_1' \\ x_2' \end{bmatrix}$ が $\boldsymbol{x}'$）

∴ g の表現行列 B は, $B=\boxed{(イ)}$ ……………………(答)

(2) ①を②に代入して, $\boldsymbol{x}'$ を消去すると,

$g \circ f : \boldsymbol{x}''=B\boldsymbol{x}'=BA\boldsymbol{x}$

（$g \circ f$：合成写像）

∴ $g \circ f$ の表現行列 BA は,

$BA=[1\ \ 1]\begin{bmatrix} 1 & 2 \\ -1 & 1 \end{bmatrix}=\boxed{(ウ)}$ ……………………(答)

解答　(ア) $\begin{bmatrix} 1 & 2 \\ -1 & 1 \end{bmatrix}$　(イ) $[1\ \ 1]$　(ウ) $[0\ \ 3]$

§2. Ker$f$ と商空間

いよいよ，線形写像の解説も最終段階に入るよ。ここでは，まず線形写像 $f: V \to V'$ において V と V' が "同型" の場合について解説する。次に，V と V' が同型でない場合の核 (Ker$f$) の重要性を示し，"商空間" や "線形写像の基本定理" についても，詳しく教えていくつもりだ。

今回も，盛り沢山の内容だけれど，具体的にわかりやすく解説するから，すべて理解できるはずだ。安心して，ついてらっしゃい。

● まず，同型写像から始めよう！

言葉や考え方が難しくなってきているので，抽象論ではなく，初めから具体例から入っていくことにしよう。

次の線形写像 (線形変換) $f: V = R^2 \longrightarrow V' = R^2$ を考える。

$$\begin{bmatrix} x_1' \\ x_2' \end{bmatrix} = \begin{bmatrix} 1 & 1 \\ 2 & -1 \end{bmatrix} \begin{bmatrix} x_1 \\ x_2 \end{bmatrix} \quad \cdots\cdots ①$$

$$[\ \boldsymbol{x}' = A \cdot \boldsymbol{x} \quad (\boldsymbol{x}' \in V', \boldsymbol{x} \in V)\ ]$$

この f による核 (Ker$f$) は，V' の元 $\boldsymbol{x}'$ を $\boldsymbol{x}' = \boldsymbol{0}'$，すなわち $\begin{bmatrix} x_1' \\ x_2' \end{bmatrix} = \begin{bmatrix} 0 \\ 0 \end{bmatrix}$

とおいたときの V の元 $\boldsymbol{x} = \begin{bmatrix} x_1 \\ x_2 \end{bmatrix}$ の集合のことだから，①に $\begin{bmatrix} x_1' \\ x_2' \end{bmatrix} = \begin{bmatrix} 0 \\ 0 \end{bmatrix}$ を代入して，

$$\begin{bmatrix} 1 & 1 \\ 2 & -1 \end{bmatrix} \begin{bmatrix} x_1 \\ x_2 \end{bmatrix} = \begin{bmatrix} 0 \\ 0 \end{bmatrix}$$

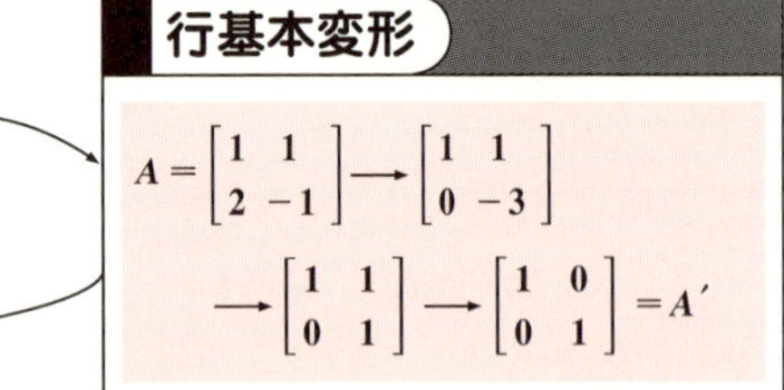

これを変形して，

$$\begin{bmatrix} 1 & 0 \\ 0 & 1 \end{bmatrix} \begin{bmatrix} x_1 \\ x_2 \end{bmatrix} = \begin{bmatrix} 0 \\ 0 \end{bmatrix}$$

$\therefore x_1 = 0,\ x_2 = 0$ となるので，Ker$f = \{\boldsymbol{0}\}$ となる。

今回は，$\boldsymbol{0}'$ に写される V の元は $\boldsymbol{0}$ のみであることがわかった。この Ker$f$ が $\{\boldsymbol{0}\}$ か，それ以外の V の元を含むかによって，重要な違いが生じてくるので，特に注意しよう。

$\begin{bmatrix} x_1 \\ x_2 \end{bmatrix} = \begin{bmatrix} 1 \\ 1 \end{bmatrix}, \begin{bmatrix} 1 \\ -1 \end{bmatrix}$のとき，①は，

それぞれ，

$$\begin{bmatrix} x_1' \\ x_2' \end{bmatrix} = \begin{bmatrix} 1 & 1 \\ 2 & -1 \end{bmatrix}\begin{bmatrix} 1 \\ 1 \end{bmatrix} = \begin{bmatrix} 2 \\ 1 \end{bmatrix}$$

$$\begin{bmatrix} x_1' \\ x_2' \end{bmatrix} = \begin{bmatrix} 1 & 1 \\ 2 & -1 \end{bmatrix}\begin{bmatrix} 1 \\ -1 \end{bmatrix} = \begin{bmatrix} 0 \\ 3 \end{bmatrix}$$

となる。以上より，

$$\mathbf{0}\,[0,\,0] \xrightarrow{f} \mathbf{0}'\,[0,\,0]$$

$$点\,[1,\,1] \xrightarrow{f} 点\,[2,\,1]$$

$$点\,[1,\,-1] \xrightarrow{f} 点\,[0,\,3]$$

図 1　同型写像の例

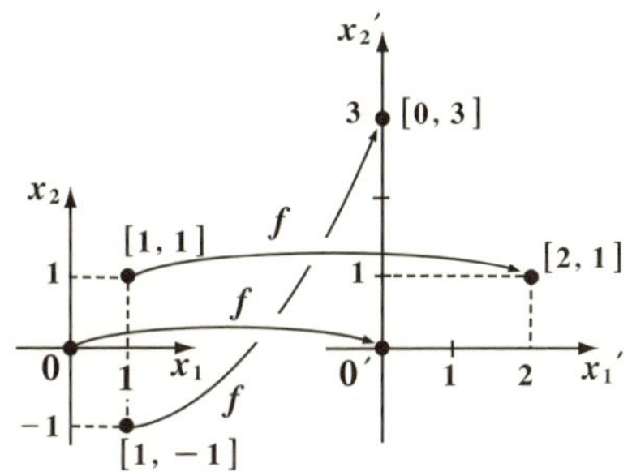

図 2　同型写像の例
上への 1 対 1 写像

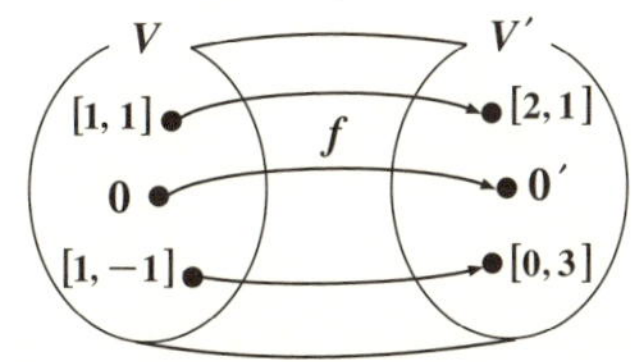

などのように，x_1x_2 平面 $(V = R^2)$ 上の点が，$x_1'x_2'$ 平面 $(V' = R^2)$ 上の点に写されることが具体的にわかったと思う。それを，図や集合のイメージを使って，図 1，図 2 に示した。以下同様に考えれば，x_1x_2 平面上のすべての点が $x_1'x_2'$ 平面上のすべての点に 1 対 1 に写像されていることが類推できると思う。このような写像を “同型写像” という。これを，きちんと定義すると以下のようになる。

同型写像

線形写像 $f : V \to V'$ が，“**上への 1 対 1 写像 (全単射)**” であるとき，

f を “**同型写像**” という。また，V と V' を “**同型**” と呼び，$V \cong V'$ と表す。

（“どうけいしゃぞう” と読む）

$V \cong V'$，すなわち V と V' が “同型” ということは，線形空間として V と V' がまったく同じ構造をもっていて，区別する必要がないことを示している。

それでは次，“上への 1 対 1 写像 (全単射)” についても説明しよう。（“ぜんたんしゃ” と読む）これは 2 つの写像：(i) “**上への写像 (全射)**” と (ii) “**1 対 1 写像 (単射)**” が組み合わされたものである。（“ぜんしゃ” と読む）（“たんしゃ” と読む）

ここで, (ⅰ) 全射, (ⅱ) 単射, (ⅲ) 全単射のイメージを図 **3** に示す。

図 3

(ⅰ) 全射(上への写像)のイメージ

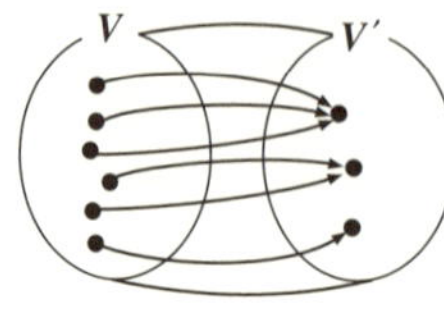

(ⅱ) 単射(**1** 対 **1** 写像)のイメージ

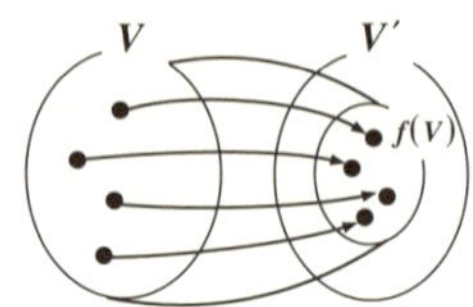

(ⅲ) 全単射(上への **1** 対 **1** 写像)のイメージ

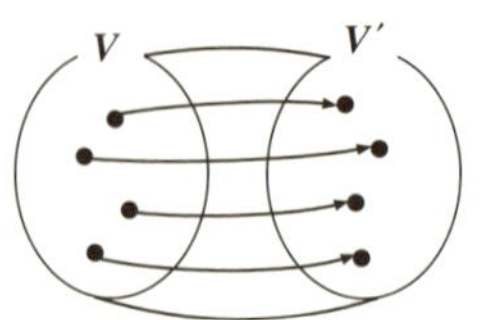

(ⅰ) 全射とは, $f(V)$ すなわち $\mathrm{Im}f$ が V' と一致するが, **1** 対 **1** 対応とは限らない写像のこと,

(ⅱ) 単射とは, **1** 対 **1** 写像ではあるが, $\mathrm{Im}f$ が V' と一致するとは限らない写像のことで,

(ⅲ) 全単射とは, $\mathrm{Im}f = V'$ で, かつ **1** 対 **1** 写像となる写像のこと,

なんだね。

これから, 線形写像 $f : V \to V'$ が, 全単射(上への **1** 対 **1** 写像) であれば, V と V' が同じ構造の線形空間であることも理解できるはずだ。

それでは, 例題の

$$\begin{bmatrix} x_1' \\ x_2' \end{bmatrix} = \begin{bmatrix} 1 & 1 \\ 2 & -1 \end{bmatrix} \begin{bmatrix} x_1 \\ x_2 \end{bmatrix} \quad \cdots\cdots ① \qquad [\boldsymbol{x}' = A\boldsymbol{x}]$$

が, 同型写像 (全単射) であり, $V \cong V'$ となることを示してみよう。

(ⅰ) 全射 (上への写像) の証明 :

①を変形して, $\boldsymbol{x}' = \begin{bmatrix} x_1' \\ x_2' \end{bmatrix} = x_1 \begin{bmatrix} 1 \\ 2 \end{bmatrix} + x_2 \begin{bmatrix} 1 \\ -1 \end{bmatrix} \cdots\cdots ①'$

ここで, $\boldsymbol{a}_1 = \begin{bmatrix} 1 \\ 2 \end{bmatrix}$, $\boldsymbol{a}_2 = \begin{bmatrix} 1 \\ -1 \end{bmatrix}$ とおくと, ①′は, $\boldsymbol{x}' = x_1\boldsymbol{a}_1 + x_2\boldsymbol{a}_2 \cdots ①''$

となる。$\boldsymbol{a}_1, \boldsymbol{a}_2$ は線形独立より, $\{\boldsymbol{a}_1, \boldsymbol{a}_2\}$ は **2** 次元ベクトル空間の **1** 組の基底である。 ($\boldsymbol{a}_1 = k\boldsymbol{a}_2$(従属) の形にはならない)

よって, ①″より, $[x_1, x_2]$ が自由に変化するとき, $\boldsymbol{x}'$ は $\boldsymbol{a}_1, \boldsymbol{a}_2$ で張られる **2** 次元ベクトル空間のすべての元となり得る。

$\therefore f(V) = V'$ $[\mathrm{Im}f = V']$ より, f は全射である。

(ii) 単射 (1 対 1 写像) の証明：

> 写像 $\boldsymbol{x}'=f(\boldsymbol{x})$ が単射であることを示すには，
> 「$\boldsymbol{x}_1 \neq \boldsymbol{x}_2$ ならば $f(\boldsymbol{x}_1) \neq f(\boldsymbol{x}_2)$」を示すか，または，
> その対偶「$f(\boldsymbol{x}_1)=f(\boldsymbol{x}_2)$ ならば，$\boldsymbol{x}_1=\boldsymbol{x}_2$」を示せばよい。
> 今回は，この対偶を使って，証明してみよう。

$\boldsymbol{e}_1=\begin{bmatrix}1\\0\end{bmatrix}$，$\boldsymbol{e}_2=\begin{bmatrix}0\\1\end{bmatrix}$ とおき，V の基底として，$\{\boldsymbol{e}_1, \boldsymbol{e}_2\}$ を用いる。また，

$\boldsymbol{a}_1=f(\boldsymbol{e}_1)=\begin{bmatrix}1&1\\2&-1\end{bmatrix}\begin{bmatrix}1\\0\end{bmatrix}=\begin{bmatrix}1\\2\end{bmatrix}$，$\boldsymbol{a}_2=f(\boldsymbol{e}_2)=\begin{bmatrix}1&1\\2&-1\end{bmatrix}\begin{bmatrix}0\\1\end{bmatrix}=\begin{bmatrix}1\\-1\end{bmatrix}$ と

おき，V' の基底として，$\{\boldsymbol{a}_1, \boldsymbol{a}_2\}$ を用いる。

ここで，V の 2 つの元を $\boldsymbol{a}$，$\boldsymbol{b}$ とおくと，

(V の元は，$\boldsymbol{e}_1$ と $\boldsymbol{e}_2$ の線形結合で表せる)

$\boldsymbol{a}=\lambda_1\boldsymbol{e}_1+\lambda_2\boldsymbol{e}_2$ ……㋐ ，　$\boldsymbol{b}=\mu_1\boldsymbol{e}_1+\mu_2\boldsymbol{e}_2$ ……㋑

㋐，㋑ より，

(線形性)

$$\begin{cases} f(\boldsymbol{a})=f(\lambda_1\boldsymbol{e}_1+\lambda_2\boldsymbol{e}_2)=\lambda_1 f(\boldsymbol{e}_1)+\lambda_2 f(\boldsymbol{e}_2)=\lambda_1\boldsymbol{a}_1+\lambda_2\boldsymbol{a}_2 \\ f(\boldsymbol{b})=f(\mu_1\boldsymbol{e}_1+\mu_2\boldsymbol{e}_2)=\mu_1 f(\boldsymbol{e}_1)+\mu_2 f(\boldsymbol{e}_2)=\mu_1\boldsymbol{a}_1+\mu_2\boldsymbol{a}_2 \end{cases}$$

ここで，$f(\boldsymbol{a})=f(\boldsymbol{b})$ とすると，

$\lambda_1\boldsymbol{a}_1+\lambda_2\boldsymbol{a}_2=\mu_1\boldsymbol{a}_1+\mu_2\boldsymbol{a}_2$ より，$(\underbrace{\lambda_1-\mu_1}_{c_1})\boldsymbol{a}_1+(\underbrace{\lambda_2-\mu_2}_{c_2})\boldsymbol{a}_2=\boldsymbol{0}'$ となる。

この $\boldsymbol{a}_1$ と $\boldsymbol{a}_2$ は線形独立なので，$\lambda_1-\mu_1=\lambda_2-\mu_2=0$　$[c_1=c_2=0]$

$\therefore \lambda_1=\mu_1$ かつ $\lambda_2=\mu_2$ となるので，㋐，㋑ より，$\boldsymbol{a}=\boldsymbol{b}$ となる。

以上より，f は単射である。

以上 (i)(ii) より，表現行列 $A=\begin{bmatrix}1&1\\2&-1\end{bmatrix}$ をもつ線形写像 $f: V \to V'$

は，全単射となるので，同型写像である。よって，$V \cong V'$ ……………………(終)

ここで，$V \cong V'$ のときの次元について，次の同型写像の基本定理が成り立つ。

同型写像の基本定理

$\mathrm{dim}V$ が有限のとき，← (本書では，無限次元のものは扱わない)

$V \cong V'$ (同型) となるための必要十分条件は，

$\mathrm{dim}V=\mathrm{dim}V'$ である。

Ker$f$ と商空間に挑戦しよう！

線形写像 $f: V \to V'$ で，$\dim V = \dim V'$ ならば f は同型写像となり得ることがわかったので，線形変換 $f: R^n \to R^n$ はすべて同型写像になると思っている人が多いんじゃない？ でも，これは間違いで，その反例として線形変換 $f: R^2 \to R^2$ でも，同型写像にならないものを示すことにする。

次の線形写像（線形変換）$f: V = R^2 \longrightarrow V' = R^2$ を考えてみよう。

$$\begin{bmatrix} x_1' \\ x_2' \end{bmatrix} = \begin{bmatrix} 2 & 1 \\ 4 & 2 \end{bmatrix} \begin{bmatrix} x_1 \\ x_2 \end{bmatrix} \cdots\cdots ②$$

$$[\ \boldsymbol{x}' = A \cdot \boldsymbol{x} \quad (\boldsymbol{x} \in V,\ \boldsymbol{x}' \in V')]$$

②を計算すると $\begin{bmatrix} x_1' \\ x_2' \end{bmatrix} = \begin{bmatrix} 2x_1 + x_2 \\ 4x_1 + 2x_2 \end{bmatrix} \cdots\cdots ②'$ となって，

$$\begin{cases} x_1' = 2x_1 + x_2 \\ x_2' = 4x_1 + 2x_2 = 2(2x_1 + x_2) = 2x_1' \end{cases}$$

図4　2次元平面を直線に写す線形写像

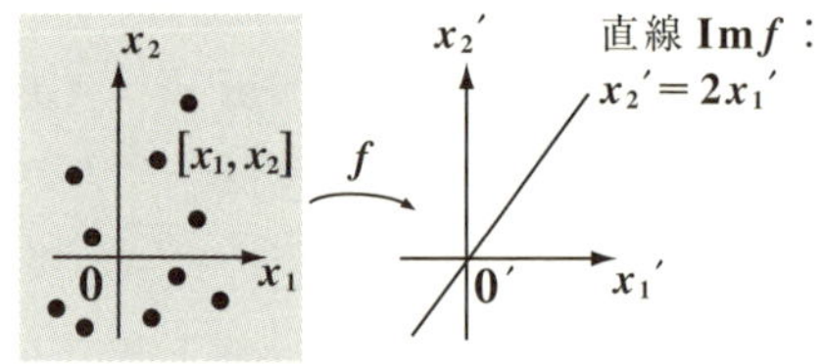

点 $[x_1, x_2]$ に何の制約もついていないので，図4に示すように点 $[x_1, x_2]$ は，x_1x_2 平面上を自由に動ける。しかし，x_1' と x_2' については，$x_2' = 2x_1'$ の関係式が存在し，これは原点 $\mathbf{0}'$ を通る直線を表す。これから，平面全体 (V) が直線 (Imf) に写されることがわかった。この Imf は，V' とは一致しない。当然，次元は，$\dim V = 2$，$\dim(\mathrm{Im} f) = 1$ となって，$\dim V \neq \dim(\mathrm{Im} f)$ なので，これは同型写像にはなり得ない。

ここで，もし，x_1x_2 平面上に生命が存在していたとしたら，このとんでもない (!) 変換によって，ペッタンコに滅亡させられてしまったことになる。次元も，$\dim V = 2$（2次元空間）から $\dim(\mathrm{Im} f) = 1$（1次元空間）に減ってしまった。この失われた次元（文明）を調べてあげるのも，滅亡した文明への供養になるんだろうね。その鍵となるのが，実は，核 (Ker$f$) なんだよ。Ker$f$ は，$\mathbf{0}'$ に写される V の部分空間のことだから，②′ の $\boldsymbol{x}' = \begin{bmatrix} x_1' \\ x_2' \end{bmatrix}$ に $\mathbf{0}' = \begin{bmatrix} 0 \\ 0 \end{bmatrix}$ を代入すれば，求まる。すなわち，$\begin{bmatrix} 2x_1+x_2 \\ 4x_1+2x_2 \end{bmatrix}=\begin{bmatrix} 0 \\ 0 \end{bmatrix}$ より，$2x_1+x_2=0$

（$4x_1+2x_2=0$ はこれと同一）

よって，$\mathrm{Ker}f$ は，x_1x_2 平面における直線：$x_2=-2x_1$ 上のすべての点ということになる。

図5に示すように，$\mathrm{Ker}f$，すなわち $x_2=-2x_1$ 上のすべての点が，直線 $x_2'=2x_1'$ 上の原点 $\mathbf{0}'$ に写される。

図5　$\mathrm{Ker}f \xrightarrow{f} \mathbf{0}'$

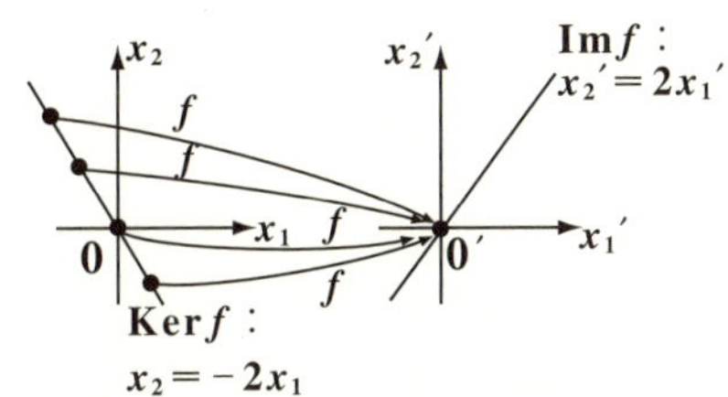

ここで，$\mathrm{Ker}f$，すなわち直線 $x_2=-2x_1$ を x_2 軸方向に k だけ平行移動した直線 $x_2=-2x_1+k$ は，$x_2+2x_1=k$ となるので，これを②′に代入してみよう。すると，

$\begin{bmatrix} x_1' \\ x_2' \end{bmatrix}=\begin{bmatrix} k \\ 2k \end{bmatrix}$ となる。図6に示すように，x_1x_2 平面における直線 $x_2+2x_1=k$ 上の点はすべて，直線 $x_2'=2x_1'$ 上の1点 $[k,\ 2k]$ に写される。

図6　$x_2+2x_1=k \xrightarrow{f} [k,\ 2k]$

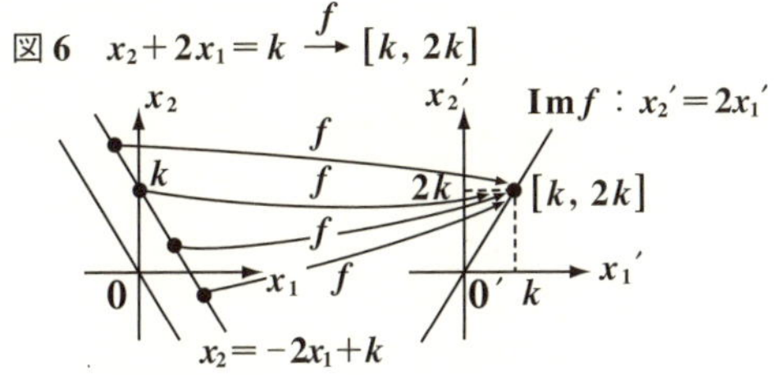

これをさらに一般化して考えると，図7のように，$\mathrm{Ker}f$ と平行な直線の集合の各元 …，㋐，㋑，…，㋔，…が，$\mathrm{Im}f$ の直線 $x_2'=2x_1'$ 上の点…，㋐，㋑，…，㋔，…に写される。

図7　商空間≅V'

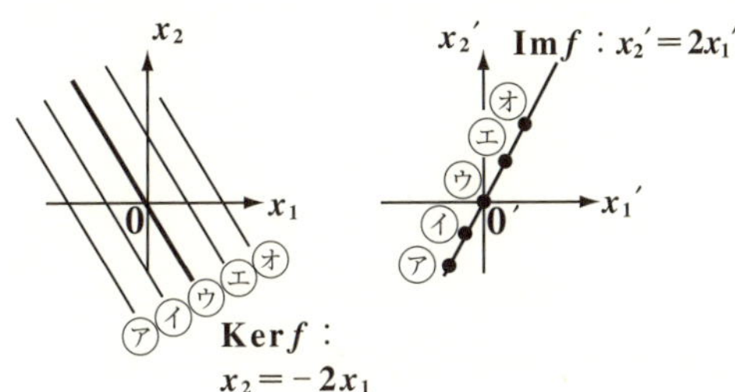

このように，もはや x_1x_2 平面 V は，点の集合というより，$\mathrm{Ker}f$ によって整理された直線の集合と考えた方がよい。これを V の $\mathrm{Ker}f$ による“**商空間**”と呼び，$V/\mathrm{Ker}f$ と表す。そして，この商空間上の $\mathrm{Ker}f$ と平行な直線の1つ1つが $\mathrm{Im}f$ の直線 $x_2'=2x_1'$ 上の1点1点に対して「上への1対1対応」になっているので，$V/\mathrm{Ker}f \cong \mathrm{Im}f$ の関係式が成り立つ。

（“しょうくうかん”と読む）

“じゅんどうけいていり”と読む

これは，準同型定理の典型例なんだけれども，ここではこれを線形写像の基本定理と呼ぶことにしよう。そして，失われた次元も次のように明らかになる。

線形写像の基本定理

線形写像 $f: V \to V'$ について，次の基本定理が成り立つ。

(1) $V/\mathrm{Ker}f \cong \mathrm{Im}f$ …………(＊)

$\left(V/\mathrm{Ker}f：\text{商空間}, \mathrm{Im}f = f(V) \right)$

次に，(1) を次元で考えると，次のようになる。

(2) $\dim V - \dim(\mathrm{Ker}f) = \dim(\mathrm{Im}f)$ …………(＊＊)

Ker$f$ の次元が，元の次元 dim$V$ から失われて，Imf の次元になることがわかった！

形式的に，次元は，対数の式
$\log(x/y) = \log z$，$\log x - \log y = \log z$ の変形と似てる！

そして，線形写像の基本定理 (2) から，同型写像の基本定理：

「$V \cong V' \longrightarrow \dim V = \dim V'$」が，次のように導ける。

$f: V \to V'$ は同型写像より，$\mathrm{Ker}f = \{\mathbf{0}\}$ かつ $\mathrm{Im}f = V'$

単射　全射

よって，$\dim(\mathrm{Ker}f) = 0$, $\dim(\mathrm{Im}f) = \dim V'$ となる。

これを (＊＊) に代入して，$\dim V = \dim V'$ が導ける。

この逆の証明については，自分で考えてみるといいよ。

それでは，最後に，基本定理 (2)$\dim V - \dim(\mathrm{Ker}f) = \dim(\mathrm{Im}f)$…(＊＊) が成り立つことを示しておこう。

$\dim V = n$, $\dim(\mathrm{Ker}f) = k$ $(0 \leqq k < n)$ とおいて，$\dim(\mathrm{Im}f) = n - k$ が成り立つことを示せばいいね。

$\dim(\mathrm{Ker}f) = k$ より，Ker$f$ の 1 組の基底を $\{\boldsymbol{e}_1, \boldsymbol{e}_2, \cdots, \boldsymbol{e}_k\}$ とおく。

Ker$f$ の定義より，$f(\boldsymbol{e}_1) = f(\boldsymbol{e}_2) = \cdots\cdots = f(\boldsymbol{e}_k) = \mathbf{0}'$ ……㋐

また，Ker$f$ の任意の元は，必ず，$\boldsymbol{e}_i$ $(i = 1, 2, \cdots, k)$ の線形結合：

$\lambda_1\boldsymbol{e}_1 + \lambda_2\boldsymbol{e}_2 + \cdots + \lambda_k\boldsymbol{e}_k$ で表すことが出来る。

$\mathrm{Ker}f$ は V の部分空間で, $\dim V=n$ より, $\mathrm{Ker}f$ の基底 $\{\boldsymbol{e}_1, \boldsymbol{e}_2, \cdots, \boldsymbol{e}_k\}$ に新たに基底 $\{\boldsymbol{e}_{k+1}, \cdots, \boldsymbol{e}_n\}$ を追加して, V の1組の基底 $\{\boldsymbol{e}_1, \boldsymbol{e}_2, \cdots, \boldsymbol{e}_k, \boldsymbol{e}_{k+1}, \cdots, \boldsymbol{e}_n\}$ とすることができる。

よって, V の任意の元 $\boldsymbol{x}$ は, この線形結合で次のように表せる。

$$\boldsymbol{x}=\lambda_1\boldsymbol{e}_1+\lambda_2\boldsymbol{e}_2+\cdots+\lambda_k\boldsymbol{e}_k+\lambda_{k+1}\boldsymbol{e}_{k+1}+\cdots+\lambda_n\boldsymbol{e}_n \cdots\cdots ④$$

$\boldsymbol{x}$ の f による像を $\boldsymbol{x}'=f(\boldsymbol{x})$ とおくと, ④より,

$\mathrm{Im}f$ の元

$$\boldsymbol{x}'=f(\boldsymbol{x})=f(\lambda_1\boldsymbol{e}_1+\lambda_2\boldsymbol{e}_2+\cdots+\lambda_k\boldsymbol{e}_k+\lambda_{k+1}\boldsymbol{e}_{k+1}+\cdots+\lambda_n\boldsymbol{e}_n)$$

$$=\lambda_1 f(\boldsymbol{e}_1)+\lambda_2 f(\boldsymbol{e}_2)+\cdots+\lambda_k f(\boldsymbol{e}_k)+\lambda_{k+1}f(\boldsymbol{e}_{k+1})+\cdots+\lambda_n f(\boldsymbol{e}_n)$$

$\boldsymbol{0}'$　$\boldsymbol{0}'$　$\boldsymbol{0}'$(㋐より)　(f の線形性より)

$$=\lambda_{k+1}f(\boldsymbol{e}_{k+1})+\cdots+\lambda_n f(\boldsymbol{e}_n)$$

ゆえに, $\boldsymbol{x}'$ の集合 $\mathrm{Im}f$ は, $(n-k)$ 個の元 $f(\boldsymbol{e}_{k+1}), f(\boldsymbol{e}_{k+2}), \cdots, f(\boldsymbol{e}_n)$ で張られた空間になっている。そして, これらが線形独立であることが言えれば, これらは, $\mathrm{Im}f$ の1組の基底となって, $\dim(\mathrm{Im}f)=n-k$ が成り立ち, (＊＊) の証明は終了する。

そのためには, $\lambda_{k+1}f(\boldsymbol{e}_{k+1})+\cdots+\lambda_n f(\boldsymbol{e}_n)=\boldsymbol{0}'$ ……㋒をみたす $\lambda_{k+1}, \lambda_{k+2}, \cdots, \lambda_n$ は, $\lambda_{k+1}=\lambda_{k+2}=\cdots=\lambda_n=0$ のみであることを示せばよい。

㋒より, f の線形性を利用して,

$$f(\lambda_{k+1}\boldsymbol{e}_{k+1}+\lambda_{k+2}\boldsymbol{e}_{k+2}+\cdots+\lambda_n\boldsymbol{e}_n)=\boldsymbol{0}'$$

よって, $\lambda_{k+1}\boldsymbol{e}_{k+1}+\lambda_{k+2}\boldsymbol{e}_{k+2}+\cdots+\lambda_n\boldsymbol{e}_n$ は, $\mathrm{Ker}f$ の元なので, $\mathrm{Ker}f$ の基底 $\{\boldsymbol{e}_1, \boldsymbol{e}_2, \cdots, \boldsymbol{e}_k\}$ の線形結合で表せる。

$$\therefore \lambda_{k+1}\boldsymbol{e}_{k+1}+\lambda_{k+2}\boldsymbol{e}_{k+2}+\cdots+\lambda_n\boldsymbol{e}_n=\lambda_1\boldsymbol{e}_1+\lambda_2\boldsymbol{e}_2+\cdots+\lambda_k\boldsymbol{e}_k$$

$\mathrm{Ker}f$ の元の1つ

よって, $\lambda_1\boldsymbol{e}_1+\lambda_2\boldsymbol{e}_2+\cdots+\lambda_k\boldsymbol{e}_k-\lambda_{k+1}\boldsymbol{e}_{k+1}-\cdots-\lambda_n\boldsymbol{e}_n=\boldsymbol{0}$

ここで, $\{\boldsymbol{e}_1, \boldsymbol{e}_2, \cdots, \boldsymbol{e}_n\}$ は, V の基底より線形独立である。

$\therefore \lambda_1=\lambda_2=\cdots=\lambda_k=\boxed{-\lambda_{k+1}=-\lambda_{k+2}=\cdots=-\lambda_n=0}$ が成り立つ。

これから, $\lambda_{k+1}=\lambda_{k+2}=\cdots=\lambda_n=0$ が示された。

$\therefore \dim(\mathrm{Im}f)=n-k$ より,

$\dim V-\dim(\mathrm{Ker}f)=\dim(\mathrm{Im}f)$ …(＊＊) は成り立つ。…………(終)

フ～, 疲れたって? でも, これで, 線形写像の解説もすべて終わったんだよ。

演習問題 20　● 像, 核, 線形写像の基本定理 (I) ●

次の線形写像 $f: V \to V'$ について, 各問いに答えよ。

$$\begin{bmatrix} x_1' \\ x_2' \\ x_3' \end{bmatrix} = \begin{bmatrix} 1 & 0 & 0 \\ 0 & 1 & -1 \\ 0 & -1 & 1 \end{bmatrix} \begin{bmatrix} x_1 \\ x_2 \\ x_3 \end{bmatrix}$$

(1) $\mathrm{Im} f$ と $\mathrm{Ker} f$ を求め, その概形を図示せよ。

(2) 線形写像の基本定理 $\dim V - \dim(\mathrm{Ker} f) = \dim(\mathrm{Im} f)$ が成り立つことを確かめよ。

ヒント! 線形写像の式から, $\mathrm{Im} f$ は, $x_1' = x_1$, $x_3' = -x_2'$ が導ける。これは, 平面を表す式であることがわかるだろうか?

解答&解説

(1) 線形写像 $f: V \to V'$ の式を変形して,

$$\begin{bmatrix} x_1' \\ x_2' \\ x_3' \end{bmatrix} = \begin{bmatrix} 1 & 0 & 0 \\ 0 & 1 & -1 \\ 0 & -1 & 1 \end{bmatrix} \begin{bmatrix} x_1 \\ x_2 \\ x_3 \end{bmatrix} = \begin{bmatrix} x_1 \\ x_2 - x_3 \\ -x_2 + x_3 \end{bmatrix} \cdots\cdots ①$$

$$[\ \boldsymbol{x}' = A \cdot \boldsymbol{x} \quad (\boldsymbol{x} \in V,\ \boldsymbol{x}' \in V')\ ]$$

よって,

$x_1' = x_1 \cdots\cdots ②$, $x_2' = x_2 - x_3 \cdots\cdots ③$, $x_3' = -(x_2 - x_3) \cdots\cdots ④$

③を④に代入して, $x_3' = -x_2'$

②より, x_1 は自由に値をとれるので, x_1' 方向には 自由に動く。つまり, 拘束条件は $x_3' = -x_2'$ だけなので, これは x_1' 軸に平行な平面を表す。

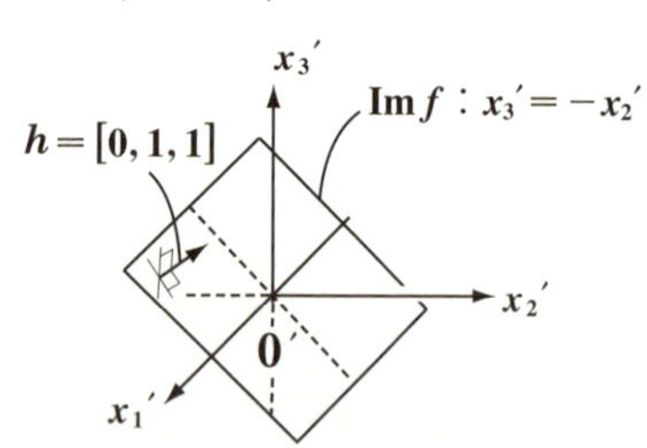

∴求める $\mathrm{Im} f$ は, $x_3' = -x_2'$

$0 \cdot x_1' + 1 \cdot x_2' + 1 \cdot x_3' = 0$ より, これは, 原点 $0'$ を通り, 法線ベクトル $h = [0, 1, 1]$ の平面を表す。

また, その図を右に示す。 ……………………………………………………(答)

次に，①に $\boldsymbol{x}'=\boldsymbol{0}'$ を代入して，$\mathrm{Ker}f$ を求める。

$$\begin{bmatrix} x_1 \\ x_2-x_3 \\ -x_2+x_3 \end{bmatrix} = \begin{bmatrix} 0 \\ 0 \\ 0 \end{bmatrix}$$

$\boldsymbol{x}'=\boldsymbol{0}'$

$-x_2+x_3=0$ は，これと同一

よって，$x_1=0$，$x_2-x_3=0$

2 平面の交線となる。

∴求める $\mathrm{Ker}f$ は，$x_1=0$ かつ $x_3=x_2$

これは，原点 $\boldsymbol{0}$ を通り，方向ベクトル $\boldsymbol{d}=[0,1,1]$ の直線を表す。

また，その図を右に示す。…………(答)

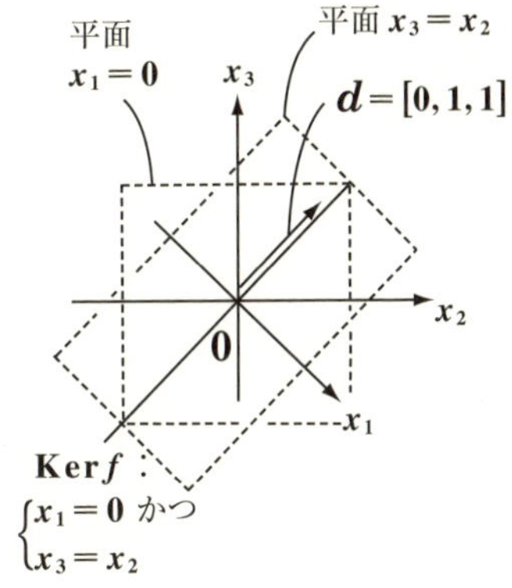

参考

$x_1x_2x_3$ 座標空間 (V) は，$\mathrm{Ker}f$：$x_1=0$ かつ $x_3=x_2$ の直線に平行な直線の集合と考えることができ，それを商空間：$V/\mathrm{Ker}f$ で表す。

これは，$x_1'x_2'x_3'$ 空間内の平面

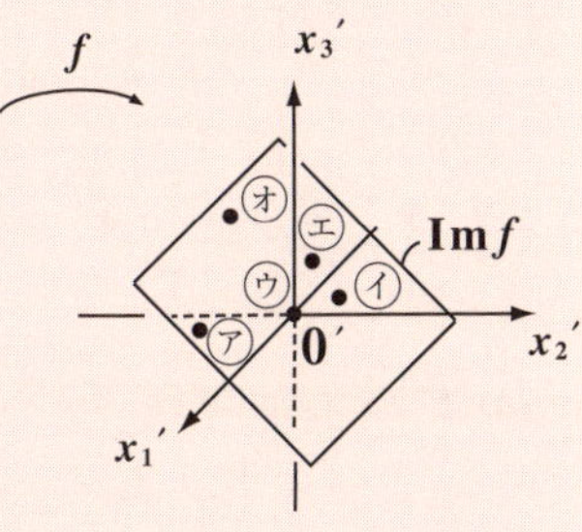

(直線㋐～㋔が，平面上の点㋐～㋔に写される。)

$x_3'=-x_2'$，すなわち $\mathrm{Im}f$ と同型である。

∴線形写像の基本定理 (1) $V/\mathrm{Ker}f\cong\mathrm{Im}f$ が成り立つ。

(2) V は 3 次元ベクトル空間 R^3 より，$\dim V=3$

$\mathrm{Ker}f$ は直線より，$\dim(\mathrm{Ker}f)=1$

$\mathrm{Im}f$ は平面より，$\dim(\mathrm{Im}f)=2$

以上より，$3-1=2$ となって，

線形写像の基本定理 $\dim V-\dim(\mathrm{Ker}f)=\dim(\mathrm{Im}f)$ は成り立つ。…(終)

実践問題 20	● 像, 核, 線形写像の基本定理 (Ⅱ) ●

次の線形写像 $f: V \to V'$ について, 各問いに答えよ。

$$\begin{bmatrix} x_1' \\ x_2' \\ x_3' \end{bmatrix} = \begin{bmatrix} 1 & 1 & 1 \\ 2 & 2 & 2 \\ -1 & -1 & -1 \end{bmatrix} \begin{bmatrix} x_1 \\ x_2 \\ x_3 \end{bmatrix}$$

(1) $\mathrm{Im}f$ と $\mathrm{Ker}f$ を求め, その概形を図示せよ。

(2) 線形写像の基本定理 $\dim V - \dim(\mathrm{Ker}f) = \dim(\mathrm{Im}f)$ が成り立つことを確かめよ。

ヒント！ 線形写像の式から, $x_2' = 2x_1'$, $x_3' = -x_1'$ が導ける。また, $\boldsymbol{x}' = \boldsymbol{0}'$ とおくことにより, $\mathrm{Ker}f$ は, $x_1 + x_2 + x_3 = 0$ となることがわかるはずだ。

解答＆解説

(1) 線形写像 $f: V \to V'$ の式を変形して,

$$\begin{bmatrix} x_1' \\ x_2' \\ x_3' \end{bmatrix} = \begin{bmatrix} 1 & 1 & 1 \\ 2 & 2 & 2 \\ -1 & -1 & -1 \end{bmatrix} \begin{bmatrix} x_1 \\ x_2 \\ x_3 \end{bmatrix} = \begin{bmatrix} x_1 + x_2 + x_3 \\ 2x_1 + 2x_2 + 2x_3 \\ -x_1 - x_2 - x_3 \end{bmatrix} \cdots\cdots ①$$

$[\ \boldsymbol{x}' = A \cdot \boldsymbol{x} \quad (\boldsymbol{x} \in V,\ \boldsymbol{x}' \in V')\ ]$

よって,

$x_1' = x_1 + x_2 + x_3 \cdots ②$, $x_2' =$ (ア) $\cdots ③$, $x_3' = -(x_1 + x_2 + x_3) \cdots ④$

②を③, ④に代入して,

$x_2' = 2x_1'$, $x_3' = -x_1'$

$\therefore\ x_1' = t$ とおくと, $x_2' = 2t$, $x_3' = -t$

この 3 式を t について まとめて,

求める $\mathrm{Im}f$ は, (イ)

これは, 原点 $\boldsymbol{0}'$ を通り, 方向ベクトル $\boldsymbol{d} = (1, 2, -1)$ の直線を表す。

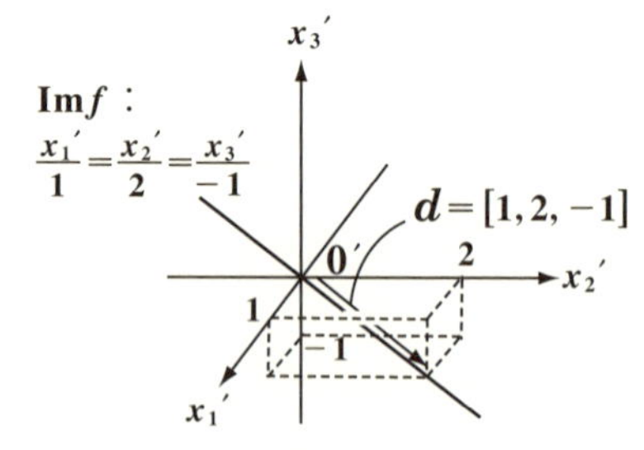

また, その図を右に示す。……(答)

次に, ①に $\boldsymbol{x}' = \boldsymbol{0}'$ を代入して, $\mathrm{Ker}f$ を求める。

$$\begin{bmatrix} x_1+x_2+x_3 \\ 2x_1+2x_2+2x_3 \\ -x_1-x_2-x_3 \end{bmatrix} = \begin{bmatrix} 0 \\ 0 \\ 0 \end{bmatrix}$$

$x' = 0'$

よって, $x_1+x_2+x_3=0$

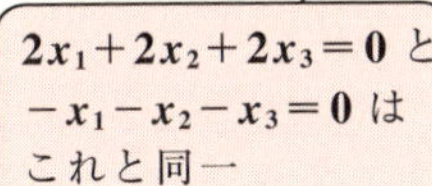

これは, 原点 **0** を通り, 法線ベクトル $\boldsymbol{h}=[1, 1, 1]$ の平面を表す。

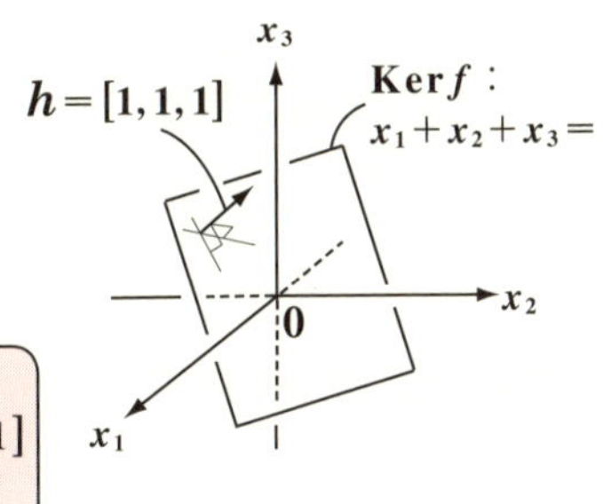

∴求める Ker$f$ は, (ウ)

また, その図を右に示す。…………(答)

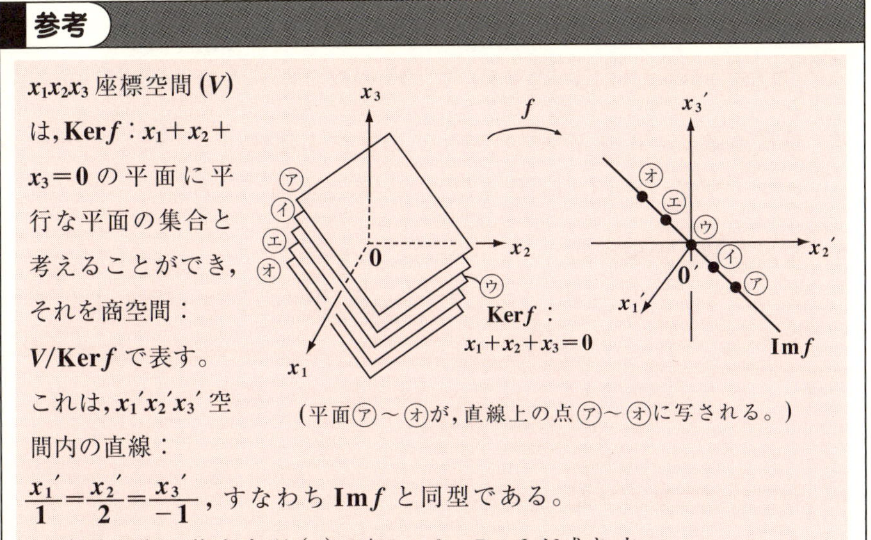

参考

$x_1x_2x_3$ 座標空間 (V) は, Ker$f$: $x_1+x_2+x_3=0$ の平面に平行な平面の集合と考えることができ, それを商空間 : $V/\text{Ker}f$ で表す。

これは, $x_1'x_2'x_3'$ 空間内の直線 :

$\dfrac{x_1'}{1}=\dfrac{x_2'}{2}=\dfrac{x_3'}{-1}$, すなわち Im$f$ と同型である。

(平面㋐～㋔が, 直線上の点㋐～㋔に写される。)

∴線形写像の基本定理 (1) $V/\text{Ker}f \cong \text{Im}f$ が成り立つ。

(3) V は 3 次元ベクトル空間 R^3 より, $\dim V=3$

Ker$f$ は平面より, $\dim(\text{Ker}f)=2$

Imf は直線より, $\dim(\text{Im}f)=1$

以上より, $3-2=1$ となって,

線形写像の基本定理 $\dim V-\dim(\text{Ker}f)=\dim(\text{Im}f)$ は成り立つ。…(終)

解答 (ア) $2(x_1+x_2+x_3)$ (イ) $\dfrac{x_1'}{1}=\dfrac{x_2'}{2}=\dfrac{x_3'}{-1}$ (ウ) $x_1+x_2+x_3=0$

講義6● 線形写像　公式エッセンス

1. 線形写像の定義

写像 $f: V \to V'$ が，(1) $f(\boldsymbol{x}+\boldsymbol{y})=f(\boldsymbol{x})+f(\boldsymbol{y})$，(2) $f(\lambda\boldsymbol{x})=\lambda f(\boldsymbol{x})$ $(\boldsymbol{x}, \boldsymbol{y}\in V,\ \lambda\in R)$ をみたすとき，f を V から V' への線形写像という。

2. 線形写像の性質

線形写像 $f: V \to V'$ は，次の性質をもつ。

(i) $f(\mathbf{0})=\mathbf{0}'$　$(\mathbf{0}\in V,\ \mathbf{0}'\in V')$

(ii) $f(c_1\boldsymbol{x}_1+c_2\boldsymbol{x}_2+\cdots\cdots+c_n\boldsymbol{x}_n)=c_1f(\boldsymbol{x}_1)+c_2f(\boldsymbol{x}_2)+\cdots\cdots+c_nf(\boldsymbol{x}_n)$

［f の線形性］

3. 線形写像 $f: V \to V'$ について，V の f による像

$\mathrm{Im}f=f(V)=\{f(\boldsymbol{x})|\boldsymbol{x}\in V\}$ は，V' の部分空間となる。

4. 線形写像 $f: V \to V'$ について，V の f による核

$\mathrm{Ker}f=\{\boldsymbol{x}\in V|f(\boldsymbol{x})=\mathbf{0}'\}$ は，V の部分空間である。

5. 線形写像と表現行列

線形写像 $f: R^n \to R^m$ に対して，(m, n) 型の行列 A がただ1つ定まり，

$\boldsymbol{x}'=f(\boldsymbol{x})=A\boldsymbol{x}$ と表せる。$(\boldsymbol{x}\in R^n,\ \boldsymbol{x}'\in R^m)$

（A：f の表現行列）

6. 同型写像の基本定理

$\dim V$ が有限のとき，

$V\cong V'$（V と V' は同型）$\iff \dim V=\dim V'$

7. 線形写像の基本定理

線形写像 $f: V \to V'$ について，

(1) $V/\mathrm{Ker}f\cong\mathrm{Im}f$

（$V/\mathrm{Ker}f$：商空間，$\mathrm{Im}f=f(V)$）

(2) $\dim V-\dim(\mathrm{Ker}f)=\dim(\mathrm{Im}f)$

行列の対角化

- 固有値・固有ベクトルと行列の対角化
- 計量線形空間と正規直交系
- シュミットの正規直交化法
- 対称行列の直交行列による対角化
- 2 次形式
- エルミート行列とユニタリ行列

§1. 行列の対角化（Ⅰ）

正方行列 A が与えられたとき，ある正則な行列 P が存在して，$P^{-1}AP$ により，“対角行列”を作ることが出来る場合がある。この操作を“**行列の対角化**”と呼ぶ。何故，対角化するのかって？ これは，高校数学の復習のところでも解説したけれど，まず，行列の n 乗計算に役に立つ。また，2 次形式の計算でも利用できる。そして，本書では触れないけれど，線形微分方程式の解法にも，威力を発揮するんだよ。それではまず，固有値・固有ベクトルの解説から入ろう。

● まず，固有値・固有ベクトルから始めよう！

ある正方行列 A に対して，次のように“固有値”と“固有ベクトル”を定義する。

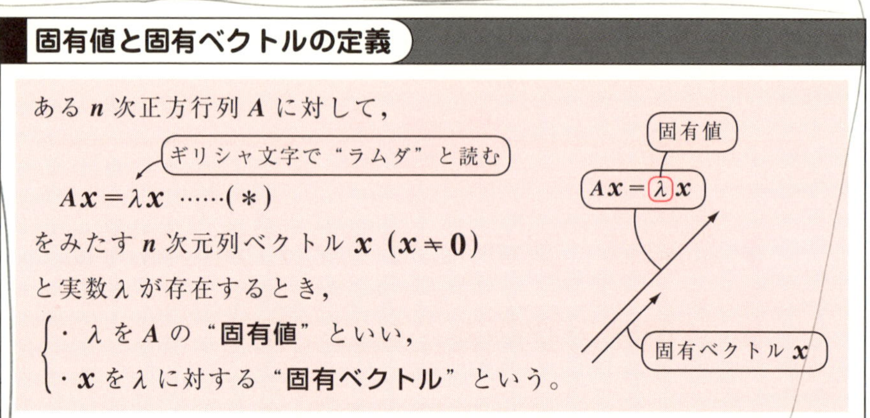

固有値と固有ベクトルの定義

ある n 次正方行列 A に対して，

$$Ax=\lambda x \quad \cdots\cdots(*)$$

をみたす n 次元列ベクトル x $(x \neq 0)$ と実数 λ が存在するとき，

・λ を A の“**固有値**”といい，
・x を λ に対する“**固有ベクトル**”という。

固有値 λ は，正・負はもちろん，0 でもかまわない。しかし，固有ベクトル x は 0 を除くものとする。一般に，x に A をかけた Ax は，x と異なる方向のベクトルとなる場合がほとんどだが，たまたま x と Ax の方向が一致するような特別なベクトル，それが固有ベクトル x なんだね。

固有値 λ と固有ベクトル x は，次の 2 つのステップで求めることができる。

（Ⅰ）まず，固有方程式から，（複数の）固有値 $\lambda_1, \lambda_2, \cdots$ を計算する。

（Ⅱ）それぞれの固有値 $(\lambda_1, \lambda_2, \cdots)$ に対応する固有ベクトル $x_1, x_2, \cdots$ を求める。

（$x_1, x_2, \cdots$ は，パラメータ（文字定数）を含んだ形で求められる。）

(Ⅰ) 固有値の計算

$(*)$ の式を変形して，

$A\boldsymbol{x}-\lambda\boldsymbol{x}=\boldsymbol{0}$　　$(A-\lambda E)\boldsymbol{x}=\boldsymbol{0}$ ……①

ここで，$\boldsymbol{x}\neq\boldsymbol{0}$ より，

$|A-\lambda E|=0$ ……②

②を，A の **"固有方程式"** と呼ぶ。

これは，λ の n 次方程式になる。

②を解いて，

$\lambda=\lambda_1, \lambda_2, \cdots$ の解を得る。

この中に，重解が含まれることもある。

$A-\lambda E=T$ と表す場合もある。

自明な解以外の解をもつ。

背理法

$|A-\lambda E|\neq 0$ と仮定すると，$(A-\lambda E)^{-1}$ が存在するので，これを，①の両辺に左からかけると，$\boldsymbol{x}=(A-\lambda E)^{-1}\boldsymbol{0}=\boldsymbol{0}$ となって，①は自明な解のみをもつことになる。よって，矛盾だね。

(Ⅱ) $\lambda=\lambda_i\ (i=1, 2, \cdots)$ を①に代入して，

$(A-\lambda_i E)\boldsymbol{x}=\boldsymbol{0}$ ……③

③の解を $\boldsymbol{x}_i\ (i=1, 2, \cdots)$ とおくと，

各 $\lambda_1, \lambda_2, \cdots$ に対応する固有ベクトル

$\boldsymbol{x}_1, \boldsymbol{x}_2, \cdots$ が求まる。

$|A-\lambda_i E|=0$ より，③は自由度が 1 以上の解をもつ。よって，パラメータ k などを含む形の解になる。

それでは実際に，例題で，固有値・固有ベクトルを求めてみよう。

(1) 2 次正方行列 $A=\begin{bmatrix}4 & -2\\1 & 1\end{bmatrix}$ の固有値と固有ベクトルを求めよ。

(1) (Ⅰ) まず，行列 A の固有値を求める。

$A\boldsymbol{x}=\lambda\boldsymbol{x}$ より，$(A-\lambda E)\boldsymbol{x}=\boldsymbol{0}$ ……㋐

ここで，$T=A-\lambda E=\begin{bmatrix}4 & -2\\1 & 1\end{bmatrix}-\begin{bmatrix}\lambda & 0\\0 & \lambda\end{bmatrix}=\begin{bmatrix}4-\lambda & -2\\1 & 1-\lambda\end{bmatrix}$ とおく。

㋐は，自明な解 $(\boldsymbol{x}=\boldsymbol{0})$ 以外の解をもつので，

$$|T|=|A-\lambda E|=\begin{vmatrix}4-\lambda & -2\\1 & 1-\lambda\end{vmatrix}=0$$ ← 固有方程式

$(4-\lambda)(1-\lambda)+2=0,\quad \lambda^2-5\lambda+6=0$

$(\lambda-2)(\lambda-3)=0\quad \therefore \lambda=\underset{\lambda_1}{2}, \underset{\lambda_2}{3}$ ……………………………(答)

2 つの異なる固有値 $\lambda_1=2, \lambda_2=3$ が求まった！

(Ⅱ) 各固有値に対する固有ベクトルを求める。

(ⅰ) $\lambda_1=2$ のとき，㋐を $T_1\boldsymbol{x}_1=\boldsymbol{0}$ そして，$\boldsymbol{x}_1=\begin{bmatrix}\alpha_1\\\alpha_2\end{bmatrix}$とおくと，

$$\begin{bmatrix}2&-2\\1&-1\end{bmatrix}\begin{bmatrix}\alpha_1\\\alpha_2\end{bmatrix}=\begin{bmatrix}0\\0\end{bmatrix}$$

$T=\begin{bmatrix}4-\lambda&-2\\1&1-\lambda\end{bmatrix}$ の λ に，$\lambda_1=2$ を代入したもの

$T_1=\begin{bmatrix}2&-2\\1&-1\end{bmatrix}\to\begin{bmatrix}1&-1\\1&-1\end{bmatrix}\to\begin{bmatrix}1&-1\\0&0\end{bmatrix}\Big\}r=1$

$\mathrm{rank}T_1=1$ より

自由度 $=2-1=1$

$\therefore\ \alpha_1=k_1$ とおく。

1つのパラメータ

これから，$\alpha_1-\alpha_2=0$

$\alpha_1=k_1$ とおくと，$\alpha_2=k_1$

$\therefore\ \lambda_1=2$ のとき，固有ベクトル $\boldsymbol{x}_1=\begin{bmatrix}k_1\\k_1\end{bmatrix}=k_1\begin{bmatrix}1\\1\end{bmatrix}$ $(k_1\neq0)$ ……(答)

$k_1(\neq0)$ の値に関わらず，$A\boldsymbol{x}_1=2\boldsymbol{x}_1$ が成り立つ。

(ⅱ) $\lambda_2=3$ のとき，㋐を $T_2\boldsymbol{x}_2=\boldsymbol{0}$ そして，$\boldsymbol{x}_2=\begin{bmatrix}\beta_1\\\beta_2\end{bmatrix}$とおくと，

$$\begin{bmatrix}1&-2\\1&-2\end{bmatrix}\begin{bmatrix}\beta_1\\\beta_2\end{bmatrix}=\begin{bmatrix}0\\0\end{bmatrix}$$

T の λ に，$\lambda_2=3$ を代入したもの

$T_2=\begin{bmatrix}1&-2\\1&-2\end{bmatrix}\to\begin{bmatrix}1&-2\\0&0\end{bmatrix}\Big\}r=1$

$\mathrm{rank}T_2=1$ より

自由度 $=2-1=1$

$\therefore\ \beta_2=k_2$ とおく。

1つのパラメータ

これから，$\beta_1-2\beta_2=0$

$\beta_2=k_2$ とおくと，$\beta_1=2k_2$

$\therefore\ \lambda_2=3$ のとき，固有ベクトル $\boldsymbol{x}_2=\begin{bmatrix}2k_2\\k_2\end{bmatrix}=k_2\begin{bmatrix}2\\1\end{bmatrix}$ $(k_2\neq0)$ ……(答)

ここで，簡単のために，$k_1=k_2=1$ とおく。そして，異なる固有値 λ_1，λ_2 に対応するそれぞれの固有ベクトル $\boldsymbol{x}_1=\begin{bmatrix}1\\1\end{bmatrix}$，$\boldsymbol{x}_2=\begin{bmatrix}2\\1\end{bmatrix}$ は，線形独立になることも知っておくといいよ。すなわち，

$c_1\boldsymbol{x}_1+c_2\boldsymbol{x}_2=\boldsymbol{0}$ ……㋑ をみたす c_1，c_2 は，$c_1=c_2=0$ (自明な解) に限られる。これは，次のように示せる。㋑より，

$$c_1\begin{bmatrix}1\\1\end{bmatrix}+c_2\begin{bmatrix}2\\1\end{bmatrix}=\begin{bmatrix}1&2\\1&1\end{bmatrix}\begin{bmatrix}c_1\\c_2\end{bmatrix}=\begin{bmatrix}0\\0\end{bmatrix}$$

$\begin{bmatrix}1&2\\1&1\end{bmatrix}\to\begin{bmatrix}1&2\\0&-1\end{bmatrix}\Big\}r=2$

この c_1，c_2 を未知数にもつ連立方程式の係数行列のランクは 2 となり

自由度$=2-2=0$ となって，$c_1=c_2=0$ しか解をもたないからだ。
（未知数の個数）（ランク）
これは，一般的な定理として成り立つ。

固有値と固有ベクトルの関係

> n 次正方行列 A の 2 つの固有値λ_i, λ_j が $\lambda_i \neq \lambda_j$ $(i \neq j)$ のとき，それぞれに対応する固有ベクトル $\boldsymbol{x}_i$ と $\boldsymbol{x}_j$ は線形独立となる。

証明しておこう。

$A\boldsymbol{x}_i=\lambda_i\boldsymbol{x}_i$ ……①，$A\boldsymbol{x}_j=\lambda_j\boldsymbol{x}_j$ ……②　$(\lambda_i \neq \lambda_j,\ \boldsymbol{x}_i \neq \boldsymbol{0},\ \boldsymbol{x}_j \neq \boldsymbol{0})$

ここで，$\boldsymbol{x}_i$ と $\boldsymbol{x}_j$ が線形独立となるための条件は，$c_i\boldsymbol{x}_i+c_j\boldsymbol{x}_j=\boldsymbol{0}$ ……③

とおくと，③をみたす c_i, c_j が $c_i=c_j=0$ のみであることである。

③の両辺に，左から A をかけると

$c_iA\boldsymbol{x}_i+c_jA\boldsymbol{x}_j=A\boldsymbol{0}$　　$c_i\lambda_i\boldsymbol{x}_i+c_j\lambda_j\boldsymbol{x}_j=\boldsymbol{0}$ ……④
（$A\boldsymbol{x}_i=\lambda_i\boldsymbol{x}_i$）（$A\boldsymbol{x}_j=\lambda_j\boldsymbol{x}_j$）（①，②より）

次，③の両辺にλ_j をかけて，$c_i\lambda_j\boldsymbol{x}_i+c_j\lambda_j\boldsymbol{x}_j=\boldsymbol{0}$ ……⑤

④－⑤より，$c_i(\lambda_i-\lambda_j)\boldsymbol{x}_i=\boldsymbol{0}$

ここで，$\lambda_i \neq \lambda_j$，$\boldsymbol{x}_i \neq \boldsymbol{0}$ より，$c_i=0$ となる。

これを③に代入して，$c_j\boldsymbol{x}_j=\boldsymbol{0}$，$\boldsymbol{x}_j \neq \boldsymbol{0}$ より，$c_j=0$

$\therefore$ $c_i=c_j=0$ が導かれた。よって，$\boldsymbol{x}_i$ と $\boldsymbol{x}_j$ は線形独立である。……(終)

● 固有値・固有ベクトルで，対角行列を作る!?

準備が整ったので，いよいよ行列の対角化の解説に入ろう。

行列の対角化

> n 次正方行列 A が，n 個の異なる固有値 $\lambda_1, \lambda_2, \cdots, \lambda_n$ をもち，それぞれの固有値に対応する線形独立な固有ベクトルが $\boldsymbol{x}_1, \boldsymbol{x}_2, \cdots, \boldsymbol{x}_n$ のとき，正則行列 $P=[\boldsymbol{x}_1\ \ \boldsymbol{x}_2\ \cdots\ \boldsymbol{x}_n]$ を用いて，行列 A は次のように対角化できる。
>
> $$P^{-1}AP=\begin{bmatrix}\lambda_1 & 0 & \cdots & 0\\ 0 & \lambda_2 & \cdots & 0\\ \vdots & \vdots & \ddots & \vdots\\ 0 & 0 & \cdots & \lambda_n\end{bmatrix}$$
>
> ←（対角成分は，$\lambda_1, \lambda_2, \cdots, \lambda_n$ とすべて固有値）

A が異なる n 個の固有値 $\lambda_1, \lambda_2, \cdots, \lambda_n$ をもつと，それに対応して，線形独立な n 個の固有ベクトル $\boldsymbol{x}_1, \boldsymbol{x}_2, \cdots, \boldsymbol{x}_n$ が存在するんだね。これらは線形独立より，$c_1\boldsymbol{x}_1 + c_2\boldsymbol{x}_2 + \cdots + c_n\boldsymbol{x}_n = \boldsymbol{0}$ ……㋐ をみたす係数 $c_1, c_2, \cdots, c_n$ は，$c_1 = c_2 = \cdots = c_n = 0$（自明な解）のみである。

㋐を変形して，

$$[\boldsymbol{x}_1\ \boldsymbol{x}_2 \cdots \boldsymbol{x}_n]\begin{bmatrix} c_1 \\ c_2 \\ \vdots \\ c_n \end{bmatrix} = \begin{bmatrix} 0 \\ 0 \\ \vdots \\ 0 \end{bmatrix}$$

ここで，$P = [\boldsymbol{x}_1\ \boldsymbol{x}_2 \cdots \boldsymbol{x}_n]$ とおく。P のランクが $\mathrm{rank}P < n$ とすると，

（$\boldsymbol{x}_1, \boldsymbol{x}_2 \cdots, \boldsymbol{x}_n$ は，すべて n 次元の列ベクトルより，P は n 次正方行列になる。）

㋐は自明な解以外の解 $c_1, c_2, \cdots, c_n$ をもって，矛盾する。

よって，$\mathrm{rank}P = n$ となって，P は正則な，すなわち逆行列 P^{-1} をもつ行列である。

さァ，いよいよ行列 A の対角化だ。A は異なる n 個の固有値，固有ベクトルをもち，

$A\boldsymbol{x}_1 = \lambda_1\boldsymbol{x}_1$ ……㋑，$A\boldsymbol{x}_2 = \lambda_2\boldsymbol{x}_2$ ……㋒，……，$A\boldsymbol{x}_n = \lambda_n\boldsymbol{x}_n$ ……㋓

とおける。この㋑，㋒，…，㋓は，次式のようにまとめて 1 式で表せる。

$A[\boldsymbol{x}_1\ \boldsymbol{x}_2 \cdots \boldsymbol{x}_n] = [\lambda_1\boldsymbol{x}_1\ \lambda_2\boldsymbol{x}_2\ \cdots\ \lambda_n\boldsymbol{x}_n]$ ……㋔

（㋔のようにまとめても，各成分の対応関係は，㋑，㋒，…，㋓のときとまったく変わらない。）

㋔の右辺を変形して，

$$A\underbrace{[\boldsymbol{x}_1\ \boldsymbol{x}_2 \cdots \boldsymbol{x}_n]}_{P} = \underbrace{[\boldsymbol{x}_1\ \boldsymbol{x}_2 \cdots \boldsymbol{x}_n]}_{P}\begin{bmatrix} \lambda_1 & 0 & \cdots & 0 \\ 0 & \lambda_2 & \cdots & 0 \\ \vdots & \vdots & \ddots & \vdots \\ 0 & 0 & \cdots & \lambda_n \end{bmatrix}$$

（この右辺は㋔の右辺と同じだね。）

$[\boldsymbol{x}_1\ \boldsymbol{x}_2 \cdots \boldsymbol{x}_n] = P$ より，

$$AP = P\begin{bmatrix} \lambda_1 & 0 & \cdots & 0 \\ 0 & \lambda_2 & \cdots & 0 \\ \vdots & \vdots & \ddots & \vdots \\ 0 & 0 & \cdots & \lambda_n \end{bmatrix} \cdots\cdots ㋕$$

P は正則より，P^{-1} が存在する。P^{-1} を㋕の両辺に左からかけて，

$$P^{-1}AP=\begin{bmatrix} \lambda_1 & 0 & \cdots & 0 \\ 0 & \lambda_2 & \cdots & 0 \\ \vdots & \vdots & \ddots & \vdots \\ 0 & 0 & \cdots & \lambda_n \end{bmatrix}$$ となり，A を対角行列に変換できる。

対角行列の対角成分は，すべて固有値になる。

このように，$P^{-1}AP$ により対角行列となる行列 A を **“対角化可能な行列”** といい，P を **“変換行列”** という。

それでは，(1) の例題の行列 A を実際に対角化してみよう。

(2) 行列 $A=\begin{bmatrix} 4 & -2 \\ 1 & 1 \end{bmatrix}$ を，変換行列 P を用いて対角化せよ。

例題 (1) の結果より，行列 A の固有値・固有ベクトルは，

(ｉ) $\lambda_1=2$ のとき，

$$x_1=\begin{bmatrix} 1 \\ 1 \end{bmatrix}$$

$k_1=1$ とした。実は，k_1 は 0 以外ならなんでもいい。

(ⅱ) $\lambda_2=3$ のとき，

$$x_2=\begin{bmatrix} 2 \\ 1 \end{bmatrix}$$

$k_2=1$ とした。実は，k_2 も 0 以外ならなんでもいい。

よって，変換行列 P を

$$P=[x_1\ \ x_2]=\begin{bmatrix} 1 & 2 \\ 1 & 1 \end{bmatrix}$$ とおくと，

行列 A は，次のように対角化できる。

$$P^{-1}AP=\begin{bmatrix} 2 & 0 \\ 0 & 3 \end{bmatrix}$$ ……………………(答)

（2 = λ_1，3 = λ_2）

固有値 λ	$\lambda_1=2$	$\lambda_2=3$
固有ベクトル x	$k_1\begin{bmatrix} 1 \\ 1 \end{bmatrix}$	$k_2\begin{bmatrix} 2 \\ 1 \end{bmatrix}$
変換行列 P	$\begin{bmatrix} 1 & 2 \\ 1 & 1 \end{bmatrix}$	
対角行列 $P^{-1}AP$	$\begin{bmatrix} 2 & 0 \\ 0 & 3 \end{bmatrix}$	

このように，表にするとシステマティックに対角行列が求まる！

これで，本当に間違いないか，確かめておくよ。

$$P=\begin{bmatrix} 1 & 2 \\ 1 & 1 \end{bmatrix}$$ より，$$P^{-1}=\frac{1}{1\times1-2\times1}\begin{bmatrix} 1 & -2 \\ -1 & 1 \end{bmatrix}=\begin{bmatrix} -1 & 2 \\ 1 & -1 \end{bmatrix}$$

$$\therefore P^{-1}AP=\begin{bmatrix} -1 & 2 \\ 1 & -1 \end{bmatrix}\begin{bmatrix} 4 & -2 \\ 1 & 1 \end{bmatrix}\begin{bmatrix} 1 & 2 \\ 1 & 1 \end{bmatrix}=\begin{bmatrix} -2 & 4 \\ 3 & -3 \end{bmatrix}\begin{bmatrix} 1 & 2 \\ 1 & 1 \end{bmatrix}$$

$$=\begin{bmatrix}2&0\\0&3\end{bmatrix}$$ となって，*OK* だね。

（さらに，$k_1=2,\ k_2=3$ とおくと，$P=\begin{bmatrix}2&6\\2&3\end{bmatrix}$，$P^{-1}=-\frac{1}{6}\begin{bmatrix}3&-6\\-2&2\end{bmatrix}$ となるが，これでも同様に，$P^{-1}AP$ は同じ結果になる。確かめてごらん。）

それでは，3 次正方行列の対角化にもチャレンジしよう。

(3) 行列 $B=\begin{bmatrix}-1&2&1\\0&4&2\\0&-1&1\end{bmatrix}$ を，変換行列 P を用いて対角化せよ。

$T\boldsymbol{x}=\boldsymbol{0}$ ……① （ただし，$T=B-\lambda E$ とおいた。）

$$T=B-\lambda E=\begin{bmatrix}-1&2&1\\0&4&2\\0&-1&1\end{bmatrix}-\begin{bmatrix}\lambda&0&0\\0&\lambda&0\\0&0&\lambda\end{bmatrix}=\begin{bmatrix}-1-\lambda&2&1\\0&4-\lambda&2\\0&-1&1-\lambda\end{bmatrix}$$

固有方程式 $|T|=0$ により，λ を求める。

第 1 列での余因子展開

$$|T|=\begin{vmatrix}-1-\lambda&2&1\\0&4-\lambda&2\\0&-1&1-\lambda\end{vmatrix}=-(1+\lambda)\times(-1)^{1+1}\begin{vmatrix}4-\lambda&2\\-1&1-\lambda\end{vmatrix}$$

$$=-(\lambda+1)\{(4-\lambda)(1-\lambda)+2\}=-(\lambda+1)(\lambda^2-5\lambda+6)=0$$

$(\lambda+1)(\lambda-2)(\lambda-3)=0$ 　　$\therefore \lambda=-1,\ 2,\ 3$

$\lambda_1=-1,\ \lambda_2=2,\ \lambda_3=3$ の異なる固有値！

(i) $\lambda_1=-1$ のとき，①を $T_1\boldsymbol{x}_1=\boldsymbol{0}$ 　そして，$\boldsymbol{x}_1=\begin{bmatrix}\alpha_1\\\alpha_2\\\alpha_3\end{bmatrix}$ とおくと，

$$\begin{bmatrix}0&2&1\\0&5&2\\0&-1&2\end{bmatrix}\begin{bmatrix}\alpha_1\\\alpha_2\\\alpha_3\end{bmatrix}=\begin{bmatrix}0\\0\\0\end{bmatrix}$$

T の λ に，-1 を代入したもの

$$T_1=\begin{bmatrix}0&2&1\\0&5&2\\0&-1&2\end{bmatrix}\to\begin{bmatrix}0&1&-2\\0&2&1\\0&5&2\end{bmatrix}\to\begin{bmatrix}0&1&-2\\0&0&5\\0&0&12\end{bmatrix}\to\begin{bmatrix}0&1&-2\\0&0&1\\0&0&0\end{bmatrix}\Big\}r=2$$

$\mathrm{rank}\,T_1=2$ 　自由度 $=3-2=1$

$\therefore \alpha_1=k_1$ とおく。

これを解いて，

$\alpha_2-2\alpha_3=0,\ \alpha_3=0$

ここで，$\alpha_1=k_1$ とおくと，$\alpha_2=\alpha_3=0$

$$\therefore\ \boldsymbol{x}_1=\begin{bmatrix}k_1\\0\\0\end{bmatrix}=k_1\begin{bmatrix}1\\0\\0\end{bmatrix}$$

(ⅱ) $\lambda_2=2$ のとき，①を $T_2\boldsymbol{x}_2=\boldsymbol{0}$

そして，$\boldsymbol{x}_2=\begin{bmatrix}\beta_1\\\beta_2\\\beta_3\end{bmatrix}$ とおくと，

$$\begin{bmatrix}-3&2&1\\0&2&2\\0&-1&-1\end{bmatrix}\begin{bmatrix}\beta_1\\\beta_2\\\beta_3\end{bmatrix}=\begin{bmatrix}0\\0\\0\end{bmatrix}\text{より，}$$

$$\begin{cases}-3\beta_1+2\beta_2+\beta_3=0\\\beta_2+\beta_3=0\end{cases}$$

$\beta_2=3k_2$ とおくと，

$\beta_3=-3k_2$，　$\beta_1=k_2$

$$\therefore\ \boldsymbol{x}_2=\begin{bmatrix}k_2\\3k_2\\-3k_2\end{bmatrix}=k_2\begin{bmatrix}1\\3\\-3\end{bmatrix}$$

固有値 λ	$\lambda_1=-1$	$\lambda_2=2$	$\lambda_3=3$
固有ベクトル $\boldsymbol{x}$	$k_1\begin{bmatrix}1\\0\\0\end{bmatrix}$	$k_2\begin{bmatrix}1\\3\\-3\end{bmatrix}$	$k_3\begin{bmatrix}3\\8\\-4\end{bmatrix}$
変換行列 P	$\begin{bmatrix}1&1&3\\0&3&8\\0&-3&-4\end{bmatrix}$		
対角行列 $P^{-1}BP$	$\begin{bmatrix}-1&0&0\\0&2&0\\0&0&3\end{bmatrix}$		

$$T_2=\begin{bmatrix}-3&2&1\\0&2&2\\0&-1&-1\end{bmatrix}\to\begin{bmatrix}-3&2&1\\0&1&1\\0&0&0\end{bmatrix}\Big\}r=2$$

自由度 $=3-2=1$　　$\beta_2=3k_2$ とおく。

(ⅲ) $\lambda_3=3$ のとき，①を $T_3\boldsymbol{x}_3=\boldsymbol{0}$　そして，$\boldsymbol{x}_3=\begin{bmatrix}\gamma_1\\\gamma_2\\\gamma_3\end{bmatrix}$ とおくと，

$$\begin{bmatrix}-4&2&1\\0&1&2\\0&-1&-2\end{bmatrix}\begin{bmatrix}\gamma_1\\\gamma_2\\\gamma_3\end{bmatrix}=\begin{bmatrix}0\\0\\0\end{bmatrix}\text{より，}$$

$$T_3=\begin{bmatrix}-4&2&1\\0&1&2\\0&-1&-2\end{bmatrix}\to\begin{bmatrix}-4&2&1\\0&1&2\\0&0&0\end{bmatrix}\Big\}r=2$$

自由度 $=3-2=1$　　$\gamma_2=8k_3$ とおく。

$-4\gamma_1+2\gamma_2+\gamma_3=0$，$\gamma_2+2\gamma_3=0$

ここで，$\gamma_2=8k_3$ とおくと，$\gamma_3=-4k_3$　　$\gamma_1=3k_3$

$$\therefore\ \boldsymbol{x}_3=\begin{bmatrix}3k_3\\8k_3\\-4k_3\end{bmatrix}=k_3\begin{bmatrix}3\\8\\-4\end{bmatrix}$$

(ⅰ)(ⅱ)(ⅲ) より，

$$P=\begin{bmatrix}1&1&3\\0&3&8\\0&-3&-4\end{bmatrix}\text{とおくと，}P^{-1}BP=\begin{bmatrix}-1&0&0\\0&2&0\\0&0&3\end{bmatrix}\text{となる。}\cdots\cdots\text{(答)}$$

（$-1=\lambda_1$，$2=\lambda_2$，$3=\lambda_3$）

演習問題 21　● 変換行列 P による行列の対角化(Ⅰ) ●

$A=\begin{bmatrix}3 & 4\\ -1 & -2\end{bmatrix}$ を，変換行列 P を用いて，対角化せよ。

ヒント！ これは，演習問題6の行列と同じ。今なら，P の意味がわかるだろ？

解答＆解説

$T\boldsymbol{x}=\boldsymbol{0}$ ……① ただし，$T=A-\lambda E=\begin{bmatrix}3-\lambda & 4\\ -1 & -2-\lambda\end{bmatrix}$ ……②とおく。

固有方程式 $|T|=\begin{vmatrix}3-\lambda & 4\\ -1 & -2-\lambda\end{vmatrix}=(3-\lambda)(-2-\lambda)+4=0$ より

$\lambda^2-\lambda-2=0\qquad(\lambda-2)(\lambda+1)=0\qquad\therefore\lambda=\underset{\lambda_1}{2},\ \underset{\lambda_2}{-1}$

(ⅰ) $\lambda_1=2$ のとき，①を $T_1\boldsymbol{x}_1=\boldsymbol{0}$ そして，$\boldsymbol{x}_1=\begin{bmatrix}\alpha_1\\ \alpha_2\end{bmatrix}$ とおくと，

$\begin{bmatrix}1 & 4\\ -1 & -4\end{bmatrix}\begin{bmatrix}\alpha_1\\ \alpha_2\end{bmatrix}=\begin{bmatrix}0\\ 0\end{bmatrix}$ より

(②の T の λ に，$\lambda_1=2$ を代入したもの)

$\alpha_1+4\alpha_2=0$

$\alpha_2=-k_1$ とおくと，$\alpha_1=4k_1$

$\therefore\ \boldsymbol{x}_1=k_1\begin{bmatrix}4\\ -1\end{bmatrix}$

(ⅱ) $\lambda_2=-1$ のとき，①を $T_2\boldsymbol{x}_2=\boldsymbol{0}$

そして，$\boldsymbol{x}_2=\begin{bmatrix}\beta_1\\ \beta_2\end{bmatrix}$ とおくと，

$\begin{bmatrix}4 & 4\\ -1 & -1\end{bmatrix}\begin{bmatrix}\beta_1\\ \beta_2\end{bmatrix}=\begin{bmatrix}0\\ 0\end{bmatrix}$ より，$\beta_1+\beta_2=0$

(②の T の λ に，$\lambda_2=-1$ を代入したもの)

$\beta_1=k_2$ とおくと，$\beta_2=-k_2\quad\therefore\ \boldsymbol{x}_2=k_2\begin{bmatrix}1\\ -1\end{bmatrix}$

表

固有値 λ	$\lambda_1=2$	$\lambda_2=-1$
固有ベクトル $\boldsymbol{x}$	$k_1\begin{bmatrix}4\\ -1\end{bmatrix}$	$k_2\begin{bmatrix}1\\ -1\end{bmatrix}$
変換行列 P	$\begin{bmatrix}4 & 1\\ -1 & -1\end{bmatrix}$	
対角行列 $P^{-1}AP$	$\begin{bmatrix}2 & 0\\ 0 & -1\end{bmatrix}$	

($k_1=1,\ k_2=1$ として P を求めた。)

以上(ⅰ)(ⅱ)より，$P=\begin{bmatrix}4 & 1\\ -1 & -1\end{bmatrix}$ とおくと，$P^{-1}AP=\begin{bmatrix}2 & 0\\ 0 & -1\end{bmatrix}$ ……(答)

実践問題 21 ●変換行列 P による行列の対角化(Ⅱ)●

$A=\begin{bmatrix}4 & -3\\ 2 & -1\end{bmatrix}$ を，変換行列 P を用いて，対角化せよ。

ヒント！ 実践問題6の行列。表を利用すると，対角化の流れがわかるはずだ。

解答＆解説

$Tx=0$ ……① ただし，$T=A-\lambda E=\begin{bmatrix}4-\lambda & -3\\ 2 & -1-\lambda\end{bmatrix}$ ……②とおく。

固有方程式 $|T|=\begin{vmatrix}4-\lambda & -3\\ 2 & -1-\lambda\end{vmatrix}=$ (ア) $=0$ より

$\lambda^2-3\lambda+2=0$ $(\lambda-1)(\lambda-2)=0$ $\therefore \lambda=\underset{\lambda_1}{1},\ \underset{\lambda_2}{2}$

(ⅰ) $\lambda_1=1$ のとき，①を $T_1x_1=0$ そして，$x_1=\begin{bmatrix}\alpha_1\\ \alpha_2\end{bmatrix}$ とおくと，

$\begin{bmatrix}3 & -3\\ 2 & -2\end{bmatrix}\begin{bmatrix}\alpha_1\\ \alpha_2\end{bmatrix}=\begin{bmatrix}0\\ 0\end{bmatrix}$ より

$\alpha_1-\alpha_2=0$ $\alpha_1=\alpha_2=k_1$ とおくと，

$x_1=k_1$ (イ)

(ⅱ) $\lambda_2=2$ のとき，①を $T_2x_2=0$

そして，$x_2=\begin{bmatrix}\beta_1\\ \beta_2\end{bmatrix}$ とおくと，

$\begin{bmatrix}2 & -3\\ 2 & -3\end{bmatrix}\begin{bmatrix}\beta_1\\ \beta_2\end{bmatrix}=\begin{bmatrix}0\\ 0\end{bmatrix}$ より，$2\beta_1-3\beta_2=0$

$\beta_1=3k_2$ とおくと，$\beta_2=2k_2$ $\therefore x_2=k_2$ (ウ)

以上(ⅰ)(ⅱ)より，$P=\begin{bmatrix}1 & 3\\ 1 & 2\end{bmatrix}$ とおくと，$P^{-1}AP=$ (エ) ……(答)

表

固有値 λ	$\lambda_1=1$	$\lambda_2=2$
固有ベクトル x	k_1 (イ)	k_2 (ウ)
変換行列 P	$\begin{bmatrix}1 & 3\\ 1 & 2\end{bmatrix}$	
対角行列 $P^{-1}AP$	(エ)	

解答 (ア) $(4-\lambda)(-1-\lambda)+6$ (イ) $\begin{bmatrix}1\\ 1\end{bmatrix}$ (ウ) $\begin{bmatrix}3\\ 2\end{bmatrix}$ (エ) $\begin{bmatrix}1 & 0\\ 0 & 2\end{bmatrix}$

演習問題 22　● 変換行列 P による行列の対角化(Ⅲ) ●

$A=\begin{bmatrix}2&1&0\\1&2&0\\1&1&1\end{bmatrix}$ を，変換行列 P を用いて，対角化せよ。

ヒント！ 固有値 $\lambda=1$ (重解), 3 となる。$\lambda_1=1$ (重解) のときでも，$T_1\boldsymbol{x}_1=\boldsymbol{0}$ の方程式が，線形独立な 2 つの解 $\boldsymbol{x}_1', \boldsymbol{x}_1''$ をもつので，対角化が可能となる。

解答＆解説

$T\boldsymbol{x}=\boldsymbol{0}$ …① ただし，$T=A-\lambda E=\begin{bmatrix}2-\lambda&1&0\\1&2-\lambda&0\\1&1&1-\lambda\end{bmatrix}$ …②とおく。

固有方程式 $|T|=\begin{vmatrix}2-\lambda&1&0\\1&2-\lambda&0\\1&1&1-\lambda\end{vmatrix}=(2-\lambda)^2(1-\lambda)-(1-\lambda)$ （サラス）

$=-(\lambda-1)(\lambda^2-4\lambda+3)=-(\lambda-1)^2(\lambda-3)=0$

よって，$(\lambda-1)^2(\lambda-3)=0$ より，$\lambda=\underset{\lambda_1}{1}$ (重解), $\underset{\lambda_2}{3}$

(i) $\lambda_1=1$(重解) のとき，①を $T_1\boldsymbol{x}_1=\boldsymbol{0}$　そして，$\boldsymbol{x}_1=\begin{bmatrix}\alpha_1\\\alpha_2\\\alpha_3\end{bmatrix}$ とおくと

（②の T の λ に，$\lambda_1=1$ を代入したもの）

$\begin{bmatrix}1&1&0\\1&1&0\\1&1&0\end{bmatrix}\begin{bmatrix}\alpha_1\\\alpha_2\\\alpha_3\end{bmatrix}=\begin{bmatrix}0\\0\\0\end{bmatrix}$ より

$T_1=\begin{bmatrix}1&1&0\\1&1&0\\1&1&0\end{bmatrix}\to\begin{bmatrix}1&1&0\\0&0&0\\0&0&0\end{bmatrix}\}\ r=1$

自由度 $=3-1=2$ より

$\therefore\ \alpha_1=k_1\quad\alpha_3=k_2$ とおく。

（パラメータが 2 つ）

$\alpha_1+\alpha_2=0$

ここで，$\alpha_1=k_1, \alpha_3=k_2$ とおくと，

$\alpha_2=-k_1$

（線形独立な 2 つの解ベクトル）

$\therefore\ \boldsymbol{x}_1=\begin{bmatrix}k_1\\-k_1\\k_2\end{bmatrix}=k_1\begin{bmatrix}1\\-1\\0\end{bmatrix}+k_2\begin{bmatrix}0\\0\\1\end{bmatrix}$

参考

固有値 $\lambda_1 = 1$(重解) でも，方程式 $T_1 \boldsymbol{x}_1 = \boldsymbol{0}$ の T_1 のランクが **1** で，自由度が **2** $\big($= (未知数の個数) − (ランク)$\big)$ のとき，解 $\boldsymbol{x}_1$ は，**2** つのパラメータ k_1, k_2 により，
$\boldsymbol{x}_1 = k_1 \boldsymbol{x}_1' + k_2 \boldsymbol{x}_1''$ と表される。

$\boldsymbol{x}_1' = \begin{bmatrix} 1 \\ -1 \\ 0 \end{bmatrix}$, $\boldsymbol{x}_1'' = \begin{bmatrix} 0 \\ 0 \\ 1 \end{bmatrix}$ は線形独立で，かつそれぞれが方程式①，すなわち $T_1 \boldsymbol{x}_1 = \boldsymbol{0}$ をみたす。

よって，**2** 重解 $\lambda_1 = 1$ に対して，**2** つの線形独立な解 $\boldsymbol{x}_1'$, $\boldsymbol{x}_1''$ が求まるので，この行列 A は対角化できる。

(ii) $\lambda_2 = 3$ のとき，①を $T_2 \boldsymbol{x}_2 = \boldsymbol{0}$

そして，$\boldsymbol{x}_2 = \begin{bmatrix} \beta_1 \\ \beta_2 \\ \beta_3 \end{bmatrix}$ とおくと，

$$\begin{bmatrix} -1 & 1 & 0 \\ 1 & -1 & 0 \\ 1 & 1 & -2 \end{bmatrix} \begin{bmatrix} \beta_1 \\ \beta_2 \\ \beta_3 \end{bmatrix} = \begin{bmatrix} 0 \\ 0 \\ 0 \end{bmatrix} \text{ より，}$$

②の T の λ に，$\lambda_2 = 3$ を代入したもの

$$\begin{cases} \beta_1 - \beta_2 = 0 \\ \beta_1 + \beta_2 - 2\beta_3 = 0 \end{cases}$$

このランクは **2**
自由度 **1**

ここで，$\beta_2 = k_3$ とおくと，

$\beta_1 = \beta_3 = k_3$

$$\therefore \boldsymbol{x}_2 = \begin{bmatrix} k_3 \\ k_3 \\ k_3 \end{bmatrix} = k_3 \begin{bmatrix} 1 \\ 1 \\ 1 \end{bmatrix}$$

固有値 λ	$\lambda_1 = 1$	$\lambda_2 = 3$
固有ベクトル $\boldsymbol{x}$	$k_1 \begin{bmatrix} 1 \\ -1 \\ 0 \end{bmatrix} + k_2 \begin{bmatrix} 0 \\ 0 \\ 1 \end{bmatrix}$	$k_3 \begin{bmatrix} 1 \\ 1 \\ 1 \end{bmatrix}$
変換行列 P	$\begin{bmatrix} 1 & 0 & 1 \\ -1 & 0 & 1 \\ 0 & 1 & 1 \end{bmatrix}$	
対角行列 $P^{-1}AP$	$\begin{bmatrix} 1 & 0 & 0 \\ 0 & 1 & 0 \\ 0 & 0 & 3 \end{bmatrix}$ ($=\lambda_1$, $=\lambda_1$, $\lambda_2=$)	

以上 (i)(ii) より，$P = \begin{bmatrix} 1 & 0 & 1 \\ -1 & 0 & 1 \\ 0 & 1 & 1 \end{bmatrix}$ とおくと，$P^{-1}AP = \begin{bmatrix} 1 & 0 & 0 \\ 0 & 1 & 0 \\ 0 & 0 & 3 \end{bmatrix}$ となる。

……(答)

このように，固有値が重解をもつ場合でも，対角化可能なものもある。
エッ，対角化が可能でないときもあるのかって？　もちろんあるよ。そのときは，“ジョルダン標準形”の出番になるんだね。

§2. 計量線形空間と正規直交基底

これまで勉強してきた線形空間に，さらに内積の演算を導入したものを“計量線形空間”という。この計量線形空間では，元の“大きさ”と，2つの元の“なす角”が定義できるので，空間を生成する基底として，“正規直交基底”を用いることが多い。

ここでは，一般の基底を正規直交基底に変換する，“シュミットの正規直交化法”や，正規直交基底から作られる“直交行列”まで解説する。今回も，盛り沢山の内容だけど，わかりやすく教えるつもりだ。

● 計量線形空間を定義しよう！

まず，ここで，“計量線形空間”の定義から入ろう。これは，線形空間 V に，さらに内積を導入した空間のことだ。

計量線形空間の定義

R 上の線形空間 V の任意の 2 つの元 $\boldsymbol{a}, \boldsymbol{b}$ に対して，内積という実数 $\boldsymbol{a}\cdot\boldsymbol{b}$ が定まり，次の 4 つの条件を満たすとき，この線形空間 V を，“**計量線形空間**”または“**内積空間**”という。

(i) $\boldsymbol{a}\cdot\boldsymbol{b}=\boldsymbol{b}\cdot\boldsymbol{a}$

(ii) $(\boldsymbol{a}_1+\boldsymbol{a}_2)\cdot\boldsymbol{b}=\boldsymbol{a}_1\cdot\boldsymbol{b}+\boldsymbol{a}_2\cdot\boldsymbol{b}$, $\boldsymbol{a}\cdot(\boldsymbol{b}_1+\boldsymbol{b}_2)=\boldsymbol{a}\cdot\boldsymbol{b}_1+\boldsymbol{a}\cdot\boldsymbol{b}_2$

(iii) $(k\boldsymbol{a})\cdot\boldsymbol{b}=k(\boldsymbol{a}\cdot\boldsymbol{b})$, $\boldsymbol{a}\cdot(k\boldsymbol{b})=k(\boldsymbol{a}\cdot\boldsymbol{b})$ $(k\in R)$

(iv) $\boldsymbol{a}\cdot\boldsymbol{a}\geqq 0$ (特に，$\boldsymbol{a}=\boldsymbol{0} \Leftrightarrow \boldsymbol{a}\cdot\boldsymbol{a}=0$)

これから，計量線形空間 V の元 $\boldsymbol{a}$ に対して，次のように，“大きさ”を定義する。

大きさの定義

計量線形空間 V の元 $\boldsymbol{a}$ に対して，$\sqrt{\boldsymbol{a}\cdot\boldsymbol{a}}$ を，元 $\boldsymbol{a}$ の“**大きさ**”または“**ノルム**”と呼び，次のように表す。

$$\|\boldsymbol{a}\|=\sqrt{\boldsymbol{a}\cdot\boldsymbol{a}} \qquad (\text{特に，}\boldsymbol{a}=\boldsymbol{0} \Leftrightarrow \|\boldsymbol{a}\|=0)$$

この$\|\boldsymbol{a}\|$については，次の性質がある。

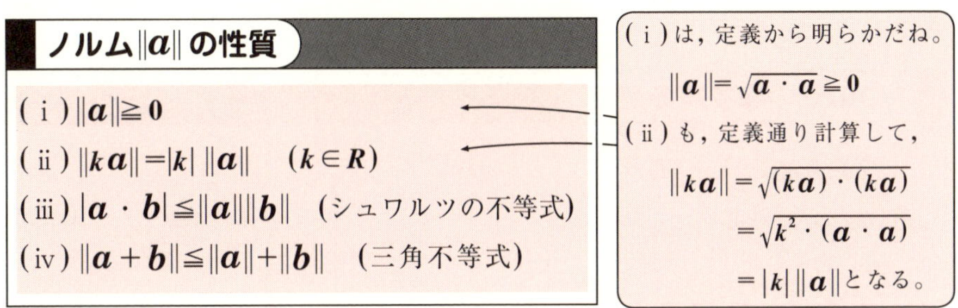

ノルム$\|\boldsymbol{a}\|$の性質

(i) $\|\boldsymbol{a}\| \geqq 0$

(ii) $\|k\boldsymbol{a}\| = |k|\,\|\boldsymbol{a}\|$　$(k \in R)$

(iii) $|\boldsymbol{a}\cdot\boldsymbol{b}| \leqq \|\boldsymbol{a}\|\|\boldsymbol{b}\|$　(シュワルツの不等式)

(iv) $\|\boldsymbol{a}+\boldsymbol{b}\| \leqq \|\boldsymbol{a}\|+\|\boldsymbol{b}\|$　(三角不等式)

(i)は，定義から明らかだね。

$\|\boldsymbol{a}\| = \sqrt{\boldsymbol{a}\cdot\boldsymbol{a}} \geqq 0$

(ii)も，定義通り計算して，

$\|k\boldsymbol{a}\| = \sqrt{(k\boldsymbol{a})\cdot(k\boldsymbol{a})}$
$= \sqrt{k^2\cdot(\boldsymbol{a}\cdot\boldsymbol{a})}$
$= |k|\,\|\boldsymbol{a}\|$となる。

計量線形空間Vでは，(iii)のシュワルツの不等式から，Vの2つの元$\boldsymbol{a}$と$\boldsymbol{b}$の"なす角"θを定義する。(iii)の証明は，次の通りだ。

$\|t\boldsymbol{a}+\boldsymbol{b}\| \geqq 0$　$(t \in R)$より，この両辺を2乗して，

$\|t\boldsymbol{a}+\boldsymbol{b}\|^2 \geqq 0$

$(t\boldsymbol{a}+\boldsymbol{b})\cdot(t\boldsymbol{a}+\boldsymbol{b}) = \|\boldsymbol{a}\|^2t^2+2(\boldsymbol{a}\cdot\boldsymbol{b})t+\|\boldsymbol{b}\|^2$

$\|\boldsymbol{a}\|^2t^2+2(\boldsymbol{a}\cdot\boldsymbol{b})t+\|\boldsymbol{b}\|^2 \geqq 0$

これを，$f(t)=at^2+2b't+c$ $(a>0)$ とみる

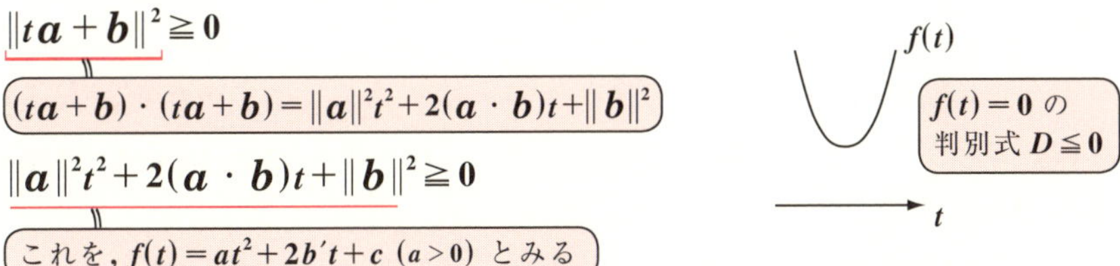

ここで，$\boldsymbol{a} \neq \boldsymbol{0}$として，$f(t)=\|\boldsymbol{a}\|^2t^2+2(\boldsymbol{a}\cdot\boldsymbol{b})t+\|\boldsymbol{b}\|^2$とおくと，任意の実数$t$に対して，$f(t) \geqq 0$となるための条件は，$t$の2次方程式$f(t)=0$の判別式を$D$として，

（$\|\boldsymbol{a}\|^2$ は $a(>0)$，$2(\boldsymbol{a}\cdot\boldsymbol{b})$ は $2b'$，$\|\boldsymbol{b}\|^2$ は c）

$$\frac{D}{4} = (\boldsymbol{a}\cdot\boldsymbol{b})^2 - \|\boldsymbol{a}\|^2\|\boldsymbol{b}\|^2 \leqq 0$$

となることである。

$(\boldsymbol{a}\cdot\boldsymbol{b}+\|\boldsymbol{a}\|\|\boldsymbol{b}\|)(\boldsymbol{a}\cdot\boldsymbol{b}-\|\boldsymbol{a}\|\|\boldsymbol{b}\|) \leqq 0$

$-\|\boldsymbol{a}\|\|\boldsymbol{b}\| \leqq \boldsymbol{a}\cdot\boldsymbol{b} \leqq \|\boldsymbol{a}\|\|\boldsymbol{b}\|$ ……①

$(x+r)(x-r) \leqq 0$
$-r \leqq x \leqq r$ $(r \geqq 0)$
$|x| \leqq r$ の考え方！

∴シュワルツの不等式 $|\boldsymbol{a}\cdot\boldsymbol{b}| \leqq \|\boldsymbol{a}\|\|\boldsymbol{b}\|$ が導ける。……………………(終)

(シュワルツの不等式は，$\boldsymbol{a}=\boldsymbol{0}$ のときも成り立つ。)

(iv)の証明は，(iii)を使えばすぐできる。自分で確かめてごらん。

$\boldsymbol{a}, \boldsymbol{b}$を計量線形空間の任意の元とし，$\boldsymbol{a} \neq \boldsymbol{0}$, $\boldsymbol{b} \neq \boldsymbol{0}$，すなわち，$\|\boldsymbol{a}\| \neq 0$, $\|\boldsymbol{b}\| \neq 0$とすると，①の各辺を$\|\boldsymbol{a}\|\|\boldsymbol{b}\|$ (>0)で割って，

$$-1 \leqq \frac{\boldsymbol{a}\cdot\boldsymbol{b}}{\|\boldsymbol{a}\|\|\boldsymbol{b}\|} \leqq 1 \text{ となる。}$$

$\cos\theta$ $(0 \leqq \theta \leqq \pi)$とおいて，$\boldsymbol{a}$と$\boldsymbol{b}$のなす角$\theta$を定義する。

これから，計量線形空間 V の 2 つの元 $\boldsymbol{a}, \boldsymbol{b}$ のなす角 θ を次のように定義する。

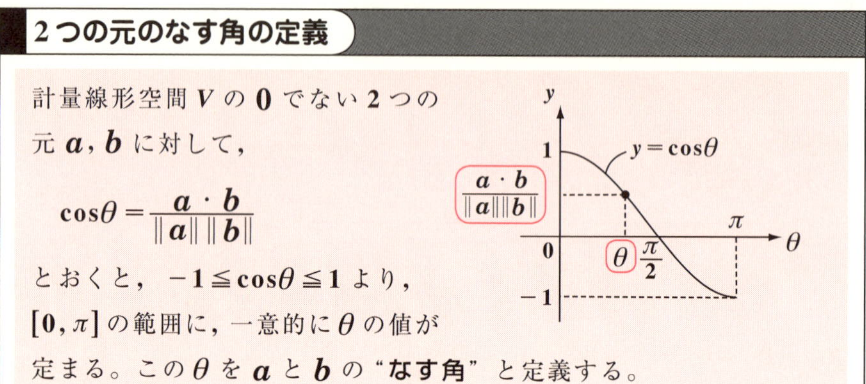

2つの元のなす角の定義

計量線形空間 V の $\boldsymbol{0}$ でない 2 つの元 $\boldsymbol{a}, \boldsymbol{b}$ に対して，

$$\cos\theta = \frac{\boldsymbol{a}\cdot\boldsymbol{b}}{\|\boldsymbol{a}\|\,\|\boldsymbol{b}\|}$$

とおくと，$-1 \leqq \cos\theta \leqq 1$ より，$[0, \pi]$ の範囲に，一意的に θ の値が定まる。この θ を $\boldsymbol{a}$ と $\boldsymbol{b}$ の"**なす角**"と定義する。

このように，線形代数では，シュワルツの不等式から，なす角 θ を定義するんだね。これから，よく見慣れた内積の公式：$\boldsymbol{a}\cdot\boldsymbol{b} = \|\boldsymbol{a}\|\,\|\boldsymbol{b}\|\cos\theta$ $(\boldsymbol{a} \neq \boldsymbol{0}, \boldsymbol{b} \neq \boldsymbol{0})$ が導ける。

ここで，次の直交に関する条件も覚えておこう。

$$\boldsymbol{a} \perp \boldsymbol{b}\,(\text{直交}) \iff \boldsymbol{a}\cdot\boldsymbol{b} = 0$$

$\left(\boldsymbol{a} = \boldsymbol{0}\right.$ または $\boldsymbol{b} = \boldsymbol{0}$ で，$\boldsymbol{a}\cdot\boldsymbol{b} = 0$ となるときでも，$\boldsymbol{a}$ と $\boldsymbol{b}$ は直交する $(\boldsymbol{a} \perp \boldsymbol{b})$，ということにする。$\left.\right)$

これまで，勉強してきた計量線形空間は，確かに $\boldsymbol{R}^n$ 空間を意識して作られたものであるけれど，この条件をみたす例は他にもあるんだよ。その重要な例として，次のものがある。

閉区間 $[-a, a]$ で連続な関数全体で，1 つの線形空間 V を作る。この V の元 f と g に対して，内積を，

$f\cdot g = \int_{-a}^{a} f(x)\cdot g(x)dx$ と定義すると，内積の 4 つの条件をすべてみたしていることがわかるはずだ。定積分が計量線形空間をつくっているんだね。本書ではこれ以上は触れないが，この考え方が，"フーリエ級数解析"の基本になるんだよ。

それでは，話を $\boldsymbol{R}^n$ 空間に戻して，$\boldsymbol{R}^n$ の 2 つの元 $\boldsymbol{a}$ と $\boldsymbol{b}$ の内積を定義しておこう。

内積の定義

R^n の 2 つの元 $\boldsymbol{a}=\begin{bmatrix} a_1 \\ a_2 \\ \vdots \\ a_n \end{bmatrix}$，$\boldsymbol{b}=\begin{bmatrix} b_1 \\ b_2 \\ \vdots \\ b_n \end{bmatrix}$ に対して，内積 $\boldsymbol{a}\cdot\boldsymbol{b}$ を

$\boldsymbol{a}\cdot\boldsymbol{b}={}^t\boldsymbol{a}\boldsymbol{b}=a_1b_1+a_2b_2+\cdots+a_nb_n$ と定義する。

($\boldsymbol{a}\cdot\boldsymbol{b}$ は，内積の 4 つの条件をすべてみたす。)

このとき，定義より，$\boldsymbol{a}\cdot\boldsymbol{a}=a_1{}^2+a_2{}^2\cdots+a_n{}^2$ から，ノルム $\|\boldsymbol{a}\|$ は，

$\|\boldsymbol{a}\|=\sqrt{\boldsymbol{a}\cdot\boldsymbol{a}}=\sqrt{{}^t\boldsymbol{a}\boldsymbol{a}}=\sqrt{a_1{}^2+a_2{}^2\cdots+a_n{}^2}$ となる。

2 次元・3 次元ベクトルの内積の計算は，既に慣れているだろうから，4 次元ベクトルの内積計算を，次の例題で練習してみよう。

(1) $\boldsymbol{a}=\begin{bmatrix} 1 \\ 0 \\ 2 \\ 1 \end{bmatrix}$，$\boldsymbol{b}=\begin{bmatrix} -1 \\ 1 \\ 2 \\ 0 \end{bmatrix}$ のとき，$\boldsymbol{a}$ と $\boldsymbol{b}$ のなす角 θ を求めよ。

(1) $\|\boldsymbol{a}\|=\sqrt{1^2+0^2+2^2+1^2}=\sqrt{6}$，$\|\boldsymbol{b}\|=\sqrt{(-1)^2+1^2+2^2+0^2}=\sqrt{6}$

$\boldsymbol{a}\cdot\boldsymbol{b}=1\cdot(-1)+0\cdot1+2\cdot2+1\cdot0=3$

よって，$\boldsymbol{a}$ と $\boldsymbol{b}$ のなす角を θ とおくと，

4 次元ベクトルのなす角？

$\cos\theta=\dfrac{\boldsymbol{a}\cdot\boldsymbol{b}}{\|\boldsymbol{a}\|\|\boldsymbol{b}\|}=\dfrac{3}{\sqrt{6}\cdot\sqrt{6}}=\dfrac{1}{2}$　　$\therefore\ \theta=\dfrac{\pi}{3}$ ……………………(答)

● 計量線形空間を正規直交基底が張る！

n 次元の計量線形空間 V は線形空間なので，当然ある 1 組の基底 $\{\boldsymbol{u}_1, \boldsymbol{u}_2, \cdots, \boldsymbol{u}_n\}$ によって生成される。

この基底は，次の 2 つの条件：

(i) $\boldsymbol{u}_1, \boldsymbol{u}_2, \cdots, \boldsymbol{u}_n$ は線形独立である。

(ii) V の任意の元は，$\boldsymbol{u}_1, \boldsymbol{u}_2, \cdots, \boldsymbol{u}_n$ の線形結合で表される。

をみたすが，さらに内積を導入して，次の条件もみたすとき，$\{\boldsymbol{u}_1, \cdots, \boldsymbol{u}_n\}$ を特に，"正規直交基底" という。

"せいきちょっこうきてい" と読む

正規直交基底の定義

R 上の計量線形空間 V の基底 $\{\boldsymbol{u}_1, \boldsymbol{u}_2, \cdots, \boldsymbol{u}_n\}$ が,

$$\boldsymbol{u}_i \cdot \boldsymbol{u}_j = \begin{cases} 1 & (i=j \text{ のとき}) \\ 0 & (i \neq j \text{ のとき}) \end{cases} \quad (i, j = 1, 2, \cdots, n)$$

をみたすとき，この基底を，“正規直交基底”という。

（“大きさが1”の意味）（“互いに直交する”の意味）

(i) $i=j$ のとき，$\boldsymbol{u}_i \cdot \boldsymbol{u}_i = \|\boldsymbol{u}_i\|^2 = 1$

よって，$i=1, 2, \cdots, n$ のとき，$\|\boldsymbol{u}_i\| = 1$ ←（大きさ1：“正規”）

(ii) $i \neq j$ のとき，$\boldsymbol{u}_i \cdot \boldsymbol{u}_j = 0$ より，$\boldsymbol{u}_i \perp \boldsymbol{u}_j$ ←（“直交”）

以上(i)(ii)から，正規直交基底とは，互いに直交する大きさ1の基底であることがわかったと思う。

R^n の標準基底 $\{\boldsymbol{e}_1, \boldsymbol{e}_2, \cdots, \boldsymbol{e}_n\}$ は,

$$\boldsymbol{e}_1 = \begin{bmatrix} 1 \\ 0 \\ 0 \\ \vdots \\ 0 \end{bmatrix}, \boldsymbol{e}_2 = \begin{bmatrix} 0 \\ 1 \\ 0 \\ \vdots \\ 0 \end{bmatrix}, \cdots, \boldsymbol{e}_n = \begin{bmatrix} 0 \\ 0 \\ 0 \\ \vdots \\ 1 \end{bmatrix} \text{ より,}$$

$$\boldsymbol{e}_i \cdot \boldsymbol{e}_j = \begin{cases} 1 & (i=j \text{ のとき}) \\ 0 & (i \neq j \text{ のとき}) \end{cases}$$ の条件をみたす。よって，$\{\boldsymbol{e}_1, \cdots, \boldsymbol{e}_n\}$ は正規直交基底である。

標準基底でなくても，例えば，R^2 における2つの元 $\boldsymbol{a}_1 = \begin{bmatrix} 2 \\ 1 \end{bmatrix}$, $\boldsymbol{a}_2 = \begin{bmatrix} -1 \\ 2 \end{bmatrix}$ も，$\boldsymbol{a}_1 \cdot \boldsymbol{a}_2 = 2 \cdot (-1) + 1 \cdot 2 = 0$ より，$\boldsymbol{a}_1 \perp \boldsymbol{a}_2$ (直交)となるのがわかる。

ここで，$\|\boldsymbol{a}_1\| = \sqrt{2^2 + 1^2} = \sqrt{5}$, $\|\boldsymbol{a}_2\| = \sqrt{(-1)^2 + 2^2} = \sqrt{5}$ より,

$$\begin{cases} \boldsymbol{u}_1 = \dfrac{1}{\|\boldsymbol{a}_1\|} \boldsymbol{a}_1 = \dfrac{1}{\sqrt{5}} \begin{bmatrix} 2 \\ 1 \end{bmatrix} \\ \boldsymbol{u}_2 = \dfrac{1}{\|\boldsymbol{a}_2\|} \boldsymbol{a}_2 = \dfrac{1}{\sqrt{5}} \begin{bmatrix} -1 \\ 2 \end{bmatrix} \end{cases}$$

（自分自身の大きさで割って正規化する。）

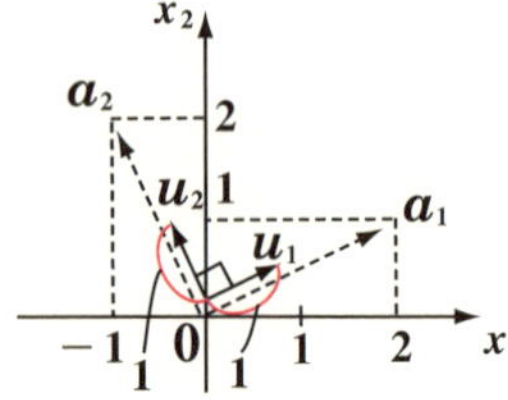

とすれば，$\{\boldsymbol{u}_1, \boldsymbol{u}_2\}$ は R^2 の1組の正規直交基底になる。

● 直交行列 U と直交変換も極めよう！

$V=R^n$ について，正規直交基底 $\{\boldsymbol{u}_1, \boldsymbol{u}_2, \cdots, \boldsymbol{u}_n\}$ のもつ性質：

$\boldsymbol{u}_i\cdot\boldsymbol{u}_j=\begin{cases}1 & (i=j)\\ 0 & (i\neq j)\end{cases}$ から，$\boldsymbol{u}_1, \boldsymbol{u}_2, \cdots, \boldsymbol{u}_n$ を列ベクトル成分としてもつ行列 U，すなわち $U=[\boldsymbol{u}_1\ \ \boldsymbol{u}_2\ \ \cdots\ \ \boldsymbol{u}_n]$ を作ると面白い性質が表われる。$\boldsymbol{u}_i$ は列ベクトル，この転置行列 ${}^t\boldsymbol{u}_i$ は行ベクトルとなることもイメージと

（転置行列：行と列を入れ替えた行列）

して示しながら，${}^tUU$ を実際に計算してみよう。

$${}^tUU=\begin{bmatrix}{}^t\boldsymbol{u}_1\\ {}^t\boldsymbol{u}_2\\ \vdots\\ {}^t\boldsymbol{u}_n\end{bmatrix}\begin{bmatrix}\boldsymbol{u}_1 & \boldsymbol{u}_2 & \cdots & \boldsymbol{u}_n\end{bmatrix}$$

← こう書くとイメージがつかみやすいはずだ。

$$=\begin{bmatrix}{}^t\boldsymbol{u}_1\boldsymbol{u}_1 & {}^t\boldsymbol{u}_1\boldsymbol{u}_2 & \cdots & {}^t\boldsymbol{u}_1\boldsymbol{u}_n\\ {}^t\boldsymbol{u}_2\boldsymbol{u}_1 & {}^t\boldsymbol{u}_2\boldsymbol{u}_2 & \cdots & {}^t\boldsymbol{u}_2\boldsymbol{u}_n\\ \vdots & \vdots & \ddots & \vdots\\ {}^t\boldsymbol{u}_n\boldsymbol{u}_1 & {}^t\boldsymbol{u}_n\boldsymbol{u}_2 & \cdots & {}^t\boldsymbol{u}_n\boldsymbol{u}_n\end{bmatrix}$$

一般に，

$\boldsymbol{a}=\begin{bmatrix}a_1\\ \vdots\\ a_n\end{bmatrix}$，$\boldsymbol{b}=\begin{bmatrix}b_1\\ \vdots\\ b_n\end{bmatrix}$

のとき，

$\boldsymbol{a}\cdot\boldsymbol{b}={}^t\boldsymbol{a}\boldsymbol{b}$

$=[a_1\cdots a_n]\begin{bmatrix}b_1\\ \vdots\\ b_n\end{bmatrix}$

$=a_1b_1+\cdots+a_nb_n$

となる。

$$=\begin{bmatrix}\|\boldsymbol{u}_1\|^2 & \boldsymbol{u}_1\cdot\boldsymbol{u}_2 & \cdots & \boldsymbol{u}_1\cdot\boldsymbol{u}_n\\ \boldsymbol{u}_2\cdot\boldsymbol{u}_1 & \|\boldsymbol{u}_2\|^2 & \cdots & \boldsymbol{u}_2\cdot\boldsymbol{u}_n\\ \vdots & \vdots & \ddots & \vdots\\ \boldsymbol{u}_n\cdot\boldsymbol{u}_1 & \boldsymbol{u}_n\cdot\boldsymbol{u}_2 & \cdots & \|\boldsymbol{u}_n\|^2\end{bmatrix}$$

（$\|\boldsymbol{u}_i\|^2=1^2$，$\boldsymbol{u}_i\cdot\boldsymbol{u}_j=0\ (i\neq j)$）

$$=\begin{bmatrix}1 & 0 & \cdots & 0\\ 0 & 1 & \cdots & 0\\ \vdots & \vdots & \ddots & \vdots\\ 0 & 0 & \cdots & 1\end{bmatrix}=E\qquad\left(\because\ \boldsymbol{u}_i\cdot\boldsymbol{u}_j=\begin{cases}1 & (i=j)\\ 0 & (i\neq j)\end{cases}\right)$$

よって，${}^tUU=E$ より，${}^tU=U^{-1}$ となることがわかった。

この正規直交基底を列ベクトルにもつ行列 U を "直交行列" といい，次のような性質をもつ。

直交行列の性質

$\boldsymbol{R}^n$ の正規直交基底 $\{\boldsymbol{u}_1, \boldsymbol{u}_2, \cdots, \boldsymbol{u}_n\}$ を列ベクトル成分にもつ行列 $U = [\boldsymbol{u}_1 \ \boldsymbol{u}_2 \ \cdots \ \boldsymbol{u}_n]$ を"**直交行列**"といい，これは次の性質をもつ。

(i) ${}^tUU = U{}^tU = E$

(ii) ${}^tU = U^{-1}$

この直交行列 U を表現行列にもつ線形変換 $f : \boldsymbol{R}^n \longrightarrow \boldsymbol{R}^n$ を特に"直交変換"という。

直交変換

計量線形空間 $V = \boldsymbol{R}^n$ について，直交行列 U を表現行列としてもつ線形変換 $f : \boldsymbol{R}^n \longrightarrow \boldsymbol{R}^n$ を"**直交変換**"という。直交変換 f においては，$\boldsymbol{R}^n$ の任意の元 $\boldsymbol{x}, \boldsymbol{y}$ に対して，次のことが成り立つ。

(1) $\boldsymbol{x} \cdot \boldsymbol{y} = f(\boldsymbol{x}) \cdot f(\boldsymbol{y})$ （内積の保存）　(2) $\|\boldsymbol{x}\| = \|f(\boldsymbol{x})\|$ （大きさの保存）

(3) $\boldsymbol{x}$ と $\boldsymbol{y}$ のなす角と，$f(\boldsymbol{x})$ と $f(\boldsymbol{y})$ のなす角が等しい。（角の保存）

(1) が言えれば，(2)(3) の証明は簡単だね。

(2)：(1) の $\boldsymbol{y}$ に $\boldsymbol{x}$ を代入して，

$$\boldsymbol{x} \cdot \boldsymbol{x} = f(\boldsymbol{x}) \cdot f(\boldsymbol{x}), \ \|\boldsymbol{x}\|^2 = \|f(\boldsymbol{x})\|^2$$

$$\therefore \|\boldsymbol{x}\| = \|f(\boldsymbol{x})\|$$

$$(\because \|\boldsymbol{x}\| \geqq 0, \|f(\boldsymbol{x})\| \geqq 0)$$

図1 直交変換

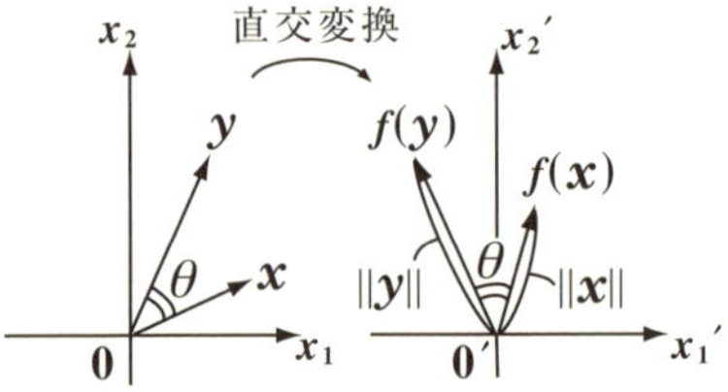

（直交変換 f では"大きさ"と"なす角"が保存される。）

(3)：$\boldsymbol{x}$ と $\boldsymbol{y}$ のなす角を θ，$f(\boldsymbol{x})$ と $f(\boldsymbol{y})$ のなす角を θ' とおくと，(1) より，

$$\|\boldsymbol{x}\|\|\boldsymbol{y}\|\cos\theta = \|f(\boldsymbol{x})\|\|f(\boldsymbol{y})\|\cos\theta'$$

(2) より，$\|\boldsymbol{x}\| = \|f(\boldsymbol{x})\|$，$\|\boldsymbol{y}\| = \|f(\boldsymbol{y})\|$

よって，$\cos\theta = \cos\theta'$　$\therefore \theta = \theta'$ （$\because 0 \leqq \theta, \theta' \leqq \pi$）

それでは，(1) の証明についても，やっておこう。

$$f(\boldsymbol{x}) = U\boldsymbol{x}, \ f(\boldsymbol{y}) = U\boldsymbol{y} \quad (\text{直交行列 } U = [\boldsymbol{u}_1 \ \boldsymbol{u}_2 \ \cdots \ \boldsymbol{u}_n])$$

$$f(\boldsymbol{x}) \cdot f(\boldsymbol{y}) = {}^tf(\boldsymbol{x})f(\boldsymbol{y}) = {}^t(U\boldsymbol{x})U\boldsymbol{y} = {}^t\boldsymbol{x}\underbrace{{}^tUU}_{E}\boldsymbol{y}$$

公式 ${}^t(AB) = {}^tB{}^tA$ を使った。

$$= {}^t\boldsymbol{x}\boldsymbol{y} = \boldsymbol{x} \cdot \boldsymbol{y} \text{ となって導ける！}$$

行列の積の転置行列，逆行列には似た公式があるので一緒に覚えておこう。

(1) ${}^t(AB)={}^tB\,{}^tA$　　　(2) $(AB)^{-1}=B^{-1}A^{-1}$

● シュミットの正規直交化法もマスターしよう！

計量線形空間 R^n における 1 組の正規直交でない基底 $\{\boldsymbol{a}_1, \cdots, \boldsymbol{a}_n\}$ を，正規直交基底 $\{\boldsymbol{u}_1, \boldsymbol{u}_2, \cdots, \boldsymbol{u}_n\}$ に変換することができる。この方法を **“シュミットの正規直交化法”**，または，**“グラム・シュミットの正規直交化法”** という。

なぜ，そんなに，正規直交基底にこだわるのかって？　それは，たとえば，フーリエ級数展開による近似計算で，決定的な役割を果たしたりするからなんだけど，ここでは「座標系として直感的に考えやすいからだ」とだけ言っておこう。

一般の基底 $\{\boldsymbol{a}_1, \boldsymbol{a}_2, \cdots, \boldsymbol{a}_n\}$ を，正規直交基底 $\{\boldsymbol{u}_1, \boldsymbol{u}_2, \cdots, \boldsymbol{u}_n\}$ に変換する過程は，(ⅰ) $\boldsymbol{a}_1 \longrightarrow \boldsymbol{u}_1$，(ⅱ) $\boldsymbol{a}_2 \longrightarrow \boldsymbol{u}_2$，(ⅲ) $\boldsymbol{a}_3 \longrightarrow \boldsymbol{u}_3$ の変換までは，イメージで示せるのでわかりやすいと思う。それ以降は，類推で成り立つのがわかるはずだ。

シュミットの正規直交化法

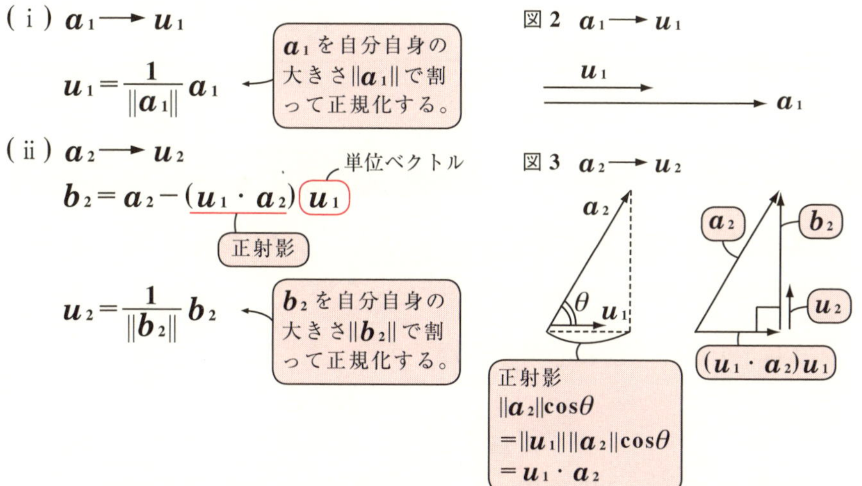

これで，$\|\boldsymbol{u}_1\|=\|\boldsymbol{u}_2\|=1$(正規) かつ $\boldsymbol{u}_1\perp\boldsymbol{u}_2$(直交) となる $\boldsymbol{u}_1, \boldsymbol{u}_2$ が求まった！

(iii) $\boldsymbol{a}_3 \longrightarrow \boldsymbol{u}_3$

$$\boldsymbol{b}_3 = \boldsymbol{a}_3 - \{(\boldsymbol{u}_1 \cdot \boldsymbol{a}_3)\boldsymbol{u}_1 + (\boldsymbol{u}_2 \cdot \boldsymbol{a}_3)\boldsymbol{u}_2\}$$

$\boldsymbol{a}_3$ から $\boldsymbol{u}_1$ への正射影　　$\boldsymbol{a}_3$ から $\boldsymbol{u}_2$ への正射影

$$\boldsymbol{u}_3 = \frac{1}{\|\boldsymbol{b}_3\|}\boldsymbol{b}_3$$

$\boldsymbol{b}_3$ を自分自身の大きさ $\|\boldsymbol{b}_3\|$ で割って正規化する。

図 4　$\boldsymbol{a}_3 \longrightarrow \boldsymbol{u}_3$

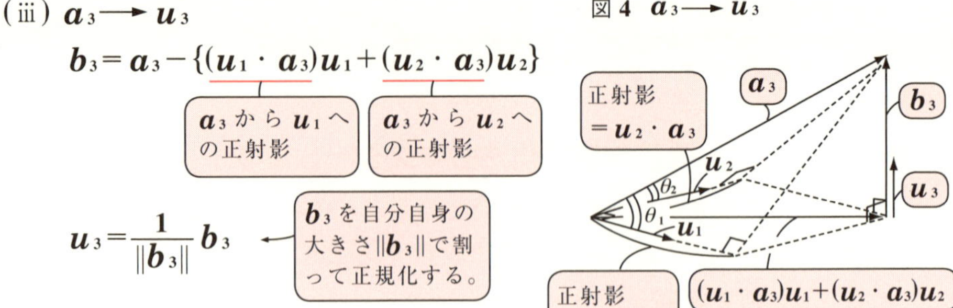

以上 (i)(ii)(iii) より，$\boldsymbol{u}_1, \boldsymbol{u}_2, \boldsymbol{u}_3$ の正規直交系が出来ることがわかるはずだ。

(本当は，$\boldsymbol{u}_1, \boldsymbol{u}_2, \boldsymbol{u}_3$ そのものも n 次元ベクトルなので，図 **2, 3, 4, 5** のような図では表せない。あくまでも，イメージとして考えてくれたらいいんだよ。)

図 5　$\boldsymbol{u}_1, \boldsymbol{u}_2, \boldsymbol{u}_3$ のイメージ

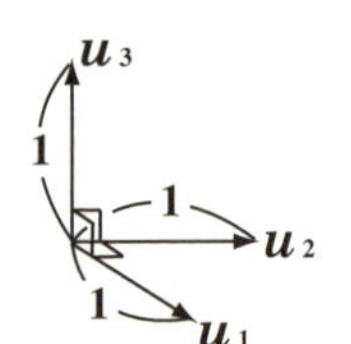

そして，$\boldsymbol{a}_4 \longrightarrow \boldsymbol{u}_4, \boldsymbol{a}_5 \longrightarrow \boldsymbol{u}_5, \cdots\cdots$ となると，このイメージさえも描けなくなるが，(i)(ii)(iii) から，$\boldsymbol{a}_m \longrightarrow \boldsymbol{u}_m$ の変換は，まず，

$$\boldsymbol{b}_m = \boldsymbol{a}_m - \{(\boldsymbol{u}_1 \cdot \boldsymbol{a}_m)\boldsymbol{u}_1 + (\boldsymbol{u}_2 \cdot \boldsymbol{a}_m)\boldsymbol{u}_2 + \cdots\cdots + (\boldsymbol{u}_{m-1} \cdot \boldsymbol{a}_m)\boldsymbol{u}_{m-1}\}$$

$= \boldsymbol{a}_m - \sum_{k=1}^{m-1}(\boldsymbol{u}_k \cdot \boldsymbol{a}_m)\boldsymbol{u}_k$ を計算して，それから，

$\boldsymbol{u}_m = \frac{1}{\|\boldsymbol{b}_m\|}\boldsymbol{b}_m$ を求めればいいことがわかるはずだ。

以上をまとめて示す。

シュミットの正規直交化法

$\boldsymbol{R}^n$ における一般の基底 $\{\boldsymbol{a}_1, \boldsymbol{a}_2, \cdots, \boldsymbol{a}_n\}$ を次の手順に従って，正規直交基底 $\{\boldsymbol{u}_1, \boldsymbol{u}_2, \cdots, \boldsymbol{u}_n\}$ に変換することができる。

(i) $m=1$ のとき，$\boldsymbol{u}_1 = \frac{1}{\|\boldsymbol{a}_1\|}\boldsymbol{a}_1$ で求める。

(ii) $2 \leqq m \leqq n$ のとき，

$\boldsymbol{a}_m$ から $\boldsymbol{u}_k$ への正射影

$$\boldsymbol{b}_m = \boldsymbol{a}_m - \sum_{k=1}^{m-1}(\boldsymbol{u}_k \cdot \boldsymbol{a}_m)\boldsymbol{u}_k \text{ から，} \boldsymbol{u}_m = \frac{1}{\|\boldsymbol{b}_m\|}\boldsymbol{b}_m \text{ を求める。}$$

それでは，例題で，シュミットの正規直交化法を練習しておこう。

(2) $\boldsymbol{a}_1=\begin{bmatrix}1\\-1\\0\end{bmatrix}$, $\boldsymbol{a}_2=\begin{bmatrix}0\\-1\\1\end{bmatrix}$, $\boldsymbol{a}_3=\begin{bmatrix}1\\0\\1\end{bmatrix}$ で与えられる $\boldsymbol{R}^3$ の基底 $\{\boldsymbol{a}_1, \boldsymbol{a}_2, \boldsymbol{a}_3\}$ を正規直交基底 $\{\boldsymbol{u}_1, \boldsymbol{u}_2, \boldsymbol{u}_3\}$ に変換せよ。

(i) $\|\boldsymbol{a}_1\|=\sqrt{1^2+(-1)^2}=\sqrt{2}$ より，$\boldsymbol{u}_1=\underbrace{\frac{1}{\sqrt{2}}}_{\frac{1}{\|\boldsymbol{a}_1\|}}\boldsymbol{a}_1=\frac{1}{\sqrt{2}}\begin{bmatrix}1\\-1\\0\end{bmatrix}$ ……(答)

(ii) $\boldsymbol{b}_2=\boldsymbol{a}_2-(\boldsymbol{u}_1\cdot\boldsymbol{a}_2)\boldsymbol{u}_1=\begin{bmatrix}0\\-1\\1\end{bmatrix}-\frac{1}{\sqrt{2}}\cdot\frac{1}{\sqrt{2}}\begin{bmatrix}1\\-1\\0\end{bmatrix}=\frac{1}{2}\begin{bmatrix}-1\\-1\\2\end{bmatrix}$

$\left(\boldsymbol{u}_1\cdot\boldsymbol{a}_2=\frac{1}{\sqrt{2}}\{1\times 0+(-1)^2+0\times 1\}=\frac{1}{\sqrt{2}}\right)$

$\|\boldsymbol{b}_2\|=\sqrt{\left(-\frac{1}{2}\right)^2+\left(-\frac{1}{2}\right)^2+1^2}=\frac{\sqrt{3}}{\sqrt{2}}$ より，$\boldsymbol{u}_2=\underbrace{\frac{\sqrt{2}}{\sqrt{3}}}_{\frac{1}{\|\boldsymbol{b}_2\|}}\boldsymbol{b}_2=\frac{1}{\sqrt{6}}\begin{bmatrix}-1\\-1\\2\end{bmatrix}$ ……(答)

(iii) $\boldsymbol{b}_3=\boldsymbol{a}_3-\{(\boldsymbol{u}_1\cdot\boldsymbol{a}_3)\boldsymbol{u}_1+(\boldsymbol{u}_2\cdot\boldsymbol{a}_3)\boldsymbol{u}_2\}$

$\left(\boldsymbol{u}_1\cdot\boldsymbol{a}_3=\frac{1}{\sqrt{2}}\{1^2+(-1)\times 0+0\times 1\}=\frac{1}{\sqrt{2}}\right)$ $\left(\boldsymbol{u}_2\cdot\boldsymbol{a}_3=\frac{1}{\sqrt{6}}\{(-1)\times 1+(-1)\times 0+2\times 1\}=\frac{1}{\sqrt{6}}\right)$

$$=\begin{bmatrix}1\\0\\1\end{bmatrix}-\left\{\frac{1}{\sqrt{2}}\cdot\frac{1}{\sqrt{2}}\begin{bmatrix}1\\-1\\0\end{bmatrix}+\frac{1}{\sqrt{6}}\cdot\frac{1}{\sqrt{6}}\begin{bmatrix}-1\\-1\\2\end{bmatrix}\right\}$$

$$=\begin{bmatrix}1\\0\\1\end{bmatrix}-\frac{1}{3}\begin{bmatrix}1\\-2\\1\end{bmatrix}=\frac{2}{3}\begin{bmatrix}1\\1\\1\end{bmatrix}$$

$\|\boldsymbol{b}_3\|=\sqrt{\left(\frac{2}{3}\right)^2+\left(\frac{2}{3}\right)^2+\left(\frac{2}{3}\right)^2}=\frac{2}{\sqrt{3}}$ より，

$\boldsymbol{u}_3=\frac{1}{\|\boldsymbol{b}_3\|}\boldsymbol{b}_3=\frac{\sqrt{3}}{2}\cdot\frac{2}{3}\begin{bmatrix}1\\1\\1\end{bmatrix}=\frac{1}{\sqrt{3}}\begin{bmatrix}1\\1\\1\end{bmatrix}$ ……………………………(答)

演習問題 23　●シュミットの正規直交化法●

$\boldsymbol{a}_1=\begin{bmatrix}1\\1\\0\\0\end{bmatrix}$, $\boldsymbol{a}_2=\begin{bmatrix}0\\1\\1\\0\end{bmatrix}$, $\boldsymbol{a}_3=\begin{bmatrix}0\\1\\1\\1\end{bmatrix}$, $\boldsymbol{a}_4=\begin{bmatrix}1\\2\\0\\1\end{bmatrix}$ で与えられる $\boldsymbol{R}^4$ の基底 $\{\boldsymbol{a}_1, \boldsymbol{a}_2, \boldsymbol{a}_3, \boldsymbol{a}_4\}$ を，正規直交基底 $\{\boldsymbol{u}_1, \boldsymbol{u}_2, \boldsymbol{u}_3, \boldsymbol{u}_4\}$ に変換せよ。

ヒント！ シュミットの正規直交化法：(i) $m=1$ のとき，$\boldsymbol{u}_1=\frac{1}{\|\boldsymbol{a}_1\|}\boldsymbol{a}_1$

(ii) $m\geqq 2$ のとき，$\boldsymbol{b}_m=\boldsymbol{a}_m-\sum_{k=1}^{m-1}(\boldsymbol{u}_k\cdot\boldsymbol{a}_m)\boldsymbol{u}_k$，$\boldsymbol{u}_m=\frac{1}{\|\boldsymbol{b}_m\|}\boldsymbol{b}_m$ に従って求めればいい。計算はメンドウだけど，いい練習になると思う。頑張れ！

解答＆解説

(i) $\boldsymbol{a}_1 \longrightarrow \boldsymbol{u}_1$

$\|\boldsymbol{a}_1\|=\sqrt{1^2+1^2}=\sqrt{2}$ より，$\boldsymbol{u}_1=\frac{1}{\|\boldsymbol{a}_1\|}\boldsymbol{a}_1=\frac{1}{\sqrt{2}}\begin{bmatrix}1\\1\\0\\0\end{bmatrix}$ ………………(答)

(ii) $\boldsymbol{a}_2 \longrightarrow \boldsymbol{u}_2$

$$\boldsymbol{b}_2=\boldsymbol{a}_2-(\boldsymbol{u}_1\cdot\boldsymbol{a}_2)\boldsymbol{u}_1=\begin{bmatrix}0\\1\\1\\0\end{bmatrix}-\frac{1}{\sqrt{2}}\cdot\frac{1}{\sqrt{2}}\begin{bmatrix}1\\1\\0\\0\end{bmatrix}=\frac{1}{2}\begin{bmatrix}-1\\1\\2\\0\end{bmatrix}$$

$\boldsymbol{u}_1\cdot\boldsymbol{a}_2=\frac{1}{\sqrt{2}}(1\times 0+1\times 1+0\times 1+0^2)=\frac{1}{\sqrt{2}}$

$\|\boldsymbol{b}_2\|=\sqrt{\left(-\frac{1}{2}\right)^2+\left(\frac{1}{2}\right)^2+1^2}=\sqrt{\frac{3}{2}}=\frac{\sqrt{3}}{\sqrt{2}}$ より，

$\boldsymbol{u}_2=\frac{1}{\|\boldsymbol{b}_2\|}\boldsymbol{b}_2=\frac{\sqrt{2}}{\sqrt{3}}\cdot\frac{1}{2}\begin{bmatrix}-1\\1\\2\\0\end{bmatrix}=\frac{1}{\sqrt{6}}\begin{bmatrix}-1\\1\\2\\0\end{bmatrix}$ ………………(答)

(iii) $\boldsymbol{a}_3 \longrightarrow \boldsymbol{u}_3$

$$\boldsymbol{b}_3 = \boldsymbol{a}_3 - \{(\boldsymbol{u}_1 \cdot \boldsymbol{a}_3)\boldsymbol{u}_1 + (\boldsymbol{u}_2 \cdot \boldsymbol{a}_3)\boldsymbol{u}_2\}$$

$\frac{1}{\sqrt{2}}\{1\times 0 + 1^2 + 0\times 1 + 0\times 1\} = \frac{1}{\sqrt{2}}$　　$\frac{1}{\sqrt{6}}\{(-1)\times 0 + 1\times 1 + 2\times 1 + 0\times 1\} = \frac{3}{\sqrt{6}}$

$$= \begin{bmatrix} 0 \\ 1 \\ 1 \\ 1 \end{bmatrix} - \left\{ \frac{1}{\sqrt{2}} \cdot \frac{1}{\sqrt{2}} \begin{bmatrix} 1 \\ 1 \\ 0 \\ 0 \end{bmatrix} + \frac{3}{\sqrt{6}} \cdot \frac{1}{\sqrt{6}} \begin{bmatrix} -1 \\ 1 \\ 2 \\ 0 \end{bmatrix} \right\} = \begin{bmatrix} 0 \\ 1 \\ 1 \\ 1 \end{bmatrix} - \begin{bmatrix} 0 \\ 1 \\ 1 \\ 0 \end{bmatrix} = \begin{bmatrix} 0 \\ 0 \\ 0 \\ 1 \end{bmatrix}$$

$\|\boldsymbol{b}_3\| = \sqrt{1^2} = 1$ より，$\boldsymbol{u}_3 = \frac{1}{\|\boldsymbol{b}_3\|}\boldsymbol{b}_3 = \begin{bmatrix} 0 \\ 0 \\ 0 \\ 1 \end{bmatrix}$ ……………………………(答)

(iv) $\boldsymbol{a}_4 \longrightarrow \boldsymbol{u}_4$

$$\boldsymbol{b}_4 = \boldsymbol{a}_4 - \{(\boldsymbol{u}_1 \cdot \boldsymbol{a}_4)\boldsymbol{u}_1 + (\boldsymbol{u}_2 \cdot \boldsymbol{a}_4)\boldsymbol{u}_2 + (\boldsymbol{u}_3 \cdot \boldsymbol{a}_4)\boldsymbol{u}_3\}$$

$\frac{1}{\sqrt{2}}\{1^2 + 1\times 2\} = \frac{3}{\sqrt{2}}$　　$\frac{1}{\sqrt{6}}\{-1\times 1 + 1\times 2\} = \frac{1}{\sqrt{6}}$　　$1^2 = 1$

$$= \begin{bmatrix} 1 \\ 2 \\ 0 \\ 1 \end{bmatrix} - \left\{ \frac{3}{\sqrt{2}} \cdot \frac{1}{\sqrt{2}} \begin{bmatrix} 1 \\ 1 \\ 0 \\ 0 \end{bmatrix} + \frac{1}{\sqrt{6}} \cdot \frac{1}{\sqrt{6}} \begin{bmatrix} -1 \\ 1 \\ 2 \\ 0 \end{bmatrix} + \begin{bmatrix} 0 \\ 0 \\ 0 \\ 1 \end{bmatrix} \right\}$$

$$= \begin{bmatrix} 1 \\ 2 \\ 0 \\ 1 \end{bmatrix} - \frac{1}{3}\begin{bmatrix} 4 \\ 5 \\ 1 \\ 3 \end{bmatrix} = \frac{1}{3}\begin{bmatrix} -1 \\ 1 \\ -1 \\ 0 \end{bmatrix}$$

$$\|\boldsymbol{b}_4\| = \sqrt{\left(-\frac{1}{3}\right)^2 + \left(\frac{1}{3}\right)^2 + \left(-\frac{1}{3}\right)^2} = \sqrt{\frac{1}{3}} = \frac{1}{\sqrt{3}}$$

$\therefore\ \boldsymbol{u}_4 = \frac{1}{\|\boldsymbol{b}_4\|}\boldsymbol{b}_4 = \sqrt{3} \cdot \frac{1}{3}\begin{bmatrix} -1 \\ 1 \\ -1 \\ 0 \end{bmatrix} = \frac{1}{\sqrt{3}}\begin{bmatrix} -1 \\ 1 \\ -1 \\ 0 \end{bmatrix}$ ……………………………(答)

§3. 行列の対角化(Ⅱ)と2次形式

今回解説する"対称行列"はすべて，前回勉強した直交行列を使って，対角化できる。そして，これは，"2次形式"という，たとえばxやyの2次式$ax^2+bxy+cy^2$を標準形，すなわち$a'x^2+c'y^2$の形に変換するのにも役立つ。

行列の対角化もいよいよ最終段階に入ろう！

● 対称行列は直交行列で対角化可能だ！

まず，"対称行列"の定義を示す。

対称行列の定義

n次正方行列Aが，${}^tA=A$をみたすとき，Aを"**対称行列**"という。対称行列Aは，具体的には，下に示すように，対角線に関して成分が対称に並ぶ。

$$A=\begin{bmatrix} a_{11} & a_{12} & a_{13} & \cdots & a_{1n} \\ a_{12} & a_{22} & a_{23} & & \vdots \\ a_{13} & a_{23} & a_{33} & & \vdots \\ \vdots & & & \ddots & \vdots \\ a_{1n} & \cdots & \cdots & \cdots & a_{nn} \end{bmatrix}$$

対角線

（対称行列Aを，成分で表現すると，$a_{ij}=a_{ji}\quad(i,j=1,2,\cdots,n)$となる。）

対称行列の例をいくつか示す。

$$A=\begin{bmatrix} 2 & 2 \\ 2 & -1 \end{bmatrix} \qquad B=\begin{bmatrix} 2 & 0 & 1 \\ 0 & 3 & 0 \\ 1 & 0 & 2 \end{bmatrix}$$

対角線　対角線

それでは，これから，この対称行列の対角化について勉強することにしよう。

対称行列の固有値と固有ベクトル

n 次の対称行列 A には，重複も数えて，n 個の固有値が存在する。そして，異なる固有値 λ_i, λ_j それぞれに対応する固有ベクトル $\boldsymbol{x}_i$, $\boldsymbol{x}_j$ は，互いに直交する。

対称行列 A の異なる 2 つの固有値 λ_i, λ_j が得られたとき，それぞれに対応する固有ベクトルが互いに直交することを示しておこう。

$A\boldsymbol{x}_i=\lambda_i\boldsymbol{x}_i$ ……①　　　$A\boldsymbol{x}_j=\lambda_j\boldsymbol{x}_j$ ……②

ここで，$\lambda_i(\boldsymbol{x}_i\cdot\boldsymbol{x}_j)$ を変形して，

$$\lambda_i(\boldsymbol{x}_i\cdot\boldsymbol{x}_j)=\lambda_i\boldsymbol{x}_i\cdot\boldsymbol{x}_j=A\boldsymbol{x}_i\cdot\boldsymbol{x}_j={}^t(A\boldsymbol{x}_i)\boldsymbol{x}_j$$

（①より）（$\boldsymbol{a}\cdot\boldsymbol{b}={}^t\boldsymbol{a}\boldsymbol{b}$ と変形できる。）

$$={}^t\boldsymbol{x}_i{}^tA\boldsymbol{x}_j={}^t\boldsymbol{x}_iA\boldsymbol{x}_j=\boldsymbol{x}_i\cdot\lambda_j\boldsymbol{x}_j=\lambda_j(\boldsymbol{x}_i\cdot\boldsymbol{x}_j)$$

（${}^t(AB)={}^tB{}^tA$）（A は対称行列より，${}^tA=A$）（②より）

以上より，$\lambda_i(\boldsymbol{x}_i\cdot\boldsymbol{x}_j)=\lambda_j(\boldsymbol{x}_i\cdot\boldsymbol{x}_j)$

$$(\lambda_i-\lambda_j)(\boldsymbol{x}_i\cdot\boldsymbol{x}_j)=0$$

よって，$\lambda_i-\lambda_j\neq 0$ より，$\boldsymbol{x}_i\cdot\boldsymbol{x}_j=0$　$\therefore\ \boldsymbol{x}_i\perp\boldsymbol{x}_j$ ……………………(終)

ここで，n 次の対称行列 A が n 個の異なる固有値 $\lambda_1, \lambda_2, \cdots, \lambda_n$ をもち，それぞれに対応する固有ベクトルを $\boldsymbol{x}_1, \boldsymbol{x}_2, \cdots, \boldsymbol{x}_n$ とおくと，

$A\boldsymbol{x}_1=\lambda_1\boldsymbol{x}_1$ ……③，$A\boldsymbol{x}_2=\lambda_2\boldsymbol{x}_2$ ……④，…，$A\boldsymbol{x}_n=\lambda_n\boldsymbol{x}_n$ ……⑤

以上③，④，…，⑤を 1 つの式にまとめると，

$$A[\boldsymbol{x}_1\ \ \boldsymbol{x}_2\ \ \cdots\ \ \boldsymbol{x}_n]=[\lambda_1\boldsymbol{x}_1\ \ \lambda_2\boldsymbol{x}_2\ \ \cdots\ \ \lambda_n\boldsymbol{x}_n]$$

$$A[\boldsymbol{x}_1\ \ \boldsymbol{x}_2\ \ \cdots\ \ \boldsymbol{x}_n]=[\boldsymbol{x}_1\ \ \boldsymbol{x}_2\ \ \cdots\ \ \boldsymbol{x}_n]\begin{bmatrix}\lambda_1 & 0 & \cdots & 0\\ 0 & \lambda_2 & & \vdots\\ \vdots & & \ddots & \vdots\\ 0 & \cdots & \cdots & \lambda_n\end{bmatrix}\ \cdots\cdots⑥$$

ここで，$\boldsymbol{x}_i\perp\boldsymbol{x}_j$ $(i\neq j)$ より，$\boldsymbol{x}_1, \boldsymbol{x}_2, \cdots, \boldsymbol{x}_n$ は互いに直交する。

ここで，さらに，$\|\boldsymbol{x}_1\|=\|\boldsymbol{x}_2\|=\cdots=\|\boldsymbol{x}_n\|=1$ のものをとると，

$[\boldsymbol{x}_1\ \ \boldsymbol{x}_2\ \ \cdots\ \ \boldsymbol{x}_n]=U$（直交行列）となる。よって，⑥は，

$$AU = U\begin{bmatrix}\lambda_1 & & 0\\ & \ddots & \\ 0 & & \lambda_n\end{bmatrix} \quad \therefore \; U^{-1}AU = \begin{bmatrix}\lambda_1 & & 0\\ & \ddots & \\ 0 & & \lambda_n\end{bmatrix}$$ となる。

まず，互いに直交する $\boldsymbol{x}_1, \boldsymbol{x}_2, \cdots, \boldsymbol{x}_n$ は，線形独立となるのは大丈夫だね。そして，これまでの流れを見ると，対称行列 A を対角行列に変換する変換行列は，必ずしも，直交行列 U である必要はないことに，気付くはずだ。A を対角化する変換行列 $[\boldsymbol{x}_1 \;\; \boldsymbol{x}_2 \;\; \cdots \;\; \boldsymbol{x}_n]$ の条件は，各列ベクトルが互いに直交するということだけで，それぞれのノルムが 1 である必要はないからなんだね。よって，$\|\boldsymbol{x}_i\| \neq 1 \quad (i = 1, 2, \cdots, n)$ の行列 $[\boldsymbol{x}_1 \;\; \boldsymbol{x}_2 \;\; \cdots \;\; \boldsymbol{x}_n] = Q$ とでもおいて，$Q^{-1}AQ$ としても，同様に対角化は可能で，同じ対角行列が得られる。

ただし，この後に出てくる，"2 次形式" の変換では，$Q^{-1}AQ$ ではなく，$U^{-1}AU$ が必要となることも覚えておこう。

それでは，実際に例題で，対称行列を対角化してみよう。

> **(1)** 対称行列 $A = \begin{bmatrix}2 & 2\\ 2 & -1\end{bmatrix}$ を，変換行列に直交行列 U を用いて，$U^{-1}AU$ として対角化せよ。

(1) $T\boldsymbol{x} = \boldsymbol{0}$ ……① ただし，$T = A - \lambda E = \begin{bmatrix}2-\lambda & 2\\ 2 & -1-\lambda\end{bmatrix}$ とおく。

固有方程式 $|T| = \begin{vmatrix}2-\lambda & 2\\ 2 & -1-\lambda\end{vmatrix} = (2-\lambda)(-1-\lambda) - 4 = 0$ より

$\lambda^2 - \lambda - 6 = 0 \qquad (\lambda - 3)(\lambda + 2) = 0 \qquad \therefore \lambda = \underset{\lambda_1}{3},\; \underset{\lambda_2}{-2}$

(i) $\lambda_1 = 3$ のとき，①を $T_1\boldsymbol{x}_1 = \boldsymbol{0}$ そして，$\boldsymbol{x}_1 = \begin{bmatrix}\alpha_1\\ \alpha_2\end{bmatrix}$ とおくと，

$\begin{bmatrix}-1 & 2\\ 2 & -4\end{bmatrix}\begin{bmatrix}\alpha_1\\ \alpha_2\end{bmatrix} = \begin{bmatrix}0\\ 0\end{bmatrix}$ より

$-\alpha_1 + 2\alpha_2 = 0$

$\alpha_2 = k_1$ とおくと，$\alpha_1 = 2k_1$

$\therefore \boldsymbol{x}_1 = \begin{bmatrix}2k_1\\ k_1\end{bmatrix} = k_1\begin{bmatrix}2\\ 1\end{bmatrix}$

$\|\boldsymbol{x}_1\| = 1$ (正規化) とするために

$k_1 = \dfrac{1}{\sqrt{5}} \qquad \therefore \boldsymbol{x}_1 = \dfrac{1}{\sqrt{5}}\begin{bmatrix}2\\ 1\end{bmatrix}$

表

固有値 λ	$\lambda_1 = 3$	$\lambda_2 = -2$
固有ベクトル $\boldsymbol{x}$	$\frac{1}{\sqrt{5}}\begin{bmatrix}2\\ 1\end{bmatrix}$	$\frac{1}{\sqrt{5}}\begin{bmatrix}1\\ -2\end{bmatrix}$
変換行列 U	$\frac{1}{\sqrt{5}}\begin{bmatrix}2 & 1\\ 1 & -2\end{bmatrix}$	
対角行列 $U^{-1}AU$	$\begin{bmatrix}3 & 0\\ 0 & -2\end{bmatrix}$	

(ii) $\lambda_2 = -2$ のとき，①を $T_2 \boldsymbol{x}_2 = \boldsymbol{0}$　そして，$\boldsymbol{x}_2 = \begin{bmatrix} \beta_1 \\ \beta_2 \end{bmatrix}$ とおくと，

$\begin{bmatrix} 4 & 2 \\ 2 & 1 \end{bmatrix}\begin{bmatrix} \beta_1 \\ \beta_2 \end{bmatrix} = \begin{bmatrix} 0 \\ 0 \end{bmatrix}$ より，$2\beta_1 + \beta_2 = 0$

$\beta_1 = k_2$ とおくと，$\beta_2 = -2k_2$　$\therefore \boldsymbol{x}_2 = \begin{bmatrix} k_2 \\ -2k_2 \end{bmatrix} = k_2\begin{bmatrix} 1 \\ -2 \end{bmatrix}$

$\|\boldsymbol{x}_2\| = 1$ (正規化) とするために，$k_2 = \dfrac{1}{\sqrt{5}}$　　$\therefore \boldsymbol{x}_2 = \dfrac{1}{\sqrt{5}}\begin{bmatrix} 1 \\ -2 \end{bmatrix}$

以上 (i)(ii) より，$U = \dfrac{1}{\sqrt{5}}\begin{bmatrix} 2 & 1 \\ 1 & -2 \end{bmatrix}$ とおくと，$U^{-1}AU = \begin{bmatrix} 3 & 0 \\ 0 & -2 \end{bmatrix}$ …(答)

注意

$k_1 = k_2 = 1$ とおいて，$\boldsymbol{x}_1 = \begin{bmatrix} 2 \\ 1 \end{bmatrix}$，$\boldsymbol{x}_2 = \begin{bmatrix} 1 \\ -2 \end{bmatrix}$ から，変換行列を $Q = \begin{bmatrix} 2 & 1 \\ 1 & -2 \end{bmatrix}$ として対角化しても，$Q^{-1}AQ = \begin{bmatrix} 3 & 0 \\ 0 & -2 \end{bmatrix}$ と，同じ結果になる。自分で実際に確かめてみるといいよ。

ここで，n 次対称行列 A の固有値の中に重解が含まれる場合についても，言っておこう。対称行列では，λ_i が k 重解のときでも，λ_i に対応する線形独立な k 個の互いに直交する固有ベクトルが存在するので，対称行列 A は必ず直交行列 U で対角化できる。

これについては，演習問題 **25** で練習しよう。

● 2次形式を標準形に変換しよう！

n 個の実数変数 $x_1, x_2, \cdots, x_n$ の 2 次の同次多項式：

$\displaystyle\sum_{i=1}^{n}\sum_{j=1}^{n} a_{ij}x_ix_j$　　(ただし，$a_{ij} = a_{ji}$ とおく)

これは，対称行列の成分表示

を，"**2 次形式**" という。難しそうって？　大丈夫。具体的に $n = 2, 3$ のときについて，2 次形式を示すからね。

(ⅰ) $n=2$ のとき，

$$\sum_{i=1}^{2}\left(\sum_{j=1}^{2}a_{ij}x_ix_j\right)=\sum_{i=1}^{2}(a_{i1}x_ix_1+a_{i2}x_ix_2)$$

$$=a_{11}x_1^2+\underset{}{\overset{a_{12}}{\boxed{a_{21}}}}x_2x_1+a_{12}x_1x_2+a_{22}x_2^2$$

$$=a_{11}x_1^2+2a_{12}x_1x_2+a_{22}x_2^2$$

$$=[x_1\ \ x_2]\begin{bmatrix}a_{11}&a_{12}\\a_{12}&a_{22}\end{bmatrix}\begin{bmatrix}x_1\\x_2\end{bmatrix}$$

対称行列

この式を計算すると元の式に戻るのがわかるはずだ。

(ⅱ) $n=3$ のときも，同様に変形すると，

$$\sum_{i=1}^{3}\left(\sum_{j=1}^{3}a_{ij}x_ix_j\right)=a_{11}x_1^2+a_{22}x_2^2+a_{33}x_3^2+2a_{12}x_1x_2+2a_{13}x_1x_3+2a_{23}x_2x_3$$

$$=[x_1\ \ x_2\ \ x_3]\begin{bmatrix}a_{11}&a_{12}&a_{13}\\a_{12}&a_{22}&a_{23}\\a_{13}&a_{23}&a_{33}\end{bmatrix}\begin{bmatrix}x_1\\x_2\\x_3\end{bmatrix}$$ となる。

対称行列

たとえば，

対称行列

・$\overset{a_{11}}{\boxed{2}}x_1^2+\overset{2a_{12}}{\boxed{8}}x_1x_2\overset{a_{22}}{\boxed{-3}}x_2^2=[x_1\ \ x_2]\begin{bmatrix}2&4\\4&-3\end{bmatrix}\begin{bmatrix}x_1\\x_2\end{bmatrix}$ と変形できる。

また，

・$\overset{a_{11}}{\boxed{1}}\cdot x_1^2\overset{a_{22}}{\boxed{-2}}\cdot x_2^2+\overset{a_{33}}{\boxed{1}}\cdot x_3^2+\overset{2a_{12}}{\boxed{4}}x_1x_2\overset{2a_{13}}{\boxed{-6}}x_1x_3+\overset{2a_{23}}{\boxed{12}}x_2x_3$

$$=[x_1\ \ x_2\ \ x_3]\begin{bmatrix}1&2&-3\\2&-2&6\\-3&6&1\end{bmatrix}\begin{bmatrix}x_1\\x_2\\x_3\end{bmatrix}$$ と変形できる。要領はわかった？

対称行列

この2次形式に，変数変換を行って，

(ⅰ) $n=2$ のとき，$a_{11}'x_1'^2+a_{22}'x_2'^2$ や (ⅱ) $n=3$ のとき，$a_{11}'x_1'^2+a_{22}'x_2'^2+a_{33}'x_3'^2$ のように，$x_1'x_2'$，$x_1'x_3'$，$x_2'x_3'$ の項を含まない状態にもち込むことを，“**標準形にする**”という。

この操作は，対称行列を直交行列によって対角化することと同じになる。

例題で練習しておこう。

> **(2)** 2 次形式 $2x_1{}^2+4x_1x_2-x_2{}^2$ の変数 x_1, x_2 に対して，
>
> $\begin{bmatrix} x_1 \\ x_2 \end{bmatrix}=U\begin{bmatrix} x_1' \\ x_2' \end{bmatrix}$ （U：直交行列）により，x_1', x_2' に変数変換して，
>
> 標準形 $a_{11}'x_1'^2+a_{22}'x_2'^2$ の形にせよ。

(2) 与えられた 2 次形式を変形して，

例題 (1) の行列 A と同じ。

$$\underset{a_{11}}{2}x_1{}^2+\underset{2a_{12}}{4}x_1x_2\underset{a_{22}}{-1}x_2{}^2=[x_1\ \ x_2]\begin{bmatrix} 2 & 2 \\ 2 & -1 \end{bmatrix}\begin{bmatrix} x_1 \\ x_2 \end{bmatrix}\cdots\cdots①$$

ここで，$A=\begin{bmatrix} 2 & 2 \\ 2 & -1 \end{bmatrix}$ とおくと，これは例題 (1) の行列と同じ。

よって，その直交行列の変換行列は，$U=\dfrac{1}{\sqrt{5}}\begin{bmatrix} 2 & 1 \\ 1 & -2 \end{bmatrix}$

$$U^{-1}AU=\begin{bmatrix} 3 & 0 \\ 0 & -2 \end{bmatrix}\cdots\cdots②$$

ここで，$\begin{bmatrix} x_1 \\ x_2 \end{bmatrix}=U\begin{bmatrix} x_1' \\ x_2' \end{bmatrix}$ ……③より，両辺の転置行列をとると，

${}^t\begin{bmatrix} x_1 \\ x_2 \end{bmatrix}={}^t\left\{U\begin{bmatrix} x_1' \\ x_2' \end{bmatrix}\right\}$ より，$[x_1\ \ x_2]=[x_1'\ \ x_2']\,{}^tU$ ……④

③，④を①に代入して，

$$\underbrace{[x_1'\ \ x_2']\,{}^tU}_{[x_1\ \ x_2]}\,A\underbrace{U\begin{bmatrix} x_1' \\ x_2' \end{bmatrix}}_{\begin{bmatrix} x_1 \\ x_2 \end{bmatrix}}=[x_1'\ \ x_2']\underbrace{U^{-1}AU}_{\begin{bmatrix} 3 & 0 \\ 0 & -2 \end{bmatrix}\cdots②}\begin{bmatrix} x_1' \\ x_2' \end{bmatrix}$$

（${}^tU=U^{-1}$）

$$=[x_1'\ \ x_2']\begin{bmatrix} 3 & 0 \\ 0 & -2 \end{bmatrix}\begin{bmatrix} x_1' \\ x_2' \end{bmatrix}=3x_1'^2-2x_2'^2\ \cdots\cdots\cdots\cdots(答)$$

標準形に変換終了

これは，$\begin{bmatrix} x_1' \\ x_2' \end{bmatrix}=U^{-1}\begin{bmatrix} x_1 \\ x_2 \end{bmatrix}$（これも直交行列）により，$\begin{bmatrix} x_1 \\ x_2 \end{bmatrix}$ を直交変換して，座標形を $\begin{bmatrix} x_1' \\ x_2' \end{bmatrix}$ に変えて，よりわかりやすい形にしたんだね。

演習問題 24　● 対称行列の直交行列による対角化(Ⅰ) ●

対称行列 $A=\begin{bmatrix}0&0&2\\0&1&0\\2&0&0\end{bmatrix}$ を，変換行列に直交行列 U を用いて，$U^{-1}AU$ として対角化せよ。

ヒント！ 固有方程式 $|T|=|A-\lambda E|=0$ を解いて，固有値を求めよう。今回 3 つの異なる固有値が得られるので，それを基に直交行列 U を作って，$U^{-1}AU$ により A を対角化するんだね。

解答&解説

$Tx=0$ ……① ただし，$T=A-\lambda E=\begin{bmatrix}-\lambda&0&2\\0&1-\lambda&0\\2&0&-\lambda\end{bmatrix}$ である。

固有方程式 $|T|=\begin{vmatrix}-\lambda&0&2\\0&1-\lambda&0\\2&0&-\lambda\end{vmatrix}=\lambda^2(1-\lambda)-4(1-\lambda)=(\lambda^2-4)(1-\lambda)$

$=-(\lambda-1)(\lambda-2)(\lambda+2)=0$

$\therefore$ 3 つの異なる固有値 $\lambda_1=1$，$\lambda_2=2$，$\lambda_3=-2$ が求まる。

(i) $\lambda_1=1$ のとき，①を $T_1x_1=0$ そして $x_1=\begin{bmatrix}\alpha_1\\\alpha_2\\\alpha_3\end{bmatrix}$ とおくと，

$$\begin{bmatrix}-1&0&2\\0&0&0\\2&0&-1\end{bmatrix}\begin{bmatrix}\alpha_1\\\alpha_2\\\alpha_3\end{bmatrix}=\begin{bmatrix}0\\0\\0\end{bmatrix}$$

$T_1=\begin{bmatrix}-1&0&2\\0&0&0\\2&0&-1\end{bmatrix}\to\begin{bmatrix}1&0&-2\\2&0&-1\\0&0&0\end{bmatrix}\to\begin{bmatrix}1&0&-2\\0&0&3\\0&0&0\end{bmatrix}\to\left.\begin{bmatrix}1&0&-2\\0&0&1\\0&0&0\end{bmatrix}\right\}r=2$

$\text{rank}T_1=2$ より，自由度 $=3-2=1$

$\alpha_2=k_1$ とおく。

$\alpha_1-2\alpha_3=0$，$\alpha_3=0$

ここで，$\alpha_2=k_1$ とおくと，

$\alpha_1=\alpha_3=0$ より，

$$x_1=\begin{bmatrix}0\\k_1\\0\end{bmatrix}=k_1\begin{bmatrix}0\\1\\0\end{bmatrix}$$

ここで，$\|x_1\|=1$ とするため，$k_1=1$ とする。$\therefore x_1=\begin{bmatrix}0\\1\\0\end{bmatrix}$

(ii) $\lambda_2=2$ のとき，①を $T_2\boldsymbol{x}_2=\boldsymbol{0}$　そして $\boldsymbol{x}_2=\begin{bmatrix}\beta_1\\\beta_2\\\beta_3\end{bmatrix}$ とおくと，

$$\begin{bmatrix}-2&0&2\\0&-1&0\\2&0&-2\end{bmatrix}\begin{bmatrix}\beta_1\\\beta_2\\\beta_3\end{bmatrix}=\begin{bmatrix}0\\0\\0\end{bmatrix}$$

$T_2=\begin{bmatrix}-2&0&2\\0&-1&0\\2&0&-2\end{bmatrix}\to\begin{bmatrix}1&0&-1\\0&1&0\\0&0&0\end{bmatrix}\Big\}r=2$

$\text{rank}T_2=2$ より，自由度 $=3-2=1$

$\beta_3=k_2$ とおく。

$\beta_1-\beta_3=0$，$\beta_2=0$　ここで，$\beta_3=k_2$ とおくと，$\beta_1=\beta_3=k_2$ より，

$\boldsymbol{x}_2=\begin{bmatrix}k_2\\0\\k_2\end{bmatrix}=k_2\begin{bmatrix}1\\0\\1\end{bmatrix}$ となる。ここで，$\|\boldsymbol{x}_2\|=1$ とするため $\boldsymbol{x}_2=\dfrac{1}{\sqrt{2}}\begin{bmatrix}1\\0\\1\end{bmatrix}$

(iii) $\lambda_3=-2$ のとき，①を $T_3\boldsymbol{x}_3=\boldsymbol{0}$

そして $\boldsymbol{x}_3=\begin{bmatrix}\gamma_1\\\gamma_2\\\gamma_3\end{bmatrix}$ とおくと，

$$\begin{bmatrix}2&0&2\\0&3&0\\2&0&2\end{bmatrix}\begin{bmatrix}\gamma_1\\\gamma_2\\\gamma_3\end{bmatrix}=\begin{bmatrix}0\\0\\0\end{bmatrix}$$

$T_3=\begin{bmatrix}2&0&2\\0&3&0\\2&0&2\end{bmatrix}\to\begin{bmatrix}1&0&1\\0&1&0\\0&0&0\end{bmatrix}\Big\}r=2$

$\text{rank}T_3=2$ より，自由度 $=3-2=1$

$\gamma_1=k_3$ とおく。

表

固有値 λ	$\lambda_1=1$	$\lambda_2=2$	$\lambda_3=-2$
固有ベクトル $\boldsymbol{x}$	$\begin{bmatrix}0\\1\\0\end{bmatrix}$	$\dfrac{1}{\sqrt{2}}\begin{bmatrix}1\\0\\1\end{bmatrix}$	$\dfrac{1}{\sqrt{2}}\begin{bmatrix}1\\0\\-1\end{bmatrix}$
変換行列 $\boldsymbol{U}$	$\dfrac{1}{\sqrt{2}}\begin{bmatrix}0&1&1\\\sqrt{2}&0&0\\0&1&-1\end{bmatrix}$		
対角行列 $\boldsymbol{U}^{-1}\boldsymbol{A}\boldsymbol{U}$	$\begin{bmatrix}1&0&0\\0&2&0\\0&0&-2\end{bmatrix}$		

$\gamma_1+\gamma_3=0$，$\gamma_2=0$　ここで，$\gamma_1=k_3$ とおくと，$\gamma_3=-\gamma_1=-k_3$ より，

$\boldsymbol{x}_3=\begin{bmatrix}k_3\\0\\-k_3\end{bmatrix}=k_3\begin{bmatrix}1\\0\\-1\end{bmatrix}$ となる。ここで，$\|\boldsymbol{x}_3\|=1$ とするため $\boldsymbol{x}_3=\dfrac{1}{\sqrt{2}}\begin{bmatrix}1\\0\\-1\end{bmatrix}$

以上 (i)(ii)(iii) より，$\boldsymbol{U}=\dfrac{1}{\sqrt{2}}\begin{bmatrix}0&1&1\\\sqrt{2}&0&0\\0&1&-1\end{bmatrix}$ とおくと，

$\boldsymbol{U}^{-1}\boldsymbol{A}\boldsymbol{U}=\begin{bmatrix}1&0&0\\0&2&0\\0&0&-2\end{bmatrix}$ となる。……………………………(答)

演習問題 25　● 対称行列の直交行列による対角化(Ⅱ) ●

対称行列 $A=\begin{bmatrix}2&0&1\\0&3&0\\1&0&2\end{bmatrix}$ を，変換行列に直交行列 U を用いて，$U^{-1}AU$ として対角化せよ。

ヒント！ 固有方程式を解いて，固有値 $\lambda_1=1,\ \lambda_2=3$ (重解) が求まる。対称行列の場合，固有値が重解をもっても，それに対応する線形独立で直交する 2 つの固有ベクトルが求まる。よって，対角化は可能だよ。

解答＆解説

$Tx=0$ ……①　ただし，$T=A-\lambda E=\begin{bmatrix}2-\lambda&0&1\\0&3-\lambda&0\\1&0&2-\lambda\end{bmatrix}$

固有方程式 $|T|=\begin{vmatrix}2-\lambda&0&1\\0&3-\lambda&0\\1&0&2-\lambda\end{vmatrix}=(3-\lambda)\cdot(-1)^{2+2}\begin{vmatrix}2-\lambda&1\\1&2-\lambda\end{vmatrix}$

（第 2 行 (列) による余因子展開）

$=-(\lambda-3)\{(2-\lambda)^2-1\}=-(\lambda-1)(\lambda-3)^2=0$

$(\lambda-1)(\lambda-3)^2=0$　　$\therefore\ \lambda=\underset{\lambda_1}{1},\ \underset{\lambda_2(\text{重解})}{3}$

(ⅰ) $\lambda_1=1$ のとき，①を $T_1x_1=0$　そして，$x_1=\begin{bmatrix}\alpha_1\\\alpha_2\\\alpha_3\end{bmatrix}$ とおくと，

$$\begin{bmatrix}1&0&1\\0&2&0\\1&0&1\end{bmatrix}\begin{bmatrix}\alpha_1\\\alpha_2\\\alpha_3\end{bmatrix}=\begin{bmatrix}0\\0\\0\end{bmatrix}$$

$T_1=\begin{bmatrix}1&0&1\\0&2&0\\1&0&1\end{bmatrix}\to\begin{bmatrix}1&0&1\\0&1&0\\0&0&0\end{bmatrix}\Big\}r=2$

$\mathrm{rank}T_1=2$ より，

自由度 $=3-2=1$

$\therefore\ \alpha_1=k_1$ とおく。

$\alpha_1+\alpha_3=0,\ \alpha_2=0$

ここで，$\alpha_1=k_1$ とおくと，

$\alpha_3=-k_1$ より，

$$x_1=\begin{bmatrix}k_1\\0\\-k_1\end{bmatrix}=k_1\begin{bmatrix}1\\0\\-1\end{bmatrix}$$

ここで，$\|\boldsymbol{x}_1\|=1$ とするため，$k_1=\frac{1}{\sqrt{2}}$ とする。∴ $\boldsymbol{x}_1=\frac{1}{\sqrt{2}}\begin{bmatrix}1\\0\\-1\end{bmatrix}$

(ii) $\lambda_2=3$ のとき，①を $T_2\boldsymbol{x}_2=\mathbf{0}$　そして，$\boldsymbol{x}_2=\begin{bmatrix}\beta_1\\\beta_2\\\beta_3\end{bmatrix}$ とおくと，

$$\begin{bmatrix}-1&0&1\\0&0&0\\1&0&-1\end{bmatrix}\begin{bmatrix}\beta_1\\\beta_2\\\beta_3\end{bmatrix}=\begin{bmatrix}0\\0\\0\end{bmatrix}$$

$T_2=\begin{bmatrix}-1&0&1\\0&0&0\\1&0&-1\end{bmatrix}\to\begin{bmatrix}1&0&-1\\0&0&0\\0&0&0\end{bmatrix}\}r=1$

$\mathrm{rank}T_2=1$ より

自由度 $=3-1=2$

∴ $\beta_1=k_2,\ \beta_2=k_3$ とおく。

$\beta_1-\beta_3=0$

ここで，$\beta_1=k_2$，$\beta_2=k_3$ とおくと，

$\beta_3=k_2$ より，

$$\therefore\ \boldsymbol{x}_2=\begin{bmatrix}k_2\\k_3\\k_2\end{bmatrix}=k_2\begin{bmatrix}1\\0\\1\end{bmatrix}+k_3\begin{bmatrix}0\\1\\0\end{bmatrix}$$

線形独立で互いに直交するベクトル

ここで，2つの線形独立な固有ベクトルを正規化するために，

$k_2=\frac{1}{\sqrt{2}}$，$k_3=1$ とする。

$$\therefore\ \boldsymbol{x}_2=\frac{1}{\sqrt{2}}\begin{bmatrix}1\\0\\1\end{bmatrix}+1\begin{bmatrix}0\\1\\0\end{bmatrix}$$

表

固有値 λ	$\lambda_1=1$	$\lambda_2=3$
固有ベクトル $\boldsymbol{x}$	$\frac{1}{\sqrt{2}}\begin{bmatrix}1\\0\\-1\end{bmatrix}$	$\frac{1}{\sqrt{2}}\begin{bmatrix}1\\0\\1\end{bmatrix}+1\begin{bmatrix}0\\1\\0\end{bmatrix}$
変換行列 U	$\frac{1}{\sqrt{2}}\begin{bmatrix}1&1&0\\0&0&\sqrt{2}\\-1&1&0\end{bmatrix}$	
対角行列 $U^{-1}AU$	$\begin{bmatrix}1&0&0\\0&3&0\\0&0&3\end{bmatrix}$	

以上(i)(ii)より，$U=\frac{1}{\sqrt{2}}\begin{bmatrix}1&1&0\\0&0&\sqrt{2}\\-1&1&0\end{bmatrix}$ とおくと，

$U^{-1}AU=\begin{bmatrix}1&0&0\\0&3&0\\0&0&3\end{bmatrix}$ となる。……………………………(答)

演習問題 26	●2 次形式の標準形への変換(Ⅰ)●

2 次曲線 $3x^2-2xy+3y^2=4$ ……① の左辺 (2 次形式) を標準形に直して，これがだ円であることを確認せよ。

ヒント！ ①の左辺 $=3x^2-2\cdot 1xy+3y^2=[x\ y]A\begin{bmatrix} x \\ y \end{bmatrix}$ の形にして，A を対角化する変換行列として，直交行列 U を求め，$\begin{bmatrix} x \\ y \end{bmatrix}=U\begin{bmatrix} x' \\ y' \end{bmatrix}$ により，$[x\ y]$ から，$[x'\ y']$ に変数変換すればいい。

解答＆解説

$3x^2-2\cdot 1xy+3y^2=4$ ……①の左辺を，新たな変数 x', y' を使って，標準形に変換する。

①の左辺 $=[x\ y]\begin{bmatrix} 3 & -1 \\ -1 & 3 \end{bmatrix}\begin{bmatrix} x \\ y \end{bmatrix}$ ……②

ここで，$A=\begin{bmatrix} 3 & -1 \\ -1 & 3 \end{bmatrix}$ とおき，$A\boldsymbol{x}=\lambda\boldsymbol{x}$，すなわち

$T\boldsymbol{x}=\boldsymbol{0}$ ……③ (ただし，$T=A-\lambda E$) をみたす λ と $\boldsymbol{x}$ を求める。

固有方程式 $|T|=\begin{vmatrix} 3-\lambda & -1 \\ -1 & 3-\lambda \end{vmatrix}=(3-\lambda)^2-(-1)^2=0$

$\lambda^2-6\lambda+8=0 \qquad (\lambda-2)(\lambda-4)=0 \qquad \therefore \lambda=\underset{\lambda_1}{2},\ \underset{\lambda_2}{4}$

(i) $\lambda_1=2$ のとき，③を $T_1\boldsymbol{x}_1=\boldsymbol{0}$ そして，$\boldsymbol{x}_1=\begin{bmatrix} \alpha_1 \\ \alpha_2 \end{bmatrix}$ とおくと，

$$\begin{bmatrix} 1 & -1 \\ -1 & 1 \end{bmatrix}\begin{bmatrix} \alpha_1 \\ \alpha_2 \end{bmatrix}=\begin{bmatrix} 0 \\ 0 \end{bmatrix} \qquad \therefore \alpha_1-\alpha_2=0$$

(T の λ に，$\lambda_1=2$ を代入したもの)

ここで，$\alpha_2=k_1$ とおくと，$\alpha_1=k_1 \quad \therefore \boldsymbol{x}_1=\begin{bmatrix} k_1 \\ k_1 \end{bmatrix}=k_1\begin{bmatrix} 1 \\ 1 \end{bmatrix}$

$\|\boldsymbol{x}_1\|=1$ とするため，$k_1=\frac{1}{\sqrt{2}}$ とおく。$\therefore \boldsymbol{x}_1=\frac{1}{\sqrt{2}}\begin{bmatrix} 1 \\ 1 \end{bmatrix}$

(ⅱ) $\lambda_2=4$ のとき，③を $T_2\boldsymbol{x}_2=\boldsymbol{0}$ そして，$\boldsymbol{x}_2=\begin{bmatrix}\beta_1\\\beta_2\end{bmatrix}$とおくと，

$$\begin{bmatrix}-1 & -1\\-1 & -1\end{bmatrix}\begin{bmatrix}\beta_1\\\beta_2\end{bmatrix}=\begin{bmatrix}0\\0\end{bmatrix} \qquad \therefore -\beta_1-\beta_2=0$$

T の λ に，$\lambda_2=4$ を代入したもの

ここで，$\beta_2=k_2$ とおくと，$\beta_1=-k_2$ $\therefore \boldsymbol{x}_2=\begin{bmatrix}-k_2\\k_2\end{bmatrix}=k_2\begin{bmatrix}-1\\1\end{bmatrix}$

$\|\boldsymbol{x}_2\|=1$ とするため，$k_2=\dfrac{1}{\sqrt{2}}$ とする。$\therefore \boldsymbol{x}_2=\dfrac{1}{\sqrt{2}}\begin{bmatrix}-1\\1\end{bmatrix}$

よって，A を対角化する直交行列 U は

$U=[\boldsymbol{x}_1\ \ \boldsymbol{x}_2]=\dfrac{1}{\sqrt{2}}\begin{bmatrix}1 & -1\\1 & 1\end{bmatrix}$となり，これを用いて A を対角化すると，

$$U^{-1}AU=\begin{bmatrix}\lambda_1 & 0\\0 & \lambda_2\end{bmatrix}=\begin{bmatrix}2 & 0\\0 & 4\end{bmatrix}\cdots\cdots④$$

ここで，新たな変数 x', y' を

$\begin{bmatrix}x\\y\end{bmatrix}=U\begin{bmatrix}x'\\y'\end{bmatrix}\cdots\cdots⑤$ と定義すると，$[x\ \ y]=[x'\ \ y']U^{-1}\cdots\cdots⑤'$

⑤の両辺を転置して，
${}^t\begin{bmatrix}x\\y\end{bmatrix}={}^t\left(U\begin{bmatrix}x'\\y'\end{bmatrix}\right)$
$[x\ \ y]=[x'\ \ y']\,{}^tU$
${}^tU=U^{-1}$

注意

$\begin{bmatrix}x'\\y'\end{bmatrix}=U^{-1}\begin{bmatrix}x\\y\end{bmatrix}$としても，$U^{-1}$ は同じく直交行列なので，これは $[x\ \ y]\longrightarrow[x'\ \ y']$ への直交変換となる。直交変換では，“大きさ”や“角”が保存されるので，図形の形はそのままに，座標系が変わったと考えればいいんだよ。

⑤，⑤$'$を②に代入して，

①の左辺 $=[x'\ \ y']\,U^{-1}AU\begin{bmatrix}x'\\y'\end{bmatrix}=[x'\ \ y']\begin{bmatrix}2 & 0\\0 & 4\end{bmatrix}\begin{bmatrix}x'\\y'\end{bmatrix}$ (④より)（$U^{-1}AU=\begin{bmatrix}2 & 0\\0 & 4\end{bmatrix}$）

$$=[2x'\ \ 4y']\begin{bmatrix}x'\\y'\end{bmatrix}=2x'^2+4y'^2$$

これを①に代入して，$2x'^2+4y'^2=4$ より，だ円の式 $\dfrac{x'^2}{2}+y'^2=1$ が導ける。…(終)

演習問題 27　●2次形式の標準形への変換(Ⅱ)●

2次曲線 $-x^2+6\sqrt{3}xy+5y^2=8$ ……① の左辺(2次形式)を標準形に直して，これが双曲線であることを確認せよ。

ヒント！ ①の左辺 $=-1\cdot x^2+2\cdot 3\sqrt{3}xy+5\cdot y^2=[x,\ y]A\begin{bmatrix}x\\y\end{bmatrix}$ の形にして，行列 A を対角化するための変換行列として，直交行列 U を求めて $\begin{bmatrix}x\\y\end{bmatrix}=U\begin{bmatrix}x'\\y'\end{bmatrix}$ により，$[x\ y]$ から，$[x'\ y']$ に変数を変換していこう。

解答＆解説

$-1\cdot x^2+2\cdot 3\sqrt{3}xy+5y^2=8$ ……①の左辺を，新たな変数 x', y' を用いて，標準形に変換する。

①の左辺 $=[x\ y]\begin{bmatrix}-1 & 3\sqrt{3}\\3\sqrt{3} & 5\end{bmatrix}\begin{bmatrix}x\\y\end{bmatrix}$ ……② とおく。

ここで，$A=\begin{bmatrix}-1 & 3\sqrt{3}\\3\sqrt{3} & 5\end{bmatrix}$ とおき，$A\boldsymbol{x}=\lambda\boldsymbol{x}$, すなわち

$T\boldsymbol{x}=\boldsymbol{0}$ ……③ (ただし，$T=A-\lambda E$) をみたす λ と $\boldsymbol{x}$ を求める。

固有方程式 $|T|=\begin{vmatrix}-1-\lambda & 3\sqrt{3}\\3\sqrt{3} & 5-\lambda\end{vmatrix}=\underbrace{(-1-\lambda)(5-\lambda)}_{(\lambda+1)(\lambda-5)=\lambda^2-4\lambda-5}-\underbrace{(3\sqrt{3})^2}_{27}=0$ より，

$\lambda^2-4\lambda-32=0\qquad(\lambda-8)(\lambda+4)=0\qquad\therefore\ \lambda=\underbrace{8}_{\lambda_1},\ \underbrace{-4}_{\lambda_2}$

(i) $\lambda_1=8$ のとき，③を $T_1\boldsymbol{x}_1=\boldsymbol{0}$　そして，$\boldsymbol{x}_1=\begin{bmatrix}\alpha_1\\\alpha_2\end{bmatrix}$ とおくと，

$$\begin{bmatrix}-9 & 3\sqrt{3}\\3\sqrt{3} & -3\end{bmatrix}\begin{bmatrix}\alpha_1\\\alpha_2\end{bmatrix}=\begin{bmatrix}0\\0\end{bmatrix}\qquad\therefore\ \sqrt{3}\alpha_1-\alpha_2=0$$

・$-9\alpha_1+3\sqrt{3}\alpha_2=0$ は，両辺を $-3\sqrt{3}$ で割る。
・$3\sqrt{3}\alpha_1-3\alpha_2=0$ は，両辺を3で割る。

ここで，$\alpha_1=k_1$ とおくと，$\alpha_2=\sqrt{3}k_1$　$\therefore\ \boldsymbol{x}_1=\begin{bmatrix}k_1\\\sqrt{3}k_1\end{bmatrix}=k_1\begin{bmatrix}1\\\sqrt{3}\end{bmatrix}$

$\|\boldsymbol{x}_1\|=1$ とするために，$k_1=\dfrac{1}{2}$ とおく。　$\therefore\ \boldsymbol{x}_1=\dfrac{1}{2}\begin{bmatrix}1\\\sqrt{3}\end{bmatrix}$

(ii) $\lambda_2 = -4$ のとき，③を $T_2 \boldsymbol{x}_2 = \boldsymbol{0}$　そして，$\boldsymbol{x}_2 = \begin{bmatrix} \beta_1 \\ \beta_2 \end{bmatrix}$ とおくと，

$$\begin{bmatrix} 3 & 3\sqrt{3} \\ 3\sqrt{3} & 9 \end{bmatrix}\begin{bmatrix} \beta_1 \\ \beta_2 \end{bmatrix} = \begin{bmatrix} 0 \\ 0 \end{bmatrix} \quad \therefore \beta_1 + \sqrt{3}\beta_2 = 0$$

・$3\beta_1 + 3\sqrt{3}\beta_2 = 0$ は，両辺を 3 で割る。
・$3\sqrt{3}\beta_1 + 9\beta_2 = 0$ は，両辺を $3\sqrt{3}$ で割る。

ここで，$\beta_2 = k_2$ とおくと，$\beta_1 = -\sqrt{3}k_2$　$\therefore \boldsymbol{x}_2 = \begin{bmatrix} -\sqrt{3}k_2 \\ k_2 \end{bmatrix} = k_2 \begin{bmatrix} -\sqrt{3} \\ 1 \end{bmatrix}$

$\|\boldsymbol{x}_2\| = 1$ とするために，$k_2 = \frac{1}{2}$ とおく。　$\therefore \boldsymbol{x}_2 = \frac{1}{2}\begin{bmatrix} -\sqrt{3} \\ 1 \end{bmatrix}$

よって，A を対角化する直交行列 U は，

$U = [\boldsymbol{x}_1 \ \ \boldsymbol{x}_2] = \frac{1}{2}\begin{bmatrix} 1 & -\sqrt{3} \\ \sqrt{3} & 1 \end{bmatrix}$ となり，これを用いて A を対角化すると，

$$U^{-1}AU = \begin{bmatrix} \lambda_1 & 0 \\ 0 & \lambda_2 \end{bmatrix} = \begin{bmatrix} 8 & 0 \\ 0 & -4 \end{bmatrix} \quad \cdots\cdots④$$

ここで，新たな変数 x'，y' を

$\begin{bmatrix} x \\ y \end{bmatrix} = U\begin{bmatrix} x' \\ y' \end{bmatrix}$ ……⑤と定義する。⑤の両辺を転置すると，

${}^t\begin{bmatrix} x \\ y \end{bmatrix} = {}^t\left(U\begin{bmatrix} x' \\ y' \end{bmatrix}\right) = {}^t\begin{bmatrix} x' \\ y' \end{bmatrix}{}^tU$ より，$[x \ \ y] = [x' \ \ y']U^{-1}$ ……⑤′ となる。

⑤と⑤′を②に代入して，

$$[x' \ \ y'] \underline{U^{-1}AU}\begin{bmatrix} x' \\ y' \end{bmatrix} = [x' \ \ y']\begin{bmatrix} 8 & 0 \\ 0 & -4 \end{bmatrix}\begin{bmatrix} x' \\ y' \end{bmatrix}$$

$\begin{bmatrix} 8 & 0 \\ 0 & -4 \end{bmatrix}$（④より）

$$= [8x' \ \ -4y']\begin{bmatrix} x' \\ y' \end{bmatrix} = 8x'^2 - 4y'^2 \quad (=①の左辺)$$

これを①の左辺に代入すると，

$8x'^2 - 4y'^2 = 8$ より，双曲線 $x'^2 - \frac{y'^2}{2} = 1$ が導ける。…………………(終)

直交行列 U による直交変換では，図形の形はそのままに保存されるので，元の①式も双曲線であることが分かるんだね。

§4. エルミート行列とユニタリ行列

これまで解説した行列やベクトルはその成分がすべて実数であるものだけだったんだね。しかし，ここでは話を拡張して，その成分に複素数が含まれる行列やベクトルについても解説しよう。したがって，これから，この2つを区別するために，その成分が実数のみからなる行列やベクトルを実行列や実ベクトルと呼び，これに対して，その成分に複素数が含まれる行列やベクトルは複素行列や複素ベクトルと呼ぶことにしよう。

すると，実行列において，対称行列 $\boldsymbol{A}$ を直交行列 $\boldsymbol{U}$ により対角化したのと同様の操作が，複素行列においても，**"エルミート行列"** $\boldsymbol{A}_H$ を **"ユニタリ行列"** $\boldsymbol{U}_U$ により対角化することができる。これから詳しく解説しよう。

● まず複素ベクトルと複素行列の基本を押さえよう！

エルミート行列やユニタリ行列など，本格的な複素行列の解説に入るための準備として，複素数 α について，ここで簡単に必要なものだけを復習しておこう。

複素数 α は，次のように，2つの実数と虚数単位で定義される。

$\alpha = \underset{\text{実部}}{\underline{a}} + \underset{\text{虚部}}{\underline{b}}i$　　$(a,\ b：\text{実数},\quad i：\text{虚数単位}\ (i^2 = -1))$

$(a：\text{実部},\quad b：\text{虚部})$

また，この複素数 $\alpha = a + bi$ に対して，共役(きょうやく)複素数 $\overline{\alpha}$ は，$\overline{\alpha} = a - bi$ で表される。このとき，α と $\overline{\alpha}$ は「互いに複素共役な関係である」と言うことにする。

そして，複素数 $\alpha = a + bi$ の絶対値 $|\alpha|$ は，

$|\alpha| = \sqrt{a^2 + b^2}$ で定義されるので，

$\begin{cases} |\alpha|^2 = a^2 + b^2 \text{ でありまた} \\ \alpha\overline{\alpha} = (a+bi)(a-bi) = a^2 - b^2 \underbrace{i^2}_{-1} = a^2 + b^2 \end{cases}$ より，重要公式：

$|\alpha|^2 = \alpha\overline{\alpha}$ ……(＊1)　　が導かれるんだね。さらに，

$\underline{\overline{\overline{\alpha}} = \alpha}$ であり，2つの複素数 α，β に対して $\overline{\alpha \cdot \beta} = \overline{\alpha} \cdot \overline{\beta}$ が成り立つことも

（$\alpha = a + bi$ に対して，$\overline{\alpha} = a - bi$ であり さらに $\overline{\overline{\alpha}} = \overline{a - bi} = a + bi = \alpha$ となる。）

頭に入れておこう。

また，実数 a に対しては $a+0i$ も $a-0i$ も同じ a なので，当然 $\overline{a}=a$ となることも大丈夫だね。

では準備も整ったので，次の，n 次の複素ベクトル $\boldsymbol{x}$：

$\boldsymbol{x}=\begin{bmatrix} x_1 \\ x_2 \\ \vdots \\ x_n \end{bmatrix}$ $(x_1,\ x_2,\ \cdots,\ x_n$：複素数$)$ のノルムの 2 乗 $\|\boldsymbol{x}\|^2$ を次のように定義する。

$$\|\boldsymbol{x}\|^2=x_1\overline{x_1}+x_2\overline{x_2}+\cdots+x_n\overline{x_n}$$

$$=[x_1\ \ x_2\ \ \cdots\ \ x_n]\begin{bmatrix} \overline{x}_1 \\ \overline{x}_2 \\ \vdots \\ \overline{x}_n \end{bmatrix}={}^t\boldsymbol{x}\overline{\boldsymbol{x}}$$

$\overline{\boldsymbol{x}}$ は，$\boldsymbol{x}$ のすべての成分の共役複素数をとったもので，$\boldsymbol{x}$ と $\overline{\boldsymbol{x}}$ は互いに複素共役な関係にあると言える。

ここで，$\|\boldsymbol{x}\|^2$ は，内積を使って，$\|\boldsymbol{x}\|^2=\boldsymbol{x}\cdot\boldsymbol{x}$ と表せるので，公式：

$\boldsymbol{x}\cdot\boldsymbol{x}={}^t\boldsymbol{x}\overline{\boldsymbol{x}}\ \cdots(*2)$ が導ける。では，例題で練習しておこう。

(ex) $\boldsymbol{x}=\begin{bmatrix} 1+2i \\ -i \end{bmatrix}$ の $\|\boldsymbol{x}\|^2$ は，

${}^t\boldsymbol{x}\overline{\boldsymbol{x}}=[1+2i\ \ -i]\begin{bmatrix} 1-2i \\ i \end{bmatrix}$
$=(1+2i)(1-2i)+(-i)\cdot i$

$$\|\boldsymbol{x}\|^2=(1+2i)(1-2i)+(-i)\cdot i$$
$$=1-4\underbrace{i^2}_{-1}-\underbrace{i^2}_{-1}=1+4+1=6$$ となる。

(ex) $\boldsymbol{y}=\begin{bmatrix} 1 \\ 2i \\ 2-i \end{bmatrix}$ の $\|\boldsymbol{y}\|^2$ は，$\|\boldsymbol{y}\|^2={}^t\boldsymbol{y}\overline{\boldsymbol{y}}$ より，

$$\|\boldsymbol{y}\|^2=1\cdot1+2i\cdot(-2i)+(2-i)(2+i)$$
$$=1-4i^2+4-i^2=1+4+4+1=10$$ となるんだね。

そして，$\|\boldsymbol{y}\|^2={}^t\boldsymbol{y}\overline{\boldsymbol{y}}=10$（実数）であるので，${}^t\boldsymbol{y}\overline{\boldsymbol{y}}=10$ の両辺の共役複素数をとって，$\overline{{}^t\boldsymbol{y}\overline{\boldsymbol{y}}}=\underbrace{\overline{10}}_{10}$

実数の共役複素数をとっても変化しない。

${}^t\overline{\boldsymbol{y}}\overline{\overline{\boldsymbol{y}}}=10$ よって，${}^t\overline{\boldsymbol{y}}\boldsymbol{y}=10$ とも表せることに注意しよう。

公式 $(*1)$ と $(*2)$ が同様の形式であることに注意すると，今度は n 次の 2 つの異なるベクトル

$|\alpha|^2 = \alpha\overline{\alpha}$ ……$(*1)$
$\boldsymbol{x}\cdot\boldsymbol{x} = {}^t\boldsymbol{x}\overline{\boldsymbol{x}}$ …$(*2)$

$$\boldsymbol{x} = \begin{bmatrix} x_1 \\ x_2 \\ \vdots \\ x_n \end{bmatrix} \quad \text{と} \quad \boldsymbol{y} = \begin{bmatrix} y_1 \\ y_2 \\ \vdots \\ y_n \end{bmatrix} \qquad (x_i,\ y_i \text{ 複素数 } (i=1,\ 2,\ \cdots,\ n))$$

の内積 $\boldsymbol{x}\cdot\boldsymbol{y}$ が次式で定義されることも納得頂けると思う。

$$\boldsymbol{x}\cdot\boldsymbol{y} = {}^t\boldsymbol{x}\overline{\boldsymbol{y}} \quad \cdots\cdots(*3)$$

$(*3)$ を具体的に表すと，当然次式のようになるんだね。

$$\boldsymbol{x}\cdot\boldsymbol{y} = [x_1 \quad x_2 \quad \cdots \quad x_n] \begin{bmatrix} \overline{y}_1 \\ \overline{y}_2 \\ \vdots \\ \overline{y}_n \end{bmatrix} = x_1\overline{y}_1 + x_2\overline{y}_2 + \cdots + x_n\overline{y}_n$$

この結果は，$\|\boldsymbol{x}\|^2 = \boldsymbol{x}\cdot\boldsymbol{x}$ のときのように実数になるとは限らないので，異なる 2 つの複素ベクトルの内積においては，一般に交換法則は成り立たない。つまり，$\boldsymbol{x}\cdot\boldsymbol{y} \neq \boldsymbol{y}\cdot\boldsymbol{x}$ であり，

$$\begin{aligned}\boldsymbol{y}\cdot\boldsymbol{x} = {}^t\boldsymbol{y}\overline{\boldsymbol{x}} &= y_1\overline{x}_1 + y_2\overline{x}_2 + \cdots + y_n\overline{x}_n \\ &= \overline{x}_1 y_1 + \overline{x}_2 y_2 + \cdots + \overline{x}_n y_n \\ &= \overline{x_1\overline{y}_1 + x_2\overline{y}_2 + \cdots + x_n\overline{y}_n} = \overline{\boldsymbol{x}\cdot\boldsymbol{y}} \quad \text{より，}\end{aligned}$$

$\boldsymbol{y}\cdot\boldsymbol{x} = \overline{\boldsymbol{x}\cdot\boldsymbol{y}}$ であることに気を付けよう。もちろん，$\boldsymbol{x}\cdot\boldsymbol{y}$ が実数の

たとえば，内積 $\boldsymbol{x}\cdot\boldsymbol{y} = 2+3i$ であったとすると，$\boldsymbol{y}\cdot\boldsymbol{x}$ はその共役複素数 $\boldsymbol{y}\cdot\boldsymbol{x} = 2-3i$ になるんだね。納得いった？

ときは，$\overline{\boldsymbol{x}\cdot\boldsymbol{y}} = \boldsymbol{x}\cdot\boldsymbol{y}$ が成り立つので，内積の交換法則：
$\boldsymbol{y}\cdot\boldsymbol{x} = \boldsymbol{x}\cdot\boldsymbol{y}$ が成り立つのはいいね。では，計算練習をしておこう。

(ex) $\boldsymbol{x} = \begin{bmatrix} 1 \\ i \\ 1-i \end{bmatrix} \quad \boldsymbol{y} = \begin{bmatrix} -i \\ 1+i \\ 1 \end{bmatrix}$ のとき，内積 $\boldsymbol{x}\cdot\boldsymbol{y}$ を求めると，

$$\boldsymbol{x}\cdot\boldsymbol{y} = 1\cdot(\overline{-i}) + i(\overline{1+i}) + (1-i)\cdot\overline{1} = 1\cdot i + i(1-i) + (1-i)\cdot 1$$

$$= i + i - i^2 + 1 - i = 2 + i \text{ となるんだね。大丈夫？}$$

では次，複素数をその成分に含む複素行列についても解説しておこう。
次の例のような3次の複素行列 A について，考えよう。

$$A=\begin{bmatrix} 1+i & -i & 1-i \\ 1 & 2-i & i \\ 2i & 1 & 1+2i \end{bmatrix}$$

この複素共役な行列を $\overline{A}$ とおくと，$\overline{A}$ は，A のすべての成分が共役複素数となる行列のことなんだ。つまり，

$$\overline{A}=\begin{bmatrix} 1-i & i & 1+i \\ 1 & 2+i & -i \\ -2i & 1 & 1-2i \end{bmatrix}$$ となるんだね。さらに，この転置行列 ${}^t\overline{A}$ は，

次のように対角線に対して，対称な行列となる。つまり

$${}^t\overline{A}=\begin{bmatrix} 1-i & 1 & -2i \\ i & 2+i & 1 \\ 1+i & -i & 1-2i \end{bmatrix}$$ となるのも大丈夫だね。

対角線

● エルミート行列とユニタリ行列について解説しよう！

では，準備も整ったので，2つの複素行列“エルミート行列 A_H”と

“エルミート行列”（*hermitian matrix*）の頭文字 H を添字に使った。

“ユニタリ行列 U_U”についてこれから解説しよう。

“ユニタリ行列”（*unitary matrix*）の頭文字 U を添字に使った。

まず，エルミート行列 A_H は次のように定義される。

エルミート行列 A_H の定義

n 次の複素行列 A_H が，
${}^t\overline{A_H}=A_H \cdots (*)$ （または，${}^tA_H=\overline{A_H} \cdots (*)'$）を満たすとき，
A_H を“**エルミート行列**”と呼ぶ。

では，エルミート行列 A_H とは，具体的にどのような行列なのか？考えてみよう。A_H の複素共役な行列 $\overline{A_H}$ を求め，それをさらに転置した ${}^t\overline{A_H}$ が，元の A_H と等しいということは当然 A_H の左上から右下にかけての対角成分は実数でなければならない。

さらに，この対角線に対して，対称な位置にある成分は互いに共役な複素数でなければならないことも分かるはずだ。以上より，**2** 次，および **3** 次のエルミート行列 A_H の例を下にそれぞれ示しておこう。

(*ex*1) **2** 次のエルミート行列の例

$$A_H=\begin{bmatrix} 2 & \sqrt{3}+i \\ \sqrt{3}-i & -1 \end{bmatrix}$$

(*ex*2) **3** 次のエルミート行列の例

$$A_H=\begin{bmatrix} 0 & i & 1 \\ -i & 0 & -i \\ 1 & i & 1 \end{bmatrix}$$

(*ex*1) の A_H について，その複素共役な行列 $\overline{A_H}$ は，

$$\overline{A_H}=\begin{bmatrix} \overline{2} & \overline{\sqrt{3}+i} \\ \overline{\sqrt{3}-i} & \overline{-1} \end{bmatrix}=\begin{bmatrix} 2 & \sqrt{3}-i \\ \sqrt{3}+i & -1 \end{bmatrix}$$ であり，

さらに，この転置行列を求めると，

$${}^t\overline{A_H}=\begin{bmatrix} 2 & \sqrt{3}+i \\ \sqrt{3}-i & -1 \end{bmatrix}$$ となって，元の A_H と同じになること，

つまり，A_H がエルミート行列であることが，お分かりになったと思う。(*ex*2) も同様にご自分で調べてごらんになるといい。

ここで，A_H の成分がすべて実数の場合 $\overline{A_H}=A_H$ となるので，エルミート行列の定義式：${}^t\overline{A_H}=A_H$……$(*1)$ は，${}^tA_H=A_H$ となる。つまり，これは実行列では，A_H は，対称行列に他ならないことを示している。これから，エルミート行列のすべての成分が実数である特別な場合が対称行列と言えるんだね。納得いった？

では次，"**ユニタリ行列**" U_U の定義も下に示そう。

ユニタリ行列 U_U の定義

n 次の複素行列 U_U が，

${}^t\overline{U_U}U_U=U_U{}^t\overline{U_U}=E$ （単位行列）……$(**)$ を満たすとき，

U_U を "**ユニタリ行列**" と呼ぶ。

つまり，ユニタリ行列 U_U とは，その複素共役な行列 $\overline{U_U}$ をさらに転置行列にした ${}^t\overline{U_U}$ が，元の U_U の逆行列 $U_U{}^{-1}$ となるような複素行列のことなんだね。

この n 次のユニタリ行列 U_U を次のように n 個の列ベクトル u_1, u_2, …, u_n に分割して考え，U_U と ${}^t\overline{U_U}$ をイメージで表すと，

$$U_U=\begin{bmatrix} u_1 & u_2 & \cdots & u_n \end{bmatrix}\cdots であり，\quad {}^t\overline{U_U}=\begin{bmatrix} {}^t\overline{u_1} \\ {}^t\overline{u_2} \\ \vdots \\ {}^t\overline{u_n} \end{bmatrix} となる。$$

よって，(＊＊) の定義式にこれを代入する。

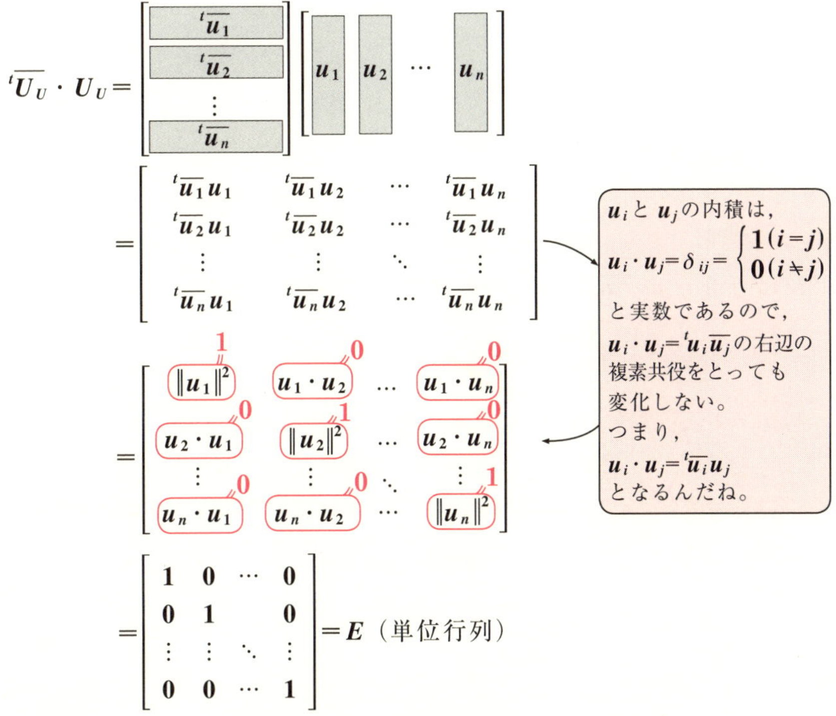

$${}^t\overline{U_U}\cdot U_U=\begin{bmatrix} {}^t\overline{u_1} \\ {}^t\overline{u_2} \\ \vdots \\ {}^t\overline{u_n} \end{bmatrix}\begin{bmatrix} u_1 & u_2 & \cdots & u_n \end{bmatrix}$$

$$=\begin{bmatrix} {}^t\overline{u_1}u_1 & {}^t\overline{u_1}u_2 & \cdots & {}^t\overline{u_1}u_n \\ {}^t\overline{u_2}u_1 & {}^t\overline{u_2}u_2 & \cdots & {}^t\overline{u_2}u_n \\ \vdots & \vdots & \ddots & \vdots \\ {}^t\overline{u_n}u_1 & {}^t\overline{u_n}u_2 & \cdots & {}^t\overline{u_n}u_n \end{bmatrix}$$

$$=\begin{bmatrix} \|u_1\|^2 & u_1\cdot u_2 & \cdots & u_1\cdot u_n \\ u_2\cdot u_1 & \|u_2\|^2 & \cdots & u_2\cdot u_n \\ \vdots & \vdots & \ddots & \vdots \\ u_n\cdot u_1 & u_n\cdot u_2 & \cdots & \|u_n\|^2 \end{bmatrix}$$

$$=\begin{bmatrix} 1 & 0 & \cdots & 0 \\ 0 & 1 & & 0 \\ \vdots & \vdots & \ddots & \vdots \\ 0 & 0 & \cdots & 1 \end{bmatrix}=E\ (単位行列)$$

以上より，ユニタリ行列 U_U の n 個の複素列ベクトル $u_i(i=1, 2, \cdots, n)$ は，そのノルム（大きさ）$\|u_i\|=1$ で，$i\neq j$ のとき，$u_i\cdot u_j=0$ となる。複素ベクトルなので図形的なイメージは浮かばないんだけれど，$i\neq j$ のとき，u_i と u_j は互いに直交する正規ベクトルになっている。

ということは，もし，ユニタリ行列 U_U のすべての成分が実数であるならば，これは，直交行列 U に他ならない。つまり，ユニタリ行列 U_U の特別な場合が，直交行列 U であることも分かったんだね。

● エルミート行列 A_H も対角化できる！

エルミート行列 A_H とユニタリ行列 U_U の全成分が実数である特別な場合がそれぞれ対称行列 A と直交行列 U であるんだね。そして，対称行列 A が，$U^{-1}AU$ により対角化できたように，複素行列においても，エルミート行列 A_H は，ユニタリ行列 U_U を用いて，$U_U^{-1}A_HU_U$ によって対角化できる。この手続は，実行列のときとまったく同じなので，理解しやすいと思う。これから，詳しく解説しよう。

まず，エルミート行列 A_H の 2 つの異なる固有値 λ_i，λ_j が得られたとき，

（これらは，実数とする。）

P199 で解説したことと同様に，それぞれの固有ベクトル $\boldsymbol{x}_i$ と $\boldsymbol{x}_j$ は直交して，$\boldsymbol{x}_i \cdot \boldsymbol{x}_j = 0$ となることが示せる。

ここで，n 次のエルミート行列 A_H が異なる n 個の固有値 λ_1，λ_2，…，λ_n をもつものとしよう。そして，それぞれに対応した，大きさを 1 にそろえた固有ベクトルを $\boldsymbol{u}_1$，$\boldsymbol{u}_2$，…，$\boldsymbol{u}_n$ とおくと，固有方程式は，

（$\frac{1}{\|\boldsymbol{x}_1\|}\boldsymbol{x}_1$）（$\frac{1}{\|\boldsymbol{x}_2\|}\boldsymbol{x}_2$）（$\frac{1}{\|\boldsymbol{x}_n\|}\boldsymbol{x}_n$ と正規化する。）

$A_H\boldsymbol{u}_1 = \lambda_1\boldsymbol{u}_1$ …①，$A_H\boldsymbol{u}_2 = \lambda_2\boldsymbol{u}_2$ …②，…，$A_H\boldsymbol{u}_n = \lambda_n\boldsymbol{u}_n$ …③

となる。これら①，②，…，③を 1 つの方程式にまとめると，

$$A_H[\boldsymbol{u}_1 \ \boldsymbol{u}_2 \ \cdots \ \boldsymbol{u}_n] = [\lambda_1\boldsymbol{u}_1 \ \lambda_2\boldsymbol{u}_2 \ \cdots \ \lambda_n\boldsymbol{u}_n]$$

$$= [\boldsymbol{u}_1 \ \boldsymbol{u}_2 \ \cdots \ \boldsymbol{u}_n]\begin{bmatrix} \lambda_1 & 0 & \cdots & 0 \\ 0 & \lambda_2 & \cdots & 0 \\ \vdots & \vdots & \ddots & \vdots \\ 0 & 0 & \vdots & \lambda_n \end{bmatrix} \cdots ④$$ と表せる。

ここで，$[\boldsymbol{u}_1 \ \boldsymbol{u}_2 \ \cdots \ \boldsymbol{u}_n]$ は，$\boldsymbol{u}_i \cdot \boldsymbol{u}_j = \delta_{ij} = \begin{cases} 1 & (i = j \text{ のとき}) \\ 0 & (i \neq j \text{ のとき}) \end{cases}$

の性質を満たすので，これはユニタリ行列 U_U とおくことができる。

よって，④は，$A_HU_U = U_U\begin{bmatrix} \lambda_1 & 0 & \cdots & 0 \\ 0 & \lambda_2 & \cdots & 0 \\ \vdots & \vdots & \ddots & \vdots \\ 0 & 0 & \vdots & \lambda_n \end{bmatrix}$ …④′ となり

この両辺に U_U の逆行列 U_U^{-1} を左からかけると，A_H は，

（ユニタリ行列の定義より，これは，${}^t\overline{U_U}$ と同じだね。）

$$U_U^{-1}A_HU_U=\begin{bmatrix}\lambda_1 & 0 & \cdots & 0\\ 0 & \lambda_2 & \cdots & 0\\ \vdots & \vdots & \ddots & \vdots\\ 0 & 0 & \vdots & \lambda_n\end{bmatrix}$$

と，対角化できるんだね。納得いった？

● 具体的に，エルミート行列を対角化してみよう！

考え方は理解して頂けたと思うので，これから，具体例を使って，エルミート行列 A_H を対角化する練習に入ろう。

> (1) エルミート行列$A_H=\begin{bmatrix}2 & \sqrt{3}+i\\ \sqrt{3}-i & -1\end{bmatrix}$を，ユニタリ行列$U_U$ を用いて，$U_U^{-1}A_HU_U$として対角化せよ。

実対称行列の対角化のときと同様に，固有値を λ，固有ベクトルを $\boldsymbol{x}$ とおくと，$A_H\boldsymbol{x}=\lambda\boldsymbol{x}$ より，$(A_H-\lambda E)\boldsymbol{x}=\boldsymbol{0}$　すなわち $T\boldsymbol{x}=\boldsymbol{0}$ …①となる。

（これを，T とおく。）

ここで，$T=A_H-\lambda E=\begin{bmatrix}2-\lambda & \sqrt{3}+i\\ \sqrt{3}-i & -1-\lambda\end{bmatrix}$ より，固有方程式：

$$|T|=\begin{vmatrix}2-\lambda & \sqrt{3}+i\\ \sqrt{3}-i & -1-\lambda\end{vmatrix}=(2-\lambda)(-1-\lambda)-(\sqrt{3}+i)(\sqrt{3}-i)=0$$

（$(\sqrt{3})^2-i^2=3+1=4$）

を解いて，まず固有値を求めよう。

$\lambda^2-\lambda-6=0$　　$(\lambda-3)(\lambda+2)$ より，　$\lambda=3,\ -2$ となる。（$\lambda_1=3$，$\lambda_2=-2$）

(i) $\lambda_1=3$ のとき，①を $T_1\boldsymbol{x}_1=\boldsymbol{0}$　そして $\boldsymbol{x}_1=\begin{bmatrix}\alpha_1\\ \alpha_2\end{bmatrix}$ とおくと，

$$\begin{bmatrix}-1 & \sqrt{3}+i\\ \sqrt{3}-i & -4\end{bmatrix}\begin{bmatrix}\alpha_1\\ \alpha_2\end{bmatrix}=\begin{bmatrix}0\\ 0\end{bmatrix}$$

$$\begin{bmatrix}-1 & \sqrt{3}+i\\ \sqrt{3}-i & -4\end{bmatrix}\to\begin{bmatrix}-1 & \sqrt{3}+i\\ 0 & 0\end{bmatrix}\Big\}r=1$$

よって，$-\alpha_1+(\sqrt{3}+i)\alpha_2=0$ より，　$\alpha_2=k_1$ とおくと，

$\alpha_1=(\sqrt{3}+i)k_1$ となる。

よって，$\boldsymbol{x}_1=\begin{bmatrix}\alpha_1\\\alpha_2\end{bmatrix}=k_1\begin{bmatrix}\sqrt{3}+i\\1\end{bmatrix}$

ここで，$k_1=\dfrac{1}{\sqrt{5}}$ とおくと，$\boldsymbol{x}_1$ は，正規化される。よって，これを $\boldsymbol{u}_1$ とおくと，

$$\therefore\ \boldsymbol{u}_1=\frac{1}{\sqrt{5}}\begin{bmatrix}\sqrt{3}+i\\1\end{bmatrix}$$

ここで，$\boldsymbol{x}_1'=\begin{bmatrix}\sqrt{3}+i\\1\end{bmatrix}$ とおくと，
$\|\boldsymbol{x}_1'\|^2=\boldsymbol{x}_1'\cdot\boldsymbol{x}_1'={}^t\boldsymbol{x}_1'\overline{\boldsymbol{x}_1'}$
$=(\sqrt{3}+i)(\sqrt{3}-i)+1\cdot1$
$=3-i^2+1=3+1+1=5$
$\therefore\|\boldsymbol{x}_1'\|=\sqrt{5}$ より，
$k_1=\dfrac{1}{\sqrt{5}}$ とおくと，$\boldsymbol{x}_1$ は正規化されて，$\boldsymbol{u}_1$ となる。

(ii) $\lambda_2=-2$ のとき，①を $\boldsymbol{T}_2\boldsymbol{x}_2=\boldsymbol{0}$，そして，$\boldsymbol{x}_2=\begin{bmatrix}\beta_1\\\beta_2\end{bmatrix}$ とおくと，

$\begin{bmatrix}2-\lambda_2 & \sqrt{3}+i\\\sqrt{3}-i & -1-\lambda_2\end{bmatrix}\begin{bmatrix}\beta_1\\\beta_2\end{bmatrix}=\begin{bmatrix}0\\0\end{bmatrix}$ のこと。

$$\begin{bmatrix}4 & \sqrt{3}+i\\\sqrt{3}-i & 1\end{bmatrix}\begin{bmatrix}\beta_1\\\beta_2\end{bmatrix}=\begin{bmatrix}0\\0\end{bmatrix}$$

$\begin{bmatrix}\sqrt{3}-i & 1\\4 & \sqrt{3}+i\end{bmatrix}\to\begin{bmatrix}\sqrt{3}-i & 1\\0 & 0\end{bmatrix}\}r=1$

$(\sqrt{3}-i)\beta_1+\beta_2=0$ より，$\beta_1=k_2$ とおくと，
$\beta_2=-(\sqrt{3}-i)k_2$ となる。

よって，$\boldsymbol{x}_2=k_2\begin{bmatrix}1\\-\sqrt{3}+i\end{bmatrix}$

ここで，$k_2=\dfrac{1}{\sqrt{5}}$ とおくと，$\boldsymbol{x}_2$ は正規化される。よって，これを $\boldsymbol{u}_2$ とおくと，

$$\therefore\ \boldsymbol{u}_2=\frac{1}{\sqrt{5}}\begin{bmatrix}1\\-\sqrt{3}+i\end{bmatrix}$$

ここで，$\boldsymbol{x}_2'=\begin{bmatrix}1\\-\sqrt{3}+i\end{bmatrix}$ とおくと，
$\|\boldsymbol{x}_2'\|^2=1\cdot1+(-\sqrt{3}+i)(-\sqrt{3}-i)$
$=1+3-i^2=1+3+1=5$
$\therefore\|\boldsymbol{x}_2'\|=\sqrt{5}$ より，
$k_2=\dfrac{1}{\sqrt{5}}$ とおくと，
$\boldsymbol{x}_2$ は正規化されて，$\boldsymbol{u}_2$ となる。

以上 (i)(ii) より，ユニタリ行列 $\boldsymbol{U}_U$ を

$\boldsymbol{U}_U=[\boldsymbol{u}_1\ \ \boldsymbol{u}_2]=\dfrac{1}{\sqrt{5}}\begin{bmatrix}\sqrt{3}+i & 1\\1 & -\sqrt{3}+i\end{bmatrix}$ とおくと，エルミート行列

$\boldsymbol{A}_H=\begin{bmatrix}2 & \sqrt{3}+i\\\sqrt{3}-i & -1\end{bmatrix}$ は，$\boldsymbol{U}_U^{-1}\boldsymbol{A}_H\boldsymbol{U}_U$ により，対角化されて，

$\boldsymbol{U}_U^{-1}\boldsymbol{A}_H\boldsymbol{U}_U=\begin{bmatrix}\lambda_1 & 0\\0 & \lambda_2\end{bmatrix}=\begin{bmatrix}3 & 0\\0 & -2\end{bmatrix}$ となる。大丈夫だった？

では，次の例題で 3 次のエルミート行列 A_H の対角化の問題にもチャレンジしてみよう。

> (2) エルミート行列 $A_H=\begin{bmatrix} 0 & i & 1 \\ -i & 0 & -i \\ 1 & i & 1 \end{bmatrix}$ を，ユニタリ行列 U_U を用いて，
>
> $U_U^{-1}A_HU_U$ として対角化せよ。

$T=A_H-\lambda E$ とおいて，$T\boldsymbol{x}=\boldsymbol{0}$…① とする。

$T=\begin{bmatrix} -\lambda & i & 1 \\ -i & -\lambda & -i \\ 1 & i & 1-\lambda \end{bmatrix}$ より，固有方程式：

$$|T|=\lambda^2(1-\lambda)-\underbrace{i^2}_{-1}-\underbrace{i^2}_{-1}-(-\lambda)-\underbrace{i^2}_{-1}\lambda+\underbrace{i^2}_{-1}(1-\lambda)=0$$ を解いて，

固有値を求めると，

$\lambda^2-\lambda^3+1+1+\lambda+\lambda-(1-\lambda)=0$ より，

$\lambda^3-\lambda^2-3\lambda-1=0$

$(\lambda+1)(\lambda^2-2\lambda-1)=0$

よって，$\lambda=\underbrace{-1}_{\lambda_1},\ \underbrace{1+\sqrt{2}}_{\lambda_2},\ \underbrace{1-\sqrt{2}}_{\lambda_3}$

3 次方程式の組み立て除法

	1	−1	−3	−1
−1)	↓	−1	2	1
	1	−2	−1	(0)

(ⅰ) $\lambda_1=-1$ のとき，①を $T_1\boldsymbol{x}_1=\boldsymbol{0}$，そして $\boldsymbol{x}_1=\begin{bmatrix} \alpha_1 \\ \alpha_2 \\ \alpha_3 \end{bmatrix}$ とおくと，

$$\begin{bmatrix} 1 & i & 1 \\ -i & 1 & -i \\ 1 & i & 2 \end{bmatrix}\begin{bmatrix} \alpha_1 \\ \alpha_2 \\ \alpha_3 \end{bmatrix}=\begin{bmatrix} 0 \\ 0 \\ 0 \end{bmatrix}$$

$$\begin{bmatrix} 1 & i & 1 \\ 1 & i & 2 \\ -i & 1 & -i \end{bmatrix}\to\begin{bmatrix} 1 & i & 1 \\ 0 & 0 & 1 \\ 0 & 0 & 0 \end{bmatrix}\Big\}r=2$$

$\alpha_1+i\alpha_2+\cancel{\alpha_3}=0$ かつ $\alpha_3=0$

よって，$\alpha_2=k_1$ とおくと，$\alpha_1=-k_1i$

よって，$\boldsymbol{x}_1=k_1\begin{bmatrix} -i \\ 1 \\ 0 \end{bmatrix}$

$\boldsymbol{x}_1'=\begin{bmatrix} -i \\ 1 \\ 0 \end{bmatrix}$ とおくと，

$\|\boldsymbol{x}_1'\|^2=-i\cdot i+1\cdot 1+\cancel{0\cdot 0}=2$

$\therefore \|\boldsymbol{x}_2'\|=\sqrt{2}$ より，

$k_1=\dfrac{1}{\sqrt{2}}$ とおけばいい。

ここで，$k_1=\dfrac{1}{\sqrt{2}}$ とおくと，$\boldsymbol{x}_1$ は正規化される。よって，これを $\boldsymbol{u}_1$ とおくと，

$$\therefore\ \boldsymbol{u}_1=\frac{1}{\sqrt{2}}\begin{bmatrix}-i\\1\\0\end{bmatrix}$$ となるんだね。

(ⅱ) $\lambda_2=1+\sqrt{2}$ のとき，①を $T_2\boldsymbol{x}_2=\boldsymbol{0}$，そして $\boldsymbol{x}_2=\begin{bmatrix}\beta_1\\\beta_2\\\beta_3\end{bmatrix}$ とおくと，

$$\begin{bmatrix}-\lambda_2 & i & 1\\-i & -\lambda_2 & -i\\1 & i & 1-\lambda_2\end{bmatrix}\begin{bmatrix}\beta_1\\\beta_2\\\beta_3\end{bmatrix}=\begin{bmatrix}0\\0\\0\end{bmatrix}$$ のこと

$$\begin{bmatrix}-1-\sqrt{2} & i & 1\\-i & -1-\sqrt{2} & -i\\1 & i & -\sqrt{2}\end{bmatrix}\begin{bmatrix}\beta_1\\\beta_2\\\beta_3\end{bmatrix}=\begin{bmatrix}0\\0\\0\end{bmatrix}$$

$$\begin{bmatrix}1 & i & -\sqrt{2}\\-i & -1-\sqrt{2} & -i\\-1-\sqrt{2} & i & 1\end{bmatrix}\to\begin{bmatrix}1 & i & -\sqrt{2}\\0 & -2-\sqrt{2} & -(\sqrt{2}+1)i\\0 & (2+\sqrt{2})i & -(\sqrt{2}+1)\end{bmatrix}\to\left.\begin{bmatrix}1 & i & -\sqrt{2}\\0 & \sqrt{2} & i\\0 & 0 & 0\end{bmatrix}\right\}r=2$$

$$\begin{cases}\beta_1+i\beta_2-\sqrt{2}\beta_3=0\\\sqrt{2}\beta_2+i\beta_3=0\end{cases}$$ となる。

$\beta_3=\sqrt{2}k_2$ とおくと，

$\beta_2=-ik_2$

$\beta_1-i^2k_2-2k_2=0$ より，$\beta_1=k_2$

よって，$\boldsymbol{x}_2=k_2\begin{bmatrix}1\\-i\\\sqrt{2}\end{bmatrix}$

ここで，$k_2=\dfrac{1}{2}$ とおくと，$\boldsymbol{x}_2$ は正規化される。よって，これを $\boldsymbol{u}_2$ とおくと，

$$\therefore\ \boldsymbol{u}_2=\frac{1}{2}\begin{bmatrix}1\\-i\\\sqrt{2}\end{bmatrix}$$ となる。

$\boldsymbol{x}_2'=\begin{bmatrix}1\\-i\\\sqrt{2}\end{bmatrix}$ とおくと，

$$\|\boldsymbol{x}_2'\|^2=1\cdot1+(-i)\cdot i+\sqrt{2}\cdot\sqrt{2}=1+1+2=4$$

$\therefore\ \|\boldsymbol{x}_2'\|=2$ より，$k_2=\dfrac{1}{2}$ とおけばいい。

(iii) $\lambda_3 = 1 - \sqrt{2}$ のとき，①を $T_3 x_3 = 0$，そして $x_3 = \begin{bmatrix} \gamma_1 \\ \gamma_2 \\ \gamma_3 \end{bmatrix}$ とおくと，

$\begin{bmatrix} -\lambda_3 & i & 1 \\ -i & -\lambda_3 & -i \\ 1 & i & 1-\lambda_3 \end{bmatrix}\begin{bmatrix} \gamma_1 \\ \gamma_2 \\ \gamma_3 \end{bmatrix} = \begin{bmatrix} 0 \\ 0 \\ 0 \end{bmatrix}$ のこと

$$\begin{bmatrix} -1+\sqrt{2} & i & 1 \\ -i & -1+\sqrt{2} & -i \\ 1 & i & \sqrt{2} \end{bmatrix}\begin{bmatrix} \gamma_1 \\ \gamma_2 \\ \gamma_3 \end{bmatrix} = \begin{bmatrix} 0 \\ 0 \\ 0 \end{bmatrix}$$

$$\begin{bmatrix} 1 & i & \sqrt{2} \\ -i & -1+\sqrt{2} & -i \\ -1+\sqrt{2} & i & 1 \end{bmatrix} \rightarrow \begin{bmatrix} 1 & i & \sqrt{2} \\ 0 & -2+\sqrt{2} & (\sqrt{2}-1)i \\ 0 & (2-\sqrt{2})i & \sqrt{2}-1 \end{bmatrix} \rightarrow \begin{bmatrix} 1 & i & \sqrt{2} \\ 0 & -\sqrt{2} & i \\ 0 & 0 & 0 \end{bmatrix} \Big\} r=2$$

$\begin{cases} \gamma_1 + i\gamma_2 + \sqrt{2}\gamma_3 = 0 \\ -\sqrt{2}\gamma_2 + i\gamma_3 = 0 \end{cases}$ となる。

$\gamma_2 = k_3$ とおくと，

$$\gamma_3 = \frac{\sqrt{2}}{i}\gamma_2 = -\frac{i^2\sqrt{2}}{i}k_3 = -\sqrt{2}ik_3$$

$\gamma_1 + ik_3 - 2ik_3 = 0$ より，$\gamma_1 = ik_3$

よって，$x_3 = \begin{bmatrix} \gamma_1 \\ \gamma_2 \\ \gamma_3 \end{bmatrix} = k_3\begin{bmatrix} i \\ 1 \\ -\sqrt{2}i \end{bmatrix}$

ここで，$k_3 = \dfrac{1}{2}$ とおくと，x_3 は正規化される。よって，これを u_3 とおくと，

$x'_3 = \begin{bmatrix} i \\ 1 \\ -\sqrt{2}i \end{bmatrix}$ とおくと，

$\|x'_3\|^2 = i\cdot(-i) + 1\cdot 1 + (-\sqrt{2}i)\cdot\sqrt{2}i$
$= 1+1+2 = 4$

$\therefore \|x'_3\| = 2$ より，$k_3 = \dfrac{1}{2}$ とおけばいい。

$$\therefore u_3 = \frac{1}{2}\begin{bmatrix} i \\ 1 \\ -\sqrt{2}i \end{bmatrix} \text{となる。}$$

以上 (i)(ii)(iii) より，ユニタリ行列 U_U を

$U_U = [u_1\ u_2\ u_3] = \dfrac{1}{2}\begin{bmatrix} -\sqrt{2}i & 1 & i \\ \sqrt{2} & -i & 1 \\ 0 & \sqrt{2} & -\sqrt{2}i \end{bmatrix}$ とおくと，エルミート行列

A_H は $U_U^{-1}A_HU_U = \begin{bmatrix} -1 & 0 & 0 \\ 0 & 1+\sqrt{2} & 0 \\ 0 & 0 & 1-\sqrt{2} \end{bmatrix}$ と対角化できる。大丈夫？

演習問題 28	● エルミート行列の対角化(Ⅰ) ●

エルミート行列 $A_H = \begin{bmatrix} -1 & 1+2i \\ 1-2i & 3 \end{bmatrix}$ を，ユニタリ行列 U_U を用いて，$U_U^{-1}A_HU_U$ として，対角化せよ。

ヒント！ 固有方程式 $|T| = |A_H - \lambda E| = 0$ を解いて，固有値 λ_1, λ_2 を求め，これに対応する大きさ1の固有ベクトル u_1, u_2 を求めるんだね。そして，ユニタリ行列 $U_U = [u_1\ u_2]$ を作って，$U_U^{-1}A_HU_U$ により行列 A_H を対角化すればいい。

解答&解説

$T = A_H - \lambda E$ とおいて，$Tx = 0$ ……① とする。

$T = A_H - \lambda E = \begin{bmatrix} -1-\lambda & 1+2i \\ 1-2i & 3-\lambda \end{bmatrix}$ より，固有方程式：

$|T| = \begin{vmatrix} -1-\lambda & 1+2i \\ 1-2i & 3-\lambda \end{vmatrix} = \underbrace{(-1-\lambda)(3-\lambda)}_{(\lambda+1)(\lambda-3)=\lambda^2-2\lambda-3} - \underbrace{(1+2i)(1-2i)}_{1^2-4i^2=1+4=5} = 0$ より，

$\lambda^2 - 2\lambda - 8 = 0 \qquad (\lambda+2)(\lambda-4) = 0$

$\therefore\ \lambda = -2,\ 4$ となる。(ここで，$\lambda_1 = -2$，$\lambda_2 = 4$ とおく)

(i) $\lambda_1 = -2$ のとき，①を $Tx_1 = 0$，そして，$x_1 = \begin{bmatrix} \alpha_1 \\ \alpha_2 \end{bmatrix}$ とおくと，

$$\begin{bmatrix} 1 & 1+2i \\ 1-2i & 5 \end{bmatrix}\begin{bmatrix} \alpha_1 \\ \alpha_2 \end{bmatrix} = \begin{bmatrix} 0 \\ 0 \end{bmatrix}$$

$\begin{bmatrix} 1 & 1+2i \\ 1-2i & 5 \end{bmatrix} \to \begin{bmatrix} 1 & 1+2i \\ 0 & 0 \end{bmatrix}\} r=1$

よって，$\alpha_1 + (1+2i)\alpha_2 = 0$ より，

$\alpha_2 = k_1$ とおくと，

$\alpha_1 = -(1+2i)k_1$ となる。

よって，$x_1 = \begin{bmatrix} \alpha_1 \\ \alpha_2 \end{bmatrix} = k_1\begin{bmatrix} -1-2i \\ 1 \end{bmatrix}$

ここで，$k_1 = \dfrac{1}{\sqrt{6}}$ とおくと，x_1 は正規化される。これを u_1 とおくと，

ここで，$x_1' = \begin{bmatrix} -1-2i \\ 1 \end{bmatrix}$ とおくと，

$\|x_1'\|^2 = x_1' \cdot x_1' = {}^t x_1' \overline{x_1'}$

$= (-1-2i)(-1+2i) + 1^2$

$= 1 - 4i^2 + 1 = 1 + 4 + 1 = 6$

$\therefore\ \|x_1'\| = \sqrt{6}$ より，

$k_1 = \dfrac{1}{\sqrt{6}}$ とおくと，x_1 は正規化されて，u_1 となる。

$\therefore\ \boldsymbol{u}_1 = \frac{1}{\sqrt{6}}\begin{bmatrix} -1-2i \\ 1 \end{bmatrix}$ ……② となる。

(ii) $\lambda_2 = 4$ のとき，①を $T\boldsymbol{x}_2 = \boldsymbol{0}$，そして，$\boldsymbol{x}_2 = \begin{bmatrix} \beta_1 \\ \beta_2 \end{bmatrix}$ とおくと，

$$\begin{bmatrix} -5 & 1+2i \\ 1-2i & -1 \end{bmatrix}\begin{bmatrix} \beta_1 \\ \beta_2 \end{bmatrix} = \begin{bmatrix} 0 \\ 0 \end{bmatrix}$$

$$\begin{bmatrix} -5 & 1+2i \\ 1-2i & -1 \end{bmatrix} \to \begin{bmatrix} 1-2i & -1 \\ -5 & 1+2i \end{bmatrix} \to \begin{bmatrix} 1-2i & -1 \\ 0 & 0 \end{bmatrix}\Big\} r=1$$

よって，$(1-2i)\beta_1 - \beta_2 = 0$ より，

$\beta_1 = k_2$ とおくと，

$\beta_2 = (1-2i)k_2$ となる。

よって，$\boldsymbol{x}_2 = \begin{bmatrix} \beta_1 \\ \beta_2 \end{bmatrix} = k_2\begin{bmatrix} 1 \\ 1-2i \end{bmatrix}$

ここで，$k_2 = \frac{1}{\sqrt{6}}$ とおくと，$\boldsymbol{x}_2$ は正規化される。これを $\boldsymbol{u}_2$ とおくと，

$\boldsymbol{u}_2 = \frac{1}{\sqrt{6}}\begin{bmatrix} 1 \\ 1-2i \end{bmatrix}$ ……③ となる。

ここで，$\boldsymbol{x}_2' = \begin{bmatrix} 1 \\ 1-2i \end{bmatrix}$ とおくと，

$\|\boldsymbol{x}_2'\|^2 = \boldsymbol{x}_2' \cdot \boldsymbol{x}_2' = {}^t\boldsymbol{x}_2' \overline{\boldsymbol{x}_2'}$

$= 1^2 + (1-2i)(1+2i)$

$= 1 + 1 - 4i^2 = 1 + 1 + 4 = 6$

$\therefore\ \|\boldsymbol{x}_2'\| = \sqrt{6}$ より，

$k_2 = \frac{1}{\sqrt{6}}$ とおくと，$\boldsymbol{x}_2$ は正規化されて，$\boldsymbol{u}_2$ となる。

以上(i)(ii)の②，③より，ユニタリ行列 U_U を

$U_U = [\boldsymbol{u}_1\ \ \boldsymbol{u}_2] = \frac{1}{\sqrt{6}}\begin{bmatrix} -1-2i & 1 \\ 1 & 1-2i \end{bmatrix}$ とおくと，

エルミート行列 $A_H = \begin{bmatrix} -1 & 1+2i \\ 1-2i & 3 \end{bmatrix}$ は，$U_U^{-1}A_HU_U$ により，

$U_U^{-1}A_HU_U = \begin{bmatrix} \lambda_1 & 0 \\ 0 & \lambda_2 \end{bmatrix} = \begin{bmatrix} -2 & 0 \\ 0 & 4 \end{bmatrix}$ と対角化できる。 ……………………………(答)

参考

$U_U^{-1} = {}^t\overline{U_U} = \overline{\frac{1}{\sqrt{6}}\begin{bmatrix} -1-2i & 1 \\ 1 & 1-2i \end{bmatrix}} = \frac{1}{\sqrt{6}}\begin{bmatrix} -1+2i & 1 \\ 1 & 1+2i \end{bmatrix}$ となるので，

$U_U^{-1}A_HU_U = \frac{1}{6}\begin{bmatrix} -1+2i & 1 \\ 1 & 1+2i \end{bmatrix}\begin{bmatrix} -1 & 1+2i \\ 1-2i & 3 \end{bmatrix}\begin{bmatrix} -1-2i & 1 \\ 1 & 1-2i \end{bmatrix}$ を

実際に計算して，$\begin{bmatrix} -2 & 0 \\ 0 & 4 \end{bmatrix}$ となることを，確認されるとよい。

演習問題 29 ● エルミート行列の対角化(Ⅱ) ●

エルミート行列 $A_H=\begin{bmatrix}3 & 2+2i\\ 2-2i & 1\end{bmatrix}$ を，ユニタリ行列 U_U を用いて，

$U_U^{-1}A_HU_U$ として対角化せよ。

ヒント！ まず，固有方程式 $|A_H-\lambda E|=0$ を解いて，固有値 λ_1 と λ_2，およびこれらに対応する，固有ベクトル u_1, u_2 を求めよう。これから，ユニタリ行列 $U_U=[u_1\ u_2]$ を作って，エルミート行列 A_H を対角化すればいいんだんね。この流れをマスターしよう。

解答＆解説

$T=A_H-\lambda E$ とおいて，$Tx=0$ ……① とする。

$T=A_H-\lambda E=\begin{bmatrix}3-\lambda & 2+2i\\ 2-2i & 1-\lambda\end{bmatrix}$ より，固有方程式：

$$|T|=\begin{vmatrix}3-\lambda & 2+2i\\ 2-2i & 1-\lambda\end{vmatrix}=\underbrace{(3-\lambda)(1-\lambda)}_{(\lambda-3)(\lambda-1)=\lambda^2-4\lambda+3}-\underbrace{(2+2i)(2-2i)}_{2^2-2^2\cdot i^2=4+4=8}=0 \quad \text{より，}$$

$\lambda^2-4\lambda-5=0 \qquad (\lambda+1)(\lambda-5)=0$

$\therefore\ \lambda=-1,\ 5$ となる。(ここで，$\lambda_1=-1$，$\lambda_2=5$ とおく。)

(ⅰ) $\lambda_1=-1$ のとき，①を $Tx_1=0$，そして，$x_1=\begin{bmatrix}\alpha_1\\ \alpha_2\end{bmatrix}$ とおくと，

$$\begin{bmatrix}4 & 2+2i\\ 2-2i & 2\end{bmatrix}\begin{bmatrix}\alpha_1\\ \alpha_2\end{bmatrix}=\begin{bmatrix}0\\ 0\end{bmatrix}$$

$$\begin{bmatrix}2 & 1+i\\ 1-i & 1\end{bmatrix}\to\begin{bmatrix}1-i & 1\\ 2 & 1+i\end{bmatrix}\to\begin{bmatrix}1-i & 1\\ 0 & 0\end{bmatrix}\Big\}r=1$$

よって，$(1-i)\alpha_1+\alpha_2=0$ より，

$\alpha_1=k_1$ とおくと，

$\alpha_2=-(1-i)k_1$ となる。

よって，$x_1=\begin{bmatrix}\alpha_1\\ \alpha_2\end{bmatrix}=k_1\begin{bmatrix}1\\ -1+i\end{bmatrix}$

ここで，$k_1=\dfrac{1}{\sqrt{3}}$ とおくと，x_1 は正規化される。これを u_1 とおくと，

ここで，$x_1'=\begin{bmatrix}1\\ -1+i\end{bmatrix}$ とおくと，

$$\|x_1'\|^2=x_1'\cdot x_1'={}^t x_1'\cdot\overline{x}_1'=1^2+(-1+i)(-1-i)=1+1-i^2=3$$

$\therefore\ \|x_1'\|=\sqrt{3}$ より，$k_1=\dfrac{1}{\sqrt{3}}$ とおくと，x_1 は正規化されて u_1 となる。

$\therefore \boldsymbol{u}_1 = \frac{1}{\sqrt{3}}\begin{bmatrix} 1 \\ -1+i \end{bmatrix}$ ……② となる。

(ii) $\lambda_2 = 5$ のとき，①を $T\boldsymbol{x}_2 = \boldsymbol{0}$，そして，$\boldsymbol{x}_2 = \begin{bmatrix} \beta_1 \\ \beta_2 \end{bmatrix}$ とおくと，

$$\begin{bmatrix} -2 & 2+2i \\ 2-2i & -4 \end{bmatrix}\begin{bmatrix} \beta_1 \\ \beta_2 \end{bmatrix} = \begin{bmatrix} 0 \\ 0 \end{bmatrix}$$

$\begin{bmatrix} 1 & -1-i \\ 1-i & -2 \end{bmatrix} \to \begin{bmatrix} 1 & -(1+i) \\ 0 & 0 \end{bmatrix} \} r=1$

よって，$\beta_1 - (1+i)\beta_2 = 0$ より，

$\beta_2 = k_2$ とおくと，

$\beta_1 = (1+i)k_2$ となる。

よって，$\boldsymbol{x}_2 = \begin{bmatrix} \beta_1 \\ \beta_2 \end{bmatrix} = k_2\begin{bmatrix} 1+i \\ 1 \end{bmatrix}$

ここで，$k_2 = \frac{1}{\sqrt{3}}$ とおくと，$\boldsymbol{x}_2$ は正規化される。これを，$\boldsymbol{u}_2$ とおくと，

ここで，$\boldsymbol{x}_2' = \begin{bmatrix} 1+i \\ 1 \end{bmatrix}$ とおくと，

$\|\boldsymbol{x}_2'\|^2 = {}^t\boldsymbol{x}_2' \overline{\boldsymbol{x}_2'}$

$= (1+i)(1-i) + 1^2$

$= 1^2 - i^2 + 1^2 = 3$

$\therefore \|\boldsymbol{x}_2'\| = \sqrt{3}$ より，$k_2 = \frac{1}{\sqrt{3}}$ とおくと，

$\boldsymbol{x}_2$ は正規化されて，$\boldsymbol{u}_2$ となる。

$\therefore \boldsymbol{u}_2 = \frac{1}{\sqrt{3}}\begin{bmatrix} 1+i \\ 1 \end{bmatrix}$ ……③ となる。

以上 (i)(ii) の②，③より，ユニタリ行列 U_U を

$U_U = [\boldsymbol{u}_1 \ \boldsymbol{u}_2] = \frac{1}{\sqrt{3}}\begin{bmatrix} 1 & 1+i \\ -1+i & 1 \end{bmatrix}$ とおくと，

エルミート行列 $A_H = \begin{bmatrix} 3 & 2+2i \\ 2-2i & 1 \end{bmatrix}$ は，$U_U^{-1}A_H U_U$ により，

$U_U^{-1}A_H U_U = \begin{bmatrix} -1 & 0 \\ 0 & 5 \end{bmatrix}$ と対角化できる。……………………………(答)

参考

$U_U^{-1} = {}^t\overline{U_U} = \frac{1}{\sqrt{3}}\begin{bmatrix} 1 & -1-i \\ 1-i & 1 \end{bmatrix}$ より，

$U_U^{-1}A_H U_U = \frac{1}{3}\begin{bmatrix} 1 & -1-i \\ 1-i & 1 \end{bmatrix}\begin{bmatrix} 3 & 2+2i \\ 2-2i & 1 \end{bmatrix}\begin{bmatrix} 1 & 1+i \\ -1+i & 1 \end{bmatrix}$ を，

実際に計算して，$\begin{bmatrix} -1 & 0 \\ 0 & 5 \end{bmatrix}$ となることを，各自確認しておこう！

演習問題 30　● エルミート行列の対角化 (Ⅲ) ●

エルミート行列 $A_H=\begin{bmatrix}1 & \sqrt{2}i & 0\\ -\sqrt{2}i & 2 & -2i\\ 0 & 2i & 1\end{bmatrix}$ を，ユニタリ行列 U_U を用いて，$U_U^{-1}A_HU_U$ として対角化せよ。

ヒント！ 固有方程式を解いて，固有値 λ_j と，これに対応する，大きさ 1 の固有ベクトル $u_j\ (j=1,\ 2,\ 3)$ を求め，そして，ユニタリ行列 $U_U=[u_1\ u_2\ u_3]$ を作って，A_H を対角化しよう。

解答＆解説

$Tx=0$ ……① ただし，$T=A_H-\lambda E=\begin{bmatrix}1-\lambda & \sqrt{2}i & 0\\ -\sqrt{2}i & 2-\lambda & -2i\\ 0 & 2i & 1-\lambda\end{bmatrix}$ より，

固有方程式 $|T|=\begin{vmatrix}1-\lambda & \sqrt{2}i & 0\\ -\sqrt{2}i & 2-\lambda & -2i\\ 0 & 2i & 1-\lambda\end{vmatrix}=(1-\lambda)^2(2-\lambda)-2(1-\lambda)-4(1-\lambda)$

$$=-(\lambda-1)\{(\lambda-1)(\lambda-2)-6\}=-(\lambda-1)(\lambda^2-3\lambda-4)=0$$

$(\lambda-1)(\lambda+1)(\lambda-4)=0$ より，$\lambda=1,\ -1,\ 4$ となる。←(固有値が決定した！)

(i) $\lambda_1=1$ とおき，①を $T_1x_1=0$，$x_1=\begin{bmatrix}\alpha_1\\ \alpha_2\\ \alpha_3\end{bmatrix}$ とおくと，①は，

$$\begin{bmatrix}0 & \sqrt{2}i & 0\\ -\sqrt{2}i & 1 & -2i\\ 0 & 2i & 0\end{bmatrix}\begin{bmatrix}\alpha_1\\ \alpha_2\\ \alpha_3\end{bmatrix}=\begin{bmatrix}0\\ 0\\ 0\end{bmatrix}$$

$T_1=\begin{bmatrix}0 & \sqrt{2}i & 0\\ -\sqrt{2}i & 1 & -2i\\ 0 & 2i & 0\end{bmatrix}\to\begin{bmatrix}0 & 1 & 0\\ -\sqrt{2}i & 0 & -2i\\ 0 & 0 & 0\end{bmatrix}\to\left.\begin{bmatrix}0 & 1 & 0\\ 1 & 0 & \sqrt{2}\\ 0 & 0 & 0\end{bmatrix}\right\}r=2$

よって，$\alpha_2=0$，$\alpha_1+\sqrt{2}\alpha_3=0$

$\alpha_3=1$ とおくと，$\alpha_1=-\sqrt{2}$ より，$x_1=\begin{bmatrix}-\sqrt{2}\\ 0\\ 1\end{bmatrix}$

ここで，$\|x_1\|=\sqrt{(-\sqrt{2})^2+1^2}=\sqrt{3}$ より，$u_1=\frac{1}{\sqrt{3}}x_1=\frac{1}{\sqrt{3}}\begin{bmatrix}-\sqrt{2}\\ 0\\ 1\end{bmatrix}$ となる。

(ii) $\lambda_2 = -1$ とおき，①を $T_2 \boldsymbol{x}_2 = \boldsymbol{0}$，$\boldsymbol{x}_2 = \begin{bmatrix} \beta_1 \\ \beta_2 \\ \beta_3 \end{bmatrix}$ とおくと，①は，

$$\begin{bmatrix} 2 & \sqrt{2}i & 0 \\ -\sqrt{2}i & 3 & -2i \\ 0 & 2i & 2 \end{bmatrix} \begin{bmatrix} \beta_1 \\ \beta_2 \\ \beta_3 \end{bmatrix} = \begin{bmatrix} 0 \\ 0 \\ 0 \end{bmatrix}$$

$$T_2 = \begin{bmatrix} 2 & \sqrt{2}i & 0 \\ -\sqrt{2}i & 3 & -2i \\ 0 & 2i & 2 \end{bmatrix} \to \begin{bmatrix} \sqrt{2} & i & 0 \\ -\sqrt{2}i & 3 & -2i \\ 0 & i & 1 \end{bmatrix} \to \begin{bmatrix} \sqrt{2} & i & 0 \\ 0 & 2 & -2i \\ 0 & i & 1 \end{bmatrix} \to \left.\begin{bmatrix} \sqrt{2} & i & 0 \\ 0 & 1 & -i \\ 0 & 0 & 0 \end{bmatrix}\right\} r = 2$$

よって，$\sqrt{2}\beta_1 + i\beta_2 = 0$，$\beta_2 - i\beta_3 = 0$

$\beta_1 = 1$ とおくと，$\beta_2 = \sqrt{2}i$，$\beta_3 = \sqrt{2}$ より，$\boldsymbol{x}_2 = \begin{bmatrix} 1 \\ \sqrt{2}i \\ \sqrt{2} \end{bmatrix}$

ここで，$\|\boldsymbol{x}_2\| = \sqrt{1^2 + \sqrt{2}i \cdot (-\sqrt{2}i) + (\sqrt{2})^2} = \sqrt{5}$ より，$\boldsymbol{u}_2 = \dfrac{1}{\sqrt{5}} \begin{bmatrix} 1 \\ \sqrt{2}i \\ \sqrt{2} \end{bmatrix}$ となる。

(iii) $\lambda_3 = 4$ とおき，①を $T_3 \boldsymbol{x}_3 = \boldsymbol{0}$，$\boldsymbol{x}_3 = \begin{bmatrix} \gamma_1 \\ \gamma_2 \\ \gamma_3 \end{bmatrix}$ とおくと，①は，

$$\begin{bmatrix} -3 & \sqrt{2}i & 0 \\ -\sqrt{2}i & -2 & -2i \\ 0 & 2i & -3 \end{bmatrix} \begin{bmatrix} \gamma_1 \\ \gamma_2 \\ \gamma_3 \end{bmatrix} = \begin{bmatrix} 0 \\ 0 \\ 0 \end{bmatrix}$$

$$T_3 = \begin{bmatrix} -3 & \sqrt{2}i & 0 \\ -\sqrt{2}i & -2 & -2i \\ 0 & 2i & -3 \end{bmatrix} \to \begin{bmatrix} 3 & -\sqrt{2}i & 0 \\ 1 & -\sqrt{2}i & \sqrt{2} \\ 0 & 2i & -3 \end{bmatrix} \to \begin{bmatrix} 3 & -\sqrt{2}i & 0 \\ 0 & -2i & 3 \\ 0 & 2i & -3 \end{bmatrix} \to \left.\begin{bmatrix} 3 & -\sqrt{2}i & 0 \\ 0 & 2i & -3 \\ 0 & 0 & 0 \end{bmatrix}\right\} r = 2$$

よって，$3\gamma_1 - \sqrt{2}i\gamma_2 = 0$，$2i\gamma_2 - 3\gamma_3 = 0$

$\gamma_2 = 3$ とおくと，$\gamma_1 = \sqrt{2}i$，$\gamma_3 = 2i$ より，$\boldsymbol{x}_3 = \begin{bmatrix} \sqrt{2}i \\ 3 \\ 2i \end{bmatrix}$

ここで，$\|\boldsymbol{x}_3\| = \sqrt{\sqrt{2}i \cdot (-\sqrt{2}i) + 3^2 + 2i \cdot (-2i)} = \sqrt{15}$ より，$\boldsymbol{u}_3 = \dfrac{1}{\sqrt{15}} \begin{bmatrix} \sqrt{2}i \\ 3 \\ 2i \end{bmatrix}$

以上 (i)(ii)(iii) より，$U_U = [\boldsymbol{u}_1\ \boldsymbol{u}_2\ \boldsymbol{u}_3] = \dfrac{1}{\sqrt{15}} \begin{bmatrix} -\sqrt{10} & \sqrt{3} & \sqrt{2}i \\ 0 & \sqrt{6}i & 3 \\ \sqrt{5} & \sqrt{6} & 2i \end{bmatrix}$ であり，

U_U を用いて，A_H は $U_U{}^{-1} A_H U_U = \begin{bmatrix} 1 & 0 & 0 \\ 0 & -1 & 0 \\ 0 & 0 & 4 \end{bmatrix}$ と対角化できる。…………(答)

講義 7 ● 行列の対角化　公式エッセンス

1. 固有値と固有ベクトルの関係

n 次正方行列 A の 2 つの固有値 λ_i, λ_j が $\lambda_i \neq \lambda_j$ $(i \neq j)$ のとき，それぞれに対応する固有ベクトル $\boldsymbol{x}_i$ と $\boldsymbol{x}_j$ は線形独立となる。

2. 行列の対角化

n 次正方行列 A が，n 個の異なる固有値 $\lambda_1, \lambda_2, \cdots, \lambda_n$ をもち，それぞれの固有値に対応する線形独立な固有ベクトルが $\boldsymbol{x}_1, \boldsymbol{x}_2, \cdots, \boldsymbol{x}_n$ のとき，正則行列 $P=[\boldsymbol{x}_1\ \ \boldsymbol{x}_2\ \cdots\ \boldsymbol{x}_n]$ を用いて，行列 A は次のように対角化できる。

$$P^{-1}AP=\begin{bmatrix} \lambda_1 & 0 & \cdots & 0 \\ 0 & \lambda_2 & \cdots & 0 \\ \vdots & \vdots & \ddots & \vdots \\ 0 & 0 & \cdots & \lambda_n \end{bmatrix}$$

← 対角成分 $\lambda_1, \lambda_2, \cdots, \lambda_n$ は，すべて固有値

3. ノルム $\|\boldsymbol{a}\|$ の性質

(i) $\|\boldsymbol{a}\| \geqq 0$　(ii) $\|k\boldsymbol{a}\| = |k|\,\|\boldsymbol{a}\|$　$(k \in R)$　など。

4. 直交行列 U の性質　(i) ${}^tUU = U{}^tU = E$　(ii) ${}^tU = U^{-1}$

5. 直交行列 U を表現行列にもつ線形変換 $f : R^n \to R^n$ の性質

(1) $\boldsymbol{x}\cdot\boldsymbol{y} = f(\boldsymbol{x})\cdot f(\boldsymbol{y})$ (内積の保存)　(2) $\|\boldsymbol{x}\| = \|f(\boldsymbol{x})\|$ (大きさの保存)

(3) $\boldsymbol{x}$ と $\boldsymbol{y}$ のなす角と，$f(\boldsymbol{x})$ と $f(\boldsymbol{y})$ のなす角は等しい。　(角の保存)

6. シュミットの正規直交化法

R^n における一般の基底 $\{\boldsymbol{a}_1, \boldsymbol{a}_2, \cdots, \boldsymbol{a}_n\}$ を次の手順に従って，正規直交基底 $\{\boldsymbol{u}_1, \boldsymbol{u}_2, \cdots, \boldsymbol{u}_n\}$ に変換することができる。

(i) $m=1$ のとき，$\boldsymbol{u}_1 = \dfrac{1}{\|\boldsymbol{a}_1\|}\boldsymbol{a}_1$ で求める。

(ii) $2 \leqq m \leqq n$ のとき，

$$\boldsymbol{b}_m = \boldsymbol{a}_m - \sum_{k=1}^{m-1}(\boldsymbol{u}_k\cdot\boldsymbol{a}_m)\boldsymbol{u}_k \text{ から，} \boldsymbol{u}_m = \frac{1}{\|\boldsymbol{b}_m\|}\boldsymbol{b}_m \text{ を求める。}$$

7. 対称行列 A は，直交行列 U を用いて，$U^{-1}AU$ により，必ず対角化できる。

8. エルミート行列 A_H は，ユニタリ行列 U_U を用いて，$U_U{}^{-1}A_HU_U$ により，対角化できる。

ジョルダン標準形

- ジョルダン細胞とジョルダン標準形
- 2次正方行列のジョルダン標準形
- 3次正方行列のジョルダン標準形

§1. 2次正方行列のジョルダン標準形

いよいよ，この講義も最終章に入ろう。最後を飾るのは，“ジョルダン標準形”だ。これまで，正方行列の対角化を勉強してきたね。なぜ，行列を対角化するのか？ その理由として，行列の n 乗計算などがスッキリ行えることも話した。

しかし，行列によっては，対角化できないものもあり，その次善の策として，この“ジョルダン標準形”が考案されたんだ。

● ジョルダン標準形は，ジョルダン細胞からできる！

ここで，ボク達が目指すのは，対角化はできないが，対角行列に近いものを作りだすことなんだ。その決め手となるのが，“ジョルダン標準形”で，これは，次の“ジョルダン細胞”から作られる。

ジョルダン細胞の定義

次に示す k 次の正方行列を“**ジョルダン細胞**”といい，$J(\lambda, k)$ で表す。

（k 次の正方行列）

$$\text{ジョルダン細胞 } J(\lambda, k)=\begin{cases}\begin{bmatrix}\lambda & 1 & 0 & & 0\\ 0 & \lambda & 1 & & \vdots\\ 0 & 0 & \lambda & & \vdots\\ \vdots & & & \ddots & 1\\ 0 & \cdots & \cdots & 0 & \lambda\end{bmatrix} & (k \geqq 2 \text{ のとき})\\[2ex] [\lambda] & (k=1 \text{ のとき})\end{cases}$$

具体的に，$k=1, 2, 3$ のときのジョルダン細胞を書いておこう。

$$J(\lambda, 1)=[\lambda],\quad J(\lambda, 2)=\begin{bmatrix}\lambda & 1\\ 0 & \lambda\end{bmatrix},\quad J(\lambda, 3)=\begin{bmatrix}\lambda & 1 & 0\\ 0 & \lambda & 1\\ 0 & 0 & \lambda\end{bmatrix}$$

$J(\lambda, 1)$ の特別な場合を除いて，一般のジョルダン細胞 (λ, k) $(k \geqq 2)$ は，対角成分 λ の 1 つ上に 1 の成分が並ぶことが特徴だ。このように，対角行列よりも少し複雑にはなるが，これが，ジョルダン細胞と呼ばれるものだ。

そして，このジョルダン細胞が，対角線上にブロックとして並び，他の成分はすべて **0** である行列を“**ジョルダン標準形**”という。

具体的な n 次のジョルダン標準形の例を下に示す。

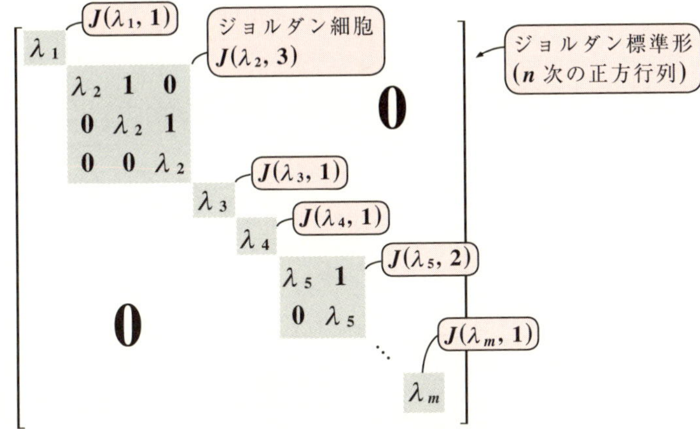

手計算で，こんな大きな正方行列は扱えないけれど，コンピュータを使った数値解析では，**100** 次や **200** 次の正方行列などは，頻繁に出てくるんだよ。

ここでは，手計算で扱える，**2** 次と **3** 次のジョルダン標準形について勉強することにしよう。これ位出来れば，**4** 次以降の計算も十分行えるようになる。そして，もっと次数が大きくなれば，コンピュータを使って計算していけばいいんだよ。

(Ⅰ) **2** 次のジョルダン標準形

(ⅰ) $\begin{bmatrix} \lambda_1 & 0 \\ 0 & \lambda_2 \end{bmatrix}$ (ⅱ) $\begin{bmatrix} \lambda_1 & 1 \\ 0 & \lambda_1 \end{bmatrix}$ (ⅲ) $\begin{bmatrix} \lambda_1 & 0 \\ 0 & \lambda_1 \end{bmatrix}$

(Ⅱ) **3** 次のジョルダン標準形

(ⅰ) $\begin{bmatrix} \lambda_1 & 0 & 0 \\ 0 & \lambda_2 & 0 \\ 0 & 0 & \lambda_3 \end{bmatrix}$ (ⅱ) $\begin{bmatrix} \lambda_1 & 0 & 0 \\ 0 & \lambda_1 & 0 \\ 0 & 0 & \lambda_2 \end{bmatrix}$ (ⅲ) $\begin{bmatrix} \lambda_1 & 1 & 0 \\ 0 & \lambda_1 & 0 \\ 0 & 0 & \lambda_2 \end{bmatrix}$

(ⅳ) $\begin{bmatrix} \lambda_1 & 1 & 0 \\ 0 & \lambda_1 & 1 \\ 0 & 0 & \lambda_1 \end{bmatrix}$ (ⅴ) $\begin{bmatrix} \lambda_1 & 0 & 0 \\ 0 & \lambda_1 & 0 \\ 0 & 0 & \lambda_1 \end{bmatrix}$

1 つの対角成分を **1** つのジョルダン細胞とみなすので，これまで，学習してきた対角行列も，実はジョルダン標準形の **1** 種と言えるんだ。

だから，(Ⅰ)(ⅰ) $\begin{bmatrix} \lambda_1 & 0 \\ 0 & \lambda_2 \end{bmatrix}$ や，(Ⅱ)(ⅰ) $\begin{bmatrix} \lambda_1 & 0 & 0 \\ 0 & \lambda_2 & 0 \\ 0 & 0 & \lambda_3 \end{bmatrix}$ それに，

演習問題 **21(P182)**，実践問題 **21(P183)** 参照

例題 **(3)(P180)** 参照

(Ⅱ)(ⅱ) $\begin{bmatrix} \lambda_1 & 0 & 0 \\ 0 & \lambda_1 & 0 \\ 0 & 0 & \lambda_2 \end{bmatrix}$ については，行列の対角化のところで，既に勉

演習問題 **22(P184)**

強しているんだね。

それでは，(Ⅰ)(ⅲ) $\begin{bmatrix} \lambda_1 & 0 \\ 0 & \lambda_1 \end{bmatrix} = \lambda_1 E$ と (Ⅱ)(ⅴ) $\begin{bmatrix} \lambda_1 & 0 & 0 \\ 0 & \lambda_1 & 0 \\ 0 & 0 & \lambda_1 \end{bmatrix} = \lambda_1 E$

（スカラー行列）（スカラー行列）

に示したスカラー行列 $\lambda_1 E$ に変換される行列 A が，どのようなものになるのか？ 知りたいだろうね。ここで検討しておくことにしよう。ここでは，**2** 次，**3** 次だけでなく，一般の n 次の正方行列 A について，考えることにしよう。

n 次正方行列 A に対して，ある正則な行列 P が存在し，$P^{-1}AP$ により A が $\lambda_1 E$（スカラー行列）に変換されたものとしよう。すると，$P^{-1}AP = \lambda_1 E$ となる。この両辺に P を左からかけて，$AP = P\lambda_1 E = \lambda_1 PE = \lambda_1 P$

よって，$AP - \lambda_1 P = O$　　$(A - \lambda_1 E)P = O$

ここで，P は正則より，P^{-1} をこの両辺の右からかけて，

$A - \lambda_1 E = OP^{-1} = O$　$\therefore A = \lambda_1 E$ が導かれた。

このように，$\lambda_1 E$ に変換される行列 A は，結局 $\lambda_1 E$ しかないことがわかった。よって，$A = \lambda_1 E$ が与えられたら，これはそのままで，対角行列（ジョルダン標準形）ということになるんだね。

エッ，つまらないって？いいよ。これから，いよいよ本格的なジョルダン標準形らしい話に入っていこう。この節では，まず，**2** 次の ジョルダン標準形

(Ⅰ)(ⅱ) $\begin{bmatrix} \lambda_1 & 1 \\ 0 & \lambda_1 \end{bmatrix}$ について，詳しく解説していく。

● 2次のジョルダン標準形に挑戦だ！

2次のジョルダン標準形(Ⅰ)(ⅱ) $\begin{bmatrix} \lambda_1 & 1 \\ 0 & \lambda_1 \end{bmatrix}$ に変換される行列 A の固有値は，固有方程式の解として，$\lambda=\lambda_1$(重解)となるものなんだね。この場合，スカラー行列 $\lambda_1 E$ を除いて，これを，$P^{-1}AP=\begin{bmatrix} \lambda_1 & 0 \\ 0 & \lambda_1 \end{bmatrix}$ のように対角化することはできないことは，既に示した。

そこで，次善の策として，ある正則行列(変換行列)P を使って，$P^{-1}AP=\begin{bmatrix} \lambda_1 & 1 \\ 0 & \lambda_1 \end{bmatrix}$ となるようにする。この手順を次に示す。

(Ⅰ)(ⅱ)のジョルダン標準形の解法

(ア) $T\boldsymbol{x}=\boldsymbol{0}$ …① (ただし，$T=A-\lambda E$)

ここで，固有方程式 $|T|=0$ から，$\lambda=\lambda_1$(重解)を得る。

(イ) $\lambda=\lambda_1$ のとき，①を $T_1\boldsymbol{x}_1=\boldsymbol{0}$ …② とおいて，

（T の λ に，$\lambda=\lambda_1$ を代入したもの）

$\boldsymbol{x}_1$ を定める。←（パラメータを適当に決めて，$\boldsymbol{x}_1$ を定める。）

(ウ) 次に，新たな未知ベクトル $\boldsymbol{x}_1'$ を $T_1\boldsymbol{x}_1'=\boldsymbol{x}_1$ …③ とおき，

③を解いて，$\boldsymbol{x}_1'$ を定める。←（パラメータを適当に決めて，$\boldsymbol{x}_1'$ を定める。）

(エ) 変換行列 $P=[\boldsymbol{x}_1\ \ \boldsymbol{x}_1']$ を作り，これを用いて A を，

$P^{-1}AP=\begin{bmatrix} \lambda_1 & 1 \\ 0 & \lambda_1 \end{bmatrix}$ と，(Ⅰ)(ⅱ)のジョルダン標準形に変換する。

(ア)(イ)は，これまで通りの手順だし，(エ)も，線形独立な2次元の列ベクトル $\boldsymbol{x}_1$, $\boldsymbol{x}_1'$ が定まれば，これを列ベクトルにもつ正則な変換行列 P が作れるのもいいだろう。問題は，(ウ)のステップだったろうと思う。これは，新たに出て来た手順だから，(エ)とからめて詳しく解説する。

まず，(イ)の $T_1\boldsymbol{x}_1=\boldsymbol{0}$ …② を変形すると，

$$(A-\lambda_1 E)\boldsymbol{x}_1=\boldsymbol{0},\quad A\boldsymbol{x}_1-\lambda_1 E\boldsymbol{x}_1=\boldsymbol{0}\quad \therefore A\boldsymbol{x}_1=\lambda_1\boldsymbol{x}_1 \cdots ②'$$

次に(ウ)の $T_1\boldsymbol{x}_1'=\boldsymbol{x}_1$ …③ も，変形してまとめると，

$$(A-\lambda_1 E)\boldsymbol{x}_1'=\boldsymbol{x}_1,\quad A\boldsymbol{x}_1'-\lambda_1 E\boldsymbol{x}_1'=\boldsymbol{x}_1\quad \therefore A\boldsymbol{x}_1'=\boldsymbol{x}_1+\lambda_1\boldsymbol{x}_1' \cdots ③'$$

ここで, $A\boldsymbol{x}_1=\lambda_1\boldsymbol{x}_1$…②$'$ と $A\boldsymbol{x}_1'=\boldsymbol{x}_1+\lambda_1\boldsymbol{x}_1'$…③$'$ を1つの式にまとめると,

$$A[\boldsymbol{x}_1\ \ \boldsymbol{x}_1']=[\lambda_1\boldsymbol{x}_1\ \ \boldsymbol{x}_1+\lambda_1\boldsymbol{x}_1']=[\boldsymbol{x}_1\ \ \boldsymbol{x}_1']\begin{bmatrix}\lambda_1 & 1\\ 0 & \lambda_1\end{bmatrix}\cdots\cdots④$$

変換行列 P　　P　　"ジョルダン標準形"が出来上がっている!

よって, $P=[\boldsymbol{x}_1\ \ \boldsymbol{x}_1']$ とおくと, ④は

$AP=P\begin{bmatrix}\lambda_1 & 1\\ 0 & \lambda_1\end{bmatrix}$ となる。

ここで, P^{-1} が存在するならば, P^{-1} をこの両辺に左からかけて

$P^{-1}AP=\begin{bmatrix}\lambda_1 & 1\\ 0 & \lambda_1\end{bmatrix}$ となって(Ⅰ)(ⅱ)の"ジョルダン標準形"が完成する。

ここで, ポイントは, P^{-1} が存在するか, どうかだね。そのために, 次の流れを思い出してくれ。

$\boldsymbol{x}_1$ と $\boldsymbol{x}_1'$ が線形独立 $\Longleftrightarrow$ 行列 $P=[\boldsymbol{x}_1\ \ \boldsymbol{x}_1']$ のランクは 2

$\Longleftrightarrow |P|\neq 0$

$\Longleftrightarrow$ P^{-1} は存在する。

これから, P^{-1} の存在を言うためには, $\boldsymbol{x}_1$ と $\boldsymbol{x}_1'$ が線形独立であることを示せばよく, そのためには, 「$c_1\boldsymbol{x}_1+c_2\boldsymbol{x}_1'=\boldsymbol{0}$ をみたすのは, $c_1=c_2=0$ のみである」ことを示せばいい。

$c_1\boldsymbol{x}_1+c_2\boldsymbol{x}_1'=\boldsymbol{0}$……⑤　のとき

⑤の両辺に左から $T_1\,(=A-\lambda_1E)$ をかけると,

$c_1T_1\boldsymbol{x}_1+c_2T_1\boldsymbol{x}_1'=\boldsymbol{0}$　　　$\therefore\ c_2\boldsymbol{x}_1=\boldsymbol{0}$

($T_1\boldsymbol{x}_1=\boldsymbol{0}$(②より), $T_1\boldsymbol{x}_1'=\boldsymbol{x}_1$(③より))

固有ベクトルは $\boldsymbol{0}$ ではない!

ここで, $\boldsymbol{x}_1\neq\boldsymbol{0}$ より, $c_2=0$　　これを⑤に代入して,

$c_1\boldsymbol{x}_1=\boldsymbol{0}$　　ここで, $\boldsymbol{x}_1\neq\boldsymbol{0}$ より, $c_1=0$

$\therefore\ c_1=c_2=0$ となって $\boldsymbol{x}_1$ と $\boldsymbol{x}_1'$ は線形独立より, P^{-1} は存在する。

以上より, $P^{-1}AP=\begin{bmatrix}\lambda_1 & 1\\ 0 & \lambda_1\end{bmatrix}$ となるんだね。

要領はつかめた? それでは, 例題で実際に計算してみよう。

(1) $A=\begin{bmatrix}3 & 1\\-1 & 1\end{bmatrix}$ を，変換行列 P を用いて，$P^{-1}AP$ によりジョルダン標準形に変換せよ。

(1) (ア) $Tx=0$ …①

ただし，$T=A-\lambda E=\begin{bmatrix}3 & 1\\-1 & 1\end{bmatrix}-\begin{bmatrix}\lambda & 0\\0 & \lambda\end{bmatrix}=\begin{bmatrix}3-\lambda & 1\\-1 & 1-\lambda\end{bmatrix}$

固有方程式 $|T|=\begin{vmatrix}3-\lambda & 1\\-1 & 1-\lambda\end{vmatrix}=(3-\lambda)(1-\lambda)+1=0$

$(\lambda-2)^2=0$　　$\lambda=2$ (重解) より，$\lambda_1=2$ とおく。

(イ) $\lambda_1=2$ のとき，①を $T_1x_1=0$ …②　そして，$x_1=\begin{bmatrix}\alpha_1\\\alpha_2\end{bmatrix}$ とおいて

$$\begin{bmatrix}1 & 1\\-1 & -1\end{bmatrix}\begin{bmatrix}\alpha_1\\\alpha_2\end{bmatrix}=\begin{bmatrix}0\\0\end{bmatrix}$$

T の λ に，$\lambda_1=2$ を代入したもの

$T_1=\begin{bmatrix}1 & 1\\-1 & -1\end{bmatrix}\to\begin{bmatrix}1 & 1\\0 & 0\end{bmatrix}\Big\}\ r=1$

rank$T_1=1$　自由度 $2-1=1$

$\therefore\ \alpha_1=1$ とおく。← α_1 の値は，0 以外ならなんでもかまわない

$\alpha_1+\alpha_2=0$　　ここで，$\alpha_1=1$ とおくと，$\alpha_2=-1$

$$\therefore\ x_1=\begin{bmatrix}1\\-1\end{bmatrix}$$

(ウ) 次の方程式により，$x_1'=\begin{bmatrix}\beta_1\\\beta_2\end{bmatrix}$ を求める。

$T_1x_1'=x_1$　　$\begin{bmatrix}1 & 1\\-1 & -1\end{bmatrix}\begin{bmatrix}\beta_1\\\beta_2\end{bmatrix}=\begin{bmatrix}1\\-1\end{bmatrix}\to\left[\begin{array}{cc|c}1 & 1 & 1\\-1 & -1 & -1\end{array}\right]\to\left[\begin{array}{cc|c}1 & 1 & 1\\0 & 0 & 0\end{array}\right]$

$\beta_1+\beta_2=1$　　ここで，$\beta_1=1$ とおくと $\beta_2=0$

β_1 の値はなんでもかまわない

$$\therefore\ x_1'=\begin{bmatrix}1\\0\end{bmatrix}$$

$\begin{bmatrix}\lambda_1 & 1\\0 & \lambda_1\end{bmatrix}$ の形

(エ) 以上より，$P=[x_1\ x_1']=\begin{bmatrix}1 & 1\\-1 & 0\end{bmatrix}$ とおくと，$P^{-1}AP=\begin{bmatrix}2 & 1\\0 & 2\end{bmatrix}$ ……(答)

検算

$P=\begin{bmatrix}1 & 1\\-1 & 0\end{bmatrix}$　$P^{-1}=\begin{bmatrix}0 & -1\\1 & 1\end{bmatrix}$ より，

$P^{-1}AP=\begin{bmatrix}0 & -1\\1 & 1\end{bmatrix}\begin{bmatrix}3 & 1\\-1 & 1\end{bmatrix}\begin{bmatrix}1 & 1\\-1 & 0\end{bmatrix}=\begin{bmatrix}1 & -1\\2 & 2\end{bmatrix}\begin{bmatrix}1 & 1\\-1 & 0\end{bmatrix}=\begin{bmatrix}2 & 1\\0 & 2\end{bmatrix}$

となって，OK だ！

参考

ここで，$\boldsymbol{x}_1=\begin{bmatrix}\alpha_1\\\alpha_2\end{bmatrix}$，$\boldsymbol{x}_1'=\begin{bmatrix}\beta_1\\\beta_2\end{bmatrix}$　$\alpha_1+\alpha_2=\mathbf{0}$，$\beta_1+\beta_2=\alpha_1$ で，α_1,β_1 はなんでもかまわないから，$\alpha_1=\mathbf{1},\beta_1=\mathbf{1}$ とおいて，$\alpha_2=-\mathbf{1}$，$\beta_2=\mathbf{0}$ として，$\boldsymbol{x}_1$，$\boldsymbol{x}_1'$ を定めたが，こんないい加減なことで大丈夫か？と思っている人もいると思う。だから，ここで，α_1,β_1 をそのままパラメータとして残して，$\boldsymbol{P}^{-1}\boldsymbol{A}\boldsymbol{P}=\begin{bmatrix}\mathbf{2}&\mathbf{1}\\\mathbf{0}&\mathbf{2}\end{bmatrix}$となることも示しておこう。

$\alpha_1+\alpha_2=\mathbf{0}$ より，$\alpha_2=-\alpha_1$　$(\alpha_1\fallingdotseq\mathbf{0})$

$\beta_1+\beta_2=\underline{\alpha_1}$ より，$\beta_2=\alpha_1-\beta_1$

（ここでは，α_1 はそのままで，$\mathbf{1}$ とはおいていない。）

すると，$\boldsymbol{x}_1=\begin{bmatrix}\alpha_1\\-\alpha_1\end{bmatrix}$　$\boldsymbol{x}_1'=\begin{bmatrix}\beta_1\\\alpha_1-\beta_1\end{bmatrix}$

よって，$\boldsymbol{P}=\begin{bmatrix}\alpha_1&\beta_1\\-\alpha_1&\alpha_1-\beta_1\end{bmatrix}$とおくと，$|\boldsymbol{P}|=\alpha_1(\alpha_1-\beta_1)+\alpha_1\beta_1=\alpha_1^2$ より，

$$\boldsymbol{P}^{-1}=\frac{\mathbf{1}}{\alpha_1^2}\begin{bmatrix}\alpha_1-\beta_1&-\beta_1\\\alpha_1&\alpha_1\end{bmatrix}$$

これから，$\boldsymbol{P}^{-1}\boldsymbol{A}\boldsymbol{P}$ を求めると，

$$\begin{aligned}\boldsymbol{P}^{-1}\boldsymbol{A}\boldsymbol{P}&=\frac{\mathbf{1}}{\alpha_1^2}\begin{bmatrix}\alpha_1-\beta_1&-\beta_1\\\alpha_1&\alpha_1\end{bmatrix}\begin{bmatrix}\mathbf{3}&\mathbf{1}\\-\mathbf{1}&\mathbf{1}\end{bmatrix}\begin{bmatrix}\alpha_1&\beta_1\\-\alpha_1&\alpha_1-\beta_1\end{bmatrix}\\&=\frac{\mathbf{1}}{\alpha_1^2}\begin{bmatrix}\mathbf{3}\alpha_1-\mathbf{2}\beta_1&\alpha_1-\mathbf{2}\beta_1\\\mathbf{2}\alpha_1&\mathbf{2}\alpha_1\end{bmatrix}\begin{bmatrix}\alpha_1&\beta_1\\-\alpha_1&\alpha_1-\beta_1\end{bmatrix}\\&=\frac{\mathbf{1}}{\alpha_1^2}\begin{bmatrix}\alpha_1(\mathbf{3}\alpha_1-\mathbf{2}\beta_1)-\alpha_1(\alpha_1-\mathbf{2}\beta_1)&(\mathbf{3}\alpha_1-\mathbf{2}\beta_1)\beta_1+(\alpha_1-\mathbf{2}\beta_1)(\alpha_1-\beta_1)\\\mathbf{2}\alpha_1^2-\mathbf{2}\alpha_1^2&\mathbf{2}\alpha_1\beta_1+\mathbf{2}\alpha_1(\alpha_1-\beta_1)\end{bmatrix}\\&=\frac{\mathbf{1}}{\alpha_1^2}\begin{bmatrix}\mathbf{2}\alpha_1^2&\alpha_1^2\\\mathbf{0}&\mathbf{2}\alpha_1^2\end{bmatrix}=\begin{bmatrix}\mathbf{2}&\mathbf{1}\\\mathbf{0}&\mathbf{2}\end{bmatrix}\end{aligned}$$

と，同じ結果が導けただろう。

これから，$\alpha_1=\mathbf{1}$，$\beta_1=\mathbf{1}$とおいても，たとえば$\alpha_1=-\mathbf{3},\beta_1=\mathbf{10}$とおいても，必ず同じ結果になるんだよ。ただし，$\boldsymbol{x}_1\fallingdotseq\mathbf{0}$より，$\alpha_1\fallingdotseq\mathbf{0}$だけは気を付けよう。

演習問題 31 ● ジョルダン標準形 (Ⅰ)(ⅱ) への変換 (Ⅰ) ●

$A=\begin{bmatrix}-2 & 1\\ -1 & 0\end{bmatrix}$ を，変換行列 P を用いて，$P^{-1}AP$ によりジョルダン標準形に変換せよ。

ヒント！ 固有方程式を解いて，$\lambda_1=-1$ (重解) となる。$T_1\boldsymbol{x}_1=\boldsymbol{0}$，$T_1\boldsymbol{x}_1{}'=\boldsymbol{x}_1$ により $\boldsymbol{x}_1, \boldsymbol{x}_1{}'$ を求め，変換行列 $P=[\boldsymbol{x}_1\ \boldsymbol{x}_1{}']$ を作って，$P^{-1}AP$ にもち込めばいい！

解答＆解説

$T\boldsymbol{x}=\boldsymbol{0}$ …① ただし，$T=A-\lambda E=\begin{bmatrix}-2-\lambda & 1\\ -1 & -\lambda\end{bmatrix}$

固有方程式 $|T|=\begin{vmatrix}-2-\lambda & 1\\ -1 & -\lambda\end{vmatrix}=(-2-\lambda)(-\lambda)+1=0$

$(\lambda+1)^2=0$ $\lambda=-1$ (重解) $\therefore \lambda_1=-1$ とおく。

$\lambda_1=-1$ のとき，①を $T_1\boldsymbol{x}_1=\boldsymbol{0}$ そして，$\boldsymbol{x}_1=\begin{bmatrix}\alpha_1\\ \alpha_2\end{bmatrix}$ とおくと，

$\begin{bmatrix}-1 & 1\\ -1 & 1\end{bmatrix}\begin{bmatrix}\alpha_1\\ \alpha_2\end{bmatrix}=\begin{bmatrix}0\\ 0\end{bmatrix}$ $\therefore -\alpha_1+\alpha_2=0$

T の λ に，$\lambda_1=-1$ を代入したもの

ここで，$\alpha_1=1$ とおくと，$\alpha_2=1$ $\therefore \boldsymbol{x}_1=\begin{bmatrix}1\\ 1\end{bmatrix}$

これをみたせば，$\boldsymbol{x}_1=\begin{bmatrix}2\\ 2\end{bmatrix}$ でも $\begin{bmatrix}3\\ 3\end{bmatrix}$ … でもかまわない！

次に，$T_1\boldsymbol{x}_1{}'=\boldsymbol{x}_1$，$\boldsymbol{x}_1{}'=\begin{bmatrix}\beta_1\\ \beta_2\end{bmatrix}$ とおくと，

$\begin{bmatrix}-1 & 1\\ -1 & 1\end{bmatrix}\begin{bmatrix}\beta_1\\ \beta_2\end{bmatrix}=\begin{bmatrix}1\\ 1\end{bmatrix}$ $\therefore -\beta_1+\beta_2=1$

ここで，$\beta_1=1$ とおくと，$\beta_2=2$ $\therefore \boldsymbol{x}_1{}'=\begin{bmatrix}1\\ 2\end{bmatrix}$

よって，$P=[\boldsymbol{x}_1\ \boldsymbol{x}_1{}']=\begin{bmatrix}1 & 1\\ 1 & 2\end{bmatrix}$ とおくと，

$P^{-1}AP=\begin{bmatrix}-1 & 1\\ 0 & -1\end{bmatrix}$ になる。……………………(答)

$\begin{bmatrix}\lambda_1 & 1\\ 0 & \lambda_1\end{bmatrix}$ のジョルダン標準形

実践問題 31　● ジョルダン標準形 (Ⅰ)(ⅱ) への変換 (Ⅱ) ●

$A=\begin{bmatrix}4 & 1\\ -1 & 2\end{bmatrix}$ を，変換行列 P を用いて，$P^{-1}AP$ によりジョルダン標準形に変換せよ。

ヒント！ 固有方程式の解は，$\lambda_1=3$ (重解) となる。

解答＆解説

$T\boldsymbol{x}=\boldsymbol{0}$ …① ただし，$T=A-\lambda E=\begin{bmatrix}4-\lambda & 1\\ -1 & 2-\lambda\end{bmatrix}$

固有方程式 $|T|=\begin{vmatrix}4-\lambda & 1\\ -1 & 2-\lambda\end{vmatrix}=$ (ア)

$(\lambda-3)^2=0$　$\lambda=3$ (重解)　$\therefore\ \lambda_1=3$ とおく。

$\lambda_1=3$ のとき，①を $T_1\boldsymbol{x}_1=\boldsymbol{0}$ そして，$\boldsymbol{x}_1=\begin{bmatrix}\alpha_1\\ \alpha_2\end{bmatrix}$ とおくと，

$$\begin{bmatrix}1 & 1\\ -1 & -1\end{bmatrix}\begin{bmatrix}\alpha_1\\ \alpha_2\end{bmatrix}=\begin{bmatrix}0\\ 0\end{bmatrix}\qquad\therefore\ \alpha_1+\alpha_2=0$$

(T の λ に，$\lambda_1=3$ を代入したもの)

ここで，$\alpha_1=1$ とおくと，$\alpha_2=-1$　$\therefore\ \boldsymbol{x}_1=$ (イ)

次に，$T_1\boldsymbol{x}_1'=\boldsymbol{x}_1$，$\boldsymbol{x}_1'=\begin{bmatrix}\beta_1\\ \beta_2\end{bmatrix}$ とおくと，

$$\begin{bmatrix}1 & 1\\ -1 & -1\end{bmatrix}\begin{bmatrix}\beta_1\\ \beta_2\end{bmatrix}=\begin{bmatrix}1\\ -1\end{bmatrix}\qquad\therefore\ \beta_1+\beta_2=1$$

ここで，$\beta_1=1$ とおくと，$\beta_2=0$　$\therefore\ \boldsymbol{x}_1'=$ (ウ)

よって，$P=[\boldsymbol{x}_1\ \boldsymbol{x}_1']=$ (エ) とおくと，

$P^{-1}AP=$ (オ) となる。……………………………………(答)

解答　(ア) $(4-\lambda)(2-\lambda)+1=0$　(イ) $\begin{bmatrix}1\\ -1\end{bmatrix}$　(ウ) $\begin{bmatrix}1\\ 0\end{bmatrix}$　(エ) $\begin{bmatrix}1 & 1\\ -1 & 0\end{bmatrix}$　(オ) $\begin{bmatrix}3 & 1\\ 0 & 3\end{bmatrix}$

§2. 3次正方行列のジョルダン標準形

前節では，2次正方行列のジョルダン標準形を勉強した。ここでは，いよいよ，3次正方行列のジョルダン標準形の解説に入る。この3次正方行列のジョルダン標準形までマスターしたら，ジョルダン標準形の計算にも本当に慣れることが出来るんだ。この節は，内容があるので，例題だけの練習になるけれど，最後のチャレンジだ。頑張ろう！

● 3次正方行列のジョルダン標準形！

(Ⅱ) 3次正方行列のジョルダン標準形をもう一度示す。

(i) $\begin{bmatrix} \lambda_1 & 0 & 0 \\ 0 & \lambda_2 & 0 \\ 0 & 0 & \lambda_3 \end{bmatrix}$　(ii) $\begin{bmatrix} \lambda_1 & 0 & 0 \\ 0 & \lambda_1 & 0 \\ 0 & 0 & \lambda_2 \end{bmatrix}$　(iii) $\begin{bmatrix} \lambda_1 & 1 & 0 \\ 0 & \lambda_1 & 0 \\ 0 & 0 & \lambda_2 \end{bmatrix}$

(iv) $\begin{bmatrix} \lambda_1 & 1 & 0 \\ 0 & \lambda_1 & 1 \\ 0 & 0 & \lambda_1 \end{bmatrix}$　(v) $\begin{bmatrix} \lambda_1 & 0 & 0 \\ 0 & \lambda_1 & 0 \\ 0 & 0 & \lambda_1 \end{bmatrix}$

ここで，(Ⅱ)の(i)(ii)については，対角化のところで既に学んだ。また，(v)のスカラー行列$\lambda_1 E$についても，このように変換される行列A自身が，$A = \lambda_1 E$であることも示した。

したがって，ここでは(Ⅱ)の(iii)と(iv)について詳しく勉強していくことにしよう。本当のことを言うと，これ以外にも

(vi) $\begin{bmatrix} \lambda_1 & 1 & 0 \\ 0 & \lambda_1 & 0 \\ 0 & 0 & \lambda_1 \end{bmatrix}$ の形のジョルダン標準形も存在するんだけれど，これは特殊なので，ここでは扱わない。

それでは，(Ⅱ)(iii)のジョルダン標準形への変換から始めることにしよう。

(Ⅱ)(ⅲ) のジョルダン標準形の解法

(ア) $\boldsymbol{T}\boldsymbol{x}=\boldsymbol{0}$ …① （ただし，$\boldsymbol{T}=\boldsymbol{A}-\lambda\boldsymbol{E}$)

固有方程式$|\boldsymbol{T}|=0$から，$\lambda=\lambda_1$(2重解)，λ_2 ($\lambda_1 \fallingdotseq \lambda_2$) を得る。

(イ) $\lambda=\lambda_1$(2重解) のとき，①を，$\boldsymbol{T}_1\boldsymbol{x}_1=\boldsymbol{0}$ …② とおいて，

（$\boldsymbol{T}$のλに，λ_1を代入したもの）

$\boldsymbol{x}_1$を定める。

（ここで，$\boldsymbol{T}_1$のランクは1で，自由度＝2ならば，$\boldsymbol{x}_1$が2つの線形独立な解に分解されるので，P184の演習問題22のように対角化が可能となる。

しかし，今回の$\boldsymbol{T}_1$のランクは2で，自由度が1の場合となるので，線形独立な解は，$\boldsymbol{x}_1$が1つ存在するのみなんだね。）

(ウ) 次に，新たな未知ベクトル$\boldsymbol{x}_1'$を$\boldsymbol{T}_1\boldsymbol{x}_1'=\boldsymbol{x}_1$ …③ とおき，これから，$\boldsymbol{x}_1'$を定める。

(エ) $\lambda=\lambda_2$(単解) のとき，①を$\boldsymbol{T}_2\boldsymbol{x}_2=\boldsymbol{0}$…④ とおいて，

（$\boldsymbol{T}$のλに，$\lambda=\lambda_2$を代入したもの）

$\boldsymbol{x}_2$を定める。

(オ) 変換行列$\boldsymbol{P}=[\boldsymbol{x}_1\ \ \boldsymbol{x}_1'\ \ \boldsymbol{x}_2]$を作り，これを用いて，$\boldsymbol{A}$を

$$\boldsymbol{P}^{-1}\boldsymbol{A}\boldsymbol{P}=\begin{bmatrix}\lambda_1 & 1 & 0\\ 0 & \lambda_1 & 0\\ 0 & 0 & \lambda_2\end{bmatrix}$$

と，(Ⅱ)(ⅲ) のジョルダン標準形に変換する。

この意味は，大体わかると思うけれど，きちんと解説しておこう。

(イ) $\boldsymbol{T}_1\boldsymbol{x}_1=\boldsymbol{0}$…② より，$(\boldsymbol{A}-\lambda_1\boldsymbol{E})\boldsymbol{x}_1=\boldsymbol{0}$ $\quad\therefore \boldsymbol{A}\boldsymbol{x}_1=\lambda_1\boldsymbol{x}_1$ …………②′

(ウ) $\boldsymbol{T}_1\boldsymbol{x}_1'=\boldsymbol{x}_1$…③より，$(\boldsymbol{A}-\lambda_1\boldsymbol{E})\boldsymbol{x}_1'=\boldsymbol{x}_1$ $\quad\therefore \boldsymbol{A}\boldsymbol{x}_1'=\boldsymbol{x}_1+\lambda_1\boldsymbol{x}_1'$ …③′

(エ) $\boldsymbol{T}_2\boldsymbol{x}_2=\boldsymbol{0}$ より，$(\boldsymbol{A}-\lambda_2\boldsymbol{E})\boldsymbol{x}_2=\boldsymbol{0}$ $\quad\therefore \boldsymbol{A}\boldsymbol{x}_2=\lambda_2\boldsymbol{x}_2$ …………④′

②′,③′,④′を1つの式にまとめると，

$$\boldsymbol{A}\underbrace{[\boldsymbol{x}_1\ \ \boldsymbol{x}_1'\ \ \boldsymbol{x}_2]}_{\boldsymbol{P}}=[\lambda_1\boldsymbol{x}_1\ \ \boldsymbol{x}_1+\lambda_1\boldsymbol{x}_1'\ \ \lambda_2\boldsymbol{x}_2]$$

$$=\underbrace{[\boldsymbol{x}_1\ \ \boldsymbol{x}_1'\ \ \boldsymbol{x}_2]}_{\boldsymbol{P}}\begin{bmatrix}\lambda_1 & 1 & 0\\ 0 & \lambda_1 & 0\\ 0 & 0 & \lambda_2\end{bmatrix}$$

よって，$P=[\boldsymbol{x}_1\ \ \boldsymbol{x}_1'\ \ \boldsymbol{x}_2]$ とおくと，

$$AP=P\begin{bmatrix}\lambda_1 & 1 & 0\\ 0 & \lambda_1 & 0\\ 0 & 0 & \lambda_2\end{bmatrix}$$ となる。

ここで，P^{-1} が存在するならば，P^{-1} をこの両辺に左からかけて

$$P^{-1}AP=\begin{bmatrix}\lambda_1 & 1 & 0\\ 0 & \lambda_1 & 0\\ 0 & 0 & \lambda_2\end{bmatrix}$$ となって，(Ⅱ)(ⅲ)のジョルダン標準形が完成する。

ここで，P^{-1} が存在することを示しておこう。

$\boldsymbol{x}_1, \boldsymbol{x}_1', \boldsymbol{x}_2$ が線形独立のとき，P は正則行列，すなわち P^{-1} が存在することが言える。

$\boldsymbol{x}_1, \boldsymbol{x}_1', \boldsymbol{x}_2$ が線形独立であることを示すには，

「$c_1\boldsymbol{x}_1+c_2\boldsymbol{x}_1'+c_3\boldsymbol{x}_2=\boldsymbol{0}$ をみたすのは，$c_1=c_2=c_3=0$ のみである。」

ことを示せばよい。

$c_1\boldsymbol{x}_1+c_2\boldsymbol{x}_1'+c_3\boldsymbol{x}_2=\boldsymbol{0}$ ……⑤のとき，

⑤の両辺に $T_1(=A-\lambda_1E)$ を左からかけると，

$$c_1\underbrace{T_1\boldsymbol{x}_1}_{\boldsymbol{0}\,(②より)}+c_2\underbrace{T_1\boldsymbol{x}_1'}_{\boldsymbol{x}_1\,(③より)}+c_3T_1\boldsymbol{x}_2=\boldsymbol{0},\quad c_2\boldsymbol{x}_1+c_3T_1\boldsymbol{x}_2=\boldsymbol{0}\ \cdots\cdots ⑥$$

⑥に $T_1=A-\lambda_1E$ を代入して，

$$c_2\boldsymbol{x}_1+c_3(A-\lambda_1E)\boldsymbol{x}_2=\boldsymbol{0}$$

$$c_2\boldsymbol{x}_1+c_3\underbrace{A\boldsymbol{x}_2}_{\lambda_2\boldsymbol{x}_2\,(④'より)}-c_3\lambda_1\boldsymbol{x}_2=\boldsymbol{0}$$

$$c_2\boldsymbol{x}_1+c_3\lambda_2\boldsymbol{x}_2-c_3\lambda_1\boldsymbol{x}_2=\boldsymbol{0}$$

$$c_2\boldsymbol{x}_1+c_3(\lambda_2-\lambda_1)\boldsymbol{x}_2=\boldsymbol{0}\ \cdots\cdots ⑦$$

ここで，$\lambda_1 \neq \lambda_2$ より，それぞれに対応する固有ベクトル $\boldsymbol{x}_1$ と $\boldsymbol{x}_2$ は線形独立であることはわかっているので，⑦より，

$$c_2=0 \text{ かつ } c_3\underbrace{(\lambda_2-\lambda_1)}_{\neq 0}=0$$

$\therefore \lambda_1 \neq \lambda_2$ より，$c_2 = 0$ かつ $c_3 = 0$ ……⑧

⑧を⑤に代入して，

$c_1 \boldsymbol{x}_1 = \boldsymbol{0}$　ここで，$\boldsymbol{x}_1 \neq \boldsymbol{0}$ より，$c_1 = 0$

以上より，$c_1 = c_2 = c_3 = 0$ となって，$\boldsymbol{x}_1, \boldsymbol{x}_1', \boldsymbol{x}_2$ は線形独立であるから，$\boldsymbol{P}$ は正則で，逆行列 $\boldsymbol{P}^{-1}$ をもつことがわかったんだね。

フ～，疲れたって？ でも，これで，(Ⅱ)(ⅲ)のジョルダン標準形に変換するメカニズムがすべて分かったはずだ。早速，例題で練習しよう。

(1) $A = \begin{bmatrix} 1 & 1 & 0 \\ 0 & 2 & 2 \\ -1 & 1 & 0 \end{bmatrix}$ を，変換行列 $\boldsymbol{P}$ を用いて，$\boldsymbol{P}^{-1}\boldsymbol{A}\boldsymbol{P}$ により

ジョルダン標準形に変換せよ。

(1) $\boldsymbol{T}\boldsymbol{x} = \boldsymbol{0}$ ……①　ただし，$\boldsymbol{T} = \boldsymbol{A} - \lambda \boldsymbol{E} = \begin{bmatrix} 1-\lambda & 1 & 0 \\ 0 & 2-\lambda & 2 \\ -1 & 1 & -\lambda \end{bmatrix}$

固有方程式 $|\boldsymbol{T}| = \begin{vmatrix} 1-\lambda & 1 & 0 \\ 0 & 2-\lambda & 2 \\ -1 & 1 & -\lambda \end{vmatrix}$ ← サラスの公式

$= -\lambda(1-\lambda)(2-\lambda) - 2 - 2(1-\lambda) = 0$

$\lambda(\lambda-1)(\lambda-2) - 2(\lambda-2) = 0$　　$(\lambda-2)^2(\lambda+1) = 0$

$\therefore \lambda = 2$ (重解)，-1　　ここで，$\lambda_1 = 2, \lambda_2 = -1$ とおく。

(i) $\lambda_1 = 2$ (重解) のとき，①を $T_1\boldsymbol{x}_1 = \boldsymbol{0}$　そして，$\boldsymbol{x}_1 = \begin{bmatrix} \alpha_1 \\ \alpha_2 \\ \alpha_3 \end{bmatrix}$ とおいて，

$$\begin{bmatrix} -1 & 1 & 0 \\ 0 & 0 & 2 \\ -1 & 1 & -2 \end{bmatrix} \begin{bmatrix} \alpha_1 \\ \alpha_2 \\ \alpha_3 \end{bmatrix} = \begin{bmatrix} 0 \\ 0 \\ 0 \end{bmatrix}$$ より，

T の λ に，$\lambda_1 = 2$ を代入したもの

$$T_1 = \begin{bmatrix} -1 & 1 & 0 \\ 0 & 0 & 2 \\ -1 & 1 & -2 \end{bmatrix} \to \begin{bmatrix} -1 & 1 & 0 \\ 0 & 0 & 2 \\ 0 & 0 & -2 \end{bmatrix} \to \left.\begin{bmatrix} -1 & 1 & 0 \\ 0 & 0 & 1 \\ 0 & 0 & 0 \end{bmatrix}\right\} r = 2$$

$\mathrm{rank}T_1 = 2$　自由度 $= 3 - 2 = 1$

$\therefore \alpha_1 = 1$ とおく。

$-\alpha_1 + \alpha_2 = 0,\ \alpha_3 = 0$

ここで，$\alpha_1 = 1$ とおくと，$\alpha_2 = 1$

$$\therefore \boldsymbol{x}_1 = \begin{bmatrix} 1 \\ 1 \\ 0 \end{bmatrix}$$

次に，$\boldsymbol{x}_1' = \begin{bmatrix} \beta_1 \\ \beta_2 \\ \beta_3 \end{bmatrix}$ とおいて，これを，次の方程式から求める。

$T_1\boldsymbol{x}_1' = \boldsymbol{x}_1$

$$T_{1a} = \left[\begin{array}{ccc|c} -1 & 1 & 0 & 1 \\ 0 & 0 & 2 & 1 \\ -1 & 1 & -2 & 0 \end{array}\right] \to \left[\begin{array}{ccc|c} -1 & 1 & 0 & 1 \\ 0 & 0 & 2 & 1 \\ 0 & 0 & -2 & -1 \end{array}\right] \to \left.\left[\begin{array}{ccc|c} -1 & 1 & 0 & 1 \\ 0 & 0 & 2 & 1 \\ 0 & 0 & 0 & 0 \end{array}\right]\right\} r = 2$$

$\therefore \beta_1 = 1$ とおく。

$$\begin{bmatrix} -1 & 1 & 0 \\ 0 & 0 & 2 \\ -1 & 1 & -2 \end{bmatrix} \begin{bmatrix} \beta_1 \\ \beta_2 \\ \beta_3 \end{bmatrix} = \begin{bmatrix} 1 \\ 1 \\ 0 \end{bmatrix}$$

$-\beta_1 + \beta_2 = 1,\ 2\beta_3 = 1$

ここで，$\beta_1 = 1$ とおくと，$\beta_2 = 2,\ \beta_3 = \dfrac{1}{2}$　　$\therefore \boldsymbol{x}_1' = \begin{bmatrix} 1 \\ 2 \\ \frac{1}{2} \end{bmatrix}$

(ⅱ) $\lambda_2 = -1$ のとき，①を $T_2\boldsymbol{x}_2 = \boldsymbol{0}$　そして，$\boldsymbol{x}_2 = \begin{bmatrix} \gamma_1 \\ \gamma_2 \\ \gamma_3 \end{bmatrix}$ とおいて，

$$\begin{bmatrix} 2 & 1 & 0 \\ 0 & 3 & 2 \\ -1 & 1 & 1 \end{bmatrix}\begin{bmatrix} \gamma_1 \\ \gamma_2 \\ \gamma_3 \end{bmatrix} = \begin{bmatrix} 0 \\ 0 \\ 0 \end{bmatrix}$$ より，

（T の λ に，$\lambda_2 = -1$ を代入したもの）

$$T_2 = \begin{bmatrix} 2 & 1 & 0 \\ 0 & 3 & 2 \\ -1 & 1 & 1 \end{bmatrix} \to \begin{bmatrix} 1 & -1 & -1 \\ 0 & 3 & 2 \\ 2 & 1 & 0 \end{bmatrix}$$

$$\to \begin{bmatrix} 1 & -1 & -1 \\ 0 & 3 & 2 \\ 0 & 3 & 2 \end{bmatrix} \to \begin{bmatrix} 1 & -1 & -1 \\ 0 & 3 & 2 \\ 0 & 0 & 0 \end{bmatrix} \Big\} r = 2$$

$\mathrm{rank}T_2 = 2$　自由度 $= 3 - 2 = 1$

$\therefore \gamma_3 = 3$ とおく。

$$\begin{cases} \gamma_1 - \gamma_2 - \gamma_3 = 0 \\ 3\gamma_2 + 2\gamma_3 = 0 \end{cases}$$

ここで，$\gamma_3 = 3$ とおくと，

$\gamma_2 = -2,\ \gamma_1 = 1$　　$\therefore \boldsymbol{x}_2 = \begin{bmatrix} 1 \\ -2 \\ 3 \end{bmatrix}$

以上より，$P = \begin{bmatrix} 1 & 1 & 1 \\ 1 & 2 & -2 \\ 0 & \frac{1}{2} & 3 \end{bmatrix}$ とおくと，A は，

$P^{-1}AP = \begin{bmatrix} 2 & 1 & 0 \\ 0 & 2 & 0 \\ 0 & 0 & -1 \end{bmatrix}$ と，ジョルダン標準形に変換される。……(答)

これで，(Ⅱ)(ⅲ) のジョルダン標準形 $\begin{bmatrix} \lambda_1 & 1 & 0 \\ 0 & \lambda_1 & 0 \\ 0 & 0 & \lambda_2 \end{bmatrix}$ の解説は終了だ。意味がわかると，複雑と思える計算もなんとかこなせるようになっていくんだね。さらに練習してスラスラできるようになると，スバラシイよ。

それでは，次，(Ⅱ)(ⅳ) の $\begin{bmatrix} \lambda_1 & 1 & 0 \\ 0 & \lambda_1 & 1 \\ 0 & 0 & \lambda_1 \end{bmatrix}$ の形のジョルダン標準形にもチャレンジしよう。

● (Ⅱ)(iv) のジョルダン標準形にもチャレンジだ！

行列 $\boldsymbol{A}$ を，(Ⅱ)(iv) の形のジョルダン標準形に変換する手順を示すよ。

(Ⅱ)(iv) のジョルダン標準形の解法

(ア) $\boldsymbol{Tx}=\boldsymbol{0}$ …① （ただし，$\boldsymbol{T}=\boldsymbol{A}-\lambda\boldsymbol{E}$）

固有方程式 $|\boldsymbol{T}|=0$ から，$\lambda=\lambda_1$ (3 重解) を得る。

(イ) $\lambda=\lambda_1$ (3重解) のとき，①を，$\boldsymbol{T}_1\boldsymbol{x}_1=\boldsymbol{0}$ …② とおいて，

（$\boldsymbol{T}$ の λ に，$\lambda=\lambda_1$ を代入したもの）

$\boldsymbol{x}_1$ を定める。 （この $\boldsymbol{T}_1$ のランクは 2，自由度は 1 である。）

(ウ) 次に，新たな未知ベクトル $\boldsymbol{x}_1'$ を，$\boldsymbol{T}_1\boldsymbol{x}_1'=\boldsymbol{x}_1$ …③とおき，

これから，$\boldsymbol{x}_1'$ を定める。

(エ) さらに，新たな未知ベクトル $\boldsymbol{x}_1''$ を，$\boldsymbol{T}_1\boldsymbol{x}_1''=\boldsymbol{x}_1'$ …④とおき，

これから，$\boldsymbol{x}_1''$ を定める。

(オ) 変換行列 $\boldsymbol{P}=[\boldsymbol{x}_1\ \ \boldsymbol{x}_1'\ \ \boldsymbol{x}_1'']$ を作り，これを用いて，$\boldsymbol{A}$ を

$$\boldsymbol{P}^{-1}\boldsymbol{AP}=\begin{bmatrix}\lambda_1 & 1 & 0\\ 0 & \lambda_1 & 1\\ 0 & 0 & \lambda_1\end{bmatrix}$$

と，(Ⅱ)(iv) のジョルダン標準形に変換する。

ここまで読んできた読者なら，もう意味は十分よくわかると思うけれど，これについても，シッカリ解説しておくよ。

(イ) $\boldsymbol{T}_1\boldsymbol{x}_1=\boldsymbol{0}$ …② より，$(\boldsymbol{A}-\lambda_1\boldsymbol{E})\boldsymbol{x}_1=\boldsymbol{0}$ $\quad\therefore \boldsymbol{Ax}_1=\lambda_1\boldsymbol{x}_1$ …②′

(ウ) $\boldsymbol{T}_1\boldsymbol{x}_1'=\boldsymbol{x}_1$ …③より，$(\boldsymbol{A}-\lambda_1\boldsymbol{E})\boldsymbol{x}_1'=\boldsymbol{x}_1$ $\quad\therefore \boldsymbol{Ax}_1'=\boldsymbol{x}_1+\lambda_1\boldsymbol{x}_1'$ …③′

(エ) $\boldsymbol{T}_1\boldsymbol{x}_1''=\boldsymbol{x}_1'$ …④より，$(\boldsymbol{A}-\lambda_1\boldsymbol{E})\boldsymbol{x}_1''=\boldsymbol{x}_1'$ $\quad\therefore \boldsymbol{Ax}_1''=\boldsymbol{x}_1'+\lambda_1\boldsymbol{x}_1''$ …④′

②′,③′,④′ を 1 つの式にまとめると，

$$\boldsymbol{A}\underbrace{[\boldsymbol{x}_1\ \ \boldsymbol{x}_1'\ \ \boldsymbol{x}_1'']}_{\boldsymbol{P}}=[\lambda_1\boldsymbol{x}_1\ \ \boldsymbol{x}_1+\lambda_1\boldsymbol{x}_1'\ \ \boldsymbol{x}_1'+\lambda_1\boldsymbol{x}_1'']$$

$$=\underbrace{[\boldsymbol{x}_1\ \ \boldsymbol{x}_1'\ \ \boldsymbol{x}_1'']}_{\boldsymbol{P}}\begin{bmatrix}\lambda_1 & 1 & 0\\ 0 & \lambda_1 & 1\\ 0 & 0 & \lambda_1\end{bmatrix}$$

よって，$\boldsymbol{P}=[\boldsymbol{x}_1\ \ \boldsymbol{x}_1{}'\ \ \boldsymbol{x}_1{}'']$ とおくと，

$$\boldsymbol{AP}=\boldsymbol{P}\begin{bmatrix}\lambda_1 & 1 & 0\\ 0 & \lambda_1 & 1\\ 0 & 0 & \lambda_1\end{bmatrix}$$ となる。

ここで，$\boldsymbol{P}^{-1}$ が存在するならば，$\boldsymbol{P}^{-1}$ をこの両辺に左からかけて

$$\boldsymbol{P}^{-1}\boldsymbol{AP}=\begin{bmatrix}\lambda_1 & 1 & 0\\ 0 & \lambda_1 & 1\\ 0 & 0 & \lambda_1\end{bmatrix}$$ となって (Ⅱ)(iv) のジョルダン標準形 (ジョルダン細胞) が完成する。

ここで，$\boldsymbol{P}^{-1}$ が存在することを示すためには，$\boldsymbol{x}_1\ \ \boldsymbol{x}_1{}'\ \ \boldsymbol{x}_1{}''$ が線形独立であることを示せばよい。そのためには，

「$c_1\boldsymbol{x}_1+c_2\boldsymbol{x}_1{}'+c_3\boldsymbol{x}_1{}''=\boldsymbol{0}$ ……⑤ をみたすのは，$c_1=c_2=c_3=0$ のみである」ことを示せばよい。

⑤の両辺に $\boldsymbol{T}_1$ を左からかけて，

$$c_1\underbrace{\boldsymbol{T}_1\boldsymbol{x}_1}_{\boldsymbol{0}\text{(②より)}}+c_2\underbrace{\boldsymbol{T}_1\boldsymbol{x}_1{}'}_{\boldsymbol{x}_1\text{(③より)}}+c_3\underbrace{\boldsymbol{T}_1\boldsymbol{x}_1{}''}_{\boldsymbol{x}_1{}'\text{(④より)}}=\boldsymbol{0}$$

$$c_2\boldsymbol{x}_1+c_3\boldsymbol{x}_1{}'=\boldsymbol{0}\ \cdots\cdots⑥$$

この両辺にさらに $\boldsymbol{T}_1$ を左からかけて，

$$c_2\underbrace{\boldsymbol{T}_1\boldsymbol{x}_1}_{\boldsymbol{0}}+c_3\underbrace{\boldsymbol{T}_1\boldsymbol{x}_1{}'}_{\boldsymbol{x}_1}=\boldsymbol{0}$$

$c_3\boldsymbol{x}_1=\boldsymbol{0}$，$\boldsymbol{x}_1\neq\boldsymbol{0}$ より，$c_3=0$ ……⑦

これを⑥に代入して，

$c_2\boldsymbol{x}_1=\boldsymbol{0}$，$\boldsymbol{x}_1\neq\boldsymbol{0}$ より，$c_2=0$ ……⑧

⑦, ⑧を⑤に代入して，

$c_1\boldsymbol{x}_1=\boldsymbol{0}$，$\boldsymbol{x}_1\neq\boldsymbol{0}$ より，$c_1=0$

以上より，$c_1=c_2=c_3=0$ となって，$\boldsymbol{x}_1, \boldsymbol{x}_1{}', \boldsymbol{x}_1{}''$ は線形独立である。

よって，$\boldsymbol{P}=[\boldsymbol{x}_1\ \ \boldsymbol{x}_1{}'\ \ \boldsymbol{x}_1{}'']$ は正則な行列で，$\boldsymbol{P}^{-1}$ が存在するんだね。

それでは，実際に (Ⅱ)(iv) の形のジョルダン標準形の問題を例題で練習することにしよう。

(2) $A=\begin{bmatrix} 0 & 1 & -1 \\ 2 & 1 & -2 \\ 1 & 4 & -4 \end{bmatrix}$ を，変換行列 P を用いて，$P^{-1}AP$ により

ジョルダン標準形に変換せよ。

(2) $T\boldsymbol{x}=\boldsymbol{0}$ ……① ただし，$T=A-\lambda E=\begin{bmatrix} -\lambda & 1 & -1 \\ 2 & 1-\lambda & -2 \\ 1 & 4 & -4-\lambda \end{bmatrix}$

固有方程式 $|T|=\begin{vmatrix} -\lambda & 1 & -1 \\ 2 & 1-\lambda & -2 \\ 1 & 4 & -4-\lambda \end{vmatrix} \overset{②'+③'}{=} \begin{vmatrix} -\lambda & 0 & -1 \\ 2 & -1-\lambda & -2 \\ 1 & -\lambda & -4-\lambda \end{vmatrix}$

$\overset{②-2\times①}{=} \begin{vmatrix} -\lambda & 0 & -1 \\ 2+2\lambda & -1-\lambda & 0 \\ 1 & -\lambda & -4-\lambda \end{vmatrix}$ ←サラスの公式

$=-\lambda(-1-\lambda)(-4-\lambda)+\lambda(2+2\lambda)+(-1-\lambda)=0$

$\lambda(\lambda+1)(\lambda+4)-2\lambda(\lambda+1)+(\lambda+1)=0$

$(\lambda+1)^3=0$ $\therefore \lambda=-1$ (3重解) $\therefore \lambda_1=-1$ とおく。

(i) $\lambda_1=-1$ のとき，①を $T_1\boldsymbol{x}_1=\boldsymbol{0}$ そして，$\boldsymbol{x}_1=\begin{bmatrix} \alpha_1 \\ \alpha_2 \\ \alpha_3 \end{bmatrix}$ とおいて，

$\begin{bmatrix} 1 & 1 & -1 \\ 2 & 2 & -2 \\ 1 & 4 & -3 \end{bmatrix}\begin{bmatrix} \alpha_1 \\ \alpha_2 \\ \alpha_3 \end{bmatrix}=\begin{bmatrix} 0 \\ 0 \\ 0 \end{bmatrix}$ より，

$T_1=\begin{bmatrix} 1 & 1 & -1 \\ 2 & 2 & -2 \\ 1 & 4 & -3 \end{bmatrix} \rightarrow \begin{bmatrix} 1 & 1 & -1 \\ 0 & 0 & 0 \\ 0 & 3 & -2 \end{bmatrix} \rightarrow \left.\begin{bmatrix} 1 & 1 & -1 \\ 0 & 3 & -2 \\ 0 & 0 & 0 \end{bmatrix}\right\} r=2$

$\mathrm{rank}\,T_1=2$ 自由度 $=3-2=1$

$\therefore \alpha_3=3$ とおく。

$\begin{cases} \alpha_1+\alpha_2-\alpha_3=0 \\ 3\alpha_2-2\alpha_3=0 \end{cases}$

ここで，$\alpha_3=3$ とおくと，

$\alpha_2=2$，$\alpha_1=1$

$\therefore \boldsymbol{x}_1=\begin{bmatrix} 1 \\ 2 \\ 3 \end{bmatrix}$

(ⅱ) 次に，新たな未知ベクトル $\boldsymbol{x}_1' = \begin{bmatrix} \beta_1 \\ \beta_2 \\ \beta_3 \end{bmatrix}$ とおいて，これを次の方程式から定める。

$$T_1\boldsymbol{x}_1' = \boldsymbol{x}_1$$

$$\begin{bmatrix} 1 & 1 & -1 \\ 2 & 2 & -2 \\ 1 & 4 & -3 \end{bmatrix}\begin{bmatrix} \beta_1 \\ \beta_2 \\ \beta_3 \end{bmatrix} = \begin{bmatrix} 1 \\ 2 \\ 3 \end{bmatrix}$$ より，

$$T_{1a} = \left[\begin{array}{ccc|c} 1 & 1 & -1 & 1 \\ 2 & 2 & -2 & 2 \\ 1 & 4 & -3 & 3 \end{array}\right] \to \left[\begin{array}{ccc|c} 1 & 1 & -1 & 1 \\ 0 & 0 & 0 & 0 \\ 0 & 3 & -2 & 2 \end{array}\right] \to \left[\begin{array}{ccc|c} 1 & 1 & -1 & 1 \\ 0 & 3 & -2 & 2 \\ 0 & 0 & 0 & 0 \end{array}\right] \Big\} r=2$$

$\mathrm{rank}T_{1a} = \mathrm{rank}T_1 = 2$ より自由度 $=1$

$\therefore \beta_3 = 2$ とおく。

$$\begin{cases} \beta_1 + \beta_2 - \beta_3 = 1 \\ 3\beta_2 - 2\beta_3 = 2 \end{cases}$$

ここで，$\beta_3 = 2$ とおくと，

$\beta_2 = 2,\ \beta_1 = 1 \qquad \therefore \boldsymbol{x}_1' = \begin{bmatrix} 1 \\ 2 \\ 2 \end{bmatrix}$

(ⅲ) さらに，新たな未知ベクトル $\boldsymbol{x}_1'' = \begin{bmatrix} \gamma_1 \\ \gamma_2 \\ \gamma_3 \end{bmatrix}$ とおいて，これを次の方程式から定める。

$$T_1\boldsymbol{x}_1'' = \boldsymbol{x}_1'$$

$$\begin{bmatrix} 1 & 1 & -1 \\ 2 & 2 & -2 \\ 1 & 4 & -3 \end{bmatrix}\begin{bmatrix} \gamma_1 \\ \gamma_2 \\ \gamma_3 \end{bmatrix} = \begin{bmatrix} 1 \\ 2 \\ 2 \end{bmatrix}$$ より，

$$T_{1a}' = \left[\begin{array}{ccc|c} 1 & 1 & -1 & 1 \\ 2 & 2 & -2 & 2 \\ 1 & 4 & -3 & 2 \end{array}\right] \to \left[\begin{array}{ccc|c} 1 & 1 & -1 & 1 \\ 0 & 0 & 0 & 0 \\ 0 & 3 & -2 & 1 \end{array}\right] \to \left[\begin{array}{ccc|c} 1 & 1 & -1 & 1 \\ 0 & 3 & -2 & 1 \\ 0 & 0 & 0 & 0 \end{array}\right] \Big\} r=2$$

$\mathrm{rank}T_{1a}' = \mathrm{rank}T_1 = 2$ より自由度 $=1$

$\therefore \gamma_3 = 1$ とおく。

$$\begin{cases} \gamma_1 + \gamma_2 - \gamma_3 = 1 \\ 3\gamma_2 - 2\gamma_3 = 1 \end{cases}$$

ここで，$\gamma_3 = 1$ とおくと，

$\gamma_2 = 1,\ \gamma_1 = 1 \qquad \therefore \boldsymbol{x}_1'' = \begin{bmatrix} 1 \\ 1 \\ 1 \end{bmatrix}$

以上より，$P = \begin{bmatrix} 1 & 1 & 1 \\ 2 & 2 & 1 \\ 3 & 2 & 1 \end{bmatrix}$ とおくと，A は

$P^{-1}AP = \begin{bmatrix} -1 & 1 & 0 \\ 0 & -1 & 1 \\ 0 & 0 & -1 \end{bmatrix}$ と，ジョルダン標準形に変換される。…………(答)

演習問題 32 ● ジョルダン標準形(Ⅱ)の(iv)への変換 ●

$A=\begin{bmatrix}1&-1&1\\0&2&-2\\1&1&3\end{bmatrix}$ を，変換行列 P を用いて，$P^{-1}AP$ によりジョルダン標準形に変換せよ。

ヒント！ 固有方程式 $|T|=|A-\lambda E|=0$ の解が，$\lambda_1=2$ (3重解) となるので，(i) $T_1\boldsymbol{x}_1=\boldsymbol{0}$ より，$\boldsymbol{x}_1$ を定め，(ii) $T_1\boldsymbol{x}_1'=\boldsymbol{x}_1$ より，$\boldsymbol{x}_1'$ を定め，さらに (iii) $T_1\boldsymbol{x}_1''=\boldsymbol{x}_1'$ より，$\boldsymbol{x}_1''$ を定めるんだね。その結果，変換行列 P が，$P=[\boldsymbol{x}_1\ \boldsymbol{x}_1'\ \boldsymbol{x}_1'']$ で求められるので，$P^{-1}AP$ により，A はジョルダン標準形 $\begin{bmatrix}2&1&0\\0&2&1\\0&0&2\end{bmatrix}$ に変換できる。

解答＆解説

$T\boldsymbol{x}=\boldsymbol{0}$ ……① ただし，$T=A-\lambda E=\begin{bmatrix}1-\lambda&-1&1\\0&2-\lambda&-2\\1&1&3-\lambda\end{bmatrix}$ より，

固有方程式：$|T|=0$ を解くと，

$$\begin{vmatrix}1-\lambda&-1&1\\0&2-\lambda&-2\\1&1&3-\lambda\end{vmatrix}=(1-\lambda)(2-\lambda)(3-\lambda)+2-(2-\lambda)+2(1-\lambda)=0$$

$-(\lambda-1)(\lambda-2)(\lambda-3)+(\lambda-2)\quad-2(\lambda-2)=0$ 両辺に -1 をかけて，

$(\lambda-2)(\lambda^2-4\lambda+3-1+2)=0$ より，$(\lambda-2)^3=0$

$\lambda^2-4\lambda+4=(\lambda-2)^2$

$\therefore\lambda=2$ (3重解) となるので，これを $\lambda_1=2$ とおき，このときの T を，T_1 とおくと，(i) $T_1\boldsymbol{x}_1=\boldsymbol{0}$ から，$\boldsymbol{x}_1$ を定め，

(ii) $T_1\boldsymbol{x}_1'=\boldsymbol{x}_1$ から，$\boldsymbol{x}_1'$ を定め，

(iii) $T_1\boldsymbol{x}_1''=\boldsymbol{x}_1'$ から，$\boldsymbol{x}_1''$ を定める。

そして，求める変換行列 P は，$P=[\boldsymbol{x}_1\ \boldsymbol{x}_1'\ \boldsymbol{x}_1'']$ として求められる。

(i) $\lambda_1 = 2$ のとき，

①を，$T_1 \boldsymbol{x}_1 = \boldsymbol{0}$ とおき，

$\boldsymbol{x}_1 = \begin{bmatrix} \alpha_1 \\ \alpha_2 \\ \alpha_3 \end{bmatrix}$ とおくと，

$\cdot T_1 = \begin{bmatrix} 1-\lambda_1 & -1 & 1 \\ 0 & 2-\lambda_1 & -2 \\ 1 & 1 & 3-\lambda_1 \end{bmatrix}$

$\cdot \lambda_1 = 2$ (3重解)

$\begin{bmatrix} -1 & -1 & 1 \\ 0 & 0 & -2 \\ 1 & 1 & 1 \end{bmatrix} \begin{bmatrix} \alpha_1 \\ \alpha_2 \\ \alpha_3 \end{bmatrix} = \begin{bmatrix} 0 \\ 0 \\ 0 \end{bmatrix}$ より，

$T_1 = \begin{bmatrix} -1 & -1 & 1 \\ 0 & 0 & -2 \\ 1 & 1 & 1 \end{bmatrix} \to \begin{bmatrix} 1 & 1 & -1 \\ 0 & 0 & 1 \\ 1 & 1 & 1 \end{bmatrix}$

$\to \begin{bmatrix} 1 & 1 & -1 \\ 0 & 0 & 1 \\ 0 & 0 & 2 \end{bmatrix} \to \begin{bmatrix} 1 & 1 & -1 \\ 0 & 0 & 1 \\ 0 & 0 & 0 \end{bmatrix} \Big\} r = 2$

rank $T_1 = 2$，自由度 $3 - 2 = 1$

$\therefore \alpha_1 = 1$ とおく

$$\begin{cases} \alpha_1 + \alpha_2 - \alpha_3 = 0 \\ \alpha_3 = 0 \end{cases}$$

ここで，$\alpha_1 = 1$ とおくと，$\alpha_2 = -1$

$\therefore \boldsymbol{x}_1 = \begin{bmatrix} 1 \\ -1 \\ 0 \end{bmatrix}$ ……②と定められる。

(ii) 次に，新たな未知ベクトルを $\boldsymbol{x}_1{}' = \begin{bmatrix} \beta_1 \\ \beta_2 \\ \beta_3 \end{bmatrix}$ とおいて，これを，方程式：

$T_1 \boldsymbol{x}_1{}' = \boldsymbol{x}_1$ から定める。

$\begin{bmatrix} -1 & -1 & 1 \\ 0 & 0 & -2 \\ 1 & 1 & 1 \end{bmatrix} \begin{bmatrix} \beta_1 \\ \beta_2 \\ \beta_3 \end{bmatrix} = \begin{bmatrix} 1 \\ -1 \\ 0 \end{bmatrix}$ より，

$T_{1a} = \left[\begin{array}{ccc|c} -1 & -1 & 1 & 1 \\ 0 & 0 & -2 & -1 \\ 1 & 1 & 1 & 0 \end{array}\right] \to \left[\begin{array}{ccc|c} 1 & 1 & -1 & -1 \\ 0 & 0 & 2 & 1 \\ 0 & 0 & 2 & 1 \end{array}\right]$

$\to \left[\begin{array}{ccc|c} 1 & 1 & -1 & -1 \\ 0 & 0 & 2 & 1 \\ 0 & 0 & 0 & 0 \end{array}\right] \Big\} r = 2$

rank T_{1a} = rank $T_1 = 2$ より，自由度 1

$\therefore \beta_2 = 0$ とおく

$$\begin{cases} \beta_1 + \beta_2 - \beta_3 = -1 \\ 2\beta_3 = 1 \end{cases}$$

$\beta_3 = \dfrac{1}{2}$ より，ここで，$\beta_2 = 0$ とおくと，

$\beta_1 = -\dfrac{1}{2}$ $\qquad \therefore \boldsymbol{x}_1{}' = \begin{bmatrix} -\frac{1}{2} \\ 0 \\ \frac{1}{2} \end{bmatrix}$

(iii) さらに，新たな未知ベクトルを $\boldsymbol{x}_1'' = \begin{bmatrix} \gamma_1 \\ \gamma_2 \\ \gamma_3 \end{bmatrix}$ とおいて，これを方程式：

$T_1\boldsymbol{x}_1'' = \boldsymbol{x}_1'$ から定める。

$$\begin{bmatrix} -1 & -1 & 1 \\ 0 & 0 & -2 \\ 1 & 1 & 1 \end{bmatrix}\begin{bmatrix} \gamma_1 \\ \gamma_2 \\ \gamma_3 \end{bmatrix} = \begin{bmatrix} -\frac{1}{2} \\ 0 \\ \frac{1}{2} \end{bmatrix}$$ より，

$$T_{1a}' = \left[\begin{array}{ccc|c} -1 & -1 & 1 & -\frac{1}{2} \\ 0 & 0 & -2 & 0 \\ 1 & 1 & 1 & \frac{1}{2} \end{array}\right] \to \left[\begin{array}{ccc|c} 1 & 1 & -1 & \frac{1}{2} \\ 0 & 0 & 1 & 0 \\ 0 & 0 & 2 & 0 \end{array}\right]$$

$$\to \left[\begin{array}{ccc|c} 1 & 1 & -1 & \frac{1}{2} \\ 0 & 0 & 1 & 0 \\ 0 & 0 & 0 & 0 \end{array}\right] \Big\} r = 2$$

$\mathrm{rank}\, T_{1a}' = \mathrm{rank}\, T_1 = 2$ より，自由度 1

$\therefore \gamma_2 = 0$ とおく

$$\begin{cases} \gamma_1 + \gamma_2 - \gamma_3 = \frac{1}{2} \\ \gamma_3 = 0 \end{cases}$$

ここで，$\gamma_2 = 0$ とおくと，$\gamma_1 = \frac{1}{2}$

$$\therefore \boldsymbol{x}_1'' = \begin{bmatrix} \frac{1}{2} \\ 0 \\ 0 \end{bmatrix}$$

以上より，$P = [\boldsymbol{x}_1 \ \boldsymbol{x}_1' \ \boldsymbol{x}_1''] = \begin{bmatrix} 1 & -\frac{1}{2} & \frac{1}{2} \\ -1 & 0 & 0 \\ 0 & \frac{1}{2} & 0 \end{bmatrix}$ とおくと，A は，

$P^{-1}AP = \begin{bmatrix} 2 & 1 & 0 \\ 0 & 2 & 1 \\ 0 & 0 & 2 \end{bmatrix}$ と，ジョルダン標準形に変換される。………(答)

参考

掃き出し法により，P^{-1} を求めると $P^{-1} = \begin{bmatrix} 0 & -1 & 0 \\ 0 & 0 & 2 \\ 2 & 2 & 2 \end{bmatrix}$ より，$P^{-1}AP$ を

実際に計算すると，

$$P^{-1}AP = \begin{bmatrix} 0 & -1 & 0 \\ 0 & 0 & 2 \\ 2 & 2 & 2 \end{bmatrix}\begin{bmatrix} 1 & -1 & 1 \\ 0 & 2 & -2 \\ 1 & 1 & 3 \end{bmatrix}\begin{bmatrix} 1 & -\frac{1}{2} & \frac{1}{2} \\ -1 & 0 & 0 \\ 0 & \frac{1}{2} & 0 \end{bmatrix} = \begin{bmatrix} 2 & 1 & 0 \\ 0 & 2 & 1 \\ 0 & 0 & 2 \end{bmatrix}$$

となって，間違いないことが確認できる。

講義 8 ● ジョルダン標準形　公式エッセンス

1. 2次のジョルダン標準形 (Ⅰ)(ⅱ) の解法

(ア) $\boldsymbol{T}\boldsymbol{x}=\boldsymbol{0}$ ……① (ただし，$\boldsymbol{T}=\boldsymbol{A}-\lambda\boldsymbol{E}$)

固有方程式 $|\boldsymbol{T}|=0$ から，$\lambda=\lambda_1$ (重解) を得る。

(イ) $\lambda=\lambda_1$ のとき，①を $\boldsymbol{T}_1\boldsymbol{x}_1=\boldsymbol{0}$ とおいて，$\boldsymbol{x}_1$ を定める。

(ウ) 次に，新たな未知ベクトル $\boldsymbol{x}_1'$ を $\boldsymbol{T}_1\boldsymbol{x}_1'=\boldsymbol{x}_1$ とおき，$\boldsymbol{x}_1'$ を定める。

(エ) 変換行列 $\boldsymbol{P}=[\boldsymbol{x}_1\ \ \boldsymbol{x}_1']$ を作り，行列 $\boldsymbol{A}$ を

$$\boldsymbol{P}^{-1}\boldsymbol{A}\boldsymbol{P}=\begin{bmatrix}\lambda_1 & 1\\ 0 & \lambda_1\end{bmatrix}$$ のジョルダン標準形に変換する。

2. 3次のジョルダン標準形 (Ⅱ)(ⅲ) の解法

(ア) $\boldsymbol{T}\boldsymbol{x}=\boldsymbol{0}$ ……① (ただし，$\boldsymbol{T}=\boldsymbol{A}-\lambda\boldsymbol{E}$)

固有方程式 $|\boldsymbol{T}|=0$ から，$\lambda=\lambda_1$ (2重解)，λ_2 ($\lambda_1\neq\lambda_2$) を得る。

(イ) $\lambda=\lambda_1$ (2重解) のとき，①を，$\boldsymbol{T}_1\boldsymbol{x}_1=\boldsymbol{0}$ とおいて，$\boldsymbol{x}_1$ を定める。

(ウ) 次に，新たな未知ベクトル $\boldsymbol{x}_1'$ を $\boldsymbol{T}_1\boldsymbol{x}_1'=\boldsymbol{x}_1$ とおき，$\boldsymbol{x}_1'$ を定める。

(エ) $\lambda=\lambda_2$ (単解) のとき，①を $\boldsymbol{T}_2\boldsymbol{x}_2=\boldsymbol{0}$ とおいて，$\boldsymbol{x}_2$ を定める。

(オ) 変換行列 $\boldsymbol{P}=[\boldsymbol{x}_1\ \ \boldsymbol{x}_1'\ \ \boldsymbol{x}_2]$ を作り，行列 $\boldsymbol{A}$ を

$$\boldsymbol{P}^{-1}\boldsymbol{A}\boldsymbol{P}=\begin{bmatrix}\lambda_1 & 1 & 0\\ 0 & \lambda_1 & 0\\ 0 & 0 & \lambda_2\end{bmatrix}$$ のジョルダン標準形に変換する。

3. 3次のジョルダン標準形 (Ⅱ)(ⅳ) の解法

(ア) $\boldsymbol{T}\boldsymbol{x}=\boldsymbol{0}$ ……① (ただし，$\boldsymbol{T}=\boldsymbol{A}-\lambda\boldsymbol{E}$)

固有方程式 $|\boldsymbol{T}|=0$ から，$\lambda=\lambda_1$ (3重解) を得る。

(イ) $\lambda=\lambda_1$ (3重解) のとき，①を，$\boldsymbol{T}_1\boldsymbol{x}_1=\boldsymbol{0}$ とおいて，$\boldsymbol{x}_1$ を定める。

(ウ) 次に，新たな未知ベクトル $\boldsymbol{x}_1'$ を，$\boldsymbol{T}_1\boldsymbol{x}_1'=\boldsymbol{x}_1$ とおき，$\boldsymbol{x}_1'$ を定める。

(エ) さらに，新たな未知ベクトル $\boldsymbol{x}_1''$ を，$\boldsymbol{T}_1\boldsymbol{x}_1''=\boldsymbol{x}_1'$ とおき，$\boldsymbol{x}_1''$ を定める。

(オ) 変換行列 $\boldsymbol{P}=[\boldsymbol{x}_1\ \ \boldsymbol{x}_1'\ \ \boldsymbol{x}_1'']$ を作り，行列 $\boldsymbol{A}$ を

$$\boldsymbol{P}^{-1}\boldsymbol{A}\boldsymbol{P}=\begin{bmatrix}\lambda_1 & 1 & 0\\ 0 & \lambda_1 & 1\\ 0 & 0 & \lambda_1\end{bmatrix}$$ のジョルダン標準形に変換する。

 Term・Index 

あ行

か行

さ行

た行

な行

は行

や行

ら行

メモ

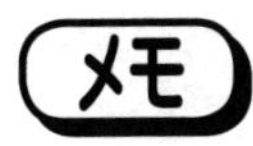
メモ

スバラシク実力がつくと評判の
線形代数キャンパス・ゼミ
改訂 9

著　者　馬場 敬之
発行者　馬場 敬之
発行所　マセマ出版社
〒 332-0023 埼玉県川口市飯塚 3-7-21-502
TEL 048-253-1734　FAX 048-253-1729
Email：info@mathema.jp
https://www.mathema.jp

編集・校閲・校正　高杉 豊　秋野 麻里子
制作責任者　久池井 茂
制作協力　久池井 努　印藤 治　滝本 隆
栄 瑠璃子　間宮 栄二　町田 朱美
カバーデザイン　馬場 冬之
ロゴデザイン　馬場 利貞
印刷所　株式会社 シナノ

ISBN978-4-86615-207-3 C3041
落丁・乱丁本はお取りかえいたします。